# Die Strangbleiche baumwollener Gewebe.

# Die Bleicherei baumwollener Gewebe

von

Dr. Friedrich Carl Theis.

I. Teil: **Die Strangbleiche.**

II. Teil: **Die Breitbleiche.**

BERLIN W.
**Verlag von M. Krayn.**

# Die Strangbleiche baumwollener Gewebe

von

**Dr. Friedrich Carl Theis.**

Mit 307 Illustrationen.

BERLIN W.
**Verlag von M. Krayn.**
1905.

Published 15. Juni 1905.

# Vorwort.

Den Vorsatz, ein möglichst ausführliches Werk über den Entwicklungsgang der Baumwollstückbleicherei zu schreiben, hatte Verfasser, mitten in der Praxis stehend, vor Jahren gefaßt.

Ein unerwartet schnell dazwischentretendes Moment ließ es demselben angebracht erscheinen, das weniger allgemeine Gebiet der „Breitbleiche baumwollener Gewebe", welches um die Jahrhundertwende ein aktuelles Interesse beanspruchte, vorweg zu bearbeiten, zumal Verfasser auf diesem Gebiete selbst tätig eingriff.

Ursprünglich lag es im Plan, diesen Teil der Bleicherei als den zweiten einer zusammenhängenden Schrift: „Die Bleicherei baumwollener Gewebe" der Fachwelt zu unterbreiten.

Der nun vorliegende Teil unter dem Titel „Die Strangbleiche baumwollener Gewebe" bildet also den ersten Teil der ursprünglich gedachten Disposition und der Verfasser hofft gerne, daß die „Strangbleiche" eine gleich gute Aufnahme unter Fachgenossen finden möge wie die „Breitbleiche" und daß dem Werk eine bescheidene Anerkennung nicht versagt wird.

Hoechst a./Main, Mai 1905.

Der Verfasser.

# INHALT:

# Sach-Register.

# I.

Die zweite Hälfte des achtzehnten Jahrhunderts leitete sowohl auf dem Gebiet der chemischen Verfahren wie der Apparatur die Richtung ein, aus welcher sich die Entwickelung des Großbetriebes der Bleicherei ergab. Die Entdeckung des Chlors durch den Schweden Scheele im Jahre 1774, welches noch jahrzehntelang als ein zusammengesetzter Körper, als dephlogistisierte und als oxydierte Salzsäure betrachtet wurde, bis 1809 Gay-Lussac und Thénard in Frankreich und Davy 1810 in England nachwiesen, daß dieser alle farbigen Pigmente zerstörende Körper keine chemische Verbindung, sondern ein chemisches Element sei, ermöglichte den Bleichprozeß vegetabilischer Stoffe in ungeahnter Weise zu verkürzen und zu verbilligen.

Zunächst wurden leinene und baumwollene Erzeugnisse dem langwierigen Prozeß der Rasenbleiche, unterbrochen durch primitive und kostspielige Kochungen mit Holzaschen-Laugen unterworfen; später wurden diese Laugen mit Kalk kaustifiziert angewandt, und die Prüfung derselben auf die Brauchbarkeit zum Bäuchen, Bücken oder Bauchen, wie der alte deutsche Ausdruck für diese Operation lautete, geschah dadurch, daß man zu der fertigen, auf das nötige Quantum mit Wasser verdünnten Lösung Baumöl zugab. Blieb dieses auf der Lauge schwimmend liegen, so war dieselbe zu schwach; vermischte sich das Oel mit weißlicher Farbe, so war die Lauge zum Bäuchen geeignet. Die Einrichtung einer solchen Bäuchanlage zeigt Figur 1. Neben einem hölzernen Bäuchfaß *a* ist ein Ofen mit eingemauertem Kessel *b* angebracht. In diesem wird die Lauge erhitzt und mit kupfernen Eimern über die Ware im Faß gegossen. Durch eine Rohrleitung läuft die Lauge dann in den Kochkessel zurück. Aber auch durch mehrstündige Behandlung bringt man nach den Mitteilungen Berthollets*) die Temperatur nicht über 72—73° R. Nach mehrstündigem Bäuchen auf diese Art war die Lauge trübe und braun gefärbt; sie wurde so lange benutzt, bis sie sich zwischen den Fingern nicht mehr schlüpferig anfühlte oder auch ein Versuch im Munde die Abwesenheit ätzender Substanz verriet.

Um eine rationellere Ausnutzung des Feuerungsmaterials herbeizuführen, waren um 1780 auch solche Bäucheinrichtungen in Gebrauch, bei denen das Bleichgut in Weidenkörben oder dergleichen verpackt in die kochende Lauge gesenkt wurde. So beschreibt Tenner**)

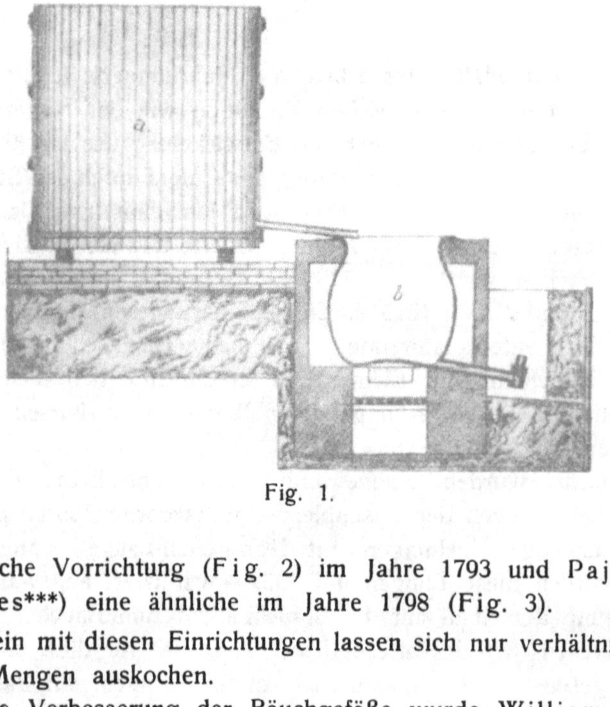


Fig. 1.

eine solche Vorrichtung (Fig. 2) im Jahre 1793 und Pajot des Charmes***) eine ähnliche im Jahre 1798 (Fig. 3).

Allein mit diesen Einrichtungen lassen sich nur verhältnismäßig kleine Mengen auskochen.

Eine Verbesserung der Bäuchgefäße wurde William Floyd durch englisches Patent Nro. 2073 vom Jahre 1795 geschützt. Eine mit Blei oder Kupfer ausgeschlagene Holzbarke *a*, *b*, *c*, *d* (Fig. 4) ist durch ein Rohr *g* und die Rinne *h* mit einem aus

*) E. L. und A. B. Berthollet, Anfangsgründe der Färbekunst etc. Berlin 1806.

**) J. G. Tenner, Anleitung mittelst dephlogistisierter Salzsäure zu bleichen. Leipzig 1793.

***) Pajot des Charmes, Die Bleichkunst, Breslau 1800.

Kupfer oder Gußeisen bestehenden Ofen so verbunden, daß die Lauge durch *h* mit der mit Ware beschickten Kufe zirkulieren kann.

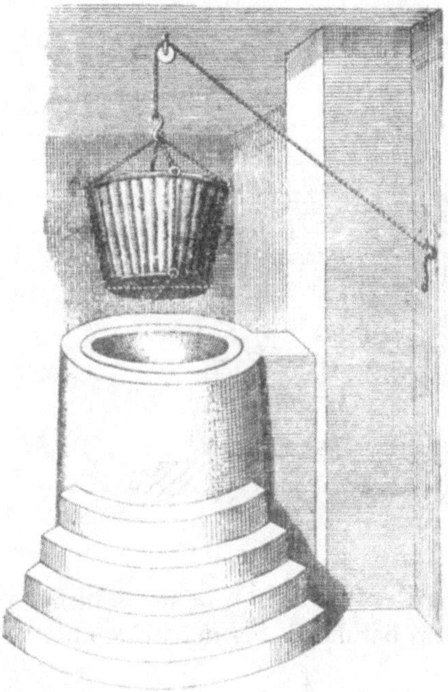

Fig. 2.

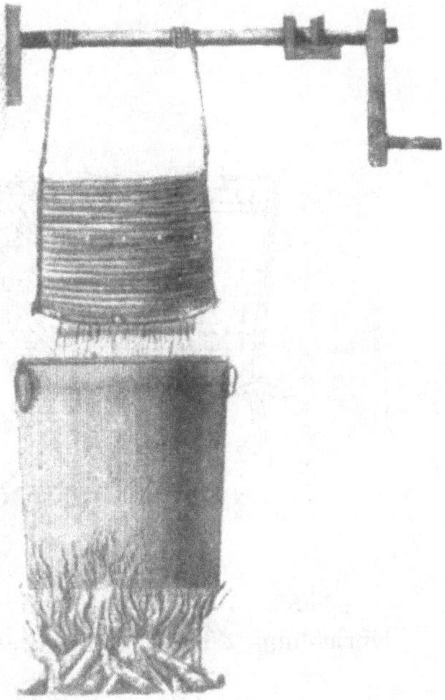

Fig. 3.

Nachdem die Lauge im Ofen erhitzt ist, nimmt dieselbe den Lauf von *h* durch die Ware und durch *g* in den Ofen zurück.

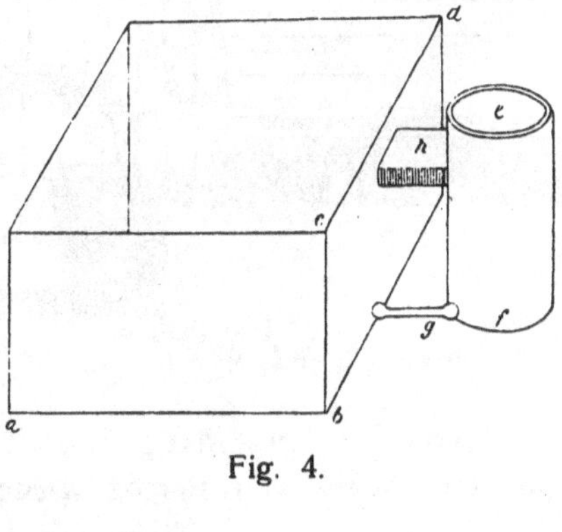


Fig. 4.

Man treibt die Temperatur bis zum Kochen und hält Laugenbehälter wie Kufe durch Deckel verschlossen. Ein Ofen kann für 2 oder mehr Kufen eingerichtet werden; Fig. 5 zeigt die Anordnung eines Ofens mit zwei Kufen nach obigem Patent.

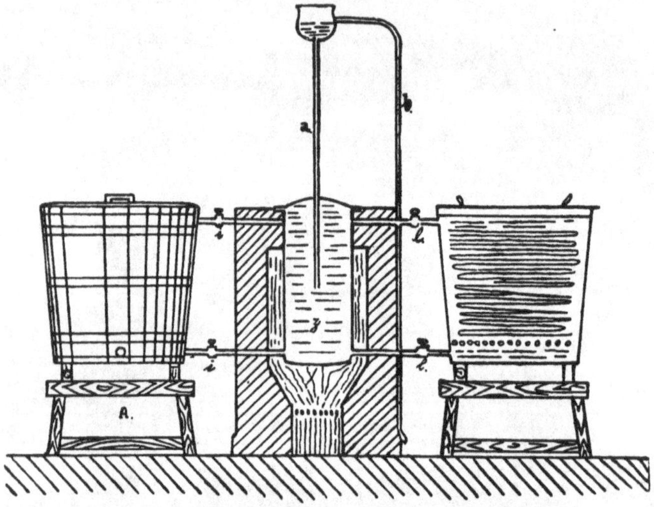


Fig. 5.

Noch 50 Jahre später war nach Persoz*) eine Bäucheinrichtung, die, auf demselben Prinzip beruhend, bei der bekannten

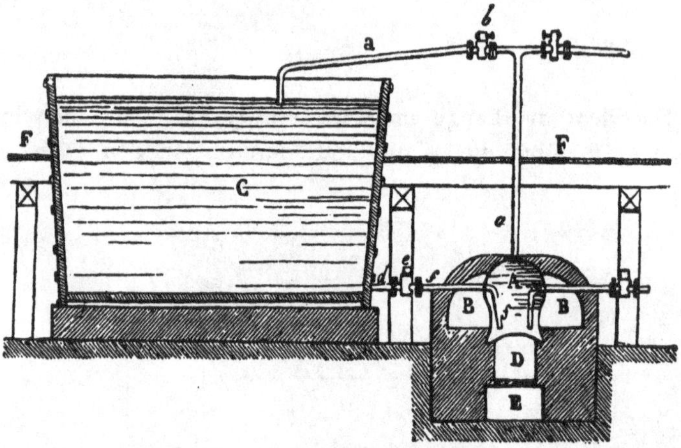


Fig. 6.

Mülhauser Bleicherei von Dollfus Mieg in Betrieb. Fig. 6 gibt die Abbildung aus dem Werk von Persoz wieder:

*) J. Persoz, Traité theorique et pratique de l'impression des tissus. Paris 1846.

*A* ist der Heizkessel, *B* die Züge, *C* die Warenkufe, *D* der Herd, *E* Aschenkasten, *F* eine Laufbühne. Durch das Rohr *a*, welches mit Hahn *b* versehen ist, steigt die Lauge aus *A* nach *C* und geht von hier durch die Leitung *d*, *e*, *f* nach *A* zurück.

In seinem vorhin zitierten Werk beschreibt Berthollet weiter ein Bäuchfaß, dessen Erfinder Widmer ist, und welches bei großer Produktion (400 Stück von 22 Ellen) eine tadellose Bäuche ergab. Fig. 7 zeigt dies Kochfaß, welches, mit einer Pumpe versehen, die Lauge über das Bleichgut wirft:

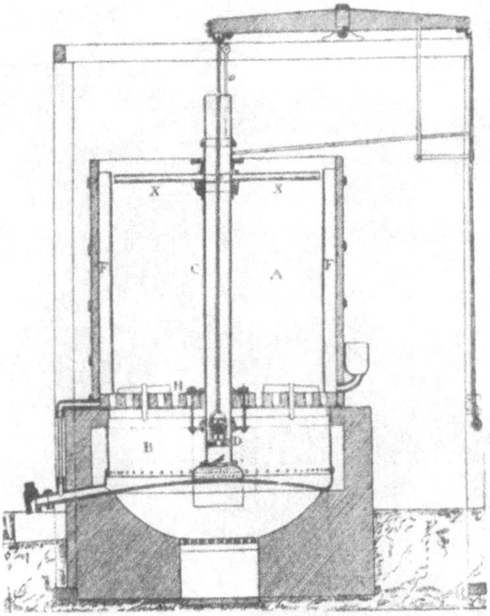

Fig. 7.

Ueber dem heizbaren Kessel *B* steht das Bäuchfaß *A*, welches an Stelle eines Bodens ein hölzernes Gitter *H* besitzt. Mitten im Heizkessel ist eine Pumpe *D* angebracht, welche die Lauge in das Faß hebt. Am oberen Teile desselben wird sie durch 4 Rohre *x*, welche durch ein am Arm der Pumpe angebrachtes Triebwerk in Rotation gesetzt werden, gleichmäßig über das Bleichgut verteilt. Versuche mit dieser Vorrichtung ergaben, daß die Temperatur im oberen und unteren Teil des Warenbehälters gleich war und nach dreistündigem Arbeiten die Siedetemperatur erreicht wurde.

Man kann auf diese Weise den Zeugen eine den Siedepunkt des Wassers übersteigende Temperatur geben; das Thermometer steigt auf 84° R., aber sobald die Temperatur des siedenden Wassers überschritten ist, kann die Pumpe die Flüssigkeit nicht mehr heben, und um zu verhindern, daß der Druck die Pumpenarbeit aufhebt, hat Widmer vier Rohre *F* angebracht, welche durch die freie Verbindung, die sie zwischen dem oberen Teil des Kessels und dem Bäuchfaß herstellen, dem Dampf freien Ausgang gewähren.

Eine weitere Art, eine mechanisch betriebene Pumpe zur besseren Durchführung der Bäuchoperation anzuwenden, beschreibt Samuel

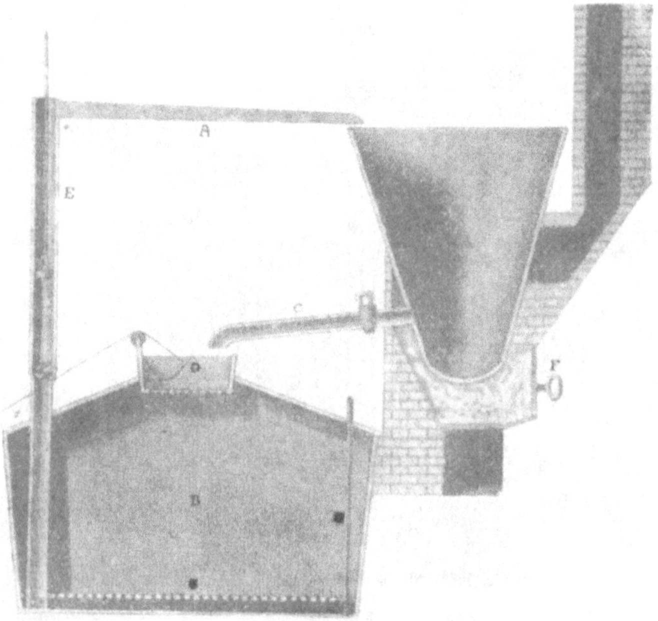


Fig. 8.

Parkes*) im Jahre 1815. Die Einrichtung wird durch Fig. 8 illustriert. *A* ist der Ofen zum Erwärmen der Lauge, *B* das hölzerne Bäuchfaß, in welches die zu bleichende Baumwolle gebracht wird, welche durch Rohr *C* und den perforierten Verteilungskasten *D* mit der Lauge begossen wird. Die Pumpe *E* zieht dieselbe aus dem Behälter *B* an und führt sie zum weiteren Erwärmen dem durch den Herd *F* geheizten Kessel *A* wieder zu. Das Bäuchgefäß *B* selbst ist mit einem falschen perforierten Boden *G* und dem Ablaßhahn *H* ausgerüstet. —

*) Samuel Parkes, Chemical Essays. Vol. IV. London 1815.

In den 90er Jahren des achtzehnten Jahrhunderts glaubte der französische Chemiker Chaptal die Beobachtung gemacht zu haben, daß, wenn in Wasser aufgelöste alkalische Salze erheblich über den Siedepunkt der Lösung erhitzt würden, sie sich in Dämpfen verflüchtigen und in diesem Zustande leichter auf die Farbstoffe der vegetabilischen Faserstoffe einwirkten, als durch eine gewöhnliche Bäuche.

Später wurde die gleiche Idee John Turnbull durch ein englisches Patent Nro. 2445 vom Jahre 1800 geschützt. Es wird in dieser Patentschrift ausgeführt, daß eine Verbesserung im Bleichen dadurch herbeigeführt wurde, daß man die mit Alkalien-,

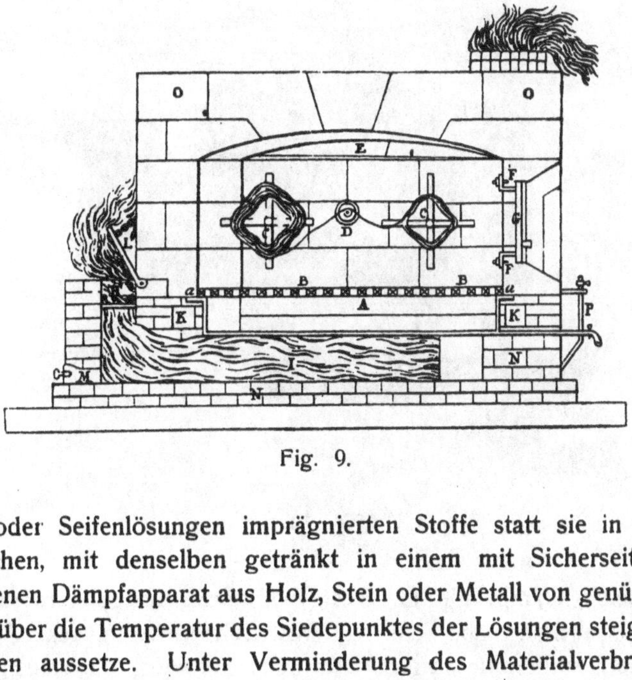

Fig. 9.

Kalk- oder Seifenlösungen imprägnierten Stoffe statt sie in diesen zu kochen, mit denselben getränkt in einem mit Sicherseitsventil versehenen Dämpfapparat aus Holz, Stein oder Metall von genügender Stärke über die Temperatur des Siedepunktes der Lösungen steigenden Dämpfen aussetze. Unter Verminderung des Materialverbrauches würde so in 4 bis 8 Stunden je nach der Beschaffenheit des Bleichgutes ein genügender Bäucheffekt erreicht. —

O'Reilly übersetzte die Chaptal'sche Idee in die Praxis und baute einen Apparat, wie er in Fig. 9 illustriert ist.

*A* ist ein 6 Fuß langer, 3½ Fuß breiter und 1 Fuß tiefer kupferner Kessel, der bei *aa* in das umgebende Mauerwerk *O*, welches einen durch Gewölbe *E* abgeschlossenen und mit der dampfdicht verschließbaren Tür *G* versehen, eingelassen ist. *H* ist der Feuerherd zum Erwärmen der Lauge im Kessel *A*; dieser selbst ist mit einem hölzernen Lattenrost *B* bedeckt. Die zu behandelnde mit alkalischer Lauge imprägnierte Ware wird, nachdem die Vorrichtung beschickt ist, von einem der Haspel *C* auf den anderen durch außerhalb der Einrichtung angebrachte Kurbeln gedreht, während die Zwischenwalze *D* dazu dient, die Ware zu halten. Um einen genügenden Bäucheffekt zu erzielen, wurde eine 20—30 stündige Behandlung empfohlen.

Hermbstädt*) wies dann nach, daß von einer Verflüchtigung der alkalischen Bestandteile keine Rede sein könne, daß, nachdem

Fig. 10.

der feuchte Dampf die im Stoff befindliche Lauge verdünnt und herausgewaschen habe, ein weiteres Behandeln in dem Apparat, der eine Temperatur von 88° R. hält, zwecklos, daß nach 3- bis 4stündiger Arbeit ein weiterer günstiger Fortschritt im Bäuchen ausgeschlossen sei.

Nach weiteren eigenen Versuchen kam Berthollet zu der Gewißheit, daß der gedachte Apparat nur dadurch vervollkommnet werden könne, daß man die Zeuge während der Behandlung in demselben periodisch in die Laugenflüssigkeit eintauche.

---

*) D. Sigismund Friedrich Hermbstädt, Allgemeine Grundsätze der Bleichkunst. Berlin 1804.

O'Reilly*) hat diesen Vorschlag akzeptiert und in seinem 1801 veröffentlichten Werke, welches er dem inzwischen zum Minister des Innern erwählten Chaptal widmete, findet man die Abbildung der Einrichtung nach Hermbstädt's Anregung. In Fig. 10 ist dieselbe wiedergegeben.

Die geringe Leistungsfähigkeit der so geschaffenen Baucheinrichtung, die wohl die erste Breitbäuche im Fabrikbetrieb bedeutete, war Hermbstädt natürlich nicht entgangen und er hat

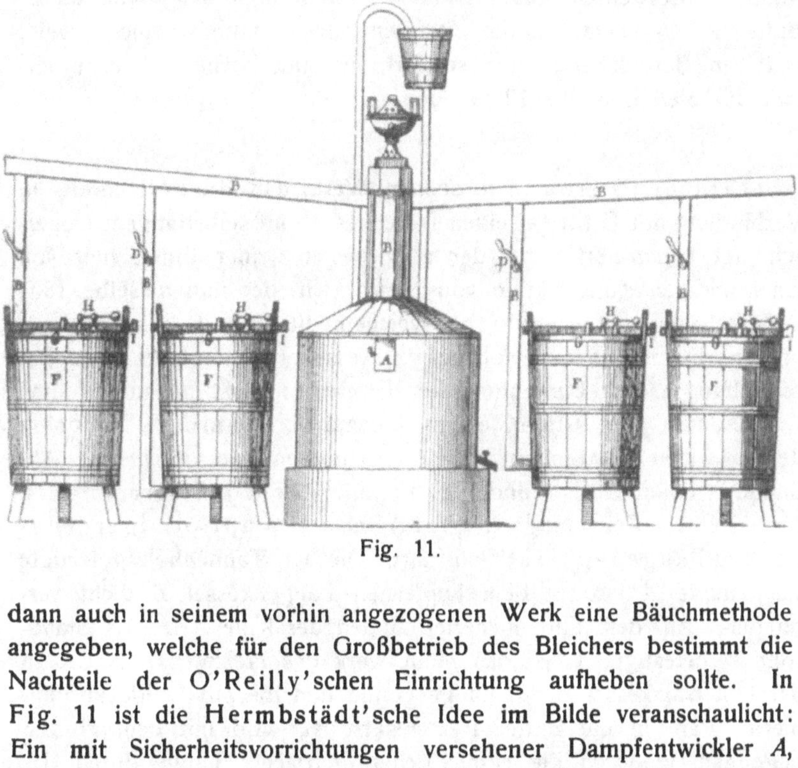

Fig. 11.

dann auch in seinem vorhin angezogenen Werk eine Bäuchmethode angegeben, welche für den Großbetrieb des Bleichers bestimmt die Nachteile der O'Reilly'schen Einrichtung aufheben sollte. In Fig. 11 ist die Hermbstädt'sche Idee im Bilde veranschaulicht: Ein mit Sicherheitsvorrichtungen versehener Dampfentwickler *A*, dessen nähere, für heutige Verhältnisse komplizierte Konstruktion hier nicht weiter interessiert, ist durch die Dampfleitungen *B* mit einer Anzahl Bäuchbütten *F* in Verbindung gebracht. Die Bütten selbst haben über dem unteren einen zweiten etwas höher gelegenen Lattenboden, auf welchem das Gewebe ruht. In den aus diesen beiden Böden gebildeten Zwischenräumen münden die Dampfzufuhrrohre *B*, welche durch Hähne *D* abgesperrt werden können. Die 7 Fuß tiefen und oben 6 Fuß Durchmesser haltenden Bütten *F*

*) R. O'Reilly, Essai sur le blanchiment, Paris 1801.

werden durch Deckel *G* und Riegel *I* geschlossen. *H* sind Sicherheitsventile auf dem Deckel.

Die Füllung der Bütten geschieht auf folgende Weise: Zunächst gibt man in jede derselben so viel Bäuchflotte, daß der Lattenboden bedeckt ist, schichtet dann die vorher entschlichtete und gewaschene Ware einen Fuß hoch ein, übergießt wieder mit Lauge und fährt so fort, bis die Kufen gefüllt sind. Hierauf läßt man in eine derselben Dampf eintreten und erwärmt bis zum Sieden, wozu 30 Minuten erforderlich sind. Alsdann schließt man den Hahn dieser Bütte zu 3/4, setzt durch Oeffnen des Hahnes eine zweite Bütte in Betrieb und fährt so fort, bis alle kochen. Man unterhält das Sieden 10 bis 12 Stunden. —

Erxleben*) erwähnt in seinem Werk, daß Bardell bereits in Verbindung mit Chaptal einen Bäuchkessel mit selbsttätigem Ueberschöpfer konstruiert habe, der aber wegen seiner Einfachheit von einer anderen Konstruktion von Neumann, der ihm dieselbe 1805 mitteilte, übertroffen wurde, bei welchem die Vorteile des Bäuchens in den Bütten und des Kochens in Kesseln vereinigt sei. Die Beschreibung dieser Einrichtung bei Erxleben paßt genau auf eine Konstruktion, die 1815 in einem Aufsatz von Samuel Parkes in dessen früher erwähntem Werke beschrieben und durch eine Abbildung erläutert ist und 20 Jahre später von Kurrer**) an Hand einer Zeichnung (Fig. 12) als „Dampfförmiger englischer Laugenapparat" vorführt. Die aus Tannenholz gefertigte Laugenkufe *A* ist mit dem kupfernen Laugenkessel *B* dicht verbunden. Auf dem durchlöcherten Boden der Kufe *A* ist das Standrohr *D* befestigt. *C* ist das Mauerwerk des Heizofens. Nachdem der Untersatzkessel *B* mit Lauge gefüllt und die mit Lauge imprägnierte Ware in die Bütte *A* eingesetzt ist, wird mit dem Heizen begonnen, wodurch die zum Kochen gebrachte Lauge durch das Standrohr sich über die Ware ergießt.

Im gleichen Werke gibt von Kurrer eine weitere Bäuchkessel-Konstruktion an, welche durch Fig. 13 illustriert wird, der Bauart nach jedoch einer früheren Periode angehören dürfte. Die Lauge wird in einem im Mauerwerk *A* liegenden geschlossenen Kessel

*) Christ. Polykarp Erxleben, Die böhmische Leinwandbleiche. S. 148. Wien 1812.

**) Dr. Wilhelm Heinrich von Kurrer, Die Kunst, Stoffe zu bleichen. Nürnberg 1831.

zum Sieden gebracht und steigt dann durch das Verteilungsrohr *B*, um sich auf die Ware in den Kufen *C* zu ergießen, von wo sie ihren Weg durch die Hähne *D* wieder zum Kessel nimmt.

Ein weiterer Laugenkessel dieser Art ist bei Kreisig*) im Jahre 1834 als Bäuchapparat englischer Konstruktion beschrieben. Fig. 14 stellt denselben im vertikalen Durchschnitt dar.

Er besteht aus zwei Teilen, der obere breitere Teil *a* dient zur Aufnahme der Ware und der untere, sogenannte Sack *b*, zur Lauge;

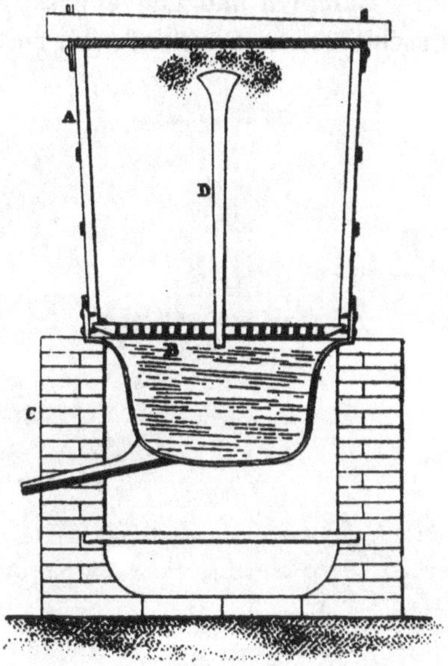


Fig. 12.

*c, c* ist ein eiserner Rost, der außer vielen viereckigen Löchern in der Mitte eine runde Oeffnung hat, über welcher das Steigrohr *d* mittelst Schrauben befestigt wird. Der Kessel ist aus gewalztem $^1/_4$ Zoll starkem Eisenblech zusammengefügt. Der Deckel des Kessels ist aus schwächerem Blech gearbeitet. Diese Kessel sind für die Aufnahme von 600 Stück Kattun à $4^1/_2$ Pfund Gewicht gebaut. *e* ist der Feuerrost; die Flamme teilt sich bei *f* und geht bei *g, g* durch die Kamine *h, h*, umspült auf diese Weise den Kessel und entweicht durch zwei Oeffnungen in den Schornstein. Die Oeffnungen *ii* dienen zur Reinigung der Kanäle *hh*.

*) C. F. Kreisig, Der Zeugdruck und die damit verbundene Bleicherei und Färberei. 1. Band. Berlin 1834.

Zu Anfang des neunzehnten Jahrhunderts waren also folgende Bäuchmethoden bekannt und empfohlen worden:

1. Aufgießen der heißen Lauge im offenen Bäuchfaß von Hand.
2. Mechanisches Ueberpumpen der Lauge im offenen Bäuchfaß (Widmer, Floyd, Neumann, Parkes).
3. Dämpfen der mit Lauge imprägnierten Stoffe in breitem Zustande (Chaptal) und in Strangform (Turnbull) bei mäßigem Druck.
4. Abwechselndes Dämpfen und Laugenpassage unter geringem Druck im geschlossenen Bäuchfaß (Hermbstädt).

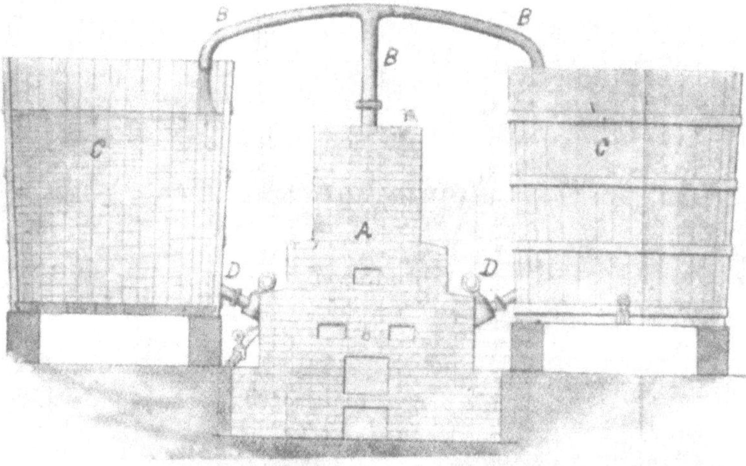


Fig. 13.

Neben diesen mechanischen Neuerungen gingen solche chemischer Natur einher und ich möchte hier vorgreifend auf die auf das Säuren und Chloren etc. Bezug habenden Einrichtungen und Methoden kurz eingehen, die um die Jahrhundertwende in Gebrauch waren und in engem Rahmen ein Gesamtbild der Bleicherei zu Anfang des 19. Jahrhunderts zu skizzieren erlauben.

Der schottische Arzt Home,*) der erste, welcher in zusammenhängender Weise eine Studie über Bleicherei veröffentlichte, der er Versuche, welche um 1750 angestellt wurden, zugrunde legte, kam zu dem Schluß, daß man Soda beim Bäuchen vermeiden soll; an Stelle derselben soll durch den vierten Teil Kalk kaustifizierte Pottasche treten. Statt zum Säuren nach erfolgtem Bäuchen Kleien-

*) Francis Home, Essai sur le blanchiment des Toiles, Paris 1762.

wasser oder saure Milch zu verwenden, wie solche namentlich in Holland angewandt wurde, empfahl Home verdünnte Vitriolsäure (Schwefelsäure). Seine Versuche bezogen sich, wie die der meisten nachfolgenden Forscher, hauptsächlich auf das Bleichen von Leinen.

Die ersten nicht sehr umfangreichen Angaben über Baumwollbleicherei sind von Gülich*) gemacht worden. Hiernach erforderte dieselbe zwei Wochen Zeit, vorausgesetzt, daß die Witterung für die Rasenbleiche günstig war. Das Verfahren sei nach Gülichs Angaben vom Jahre 1780 hier wörtlich wiedergegeben:

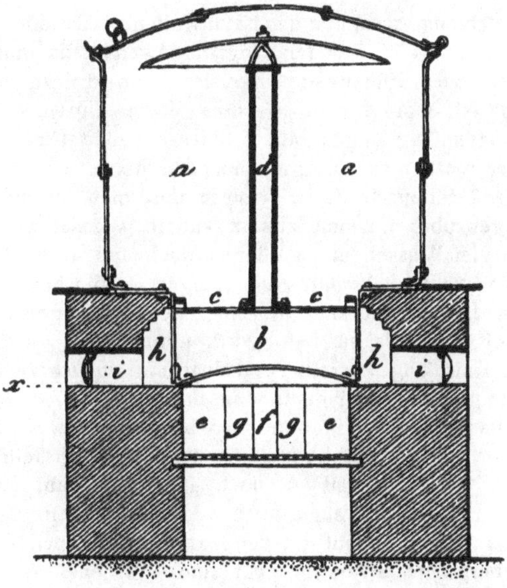


Fig. 14.

„Man macht hierzu vordersamst eine kaustische Kalchlauge von klarem Kalchwasser und Potasche, jedes gleichviel darzugenommen. Der Kalch wird mit Wasser abgelöscht, und hernach noch so viel Wasser in einem hölzernen Geschirr darüber gegossen, als man zum Einweichen seines Garns oder Waare braucht, wohl umgerührt, und sodann stehen lassen, bis das Wasser hell ist, und der Kalch sich zu Boden gesetzt hat, in welchem Falle sich so viel als nöthig ist, von der äzenden Kraft des Kalches in dem Wasser aufgelößt, und damit vereinigt hat.

Wenn dieses Kalchwasser fertig ist, gießet man es von dem Kalch gemächlich ab, und zerläßt noch eben so viel Potasche darinnen, als man Kalch hatte. Die Portion ist ungefähr $^1/_4$ Pfund Kalch und $^1/_4$ Pfund

*) Jeremias Friedrich Gülich, Vollständiges Färbe- und Blaichbuch. Ulm 1780. Band II.

Potasche auf 1 Pfund Garn oder Waare. Es kommt dabey alles auf die Güte des Kalchs und der Potasche an. Von einem alten an der Luft zerfallenen Kalch, der schon vieles dardurch von seiner stechenden Kraft verlohren hat, muß man auch mehr nehmen, und hat man eine schlechte Potasche aus Tannenholz gemacht, so ist es wieder so.

Der Kalch wird nicht auf einmal seiner Kraft beraubt, sondern man kann ihn noch etlichemal mit Wasser aufgießen, ohne frischen Kalch zu nehmen, und das Wasser davon hat immer einerley Kraft. So lange nehmlich noch ein Häutlein oder Tartarus auf dem Kalchwasser sich zeigt, so hat es auch noch seine äzende Kraft; wenn aber dieses sich verliert, und sich nicht mehr sehen läßt: so ist der Kalch ausgenutzt, und muss weggeworfen werden.

In dieser Kalchlauge wird nun das baumwollene Garn oder Waare etliche Stunden, nehmlich 6 bis 12 Stunden lang eingeweicht, da man es darinnen mit den Händen oder Füßen so lange tritt und druckt, bis es überall davon durchneßt ist, worauf man es unter öfterm Umwenden noch einen halben oder ganzen Tag liegen läßt. Indessen richtet man seine Lauge zu zum Bauchen, wozu man eine gute buchene Asche nimmt und zwar auf 25 Pfund Garne 2 Simmri*) Asche. Diese thut man in einem derzu eingerichteten Laugenzuber nur mit klarem kaltem Wasser auslaugen. Man nimmt darzu so viel Wasser, und gießet es nach und nach über die Asche, daß man Laugen genug bekommt zum völligen Auskochen.

Diese klare Lauge hält man nun in einem besonderen Zuber, füllet den Kessel damit, und bis sie heiß wird, nimmt man die baumwollenen Garne aus der Kalchlauge heraus, und legt sie unausgerungen, nur daß man sie ein wenig abtropfen läßt, in den Bauchzuber. So bald die Lauge in dem Kessel handheiß ist, fangt man an überzugießen, so lange; bis die Lauge wenigstens eine Hand hoch über dem Wasser stehet. Weil man nun weder den Kessel leer lassen, noch alle Lauge auf einmal nehmen darf: so muß man so viel Lauge noch vorräthig haben, daß der Kessel noch ein paarmal davon gefüllt werden kann, wenn auch die Garne von dem ersten Uebergießen schon bedeckt sind. Ist das erste Uebergießen geschehen: so deckt man den Bauchzuber nicht nur mit einem Tuch, sondern auch noch mit einem holzernen Deckel zu, der zerschiedene Löcher haben muß, wodurch sich der Dampf in etwas ausziehen kann. Wenn die frische Lauge in dem Kessel wieder heiß ist, und zwar heißer, als das erstemal, so wird aus dem Bauchzuber von dem Garn so viel Lauge abgelassen in ein Untersatzzüberle, bis die frische Lauge in dem Kessel Platz daran findet beym Uebergiessen; abermal wohl zugedeckt, den Kessel wieder mit der noch übrigen frischen Lauge angefüllt, und inzwischen, bis diese heiß wird, gießet man die in dem Untersatzzüberle, welches niemalen mehr als einen Kessel voll Wasser halten darf, in den Laugenzuber, damit man, sobald die Lauge im Kessel anfangt zu kochen, wieder einen Kessel voll von dem Garn ablassen, und aus den Kessel übergießen kann. Dieses Uebergießen, wobey immer ein Kesselvoll heißer und kochender seyn muß, als der andere, wird so lange fortgesetzt, als die Lauge noch etwas Kraft hat. Dann hört man mit dem Bauchen auf, deckt den Zuber wohl

*) 1 Simmri = ca. 30 Pfund Asche.

zu und läßt die Garne darinn so lange liegen, bis die Lauge etwas erkaltet ist, worauf sie nach und nach abgelassen wird, und die Garne herausgenommen, in dem fließenden Wasser rein ausgewaschen, und zum Trocknen aufgehängt werden.

Es ist leicht zu begreifen, daß man so viel Laugen zu diesem Bauchen haben müsse, damit zuletzt, wenn man aufhört, noch so viel Laugen da sey, daß die Garne in dem Bauchzuber damit bedeckt werden können; denn diese därfen nie trocken liegen bleiben, besonders nicht zuletzt, wenn man aufhört zu bauchen; durch eine solche trockene Hitze wurde die Lauge in die Garne zu sehr einbrennen, welches denselben, sowohl zum völligen Weißmachen, als zu den Farben schädlich ist.

Man läßt nach diesem ersten Bauchen, wenn die Garne im fließenden Wasser wohl ausgewaschen und an saubern glatten Stangen an der Sonne getrocknet worden sind, solche etliche Nächte in den Thau legen, des Morgens, wenn die Sonne darauf zu scheinen anfangt, aufheben, allemal wieder im fließenden Wasser auswaschen und abtrocknen, des Tags über aber werden sie bey Seite gelegt, und nicht länger an der Sonne hangen gelassen, als bis sie trocken sind.

Sie werden auf das erste Bauchen nicht weiß genug; man muß sie also noch 4 bis 6 Tage wieder in die Wasch thun, und nochmals, wie zuvor, mit einer guten, vorher zubereiteten Lauge bauchen, nur daß sie diesesmal ganz trocken in den Bauchzuber ordentlich eingelegt werden. Uebrigens wird alles traktirt, wie das erstemal, und die Garne sodann wiederum etliche Nächt in den Thau gelegt; weil sie aber nun gewiß weiß genug und fertig sind: so bedörfen sie weiter nichts mehr, als daß sie zuletzt im fließenden Wasser noch einmal ausgewaschen, und an einem schönen Tage in der Sonne abgetrocknet, und unter öfterem Schüttlen den ganzen Tag an der freyen Luft und Sonne hangen gelassen werden, damit sie nicht nur recht auslüften, sondern auch dadurch recht helle und glänzend werden. Und so sind sie alsdann vollkommen schön weiß. Wenn man vermuthet, daß die Nächte zwar Regen, aber doch keine Sturmwinde haben werden, so legt man die Garne doch aus; aber bey vermuthenden Sturmwind läßt man sie weg, damit sie nicht zuviel in Unordnung geraten, welches beym Gebrauch so schädlich ist.

Auf diese Weise nun erhält man zwar recht schöne weiße baumwollene Garne oder Waaren; aber es gehet eigentlich ein wenig langsam zu; ist hingegen nicht nur das Wohlfeileste, sondern auch zur Erhaltung des Garnes das sicherste Blaichen, und was davon zur Färberey bestimmt ist, das wird auf diese Art darzu am besten gereinigt.“ —

Wem nicht damit gedient ist, seine baumwollene Garne und Waaren nach angegebener Vorschrift auf eine etwas langsame Art weiß zu machen, sondern solche auf eine kürzere, geschwindere Manier weiß haben will, dem kann nachfolgendes Recept alle mögliche Genüge leisten:

„Auf 25 Pfund Garne gerechnet nimmt man 1½ Simri oder Kübel voll gute buchene Asche, und 1½ bis 2 Pfund Kalch; lauget solche mit einander durch frisches kaltes Wasser so lange aus, bis man Lauge genug hat, und solche stark genug ist. Man füllet einen Kessel, der groß genug ist, und wenigstens einen halben Würtembergischen Eimer halten muß, mit der Lauge so weit an, daß die Garne darinnen auch noch Platz haben. Sobald die Lauge in dem Kessel recht warm ist, wird das Garn in den Kessel gebracht; das Feuer nach und nach verstärkt, und endlich das Garn 2 Stunden lang darinn gekocht; hierauf wird das Feuer unter dem Kessel weggenommen, das Garn aus dem Kessel herausgethan, im fließenden Wasser wohl ausgewaschen, rechtschaffen geklopft, und wieder ausgewaschen, inzwischen den Kessel ausgeleert, mit frisch Wasser gefüllt, sobald es warm ist, 2 Pfund im kalten Wasser zuvor aufgelöste weiße Saiffe darinn zerlassen, und 2 Pfund Potasche darunter gerührt; das Garn sogleich wieder hineingebracht, und wiederum zwey Stunden lang daran gekocht. Wie zuvor wieder herausgenommen, geklopft und ausgewaschen, unter dieser Zeit den Kessel nochmals ausgeleert und mit frischem Wasser gefüllt; wenn es warm ist, abermalen 3 Pfund Saiffe darin zerlassen, ohne etwas weiteres darzuzuthun, das Garn wiederum 2 Stunden lang darinn gekocht, herausgenommen, noch einmal wohl geklopft; den Kessel ausausgeleert, frisches Wasser darinnen warm gemacht, das geklopfte Garn darinn geschwenkt; alsdann wird ein Zuber mit frisch Wasser gefüllt, so viel Vitriolöl darunter gegossen, bis man beym Versuchen spührt, daß es merklich saur davon ist, und das im warmen Wasser geschwenkte Garn darein gethan, darinnen hin und hergezogen, eine Viertelstunde darinn liegen gelassen, sofort herausgenommen, wohl ausgewunden, im fließenden Wasser rein ausgewaschen, abermal rechtschaffen ausgerungen und in freyer Luft an der Sonne getrocknet. Auf diese Weise hat man ein schönes weißes Garn, welches in 24 Stunden fertig werden kann.

Man siehet aus dieser Vorschrift leicht ein, daß wo nicht alles, doch das mehrste dabey auf die 3 zerschiedenen Laugen ankomme. Die erste mit dem Kalch als eine kaustische Lauge, legt den ersten besten Grund zur Reinigung, weil sie mit ihrer äzenden Eigenschaft die in dem baumwollenen Garne steckende Unreinigkeit und verborgenes schmutzige Wesen, am besten an sich ziehet; denn alle alcalische Erden und Salze ziehen das Fett und Schmutz in sich und verschlucken es, wodurch der damit vorhin behaftete Körper davon befreyet wird. Um nun aber auch alsdann diese von der stechenden Kalchlauge aufgelößte Unreinigkeiten, sammt dem, was der Kalch selbst von seinen erdichten spröden Theilen damit vermischt, aus dem Garn wegzubringen, braucht man die lautere Lauge, als die zweyte, welche an sich reiner, ein wesentlicheres unvermischtes Laugensalz, das weniger erdichte Teile als der Kalch hat, wodurch also die erste Lauge sammt der eigenen Unreinigkeit des Garnes auf einmal weggenommen wird. Die darmit vermischte Saiffe muß die Wirkung dieser Lauge durch ihr bey sich führendes wenige saure Salz verstärken helfen, und endlich muß die dritte lautere Saifenlauge, welche an sich selbst schwächer als die vorigen, und eigentlich ein Mittelsalz ist, vollends alles, was noch sowohl eigenes Unreines, als von den vorigen Laugen zurückgebliebenes, in dem Garn ist, wegnehmen. Nichts aber ziehet so gut auch den von der letzten Saifenlauge in dem Garn zurückgebliebenen Schleim aus, als das saure Salz des Vitriolöls, und da man die Garne nicht so lange in diesem sauren Wasser liegen läßt, bis es sich in das Garn selbst vestgesetzt hat, sondern nur bis es die Saife herausgezogen hat: so kann man hernach nur im kalten fließenden Wasser alles mit einander vollends wegwaschen, und bekommt solchergestalten ein schönes, reines und weißes Garn oder Waare.

Allein, man wurde doch seine Absicht nicht durch alle diese drey, und auch nicht durch mehrere Laugen, so gut erreichen, wenn die Garne nicht auch dabey wohl geklopft wurden, so oft sie aus dem Kessel kommen. Durch dieses Klopfen aber wird alles Unreine in dem Garn besser aufgeweicht und losgemacht, daß hernach eine jede nachfolgende Lauge wieder desto mehr wegnehmen und abführen kann, bis zuletzt das warme Wasser solche vollends gar ausziehet, das Garn aber auf das reineste und weißeste herstellt. Man darf es versichert seyn, daß keine von diesen 3 Laugen, und überhaupt nichts von allem, was zu diesem Weißmachen des baumwollenen Garns gebraucht wird, überflüssig sey, und wegbleiben könnte. —

Was bey dieser Methode, baumwollene Garne und Gewebe schnell zu blaichen, am meisten auszusetzen seyn möchte, ist dieses, daß die Garne ziemlich viel dabey leiden müssen, und in etwas geschwächt werden. —

Ob die Schwäbischgmünder Baumwollenwäscher ebenso zu Werke gehen, dieses weiß ich nicht; denn sie machen ja aus ihrer Kunst, die Baumwollenwaaren in 24 Stunden weiß zu machen, das größte Geheimniß. So viel aber ist gewiß, daß alle weiteren Künsteleyen dabey wenig oder nichts helfen, und daß sie das Klopfen dabey zu Hülfe nehmen; aus diesem machen sie kein Geheimniß. Wo nun, nebst dem Gebrauch guter Laugen, baumwollene Garne oder Waaren wacker geklopft werden, da kann es gewiß nicht fehlen, daß sie schön weiß werden."

Die Bleicherei leinener Garne und Gewebe vollzog sich zu jener Zeit in ähnlicher Weise. Für mittelgute, nicht zu dunkle Leinwand rechnete man im Mittel 6 Bäuchen, mit je 6 Tagen Auslegen auf den Rasen, so daß man in einem Sommer drei Partien bleichen konnte.

Neben diesen großen Aufwendungen an Zeit und Löhnen verursachten die Chemikalien im Bleichprozeß enorm hohe Kosten. Die Holzaschen kamen meist aus waldreichen Gegenden Rußlands und Polens. Nach Watson*) gaben 1300 Tonnen trockenes Eichenholz 15 Tonnen Asche, aus welcher eine Tonne Pottasche erhalten wurde. Nach Kirwan*) lieferten 1000 Pfund Eichenholz 13½ Pfund Asche und 1½ Pfund Salz. Dieses war vielfach noch Fälschungen unterworfen, indem man es mit schwefelsaurem Kali, einem Nebenprodukt der Scheidewasserfabrikation, mischte. Es ist deshalb erklärlich, daß die Chemiker damaliger Zeit auf einen billigeren Ersatz der Holzaschen sannen und so schlug Higgins nach einer Reihe daraufhin bezüglicher Versuche vor, an Stelle der Pottasche Schwefelkalk zum Bäuchen anzuwenden, nachdem vorher schon Kirwan Schwefelkali (Schwefelleber) zum gleichen Zweck empfohlen hatte. Trotz aller versuchten rechnerischen Vorteile scheint sich diese Methode aber

*) W. Higgins, Versuch über die Theorie und Praxis des Bleichens, Halle 1802.

nicht eingeführt zu haben und Erxleben*) wies 1812 nach, daß bei Higgins' Arbeiten eine Täuschung stattgefunden haben müsse, wie dies vergleichende Versuche dartaten; man blieb bei den mit Kalk kaustisch gemachten Laugen.

Einschneidende Veränderungen brachte die Entdeckung des Chlors durch Scheele in den Bleichereibetrieb und erzeugte eine ganze Literatur über diesen Gegenstand. In Frankreich zuerst von Berthollet, in Deutschland von von Born aufgenommen, bewegten sich die Versuche zunächst in der Richtung, eine für den Großbetrieb geeignete Apparatur für die Entwickelung des Chlorgases, welches als oxydierte oder übersaure Salzsäure aufgefaßt wurde, zu erstellen. Wie es im Kleinbetrieb unserer heutigen Laboratorien noch geschieht, wurde ein Gemenge von Braunstein, Schwefelsäure und Kochsalz auf dem Sandbade erhitzt. Das sich entwickelnde Gas strömte in die Bleichkammer, in welcher die zu bleichende feuchte Ware aufgehängt war. Man überzeugte sich indes bald, daß ohne vorheriges Bäuchen ein durchgreifendes Bleichen unmöglich sei und ließ ein Chloren der Ware lediglich folgen, um das Auslegen auf den Rasen abzukürzen. An Stelle des gasförmigen Chlors führte Berthollet zunächst Chlorwasser, in Deutschland Bleichwasser genannt, in die Bleicherei ein, bis er 1785 beobachtete, daß wässerige alkalische Lösungen noch geeigneter seien, das Chlor zu absorbieren. Nach der ersten Fabrik, in welcher die durch Einleiten von Chlor in Kalilauge erhaltene Lösung benutzt wurde, erhielt dieselbe die Handelsbezeichnung Eau de Javelle. Die Nachricht dieser Berthollet'schen Entdeckung wurde durch James Watt nach Glasgow gebracht und im Jahre 1798 an Charles Tennant unter Nro. 2209 ein englisches Patent zur Erzeugung von Bleichlösungen durch Einleiten von Chlor — oxyginated muriatic acid gas — in Kalk, Baryt und Strontian, suspendiert in Wasser, erteilt. Dieses Patent, das erste über Chlorkalk-Darstellung, wurde indes bereits im Jahre 1801 für nichtig erklärt, weil nachgewiesen wurde, daß kurz nach Berthollet's Entdeckung bereits englische Bleicher an Stelle von Kalilauge Kalkmilch zur Herstellung von Bleichflüssigkeit angewandt hatten.**)

Die heftigen gesundheitsschädlichen Wirkungen des Chlors beim Arbeiten mit dem gasförmigen Produkt wie mit dem Chlorwasser, waren zu bald erkannt und drohten, der ganzen Erfindung verhängnisvoll zu werden: Der Anwendung der Javelle'schen Lauge standen

---

*) Christ. Polykarp. Fried. Erxleben, Die böhmische Leinwandbleiche, Wien 1812.

**) Roscoe und Schorlemmer, Lehrbuch der Chemie. Bd. I. 220.

kalkulatorische Bedenken entgegen und so ersann Theophilus Rupp*) eine Vorrichtung, mit Chlorgas oder auch mit Chlorwasser in einem geschlossenen Apparat zu arbeiten, der die Gefahren für den Arbeiter ausschließen sollte. Fig. 15 veranschaulicht den

Fig. 15.

Rupp'schen Apparat. In einem fest verschließbaren Holzkasten *A*, *B*, *C*, *D* sind zwei vertikale drehbare Achsen *K*, *L*, am unteren Ende mit hölzernen Scheiben *O* ausgestattet, in Lagern *F* resp.

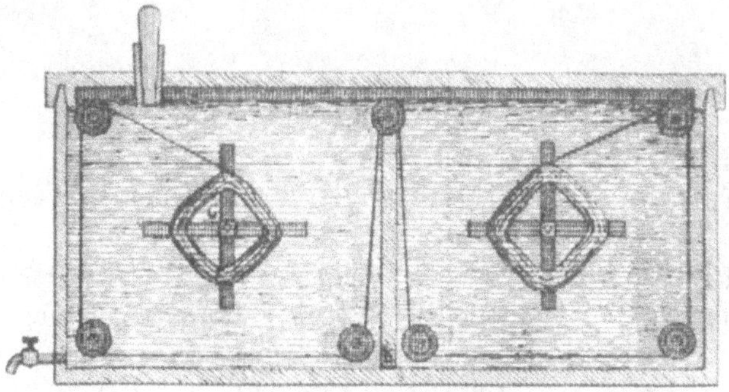

Fig. 16.

*H* laufend, versehen. Das Ein- und Ablassen des Bleichwassers erfolgt durch *I* resp. *V*. Wie aus der Figur ersichtlich, wird an den Achsen ein Vorläufer *M* befestigt, an welchen der zu bleichende, auf die Achse *L* gewickelte Stoff *N* befestigt ist. Durch Kurbel *P*

*) Memoirs of the Lit. and. Phil. Society of Manchester, Vol. V. Part I. S. 210. 1798.

wird nun die Ware von der einen zur anderen Rolle gewickelt, während die Bremsvorrichtung *Q*, *R*, *S*, *T* das Gewebe straff erhält.

O'Reilly veröffentlichte 1801 in dem früher angegebenen Werke eine Chlormaschine ähnlicher Art, die sich auch bei Hermbstädt*) abgebildet findet, und welche letzterer sowohl für das Bleichen von Wolle mit wässeriger schwefliger Säure, wie für das Bleichen baumwollener und leinener Zeuge mit oxydiertsalzsaurer Bleichlauge empfiehlt

Im Gegensatz zur Rupp'schen Maschine ist hier die Ware auf Haspel statt auf Rollen und statt in vertikaler in horizontaler

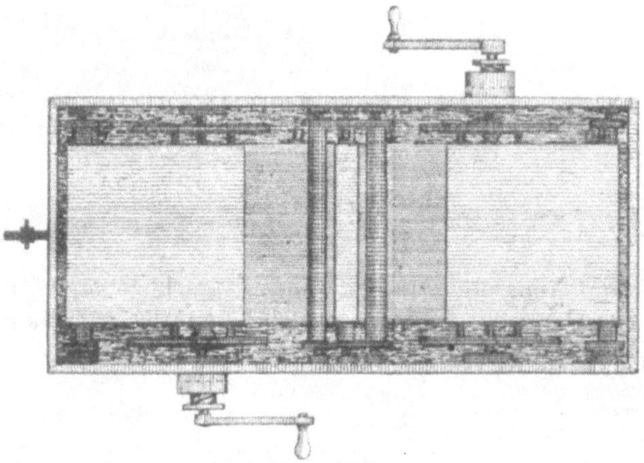

Fig. 17.

Richtung angeordnet. Fig. 16 zeigt die Maschine im Längsschnitt, Fig. 17 im Grundriß.

Rupp beschreibt weiter, daß die von Berthollet und von Watt angewandte Methode, die Waren in Kufen in Strangform mit Chlor zu behandeln, zu ungünstigen Ergebnissen führten, daß die Bleichlösung nicht alle Teile gleichmäßig faßte, daß mehr oder weniger fleckige oder angegriffene Ware schließlich resultierte, weshalb man zu dem Chloren der Gewebe im breiten Zustande überzugehen gezwungen gewesen sei.

Die Meinungen waren geteilt, ob die sogenannte uralte Bleichmethode nicht doch in Bezug auf Leistungsfähigkeit, in Bezug auf Preis, den Neuerungen vorzuziehen sei. Für die Baumwollbleicherei

*) D. Sigismund Friedrich Hermbstädt, Allgemeine Grundsätze der Bleichkunst. Berlin 1804.

wurde allerdings als die leichter zu behandelnde und weiß zu machende Gespinnstfaser allseitig anerkannt, daß die Fortschritte auf mechanischem wie technischem Gebiete angebracht und erfolgreich durchzuführen seien. In der Leinenbleicherei verhielt man sich skeptischer und es ist bezeichnend, daß ein erfahrener Theoretiker und Praktiker zugleich, im ersten Dezennium des 19. Jahrhunderts alle Neuerungen über Bord warf und, wie es in einem Vorwort des k. k. Kommerzrat Johann Jakob Rösler zu Erxlebens Werk über Leinenbleiche hieß, ein Mann zu Wort kam, der experimentell und kaufmännisch gebildet, auf höheren Wunsch die ganze Frage damaliger Interessen der Bleicherei klarstellen sollte. Erxleben unterzog sich dieser Aufgabe in mustergültiger Weise dadurch, daß er übersichtlich und klar alle Neuerungen und Verbesserungen zusammenstellte und in offenster Weise das seines Dafürhaltens beste für die Bleicherei leinener Gewebe, um die sich zu damaliger Zeit der Kampf der Ansichten ganz besonders drehte, herausschälte und als solches bewies; er gab nach Sichtung aller inzwischen aufgetretenen, empfohlenen und in die Praxis eingeführten Methoden und selbst an einer ökonomischen Darstellung der Schwefelsäure und den Arbeiten Berthollets resp. von Borns über das Chlor beteiligt, der uralten Methode der Leinenbleicherei, wie sie sich durch Jahrhunderte entwickelt hatte, im Prinzip den Vorzug. Die Einzelheiten seiner Ansichten und die Resultate seiner Versuche, auf welche sich jene stützten, gehören der Geschichte an und haben für den Praktiker heutiger Technik untergeordnetes Interesse: Nur so viel; das Haupthindernis an der Einführung solcher Bäuchapparate, welche einen mechanischen Betrieb des Bäuchens und damit einer Reduktion an Löhnen und Feuerungsmaterial in erster Linie bezweckte, sah Erxleben zu seiner Zeit in dem Umstande, daß das Bäuchen nur intermittierend von mäßig warmen bis zu sich allmählich zur Kochtemperatur steigernden Laugen auszuführen sei, daß ein Kochen von Anfang an beginnend, für die Faser, speziell die Leinenfaser, auch nach vorherigem Entschlichten schädlich sei und zu den gefürchteten Holzflecken, den sogenannten Büttenflecken führen müsse; auch würde sich die Lauge durch keinerlei mechanische Mittel so gleichmäßig und dem jeweiligen Bedarf entsprechend über das Bleichgut verteilen lassen, wie dies durch Ueberschöpfen von Menschenhand möglich sei.

Ein Referat über die beste Behandlung baumwollener Gewebe nach dem Stande damaliger Erkenntnis gab Erxleben nicht; für Leinen wurde die Chlorpassage ausgeschaltet, das Säuren mit

Schwefelsäure an Stelle saurer Milch nach Home's Vorschlag indes beibehalten. Wert wird besonders auf eine ökonomisch ausgebaute Fabrikations-Anlage der Bleicherei gelegt, und wir finden hier zum ersten Male in der einschlägigen Literatur eine durch Zeichnungen näher erläuterte Bleicherei, die schon deshalb verdient, in dieser Schrift wiedergegeben zu werden, wenn sie auch nicht speziell für die Bleicherei baumwollener Stückware maßgebend sein mochte.

Nach dem Vorwort der Erxleben'schen Schrift von Rösler besaß jener, resp. die Gebrüder Erxleben in Landskron die größte Leinwandweberei „der Welt", eine Tatsache, die nicht unwahrscheinlich ist, wenn man berücksichtigt, daß das Bleichereigewerbe jener Zeit hauptsächlich von kleinen Leuten in kleinem Maßstab betrieben wurde; existierten doch noch vor hundert Jahren über 200 Bleichereien in Böhmen allein! In den Fig. 16, 17, 18 nächster Seite ist die Anlage, soweit sie die eigentliche Bleicherei, die „Bleichhütte", betrifft, im Bilde wiedergegeben — im Maßstabe von ungefähr 1 : 600. Die Beschreibung folgt im Text des Erxleben'schen Werkes:

Das Bleichhaus, 5 Klafter breit und 65 Klafter lang, dürfte wohl, so wie die ganze Bleichanstalt, eines der allergrößesten seyn, die es gibt; es ist nicht mit unnöthigem Aufwande, jedoch solid genug hergestellt, um daraus zu entnehmen, daß der Erbauer den Zweck desselben sehr hoch erachte; denn es gebricht nichts, was dem Geschäft auf irgend eine Weise nützlich oder förderlich seyn könnte, auch ist, so viel es ohne besondere Unkosten geschehen konnte, durch Form und Ebenmaß für ein freundliches Aeußeres gesorgt. Bey der inneren Eintheilung ist auf leichte Uebersicht, Bequemlichkeit, Ordnung, Reinlichkeit, Ersparnisse an Material, Zeit und Arbeit Rücksicht genommen, und ohne die mindeste nothwendige Kleinigkeit zu übersehen, doch mit Vermeidung alles Kleinlichen, bey jedem einzelnen Gegenstande, der dem Ganzen nur anpassenden Maßstab des Großen als Richtschnur beybehalten. Die Eintheilung und die Ordnung, in welcher die Bäuchgeräthschaften aufgestellt sind, weicht von der bisher gewöhnlichen eben so sehr ab, als die Form des Bleichhauses.

**A.** Das Bleichhaus, Bleichgebäude, hat drey Abtheilungen; nähmlich:

**B.** Zwey Flügel, welche beyde im Erdgeschoß

*A.* 2 Küchen für die Arbeiter,
*B.* 2 Wohnzimmer für dieselben,
*C.* 2 Wohnzimmer für die Bleichmeister,
*D.* 2 Vorhäuser und Küchen,
*E.* 2 Vorrathsgewölbe für dieselben;

im Dachgeschoß

*AA.* 2 Vorhäuser für die Aufseher,
*BB.* 2 Geschäftszimmer für detto,

Fig. 18.

Fig. 19.

Fig. 20.

*CC.* 2 Wohnzimmer für die Aufseher,
*DD.* 2 Küchen für detto
enthalten, und die eigentliche Werkstatt.

**C.** Die Bleichhütte, Bäuchhütte, Baude.

Darin befinden sich:

a) Die Eingänge in die Waschzimmer der Arbeiter.
b) detto in die Küche derselben.
c) Die Stiegen in das Dachgeschoß.
aa) Die Eingänge zur Aufseher-Wohnung.
bb) Fenster aus deren Geschäftszimmer, aus welchen die ganze Werkstatt übersehen wird.

Sie enthält verschiedene Gemächer.

*F.* 2 Kammern für die Pottaschen-Vorräthe.
*G.* 4 detto für die Aschen-Vorräthe.
*H.* 6 Aufenthaltsörter für die Arbeiter, und oberhalb derselben deren Schlafstellen. In selben befinden sich
d) Die Eingänge in die
*I.* 6 Küchen (Schürrgruben), welche rückwärts mit
e) Oeffnungen versehen sind, durch welche das Brennholz hereingeworfen wird, mit welchem die
*K.* 6 Oefen befeuert werden, welche
f) 12 Bäuchkessel zum Beheitzen, und
g) 6 Reservekessel, die von der entweichenden Hitze erwärmt werden, enthalten.

Neben denselben befinden sich:

*L.* 12 Bäuschbütten, neben welchen die Wagen, um die Leinwand auf- oder abzuladen, durch
*M.* 7 Vorderthore herein, und zu den
*N.* 7 Hinterthoren hinaus fahren.

Unter den Bütten befinden sich:

h) Die Sümpfe, hölzerne Gefäße, welche nach Eröffnung des in jeder Bütte befindlichen
i) Zapfen, die abfließende Lauge aufnehmen, welche dann durch den neben ihnen in der Erde befindlichen Kanal fortläuft. Jeder Bütte ist ein
k) Fenster gegenüber, durch welches sie mit Hülfe der
l) Dachfenster vollkommen erleuchtet ist. Durch den langen
*O.* Dachsattel ziehen die Wasserdämpfe ab.

In einem ausgemauerten offenen

*P.* Kanale, der das abfließende Wasser fortschafft, liegen
*Q.* Die Wasserröhren, welche bey
*aQ* Teichwasser, bey
*bQ* Bachwasser herbeyführen.

So wie die ganze Bäuchhütte durch die beyden Hauptthore in zwey ganz gleiche Hälften getheilt ist, deren keine die andere bedarf, so ist wieder jede Hälfte durch die drey ganz gleichen Oefen in eben so viele besondere Werkstätte abgetheilt, bey welchen wieder jede Bütte mit ihrem Kessel selbstständig ist, und eben so gut für sich allein, als zugleich mit allen übrigen in Thätigkeit gesetzt werden kann. Ich will deßhalb einen Ofen mit seinen zwey neben ihm aufgestellten Bütten näher beschreiben.

Die Struktur der Oefen ist höchst einfach, aber entspricht, so viel es überhaupt möglich ist, dem vorgesetzten Zweck, aus einer gegebenen Menge Brennholz die größeste Summe Wärme zu erzeugen, die geringste Summe der erzeugten Wärme unbenützt entweichen zu lassen, und das Wasser oder die Lauge so schnell als möglich bis zum Siedpuncte zu erhitzen. Es ist sehr schwierig, diese verschiedenen Zwecke mit einander zu vereinigen, und ganz vollkommen wird es deshalb niemahls gelingen, weil das unveränderliche Gesetz der Natur, nach welchem Geschwindigkeit und Kraft im umgekehrten Verhältnisse stehen, nicht aufzuheben ist, und deßhalb unvermeidlich immer um so mehr Wärme entweicht, je mehr aus einer gegegebenen Menge Brennmaterial erzeugt, und je schneller ein Gefäß erhitzt wird.

Um die größeste Summe erzeugbarer Wärme aus einer gegebenen Menge Brennmaterial wirklich zu erzeugen, brachte ich den Grundsatz in Anwendung, daß der Erfolg um so größer sey, je mehr atmosphärische Luft das brennende Feuer durchströme. Und um dieß zu bewirken, wurden die über dem brennenden Feuer befindlichen Räume, nähmlich die Züge und der Rauchfang angemessen erweitert, verlängert, und vollkommen geschlossen, damit die in derselben durch die Verdünnung der Luft entstehende Leere, auf keinem anderen Wege mit äußerer Luft wieder erfüllt werden kann, als nur durch die unter oder vor dem brennenden Holze befindliche Oeffnung, und das Feuer unausweichlich durchströmen muß, welches aus gleicher Ursache immer vermehrt wird, und um so heftiger geschieht, da die deßhalb angebrachte Oeffnung angemessen gering ist. Auf diesem Grundsatze und dem richtigen Verhältnisse des oberen Raumes, durch welchen die verdorbene Luft ab, und des unteren, durch welchen frische Luft dem brennenden Feuer zugeführet wird, beruht überhaupt der Erfolg eines gut ziehenden Ofens. Sehr unrichtig benennt man dergleichen gutziehende Oefen, Sparöfen; denn meistens sind sie ihrer Natur zufolge nichts weniger als sparend, weil sie wohl schnell, aber nicht anhaltend, und nicht mit dem geringsten Aufwande an Brennmaterial erwärmen.

Um die erzeugte Wärme auf den bezweckten Punct, den Kessel, hinzuleiten, und in höchstmöglichster Geschwindigkeit und größester Summe mit dem darin befindlichen Wasser zu verbinden, kommt es hauptsächlich auf die Entfernung des zu erhitzenden Gefäßes von dem Feuerherde an, welche im Verhältnisse mit der Menge des zugleich brennenden Brennmaterials stehen, und so bemessen seyn muß, daß die konzentrirte Flamme mit ihrer Spitze gerade das Gefäß erreichet. Außer diesem habe ich in Folge bekannter Grundsätze den Einwirkungen des Feuers eine vergrößerte Oberfläche dargebothen, und durch größere Ausdehnung der Wassermasse, Widerstand vermindert. Die Summe der entweichenden Wärme zu verringern, sind einer Seits die Kessel mit leicht beweglichen Deckeln versehen, anderer Seits kommen die Züge, welche auf beyden Seiten um die Kessel laüfen, von zwey Kesseln unter einem dritten Reservekessel zusammen, erwärmen kostenlos das in selbigem befindliche Wasser, welches zur Nachfüllung der beyden eigentlichen Bäuchkessel bestimmt ist, vereinigen und endigen sich dann erst in dem Rauchfange. Wenn nun auch bey der schnellen Erhitzung der Bäuchkessel durch heftig brennendes Feuer in den stark ziehenden Oefen, durch die um die Bäuchkessel laufenden Züge, ein Theil erzeugter Wärme entweicht, so wird sie doch benützt, um in dem Reservekessel das Wasser im voraus zu erwärmen.

*K*. Die Oefen — vergl. Figg. 21 und 22 — enthalten jeder

f) zwey Kessel, welche einer wie der andere ganz gleich eingemauert sind. Diese Bäuchkessel sind $5\frac{1}{2}$ Schuh lang, $2\frac{1}{2}$ Schuh breit, $1\frac{1}{2}$ Schuh tief, und fassen demnach, so viel angefüllt, als es zulässig ist, 11 Eimer Wasser. Sie werden beheitzt aus der

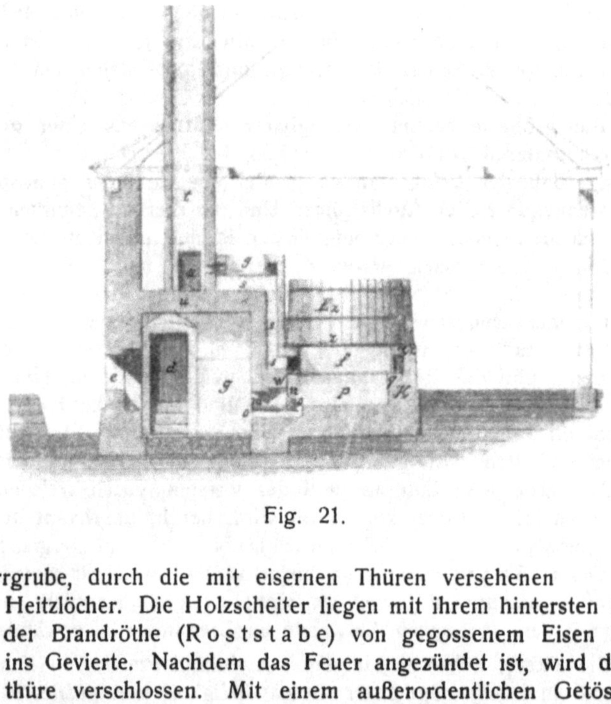

Fig. 21.

*I*. Schürrgrube, durch die mit eisernen Thüren versehenen

m) Heitzlöcher. Die Holzscheiter liegen mit ihrem hintersten Ende auf

n) der Brandröthe (R o s t s t a b e) von gegossenem Eisen $3\frac{1}{2}$ Zoll ins Gevierte. Nachdem das Feuer angezündet ist, wird die Heitzthüre verschlossen. Mit einem außerordentlichen Getöse dringt alsdann die äußere Luft durch die unter dem Heitzloche befindliche, 6 Zoll ins Gevierte, weite

o) Oeffnung, welche sich hinter der Brandröthe n in gleicher Weite endigt, und nicht mit Roststäben bedeckt, sondern offen ist, in das Feuer, welches nun heftig brennt, und ob es zwar naturgemäß dem $2\frac{1}{4}$ Schuh hoch entfernten Kessel f entgegen strebt, doch dem

p) Feuerherde entlang hinzieht, am Ende desselben sich in zwey 6 und 9 Zoll weite

q) Züge vertheilt, die auf beyden Seiten neben dem auf dem

r) Gemäuer des Feuerherdes p ruhenden Kessel f zurückkehrt, und

die in demselben enthaltenen 11 Eimer Wasser in einer halben Stunde ins Sieden bringt. Die entweichende Hitze steigt durch die
s) fortgesetzten Züge in die Höhe, zieht mit denselben unter und neben dem Reservekessel g hin, und erwärmt das darin befindliche Wasser. Dieser Reservekessel ist 6 Schuh lang, 2½ Schuh breit, und 1 Schuh tief. Die Züge s vereinigen und endigen sich in
t) dem Rauchfange, welcher auf
u) dem Gewölbe der Küche, so wie der Kessel g ruhet, und mit einer
v) eisernen Thüre versehen ist, durch welche der Kaminfeger, um zu kehren, einsteigt; was aber deßhalb unnütz ist, weil sich kein Ruß absetzt.

Wegen besserer Haltbarkeit der Oefen sind bey
w) eiserne Platten eingelegt.
*L*. Aus den Bäuchbütten wird die Lauge gewöhnlich durch
i) das Zapfloch in den darunter eingesenkten
h) Sumpf abgelassen, und aus diesem wieder in den Kessel f zurück geschöpft. Meine erste Idee um dieß Zurückschöpfen unnöthig, und die Lauge in dem Kessel selbstfließend zu machen, zeigt sich bey
*Lx*. der Bütte, welche nicht mehr als die Unterlage beträgt, von dem Fußboden erhoben ist, und die Höhe des Ofens k um 2 Schuhe überreichet. Wenn sie nun mit Lauge angefüllt ist, oder deren Höhe wenigstens doch die des Ofens übertrifft, so steigt dieselbe, wenn bey
mm) der Zapfen gezogen wird, durch ein liegendes Rohr in
x) den Ständer herauf, und ergießt sich durch
y) den Seitenarm in den Kessel f. Da dieß aber, wie in §. 195 erwähnt, nicht zweckmäßig befunden wurde, so ist alles auf die Art verändert, wie es an
*Lz*. der Bütte zu sehen ist, die mit dem Ofen horizontal steht, aus welcher deßhalb die Lauge in den Kessel f durch den mit einem Ventil versehenen
z) Seitenarm zurückfließen kann, es mag viel oder wenig in der Bütte enthalten seyn.

Die Bütten *L* haben im Durchmesser 10 Schuhe, und die Taufelhöhe ist 4 Schuhe. Anfänglich betrug dieselbe zwar 5 Schuhe; da indessen ein Schuh dieser Höhe vorzüglich nur aus dem Grunde zugegeben war, um den höheren Laugenstand bey *Lx* zu bezwecken, dieser daher bey der Veränderung *Lz* unnöthig wurde, so ist von sämmtlichen Bütten dieser 5te Schuh abgenommen, weil durch Beseitigung überflüssiger Höhe das Herausnehmen und Einlegen der Leinwand erleichtert ist. Aus gleichem Grunde sind auch die Oefen, ohne jedoch sonst im mindesten etwas an ihren Verhältnissen zu verändern, um einen Schuh tiefer gesenkt, wie man in *K* bey zz ersehen, und mit yy vergleichen kann.

Jedermann, der den großen Vortheil genießet, welchen Wasserleitungen gewähren, wird auch wissen, wie sehr man besorgt seyn muß, um im strengen Winter das Zufrieren der Röhren, die außer der Erden sind, zu verhüthen. Mit aller Vorsicht ist dieß demungeachtet nicht zu verhindern, wenn das Wasser nicht fortwährend läuft, sondern zeitweilig still stehet. Aus diesem Grunde ist bey

*Q.* der Wasserleitung die Vorkehrung getroffen, daß das Wasser, ob es gleich auf sechs verschiedenen Puncten, nähmlich bey jedem Ofen *K* fortwährend in die Höhe des oberen Reservekessels g heraufgedrückt stehen muß, demungeachtet sich auf allen Puncten ununterbrochen fortbewege, und keineswegs in einem oder dem andern der sechs Ständer der Ruhe überlassen bleibe . Dieß ist durch doppelte Ständer und Unterbrechung des Röhrzuges bewirkt. Das Wasser hat nähmlich seinen Zufluß von *bQ*, und steigt in

qq) dem ersten Ständer in die Höhe bis zu

ss) dem Seitenarm, welcher durch die Mauer über das Küchengewölbe u neben dem Rauchfange wegreicht, und auf dem Ofen des Reservekessels g aufliegt, und ergießet sich, nachdem das in dem Seitenarm ss befindliche

Fig. 22.

tt) Ventil eröffnet ist, in den Kessel g, so wie aus diesem durch die, mit Zapfen versehenen,

uu) Abfließröhren in einen oder den andern der Kessel k. Sobald diese angefüllet sind, und das Ventil tt geschlossen wird, tritt das Wasser durch den in geringer Erhöhung angebrachten

vv) kurzen Seitenarm in

ww) den zweyten Ständer, in welchen es herabfällt, in

*oQ*) der zweyten Röhre den nähmlichen Lauf wiederholt, und nachdem es alle sechs doppelten Ständer durchlaufen ist, in einen zweyten Teich zurückgeführt wird.

Während so in der Leinenbleicherei die mechanischen Bäuchapparate noch wenig Anklang fanden, führten sie sich in der Baumwollbleicherei mehr und mehr ein und gaben zu Neu-Konstruktionen und Verbesserungen aller Art Anlaß.

Unter Nro. 5154 wurde im Jahre 1825 an Lemuel

Wellmann Wright ein englisches Patent erteilt, dessen Beschreibung hier folgen möge:

In dem im Innern mit einem Lattenrost versehenen konisch

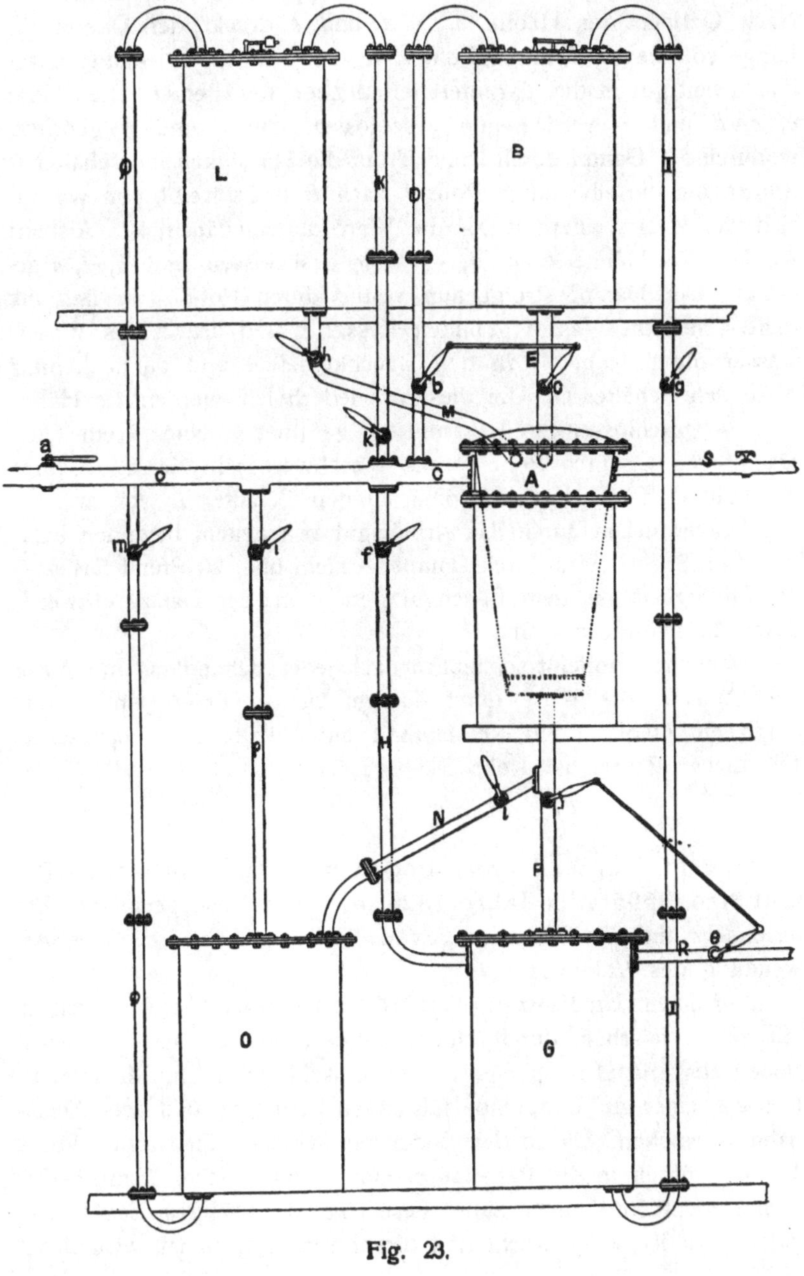


Fig. 23.

geformten, mit Schrauben verschließbaren Kessel *A* (Fig. 23) wird das zu bleichende Gut eingepackt. Kessel *B* enthält die Laugenlösung und durch Rohr *C*, das von einem Dampfkessel mit Dampf von 50 Pfund Druck gespeist ist, wird der Apparat in Tätigkeit gesetzt Nach Oeffnen der Hähne *b*, *c*, *d* und *e* drückt der Dampf die Lauge von Kessel *B* durch Rohr *E* in den Bäuchkessel *A* und durch das Arbeitsgut in den darunter befindlichen Behälter *G*. Die Hähne *b*, *c*, *d* und *e* werden nun geschlossen und *f* und *g* geöffnet, wodurch der Dampf durch Rohr *H* auf die Flüssigkeit im Behälter *G* drückt und dieselbe durch Rohr *I* nach *B* zurücktreibt, von wo aus sich das Spiel wiederholt, bis die Ware durchgebäucht ist. Alsdann werden die Hähne *b*, *c*, *d*, *e*, *f*, *g* geschlossen und *h*, *i*, *k* geöffnet. Der Dampf strömt nun von *c* durch Rohr *k* in den mit reinem, heißem Wasser gefüllten Kessel *L* und drückt das Waschwasser durch Rohr *M* in den Bäuchkessel *A* und durch Leitung *N* in den Behälter *O*. Um dies zu wiederholen, werden die Hähne *h*, *i*, *k* geschlossen und *l* und *m* geöffnet. Nun treibt der Dampf von *C* durch Rohr *P* das Waschwasser in Kessel *O* durch die Leitung *Q* wieder nach oben in den Behälter *L*, von wo aus das Durchdrücken durch das Arbeitsgut von neuem beginnen kann.

Zum Schluß wird durch Dampf — nicht über 20 Pfund Druck — die Flüssigkeit aus dem Bleichgut getrieben; der Dampf entweicht durch die Leitungen *F* und *R*.

Wright empfiehlt schließlich nach jeder Behandlung mit Alkali oder Wasser die Ware durch Dampf zu entwässern und darauf durch ein Gebläse den Kesselinhalt durch kalte Luft abzukühlen. Für diesen Zweck ist Rohr *S* vorgesehen.

George Daniel Harris arbeitet nach dem englischen Patent Nro. 5606 vom Jahre 1828 in seinem Bleichgefäß, welches besonders für die Behandlung von Wolle gedacht ist, unter Anwendung des Vakuums.

Auf einem Untersatz *b* (Fig. 24) ist ein Bleichkessel *a*, welcher mit einem falschen, durch Hebel *n-d* auf und ab verschiebbarem Boden ausgerüstet ist, gelagert. Der Kesseldeckel ist mit dem Mannloch *e e*, einer zur Luftpumpe führenden Leitung *g* und dem Ablaßhahn *l* versehen. Die in den Boden des Kessels eingesetzten Rohre *h* und *i* führen in die Behälter *k* und *o*, von welchen *k* mit heißer Lauge, *o* mit verdünnter Säure beschickt ist. Nachdem das Bleichgut in den Kessel gebracht und dieser verschlossen ist, wird durch

Leitung *g* die Luft abgesaugt und alsdann durch Oeffnen des Ventils *h* die Lauge aus *k* in den Kessel eingelassen, welche denselben füllt. Darauf wird *h* geschlossen und *l* geöffnet, wodurch die atmosphärische Luft auf die Oberfläche drückt; eventuell kann durch einc Pumpe noch weiter Luft aufgepreßt werden. Nachdem die heißc Lauge so eine Zeitlang auf die Ware eingewirkt hat, wird Hahn m geöffnet und die auf der Oberfläche der Lauge angesammelten Verunreinigungen laufengelassen; dann entfernt man dic übrige Lauge durch Oeffnen des Hahnes *h* und preßt das

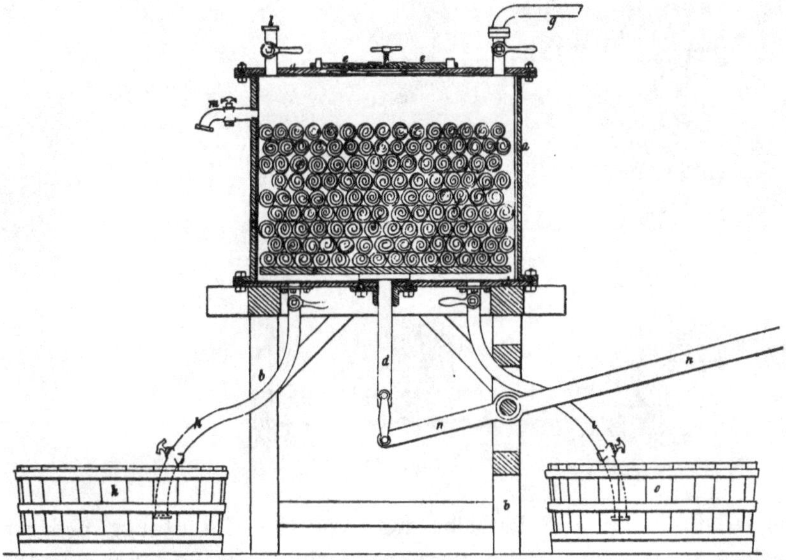

Fig. 24.

Material, durch Bewegen des Hebels *n* nach oben, aus. In gleicher Weise wird mit heißem Wasser ausgewaschen und schließlich durch *i* aus Bassin *o* gesäuert.

---

In Fig. 25 ist eine Bleicheinrichtung dargestellt, welche Thomas Ridgway Bridson unter Nro. 7056 im Jahre 1836 in England patentiert wurde.

Ein aus Stein aufgeführter Behälter *a, a, a, a* ist mit einem falschen Holzboden *b, b* und einer darunter befindlichen Dampfzuleitung *c* versehen. In der Mitte des steinernen Behälters *a* ist eine Pumpe *F* angeordnet, die auf dem Boden desselben steht.

Die vorher fermentierte und gut ausgewaschene Ware wird in das

Bäuchgefäß rund um den Pumpenschaft eingeschichtet, worauf man aus einem Behälter durch Hahn *G* Lauge, die durch Rohr *C* zum Kochen gebracht wird, zuströmen läßt. Mit Pumpe *F* wird alsdann die Ware 9—10 Stunden überpumpt, worauf die Lauge durch ein in *E* angebrachtes Ventil abgelassen wird. Durch Hahn *H* gibt man sodann heißes Wasser, durch *I* darauf kaltes Wasser, und durch *K*, nachdem die Ware genügend abgekühlt ist, Chlorkalklösung zu. Man pumpt diese 5 Stunden lang über das Bleichgut, indem

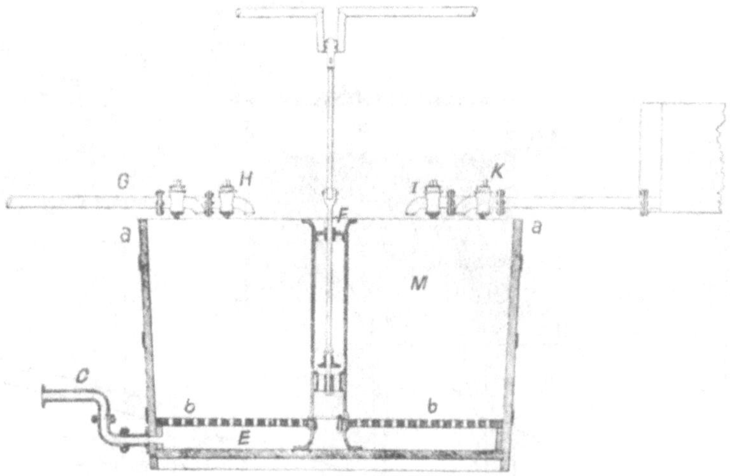


Fig. 25.

man dafür sorgt, daß dasselbe stets von der Chlorlösung bedeckt bleibt. In gleicher Weise wird gewaschen, gesäuert und wieder gewaschen.

---

Eine größere Bedeutung scheint zu damaliger Zeit ein Bleichapparat erlangt zu haben, den von Kurrer*) beschreibt, welcher auch bei Persoz**) Erwähnung findet. Der Apparat wurde von England aus in den Handel gebracht und fand auch auf dem Kontinent Aufnahme. Das Kochen geschieht in einem geschlossenen gußeisernen Gefäß, welches aus einem Stück stark genug hergestellt ist, um einem Ueberdruck von 5 Atmosphären standzuhalten. Fig. 26 gibt eine skizzierte Abbildung der Einrichtung wieder.

*) Dr. Wilhelm Heinrich v. Kurrer, Geschichte der Zeugdruckerei. Nürnberg 1844.

**) J. Persoz, Traité theorique et pratique de l'impression des tissus. Paris 1846.

*A* ist das gußeiserne Gefäß, auf welches der Deckel *B* luftdicht aufgeschraubt werden kann, nachdem vorher die Ware eingelegt wurde. *e* ist eine Röhre aus einem hölzernen Reservoir, worin sowohl das Bleichmaterial (Soda oder Pottasche) aufgelöst, als auch frisches Wasser zum Waschen der Ware aufbewahrt wird. Wenn die Ware eingesetzt, Lauge zugegeben, Deckel und alle Hähne geschlossen sind, wird durch Oeffnen des Rohres *b*, welches mit einem Dampfkessel von hohem Druck in Verbindung steht, die Ware 8 bis 10 Stunden lang gekocht, hierauf der Hahn in Rohr *g* geöffnet und durch den Druck des Dampfes die Lauge in das Gefäß *C* hinüber getrieben. Wenn das geschehen, schließt man *g*, dann *b*

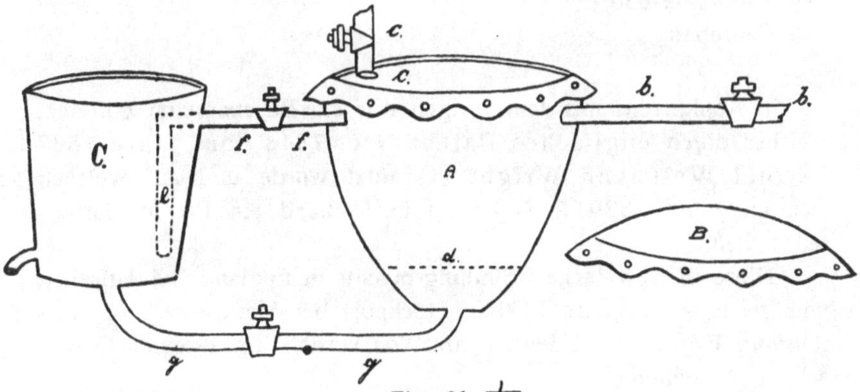


Fig. 26.

und läßt durch *c* frisches Wasser ein, welches auf vorhin beschriebene Weise wieder nach *C* hinübergejagt wird. Schließt man *g* und *b* nun wieder und öffnet Hahn *f*, so wird durch den in *A* entstehenden luftleeren Raum und durch den Druck der Luft auf die Flüssigkeit in *C*, diese durch *f* wieder nach *A* hinübertreten, wo sie wieder mittelst Schließen von *f* und Oeffnen von *b* und *g* ausgetrieben werden kann. Nach ein- bis zweimaliger Zugabe von frischem Wasser, das man einigemale durch die Ware treibt, soll sie hinreichend gereinigt sein.

Die Ware wird darauf mittelst einer eigenen Vorrichtung aus *A* ausgehoben, und in ein Gefäß eingesenkt, wo nun ein Chlorkalk- und ohne vorheriges Reinigen ein schwefelsaures Bad gegeben wird. Sie wird alsdann in Waschrädern gewaschen und getrocknet.

Nach von Kurrer hatte der Erfinder dieser Bleichmethode, dessen Name nicht genannt wird, ein einmaliges Auskochen und eine Chlor- und Säurepassage für genügend angegeben, Baumwolle weiß zu bleichen, während für Leinen zwei Kochungen erforderlich seien.

In der Fabrik von Stackler in Rouen wurde das Verfahren nachgeprüft und man fand die Hoffnungen, die sich an dasselbe knüpften, außer Erfüllung gelassen: Um eine gute Bleiche auf Baumwollzeug zu erhalten, waren folgende Operationen erforderlich:

1. Zweimaliges Auskochen in Kalkmilch in gewöhnlichen Dampfgefäßen,
2. Schwefelsäure-Bad,
3. Zweistündiges Auskochen in Soda — 12 Unzen*) pro Stück von 70 Meter Länge — im Hochdruckapparat (Fig. 26),
4. Chlorkalk-Bad,
5. Säurebad.

In Konkurrenz mit dem vorigen war ein Bleichapparat getreten, welcher durch englisches Patent Nro. 7348 vom Jahre 1837 Lemuel Wellmann Wright geschützt wurde und auf welchen sich im Jahre 1839 J. Seguin*) in Rußland ein Privilegium erteilen ließ.

Diese Wright'sche Erfindung machte in England viel Aufsehen und gelangte im Jahre 1839 in Stockport bei Manchester zur Ausführung. Fig. 27 zeigt den Apparat von vorne, Fig. 28 einen Durchschnitt desselben.

Der Bleichkessel *a*, mit einem perforierten Boden versehen, ist rechteckig in Form eines umgekehrten Kegels, aus starkem Gußeisen angefertigt und innen mit Schieferplatten ausgekleidet; der Deckel desselben muß vollkommen dampfdicht schließen, nachdem er mit Riegeln und Schrauben befestigt worden ist. Behälter *f* enthält die Lauge, deren Stärke sich nach der zu bäuchenden Ware richtet.

Die Lauge läuft durch Leitung *g* in den oberen Teil des Kessels *a* und nachdem dieser bis an den oberen Teil der Röhre *g* damit gefüllt ist, sperrt man Hahn *h* ab.

Nachdem aus einem Dampfkessel Dampf von 50 bis 100 Pfund Druck durch Leitung *i* in den Kessel *a* gelassen ist und einige

*) 1 Unze = 30 Gramm.

Eine Kattunfabrik in Manchester (Wood & Wright) gab für das Bleichen mit obigem Apparat — ohne Kalkkochung — folgenden Material-Verbrauch vom Gewicht der Baumwolle an: 1,7% Soda, 0,9% Chlorkalk, 0,7% Schwefelsäure.

*) Dinglers Polytechnisches Journal 74. Band, 1839.

Zeit auf die Lauge gewirkt hat, beginnt dieselbe zu sieden und dringt infolge des Dampfdruckes durch die fest zusammengedrückte Ware, zerteilt deren Fasern und reinigt sie von Schlichte, Gummi usw.

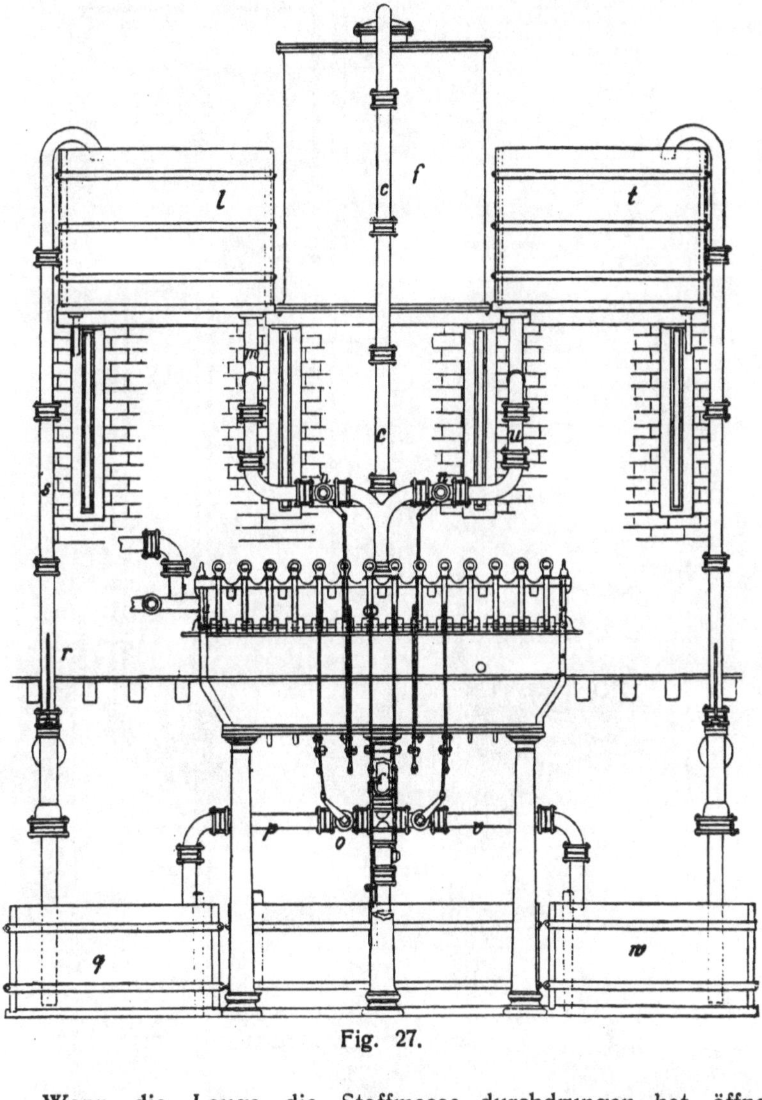


Fig. 27.

Wenn die Lauge die Stoffmasse durchdrungen hat, öffnet man Hahn *j* der Leitung *c*, so daß die Lauge aus dem unteren Teil des Kessels in die Röhre *c* gelangen und durch dieselbe in Behälter *f* hinaufsteigen muß. Sie wird dann von diesem durch Leitung *g* wieder zurück in den Kessel *a* geleitet und diese

Manipulation wiederholt man so oft, bis die zu bleichende Ware als gehörig gelaugt zu betrachten ist. Hierauf entleert man die Lauge

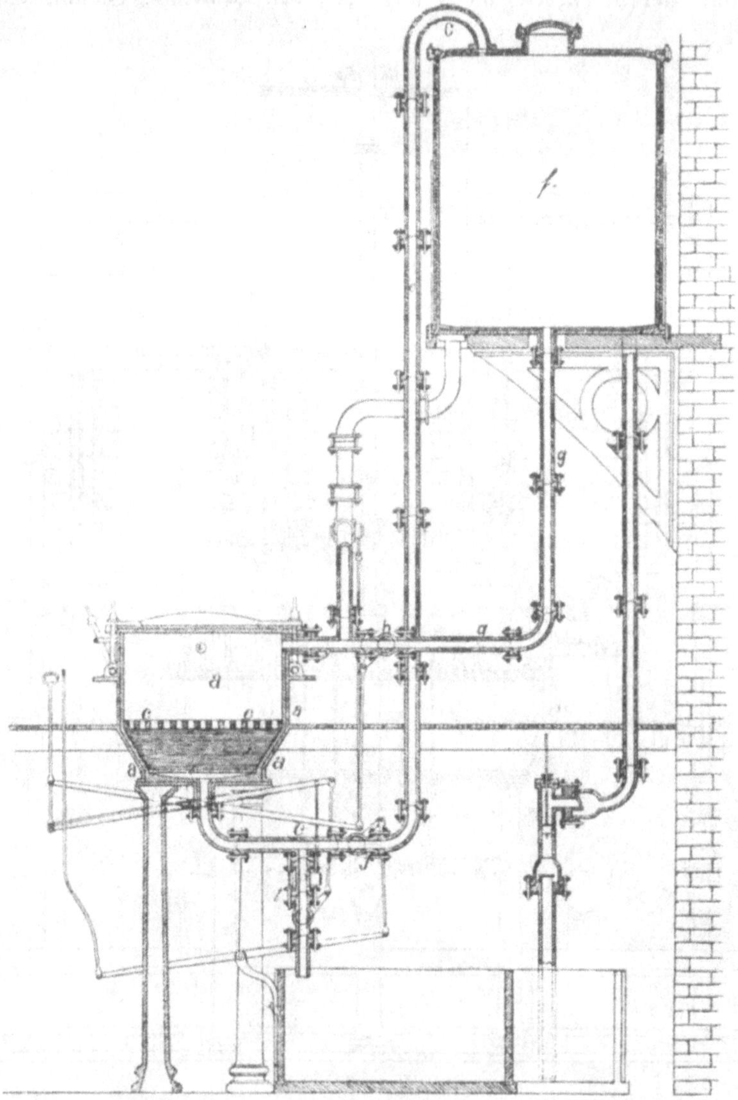


Fig. 28.

aus dem Kessel *a*, indem man Hahn *j* schließt und den Hahn in der niedersteigenden Röhre *k* öffnet; es treibt der Hochdruckdampf dann die Flüssigkeit durch die Ware und die Röhre *k* in den unter letzterer befindlichen steinernen Behälter.

Um die Stoffe von der darin zurückgebliebenen Lauge zu reinigen, füllt man den Behälter *f* mit reinem Wasser, welches man einige Male durch die Ware hindurchpreßt und wiederholt die Operation mit frischem Wasser bis zur gänzlichen Beseitigung der Lauge aus dem Bleichgut. Hierauf muß man dasselbe im Kessel *a* bis auf 30° R. abkühlen, indem man aus einem in einer Höhe von 30 Fuß über demselben angebrachten Reservoir oder vermittelst einer Druckpumpe kaltes Wasser hindurchtreibt.

Nun kann man eine Chlorkalklösung aus dem steinernen Behälter *l* durch Rohr *m* und Hahn *n* in den Kessel *a* gelangen lassen und mittelst hydraulischen oder pneumatischen Druckes durch die Ware treiben, sie dann aus dem Kessel durch die Röhre *e*, den Hahn *o* und die Seitenröhre *p* in das Gefäß *q* ablassen. Aus letzterem wird die Chlorflüssigkeit mittelst der Pumpe *r* durch Leitung *s* wieder in Behälter *l* hinaufgetrieben, und die Operation wird, so oft nötig, wiederholt.

Um die Ware vom Chlor zu befreien, muß das im Behälter *f* befindliche reine Wasser mittelst Dampfdruck hindurchgetrieben werden.

Zum Säuren wird verdünnte Schwefelsäure, wie vorher Chlorlösung aus Behälter *t* durch Leitung *u* in Kessel *a* gelassen und durch Druck durch die Ware getrieben, worauf man die saure Flüssigkeit durch *v* und *w* auslaufen läßt. Um die Ware ganz zu entsäuern, wird reines Wasser mittels Hochdruckdampfes durch sie getrieben und diese Operation wiederholt.

Die Behandlung mit Chlorkalk und Säure läßt sich in besonderen Gefäßen vornehmen, so daß der Kessel *a* nur zum Laugen dient.

Die beiden folgenden Figuren 29 und 30 geben Vorschläge für Bäuchkessel wieder, welche durch englisches Patent Nro. 8449 vom Jahre 1840 Samuel Knight geschützt wurden.

Der mit Bäuchflüssigkeit gefüllte Kessel *a a* (Fig. 29) wird durch direkte Feuerung im Ofen $b^1 b^1$ geheizt. Der Kessel *a* ist mit einem Ventil *b* ausgerüstet, durch welch letzteres beim Erhitzen die Lauge durch Leitung *d* in den Bäuchkessel *e, e* getrieben wird. Nachdem die darin befindliche Ware durchdrungen ist, wird die Lauge unter dem falschen Boden *f* weg durch Leitung *g* in einen zweiten Bäuchkessel *h, h,* der ebenfalls mit Bleichgut beschickt ist, getrieben, um schließlich durch Rohr *i* in den Kessel *k* zu gelangen.

Während dieser Arbeit sind die Hähne *m, m, m* geöffnet und das Feuer in Ofen *b'* ist lebhaft unterhalten. Nachdem die Bäuchflüssig-

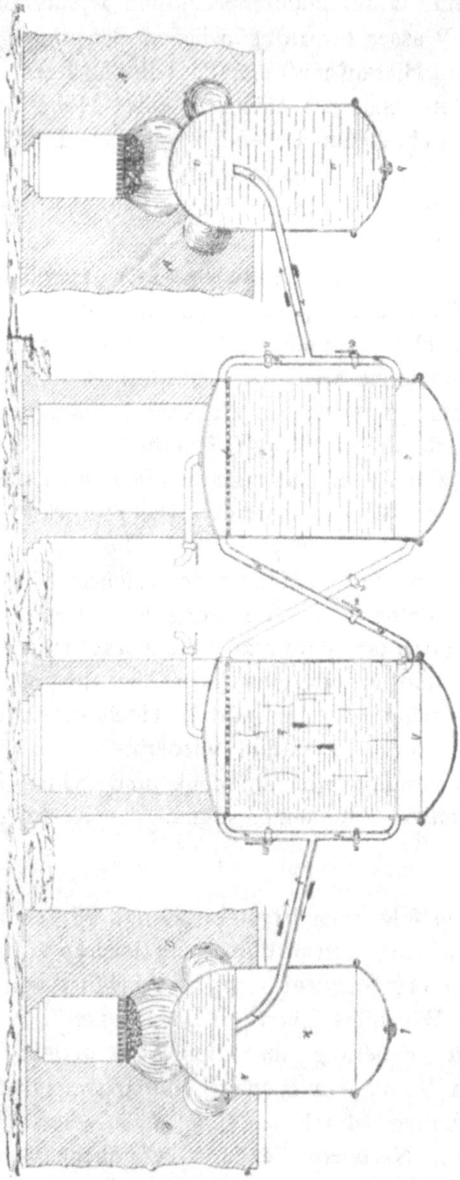

Fig. 29.

keit auf diese Weise von oben nach unten durch das Bleichgut getrieben und von Kessel *a* nach Kessel *k* gelangt ist, werden die Hähne *m, m, m* geschlossen, Hähne *n, n, n* geöffnet, das Feuer in

$b^1$ gedämpft und das in *o* verstärkt; die Lauge nimmt alsdann den entgegengesetzten Weg von *k* nach *a* zurück, indem sie nun die Ware von unten nach oben zu durchdringen gezwungen ist. Dieses Wechselspiel ist so oft zu wiederholen, bis die Ware genügend durchgekocht ist.

Fig. 30 zeigt eine Modifikation der Einrichtung: Der durch direktes Feuer geheizte Laugenkessel *a* steht durch Leitungen *c* und *d* mit dem Bäuchkessel in Verbindung. In die Leitung *d* ist

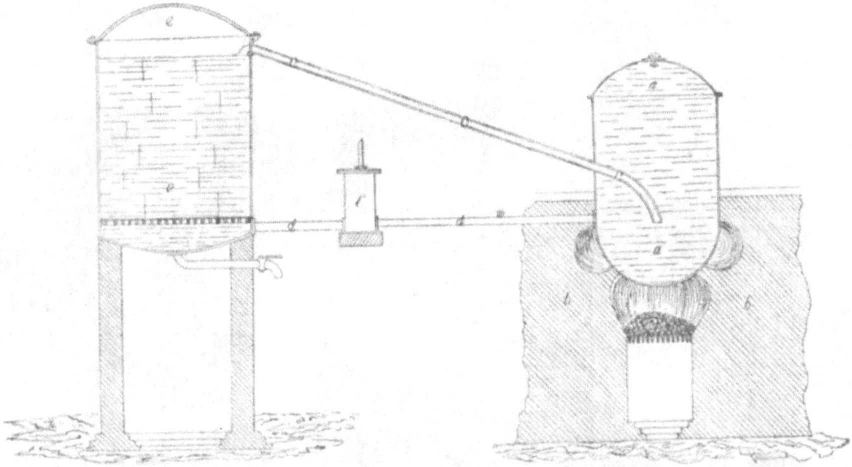

Fig. 30.

eine Pumpe *f* eingebaut, welche die Zirkulation zwischen den beiden Kesseln besorgen soll. Der Erfinder gibt dieser letzteren Anordnung den Vorzug.

Im folgenden Jahre, 1841, folgte alsdann eine weitere englische Patenterteilung für Bleichkessel an William Newton unter Nro. 9196, worauf zunächst eine längere Pause in Neukonstruktionen eintrat.

Der Bleichkessel von William Newton, dessen Erfinder, ein Ausländer, in der Patentschrift nicht genannt ist, besteht in einem zylinderförmigen Behälter *a* (Fig. 31) aus Eisen oder mit Metall ausgeschlagenem Holz, der einem Druck von 2 Atmosphären widerstehen muß.

Der mit einem falschen Boden *b* und einem darauf stehenden unten offenen, oben geschlossenen und am oberen Ende perforierten zentralen Steigrohre *e* versehene Kessel wird durch Deckel *e* dampfdicht geschlossen.

Die Lauge wird im Reservoir *h* erwärmt und durch Pumpe *g* und Rohrleitung *f* in den unteren Teil des Kessels *a* gepumpt, steigt durch das zu bleichende Material, geht durch Hahn *i*

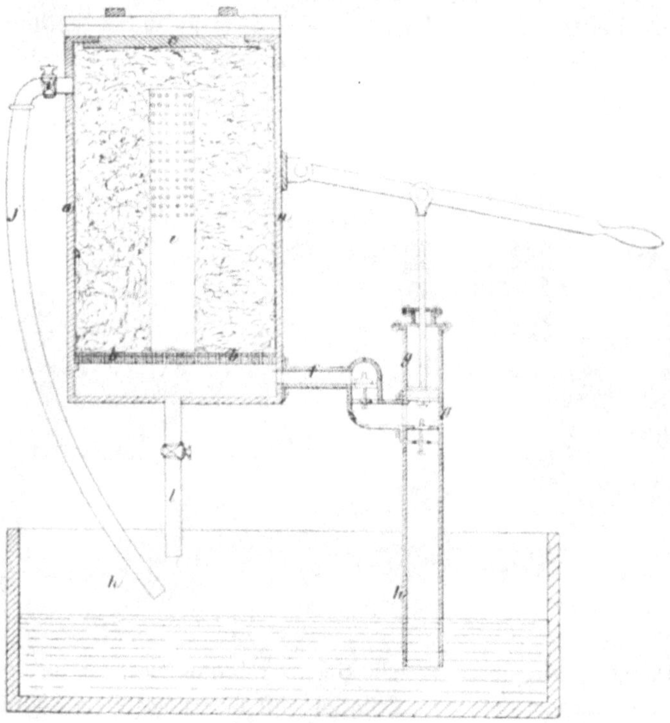

Fig. 31.

und Rohr *j* nach dem Reservoir *h* zurück, von wo der Kreislauf von neuem beginnt. Rohr *l* dient zum Ablassen der Lauge.

Mit Beginn der vierziger Jahre des vorigen Jahrhunderts war ein gewisser Stillstand in der Entwickelung neuer Ideen im Bleichereibetriebe eingetreten; die in einem halben Jahrhundert geschaffenen Neuerungen auf maschinell-technischem, wie auf chemischem Gebiet wurden geprüft und gesichtet und fanden, je nach der Intelligenz der Bleicher, nach örtlichen oder sonstigen Verhältnissen, mehr oder weniger schnelle und gründliche Aufnahme in die praktischen Betriebe. Es ist deshalb nicht möglich, ein allgemein gültiges Bild über den Stand der Bleicherei zu geben. Die aus Jahrhunderte alten Gewohnheiten aus der Rasenbleicherei überkommenen Bräuche versperrten den neueren Erkenntnissen Tor und Tür mit einer Hartnäckigkeit, die hie und da ein staatliches Eingreifen nötig machten, um die Industrie vor gänzlichem Ruin zu schützen.*)

Allgemein hielt man an dem Prinzip fest, daß ein **Einweichen** der Ware, sei es mit kaltem oder warmem Wasser, mit schwacher, frischer oder bereits gebrauchter alter Lauge vor dem eigentlichen Bäuchen den Bleichprozeß wesentlich fördere. „Gut geweicht ist halb gebleicht" nannte im Jahre 1812 Erxleben einen bekannten uralten Bleichergrundsatz. Der Verwendung von alter gebrauchter Lauge, die beim Einweichen mit Vorliebe gebraucht wurde und bald eine Gärung, die sich leicht bis zur Fäulnis steigerte, hervorbrachte, traten eine Reihe von Forschern lebhaft und energisch entgegen, so 1805 Engelmann,**) 1815 Parkes,***) welcher drastisch sagt: „a dirty mode of bleaching can never do." Auch von Kurrer verwirft in seinem früher zitierten Werk (Seite 10) 1831 die gebrauchte Lauge zum Einweichen vegetabilischer Stoffe.

Beim **Bäuchen** selbst wurden von alters her Holzaschenlaugen der verschiedensten Provenienz benutzt. Dieselben, durch gebrannten Kalk kaustifiziert und dadurch energischer für das Bäuchen gemacht, waren vereinzelt schon in vielen Bleichereien in der zweiten Hälfte des 18. Jahrhunderts eingeführt worden. Die Beobachtung, daß Aetzkalk als solcher unter gewissen Bedingungen die vegetabilischen Gewebe stark angriff, brachte es dahin, daß konservative, namentlich die kleinen Bleicher es ablehnten, überhaupt Kalk in irgend welcher Form in die Bleicherei einzuführen. In Deutschland, speziell in Schlesien, trat Engelmann diesen Ansichten durch seine früher hier erwähnten Schriften entgegen und bewies die Vorzüge der kaustischen vor den kohlensauren Laugen.

Wann und wo Aetzkalk zuerst zum Bäuchen eingeführt wurde, läßt sich mit Bestimmtheit nicht angeben. Sicher ist, daß in einzelnen Distrikten Deutschlands ein polizeiliches Verbot über die Be-

---

*) Vergl. C. L. Engelmann, Gründlicher Unterricht in der Rasenbleiche. Glogau 1807.

**) Carl Ludwig Engelmann, Vollständige chemisch-praktische Bleichkunst. Glogau 1805.

***) Samuel Parkes, Chemical essays. Vol. IV. p. 121. London 1815.

nutzung von Kalk in der Bleicherei bestand, welches 1805 Engelmann den Praktikern dahin auslegte, daß damit die Benutzung von Kalk zum Kaustifizieren der Aschenlaugen nicht getroffen, sondern nur die Anwendung von Kalkmilch als solcher zum Bäuchen wegen ihrer Gefährlichkeit für die Gewebe gemeint sein sollte.

In seinem früher angezogenen Werk vom Jahre 1815 teilt Samuel Parkes mit, daß in einigen englischen Etablissements an Stelle von kaustischer Lauge, Pottasche oder Pottasche mit Schmierseife, Kalkwasser oder auch Kalkmilch für das erste Bäuchen benutzt wurde, während das Waschen und Säuren auf gleiche Weise wie bei der Pottaschenkochung vorgenommen wurde.

An Stelle der Kochungen mit kaustischen Alkalien nach vorhergegangener Kalkkochung führte der Amerikaner Dana von der Druckfabrik Prince & Dana in Lowell bei Boston Mass. die künstlich dargestellte Soda in den Bleichereibetrieb ein.

Eine Studie von Albert Scheurer stellt die Aenderung, die dadurch hervorgerufen wurde, gegenüber:

| 1835 | 1837 |
|---|---|
| 1. Degummieren mit Wasser, | 1. Kalkwasser, |
| 2. Kalkwasser, | 2. Salzsäure, |
| 3. und 4. zwei Aetznatronlaugen, | 3. und 4. zwei Sodalösungen, |
| 5. Lüften, Chloren, Behandlung mit Schwefelsäure, | 5. Ansäuern (überflüssig), |
| 6. Natronlauge, | 6. schwaches Chloren, |
| 7. Lüften oder Chloren, | 7. Salzsäure |
| 8. Natronlauge, | |
| 9. Chloren und Behandlung mit Schwefelsäure, | |
| 10. Waschen mit warmem Wasser. | |

Das Dana'sche Verfahren hatte allerdings keine Salzsäurepassage zwischen der Kalk- und Sodabäuche vorgesehen; diese wurde vielmehr, wenn man Alb. Scheurer folgt, zuerst von Aug. Scheurer-Rott eingeschaltet, um die Entfernung der Kalksalze in löslicher Form zu ermöglichen. Für die Wirkung der Soda gibt letzterer folgende theoretische Erklärung: Das kohlensaure Alkali wirkt nach dem vorhergehenden Kalken des Gewebes anders als das ätzende Alkali, indem es sich mit der gebildeten Kalkseife in der Weise umsetzt, daß unlöslicher kohlensaurer Kalk und lösliche Seife entsteht; ersterer schlägt sich auf der Faser nieder und wird bei der darauffolgenden Behandlung mit Salzsäure leicht gelöst und entfernt, während durch die gebildete Alkaliseife eine vollkommene Reinigung und Entfettung der Faser bewirkt wird. —

Die Einführung von **Säuren** in den Bleichprozeß war, wie früher schon angegeben, als eine sowohl durch saure Gärung beim Einweichen demselben förderliche Operation, wie vor allem der Erzeugung eines guten, auf Lager bleibenden Weiß nach der Rasenbleiche und nach dem Bäuchen erkannt worden. Home hatte bereits 1762 (vergl. Seite 12) empfohlen und nachgewiesen, daß die saure Milch vorteilhaft durch Schwefelsäure zu ersetzen sei. Es hat sich diese Methode dann auch zunächst vornehmlich für die Schlußoperation der Bleiche eingebürgert. Später führte sich eine Säurepassage auch zwischen den einzelnen Bäuchungen ein, so namentlich nach der Kalkpassage. Die Schwefelsäure nun durch Salzsäure zu ersetzen, um an Stelle des schwer löslichen Gipses das leicht lösliche und leicht wegzuwaschende Chlorkalzium zu setzen, schlug 1831 bereits von Kurrer*) vor. In der vorhin angezogenen Studie von Albert Scheurer wird die Einführung der Salzsäure in den Bleichprozeß in das Jahr 1834 gestellt und Gréau sr. zugesprochen, der dieselbe bewirkte, um die vermeintlich schädlichen Wirkungen der Schwefelsäure auf die Faser zu vermeiden; erst Aug. Scheurer-Rott schlug vor, die Behandlung mit Salzsäure derjenigen mit Kalk folgen zu lassen.

Während das **Chloren** leinener Gewebe als Ersatz der Rasenbleiche auf Hindernisse stieß und man höchstens ein schwaches Chlorbad zum Schluß zur Erzielung eines Vollweiß gab, hatte diese Operation in der Baumwollbleicherei nach vielen Schwierigkeiten Hausrecht bekommen. Das Arbeiten mit gasförmigem Chlor und mit Chlorwasser war bald als umständlich und gesundheitsgefährlich aufgegeben worden. Man bediente sich in den 30er Jahren allgemein des Chlorkalks, der inzwischen Handelsprodukt geworden war und die Bleicher der Mühe der Selbstdarstellung der benötigten Chlorpräparate überhob. An Stelle des schwerer löslichen Kalksalzes hatte man für manche Verhältnisse es als vorteilhafter festgestellt, mit unterchlorigsaurem Natron oder Kali zu arbeiten, doch überwog die Verwendung des Chlorkalks. Zunächst hatte man mehrere Chlorbäder zwischen die einzelnen Bäuchungen gelegt. Nach Alb. Scheurer ist das Unterlassen des Chlorens während der

*) Dr. Wilhelm Heinrich von Kurrer, Die Kunst vegetabilische Stoffe zu bleichen. p. 24. Nürnberg 1831.

Behandlung mit den alkalischen Lösungen, als für die Ware schädlich, auf Ed. Schwarz und Aug. Scheurer-Rott zurückzuführen.

*

Mit den 50er Jahren setzte im Bau von Bleichkesseln eine neue Periode ein; indem man, sich an die Konstruktionen von Dampfkesseln anlehnend, Kesselbleche verwandte, konnten Apparate geschaffen

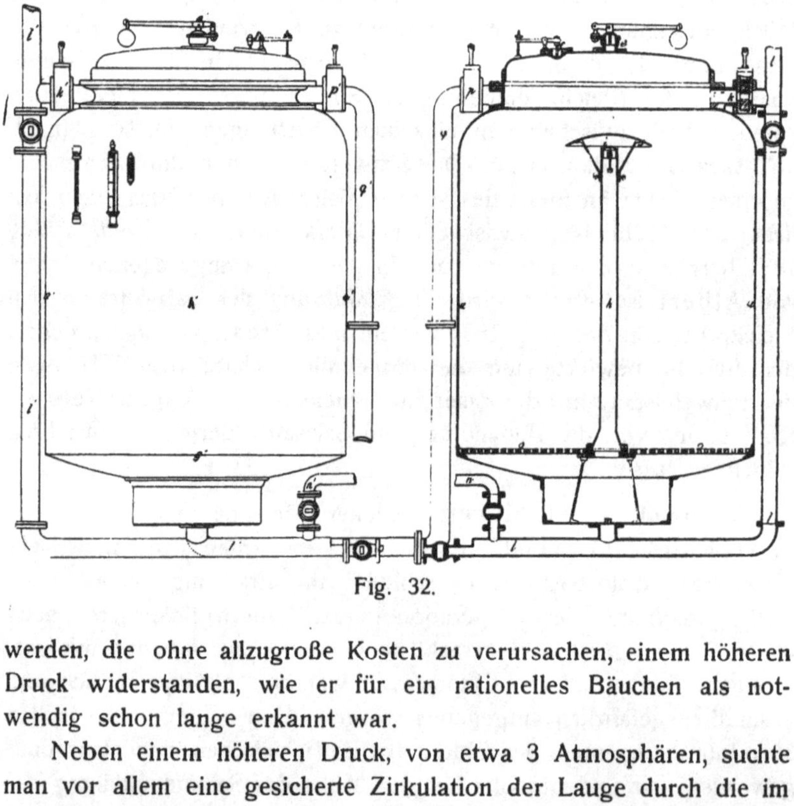

Fig. 32.

werden, die ohne allzugroße Kosten zu verursachen, einem höheren Druck widerstanden, wie er für ein rationelles Bäuchen als notwendig schon lange erkannt war.

Neben einem höheren Druck, von etwa 3 Atmosphären, suchte man vor allem eine gesicherte Zirkulation der Lauge durch die im Kessel eingeschichtete Ware zu erreichen und es gab dies Bemühen Veranlassung zu einer großen Zahl mehr oder weniger glücklicher Ideen, die namentlich in den Patenten Englands niedergelegt sind.

Eins der ersten Patente dieser Art ist das an Louis Christian Koeffler unter Nr. 214 im Jahre 1853 erteilte. Fig. 32 zeigt die Anordnung.

Die beiden Kessel *a* und *a'* sind mit Deckeln *c*, *c'* und Ventilen *e f* und *e' f'* versehen, von welchen *e* und *e'* für den Ausgleich des äußeren Druckes angebracht sind. Auf den falschen Böden *g* und *g'* sind zentrale Rohre *h* resp. *h'* eingebaut, deren obere Enden in die Ventile *i* ausmünden und mit Kappen *j* versehen sind. Der obere Teil des Kessels *a* ist durch Hahn *k* resp. die Leitung *l* einerseits mit der Dampfleitung eines Dampfkessels, andererseits mit dem unteren Teil des Kessels *a* bei *m*, sowie durch eine Abzweigung *n*, welche in einem Absperrhahn endigt, ausgerüstet. Ferner ist am oberen Teile dieses Kessels Hahn *p* und Rohr *q* angebracht, welch letzteres mit dem Boden des zweiten Kessels *a'* in Verbindung steht. In gleicher Weise wie Kessel *a* ist Kessel *a'* mit Dampfleitung *l'*, Hahn *k'*, Abzweigung *n* und Hahn *o'* ausgestattet; Rohrleitung *q'* führt zum unteren Ende des Kessels *a*.

Die Arbeitsweise ist folgende: Nachdem die Kessel ordnungsmäßig mit Ware und Lauge beschickt sind, werden *k*, *p*, *o* und *n* geschlossen und Dampf durch Leitung *l* eingelassen, welcher durch *m* in den Kessel gelangend die Lauge erhitzt und dieselbe durch das zentrale Rohr *h* nach oben treibt, wobei Ventil *i* geöffnet und die Lauge über das Bleichgut geworfen wird. Diese Operation wird unter Beobachtung der Temperatur der Lauge fortgesetzt, bis ein genügender Grad des Bäuchens erreicht ist.

Es wird dann Hahn *r* geschlossen, *k* und *p'* geöffnet: der Dampf drückt die Flüssigkeit aus dem oberen Teile des Kessels *a* durch die Ware nach dem unteren Teile des in Kessel *a'* und durch das Bleichgut desselben, während welcher Zeit Ventil *i* auf dem Zentralrohr *h* geschlossen bleibt. Nunmehr wird Ventil *p'* geschlossen und durch *l'* Dampf eingelassen, wodurch, wie vorhin beschrieben, die Bäuchflotte in Kessel *a'* zirkuliert.

Auch in folgender Weise kann verfahren werden: Nachdem die Lauge, wie beschrieben, den ersten Kessel *a* passiert hat, wird Hahn *p'* geschlossen und weiter Dampf durch *k* eingelassen, so daß die Ware in *a* unter Druck steht. Dann wird der Dampf abgesperrt und ihm für einige Zeit Gelegenheit zur Kondensation im Kessel *a* gegeben. Nun erst läßt man die Lauge von Kessel *a'* nach *a* durch Oeffnen des Ventils *k'* zurücktreiben. Hierdurch wird eine intensivere Behandlung des Bleichgutes erreicht.

In ähnlicher Weise schlägt Koeffler vor, die Ware im Kessel, der für diesen Zweck mit Blei ausgeschlagen sein muß, zu chloren und zu säuren. Preßluft muß alsdann an Stelle von gespanntem Dampf treten.

In der englischen Patentschrift von Colin Mather, Nro. 1045 A. D. 1853, wird gesagt: Vordem wurde die Lauge .von dem unter dem sog. falschen Boden des Kessels bestehenden Raum durch ein zentra! im Kier angebrachtes Steigrohr über das Bleichgut ge-

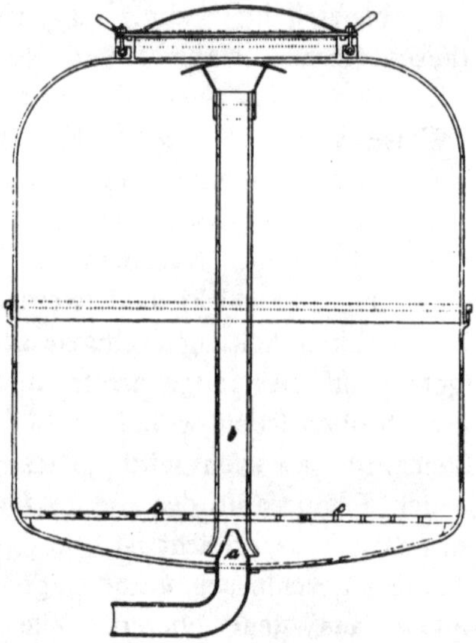

Fig. 33.

spritzt; dics s Uebergießen trat aber erst dann ein, wenn die Bleichflüssigkeit im Sieden war. Den Gegenstand der neuen Erfindung (Fig. 33) bildet ein Auspuffrohr *a*, welches in das Steigrohr *b* unten einmündet und die Arbeit des Aufsteigens der Lauge bewirkt, sobald der Dampf überhaupt einströmt.

Damit wurde das Injektor-Prinzip zuerst für Bäuchkessel angewandt. Später, zu Anfang der 70er Jahre, hat die Firma Gebr. Körting in Hannover diese Idee weiter ausgebaut und zahlreiche Bleichkessel mit ihren Injektoren ausgestattet. Diese Mather'schen Injektorkessel arbeiteten als Niederdruckkessel.

Fig. 34 zeigt die Abbildung der Konstruktion, wie sie um 1854 von Mather & Platt in den Handel gebracht wurde.

Im gleichen Jahre wurde unter Nro. 1741 Samuel Barlow und John Pendlebury ein englisches Patent für folgende Bäuchvorrichtung erteilt: Zwei in gleicher Höhe nebeneinander stehende Kessel *a* und *b* (Fig. 35 und Fig. 36) sind im unteren Teile mit einem falschen Boden *c*, auf welchem das Bleichgut ruht, versehen.

Bewegliche Roste *d*, im oberen Teile der Kessel angebracht, dienen zum Zusammenpressen des Bleichguts. Diese Roste werden durch einen Ring *f* gehalten und sind mit Führungen *g*, Schrauben *h* und Handrädern *i* versehen.

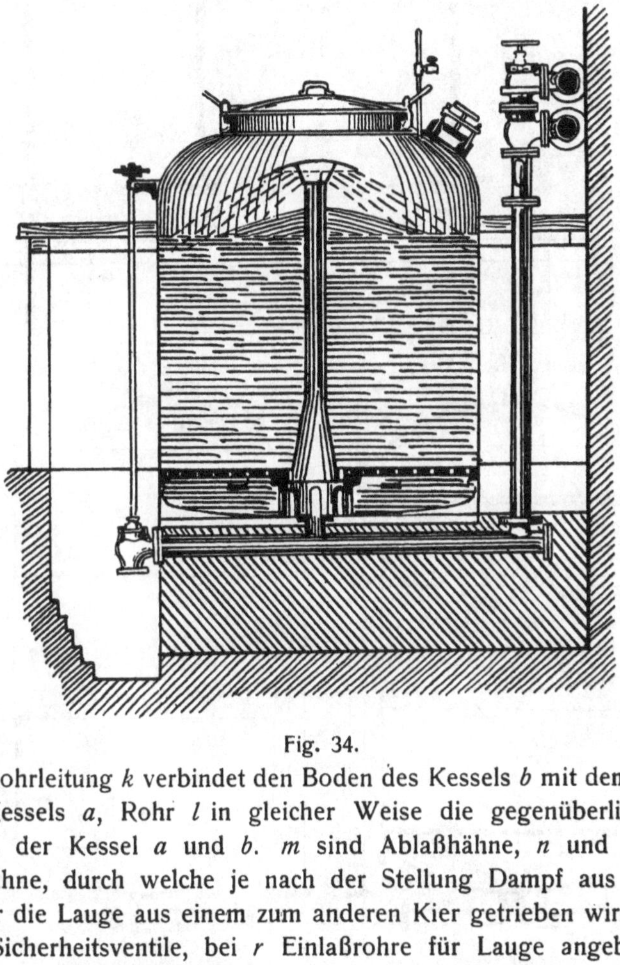

Fig. 34.

Rohrleitung *k* verbindet den Boden des Kessels *b* mit dem Deckel des Kessels *a*, Rohr *l* in gleicher Weise die gegenüberliegenden Enden der Kessel *a* und *b*. *m* sind Ablaßhähne, *n* und *o* Zweiweghähne, durch welche je nach der Stellung Dampf aus Leitung *p* oder die Lauge aus einem zum anderen Kier getrieben wird. Bei *q* sind Sicherheitsventile, bei *r* Einlaßrohre für Lauge angebracht.

Man bedient sich der Einrichtung in folgender Weise: Nachdem beide Kessel mit Ware beschickt sind, wird ein genügendes Quantum Bäuchflüssigkeit in Kessel *a* gegeben; dann werden die Mannlöcher sowie alle Hähne mit Ausnahme desjenigen, welcher die Verbindung vom Boden des Kessels *a* zum Deckel des Kessels *b* herstellt, geschlossen und Dampf in Kessel *a* eingelassen. Derselbe treibt nun die Lauge durch die Ware in Kessel *a* und durch die Rohrleitung in den oberen Teil des Kessels *b*. Ist dies erfolgt, so werden die Hähne umgestellt, wodurch sich das Spiel im umgekehrten Sinne wiederholt. Auf diese Art wird fortgearbeitet, bis das Bleichgut genügend durchgebäucht ist. Auch diese Konstruktion wurde durch die Firma Mather & Platt in die Praxis eingeführt.

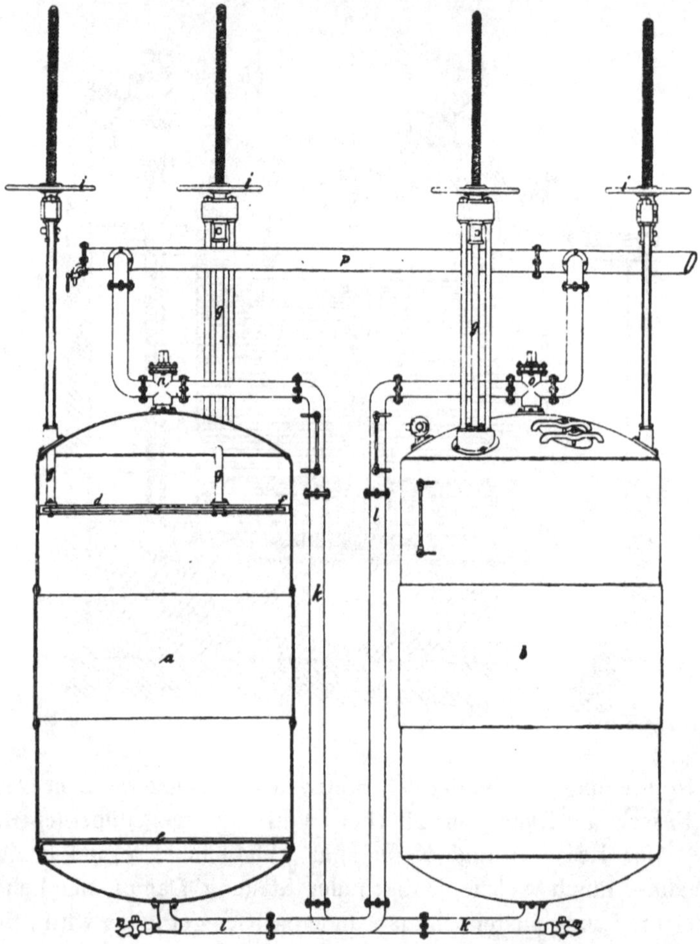

Fig. 35.

Es folgte sodann im Jahre 1855 ein weiteres englisches Patent Nro. 1068. Um das Bäuchen zu erleichtern und abzukürzen, schlug Adam Guild darin vor, die Bäuchflotte in geschlossenem Kessel bei sehr hoher Temperatur einwirken zu lassen.

Zu diesem Zweck ist ein Röhrenkessel *D* bei der Einrichtung, die durch die Figg. 37 und 38 illustriert wird, vorgesehen, durch welchen die Lauge durch direkte Feuerung auf eine einem Druck von

100 Pfund entsprechende Temperatur erhitzt wird. Die Rohrleitungen *EE* und *FF* stellen die Verbindung zwischen dem Heizkessel und

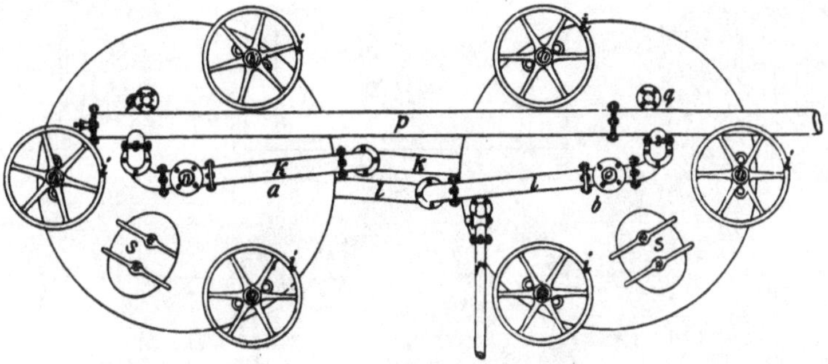

Fig. 36.

den Bäuchkesseln *AA* her. Thermometer *HH* zeigen die Temperatur und Wasserstände *II* die Höhe der Lauge in den Kesseln an.

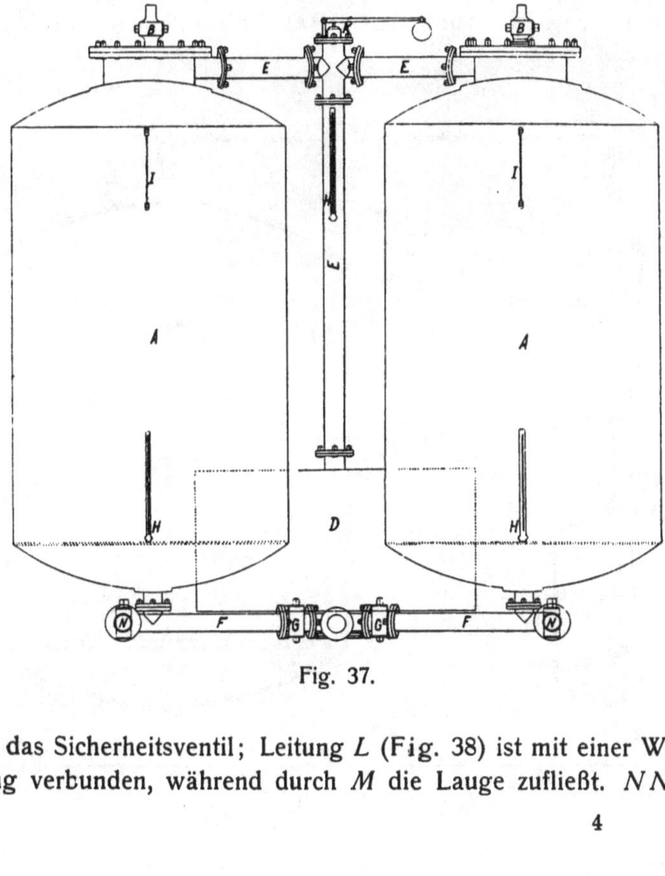

Fig. 37.

*K* ist das Sicherheitsventil; Leitung *L* (Fig. 38) ist mit einer Wasserleitung verbunden, während durch *M* die Lauge zufließt. *NN* sind die Ablaßhähne. Zu Beginn der Operation wird durch teilweises Oeffnen der Lufthähne *B* die Luft abgeblasen.

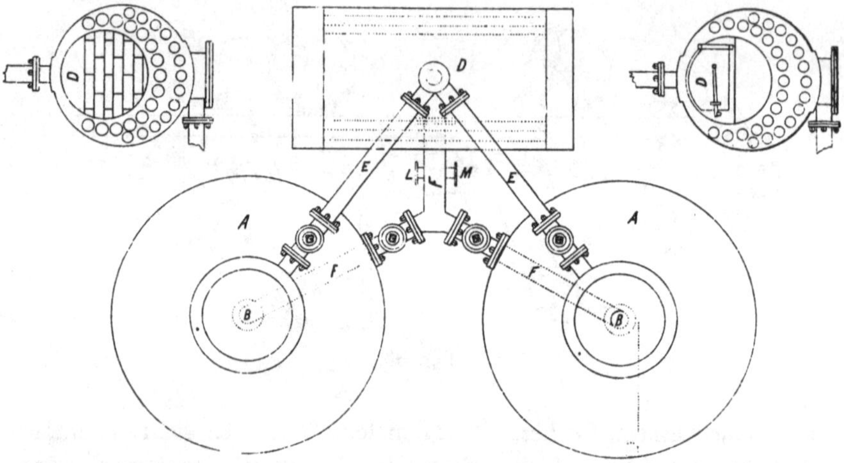


Fig. 38.

Im Jahre 1856 wurde John Pendlebury unter Nro. 1563 ein

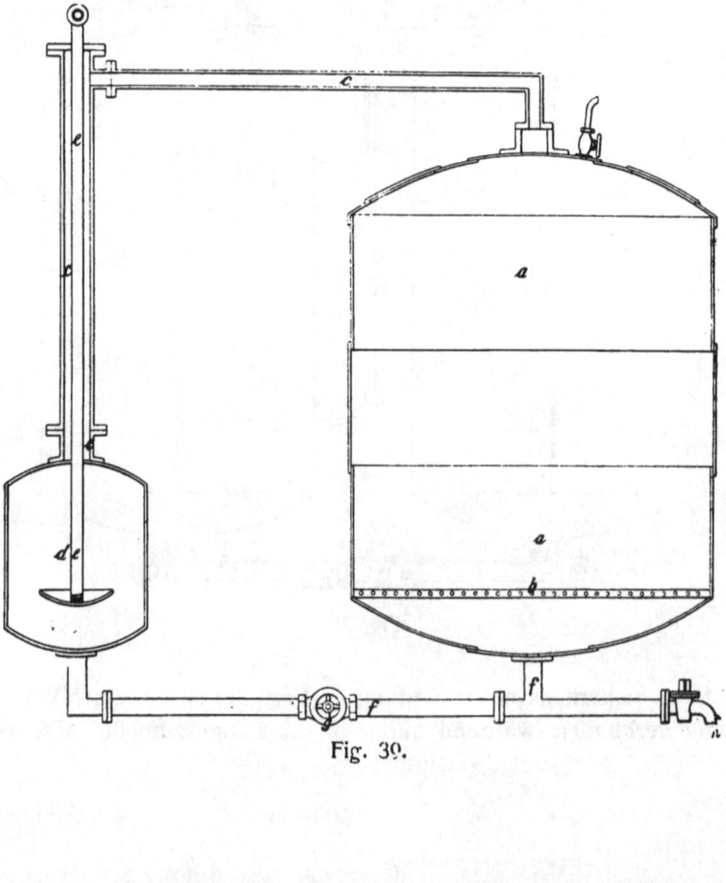


Fig. 39.

englisches Patent auf folgende Konstruktion (Fig. 39) erteilt: Ein mit perforiertem Boden *b* ausgestatteter Bleichkessel *a* steht durch Rohrleitung *c* mit einem Laugenkessel *d* in Verbindung. Zum Ablassen des Bleichkessels dient Rohr *f* und Hahn *h*, nachdem Ventil *g* geschlossen ist.

Die Einrichtung arbeitet folgendermaßen: Aus einem Dampfkessel wird Dampf von einer Spannung bis zu 6 Atmosphären durch das mit einem erweiterten Rohr *c* umgebene Rohr *e* des Laugenkessels *d* in diesen eingelassen. Der Dampf treibt nun durch Leitung *c* die Bäuchflüssigkeit in den Bäuchkessel *a*, von welchem sie bei geschlossenem Hahn *h* und geöffnetem Ventil *g* durch Rohrleitung *f* wieder in den Laugenheizkessel *d* gelangt und von hier wieder bis zur Beendigung der Bäuchoperation zirkuliert. An dem erweiterten Rohr *e* werden zur Kontrolle Wasserstandsrohr und Manometer angebracht.

---

1858 veröffentlichte M. Robesson*) an Hand der Zeichnungen Fig. 40 und 41 eine neue Bäuchvorrichtung:

Der Apparat besteht aus einem geschlossenen Behälter *A* von Kupferblech oder einem anderen passenden Material, und ist durch Rost *D* in zwei Räume *B* und *C* geteilt. Beide Abteilungen sind durch eine Saug- und Druckpumpe *E* mit einander verbunden. Das Aufsaugen erfolgt durch das untere Rohr *F*, welches durch Ventil *M* geschlossen wird, und das Steigen durch Rohr *G*, welches am oberen Ende mit einer Haube *K* versehen ist. Der obere Teil des Behälters *B* steht mit einem Dampfkessel durch Rohr *R* in Verbindung, welches mit einem Sicherheitsventil *S* und einem Absperrhahn *T* versehen ist. — Beide Abteilungen *B* und *C* sind durch Rohr *U* verbunden, welches unter dem Rost *D* ausläuft und an der Ausgangsstelle mit einem Sicherheitsventil *V* versehen ist.

Der obere Teil des Behälters *A* ist mit einem dicht schließenden Deckel *a* versehen.

Die Behandlung des Apparates ist folgende: Die Zeuge werden in dem Raume *B* um Rohr *G* und *U* bis zur oberen Oeffnung des letzteren herumgelegt, ohne jedoch über dasselbe hinaus zu gehen; die Lauge wird vorher in das Gefäß *C* gebracht. Letzteres kann erhitzt werden; die Feuerung desselben ist außerhalb angebracht. Es wird nun die Druckpumpe in Betrieb gesetzt und da-

*) Armengaud, Le génie industriel 1858, pg. 237.

durch die Lauge mittelst Rohr *G* gehoben, um sie auf die Ware im Behälter *B* auszugießen.

Darauf wird Dampf eingelassen; dieser sammelt sich auf der Oberfläche der Zeuge, durchdringt sie, erwärmt die Lauge und nötigt dieselbe, durch die Ware in das Gefäß *C* hinabzugehen, worauf sie neuerdings gehoben und oben ausgegossen wird. Die

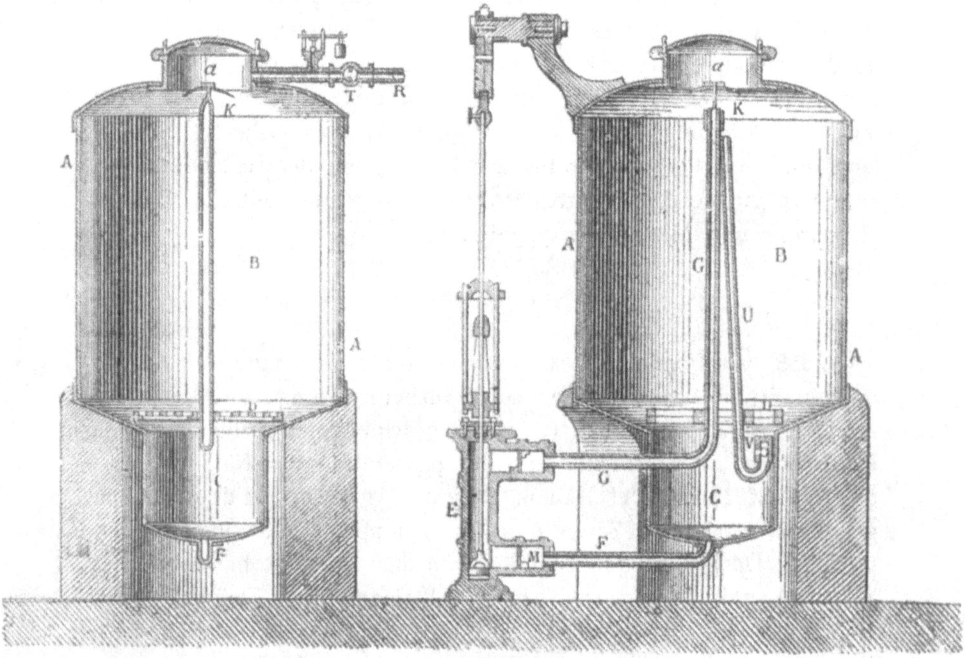


Fig. 40. Fig. 41.

Lauge zieht also nicht bloß infolge ihrer Schwere hinab, sondern dies wird auch durch den Druck des Dampfes gefördert. Sollte in irgend einem Zeitpunkt die Pressung des Dampfes im Behälter *B* den höchsten für die Operation erforderlichen Druck übersteigen, so öffnet sich das Sicherheitsventil und der Dampf entweicht in das Gefäß *C*. Am Boden dieses Gefäßes ist ein Hahn angebracht zum Ablassen von Lauge und Kondensationswasser.

Pumpe *E* wird von einer Dampfmaschine getrieben.

1858 änderte John Pendlebury nach dem englischen Patent Nro. 2867 seine im Jahre 1856 unter Nro. 1563 geschützte Einrichtung ab: Die zu bleichende Ware wird in den größeren Kessel *a* (Fig. 42) gebracht, die Bäuchflüssigkeit in Kessel *b* durch Hochdruckdampf, welcher durch Ventil *d* resp. Rohr *c* zuströmt, erhitzt. Nachdem dies geschehen, steigt die Lauge durch Leitung *e* in den Bäuchkessel *a*, durchdringt

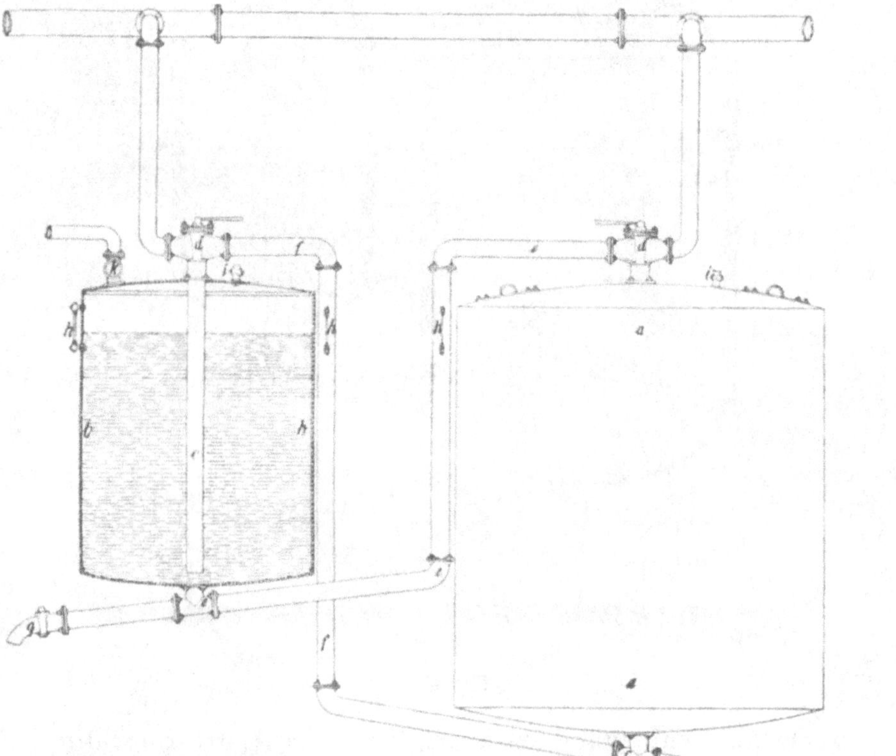

Fig. 42.

hier die Ware und geht durch die untere Rohrleitung *f* wieder in den Heizkessel *b* zurück, um von neuem erhitzt zu werden. In dieser Weise wird weiter gearbeitet, bis die Ware fertig gebäucht ist.

Durch Hähne *g* wird darauf die Lauge abgelassen. *h* sind Wasserstandsgläser, *i* Lufthähne und *k* dient zum Einlaß der Lauge.

Dieser Pendlebury-Kessel hat, ebenso wie die Konstruktion von Barlow, Eingang in große Betriebe gefunden. In England führten Mather & Platt diese Patente aus. Auf dem Kontinent

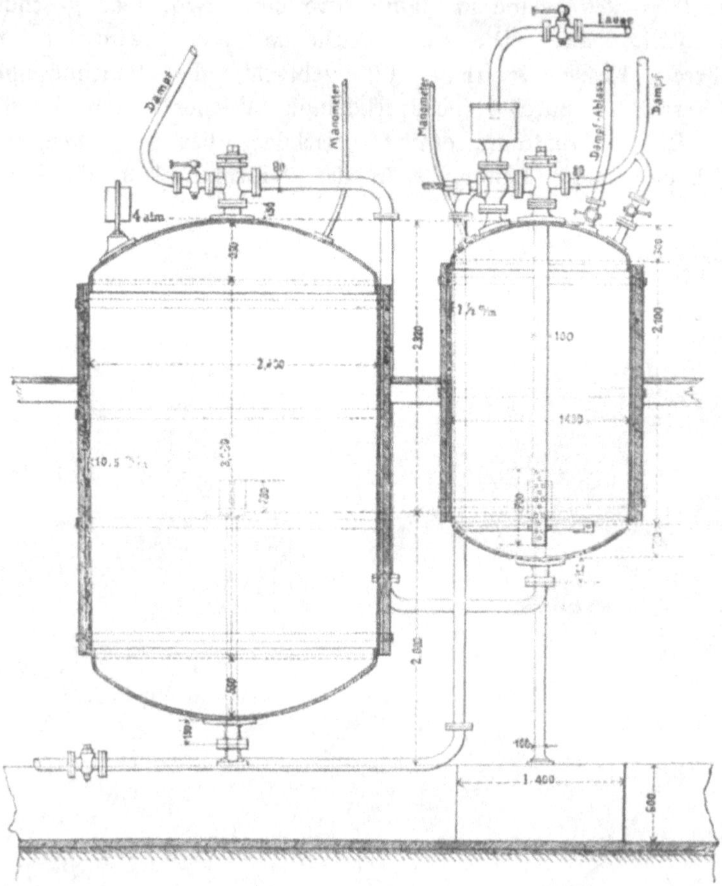


Fig. 43.

wurde der Pendlebury-Kessel von der Firma André Koechlin & Co. in Mülhausen i. E. gebaut. Fig. 43 gibt die Konstruktionszeichnung dieser Firma wieder.

Diese Kessel haben sich jahrzehntelang in der Praxis gehalten.

Im Jahre 1870 wurde eine Kombination des Pendleburyschen Kessels mit dem Barlow-Kessel von Dr. A. Spirk*) vorgeschlagen.

Dieselbe (Fig. 44) besteht aus zwei Kesseln *A A* und einem Siedekessel *B*. Durch den Hahn *H* tritt der Dampf in den Siede-

*) Deutsche Industrie-Zeitung, 1870, No. 15.

kessel *B* ein, welcher die Bleichflüssigkeit zum Kochen bringt. Im Kessel *A* befindet sich die Ware. Man läßt durch den Hahn *E* Dampf einströmen, bis die atmosphärische Luft und das Wasser

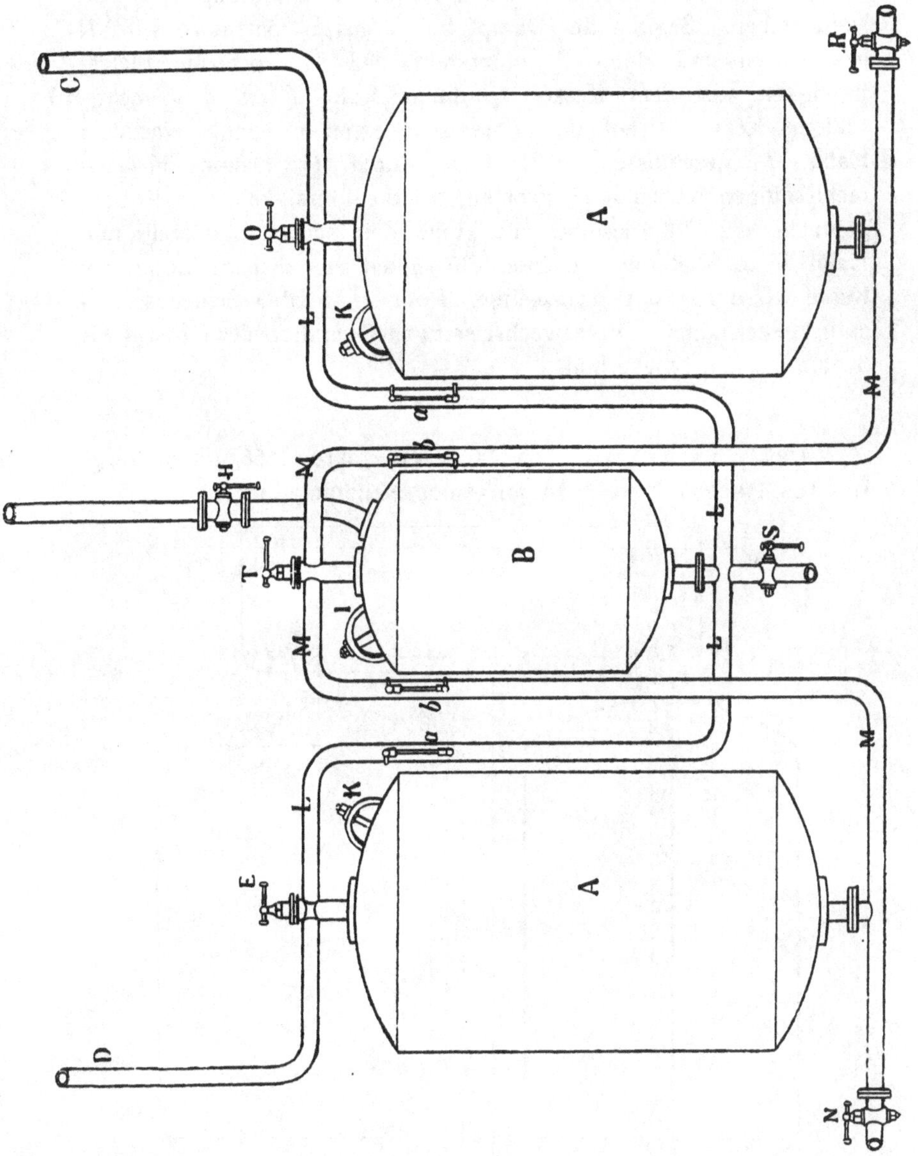


Fig. 44.

entfernt sind, und bei *N* der Dampf auszuströmen beginnt. Dann wird *N* geschlossen und Hahn *E* so gestellt, daß die kochende Bleichflüssigkeit aus dem Kessel *B* durch das Rohr *LL* auf die im linksseitigen Kessel *A* befindliche Ware sich ergießt. Hier wird die Flüssigkeit abermals zum Kochen erhitzt und durch das Rohr *MM* in den Siedekessel *B* zurückgetrieben. Man öffnet nun Hahn *O*, um das in der Ware befindliche Wasser und die atmosphärische Luft auszutreiben. Beginnt der Dampf bei *R* auszuströmen, so wird *R* geschlossen und Hahn *O* so gestellt, daß die kochende Bleichflüssigkeit aus dem Kessel *B* durch Rohr *L* in den rechtsseitigen Kessel *A* auf die Ware sich ergießen kann. Nachdem Hahn *T* geschlossen, läßt man durch *O* Dampf in den rechtsseitigen Kessel *A* einströmen, bis die Flüssigkeit zum Kochen gebracht ist, läßt dieselbe eine kurze Zeit kochen und stellt nun Hahn *T* so, daß die kochende Flüssigkeit aus dem rechtsseitigen Kessel *A* durch das rechtsseitige Rohr *M* in den Siedekessel *B* zurückgehen kann. Diese wechselseitigen Operationen werden 4 bis 5 Stunden lang wiederholt.

Auch Samuel Barlow trat im Jahre 1858 durch englisches Patent Nro. 1414 mit einer Neuerung auf.

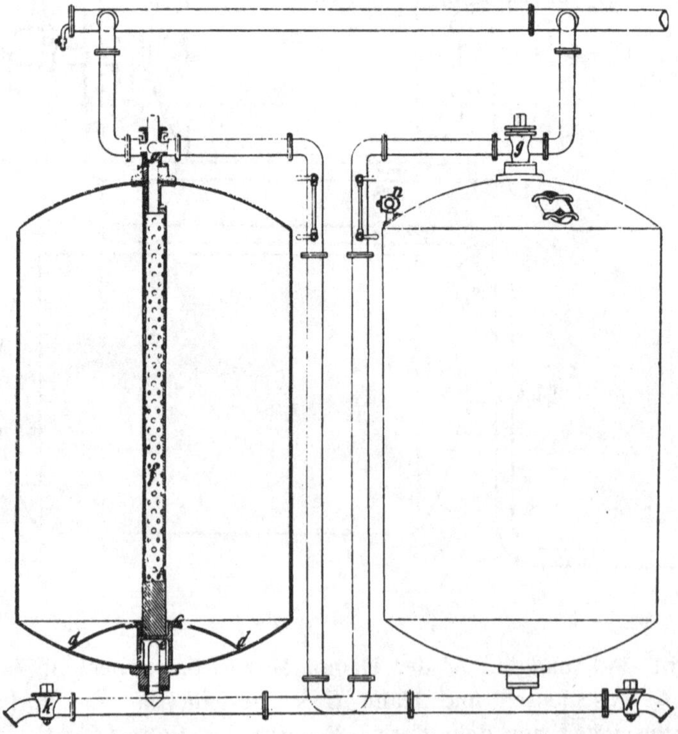

Fig. 45.

Um eine schnellere und wirksamere Bäuchung ausführen zu können, führt Barlow ein oder mehrere perforierte Standrohre in den Bleichkessel ein, wodurch eine gleichmäßigere Verteilung der Lauge auf das Gesamtbleichgut erreicht und dasselbe vor Verwirrung bewahrt werden soll.

Fig. 45 zeigt die Vorrichtung bei einem geschlossenen Doppelkessel, Fig. 46 an einem offenen Kessel.

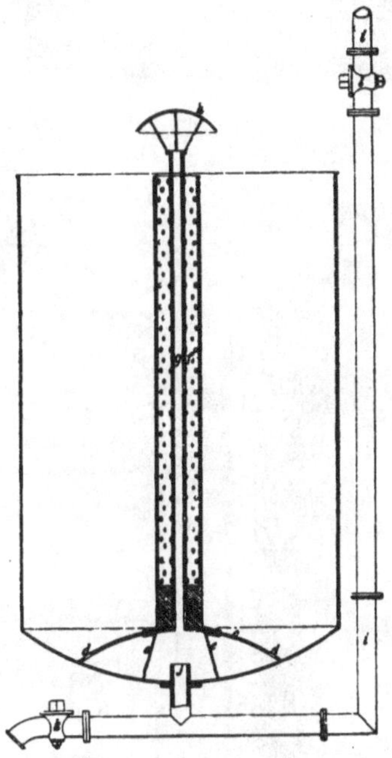

Fig. 46.

Im unteren Teile derselben ist eine schirmförmige, an der Peripherie bei *d* perforierte Platte *c*, welche auf dem Stutzen *e* ruht, angebracht. Auf diesem Stutzen ist andererseits das zentrale perforierte Standrohr *f* angebracht, welches an seinem oberen Teile durch die Verbindung *g* mit der Dampfleitung kommuniziert. Das Bäuchen findet auf folgende Weise statt: Wenn die Kessel gefüllt und verschlossen sind, wird durch die Hähne *g* Dampf eingelassen, welcher das in der Ware befindliche kalte Wasser und die Luft, die durch Hähne *k* entweichen, austreibt. Ist dies geschehen, so wird bei *k* geschlossen und man läßt bei *n* die Bäuchlauge einfließen. Durch entsprechende Stellung der Zweiweghähne *g* wird darauf wieder Dampf in einen der beiden Kessel eingeführt. Der Dampf treibt nun die Lauge durch das Bleichgut und von dem einen zum anderen

Kessel; man schaltet die Hähne alsdann um, um in entgegengesetzter Richtung zu arbeiten und wiederholt dies, bis die Ware genügend durchgebäucht ist. Beim Arbeiten im offenen Kessel (Fig. 46) wird die Ware zunächst in den Kessel gebracht und dann die Lauge

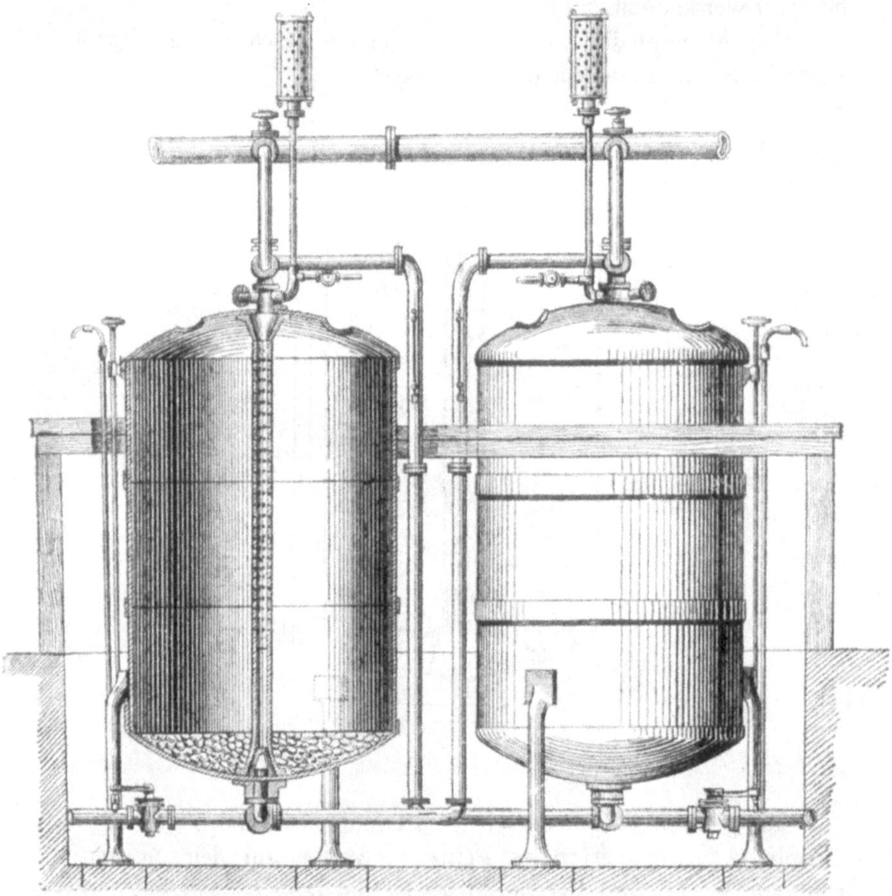

Fig. 47.

zugegeben. Alsdann wird Ventil *l* geöffnet, wodurch der Dampf durch Leitung *i* in das einige Zoll weit in den Kessel hineinragende Zweigrohr *j* tritt und nun die Lauge durch das zentrale Rohr *g* nach oben gegen die Kappe *h* treibt, von wo sie sich über dasBleichgut verteilt.

Die für die Praxis gültige Form, welche Mather & Platt dieser Barlowschen Idee gaben, wird durch Fig. 47 illustriert.

Durch das energische Vorgehen der tonangebenden Firma Mather & Platt hatten die Konstruktionen von Colin Mather (seit 1853), namentlich aber die von Samuel Barlow (1853 bis 1858), wie die von Pendlebury (1856—1858) sich Eingang auch auf dem Kontinent verschafft und waren in Frankreich, Deutschland und Rußland eingeführt worden. Der eigentliche Vorläufer der Hochdruckkessel war dabei in den Hintergrund gedrängt worden und wir verdanken einer umfangreichen Studie von Emile Burnat*) vom Jahre 1868 in einem historischen Renseignement die Feststellung, daß lange vor Barlow und Pendlebury bereits im Jahre 1839/40 Waddington Hochdruckkessel besonderer Konstruktion von England nach Frankreich eingeführt hatte. Burnat führte ins deutsche übertragen folgendes aus:

„Das Bleichen unter Hochdruck scheint in England gegen 1858 in allgemeine Aufnahme gekommen zu sein, und zwar dank den Bestrebungen von Barlow und Pendlebury, die im gleichen Jahre zwei Patente entnahmen, in denen in großen Zügen die Systeme, deren sich beide bedienten, angedeutet wurden. Ein früheres Patent (von 1856) von Pendlebury soll aus dem Grunde nicht in Betracht gezogen werden, weil die beschriebene Einrichtung sich von denen, die von jeher in der Bleiche unter Niederdruck in Anwendung standen, kaum unterscheidet. Gegen 1859 führte Barlow den ersten Apparat in Frankreich (in Rothau) aus. Am 23. Juni 1858 wurde das perforierte Standrohr von Barlow**) patentiert. Im Dezember desselben Jahres nahm Pendlebury***) ein Patent auf das Prinzip seines Apparates, darin bestehend, daß man die Flüssigkeit in einem besonderen Behälter zum Sieden erhitzt (auf eine Temperatur über 100°) und dann dieselbe zwingt, die in dem benachbarten Behälter befindlichen Gewebe hindurchzulaufen und zum ersteren zurückzufließen.

Nach dem Gesagten wäre die Annahme berechtigt, daß die genannten Verfahren, die in England vor 1858 unbekannt gewesen zu sein scheinen, auch in Frankreich nicht ausgeübt wurden. Indes verhält sich die Sache anders, und es bedarf zu deren Feststellung nicht einmal der Auffindung irgend eines unfruchtbaren Versuches, der von seinem Urheber verlassen wurde, bevor er daraus praktische Konsequenzen zu ziehen gewußt hätte, sondern es genügt, mitzuteilen, daß ein derartiges Verfahren seit einer Reihe von Jahren in dem

*) Bull. de la soc. ind. de Mulhouse, Supplément au No. de Juillet 1868.

**) Vergl. Seite 56.

***) Vergl. Seite 53.

Etablissement von Schlumberger-Ruff in Houlme bei Rouen ausgeübt wurde. Es mögen hier Bemerkungen folgen, die ich einer aus Rouen vor 7 oder 8 Jahren erhaltenen Mitteilung entnehme. Ein gußeiserner Behälter (Fig. 48) konischer Form enthält die in üblicher Weise aufgestapelten Gewebe. Doppelboden *C* ist

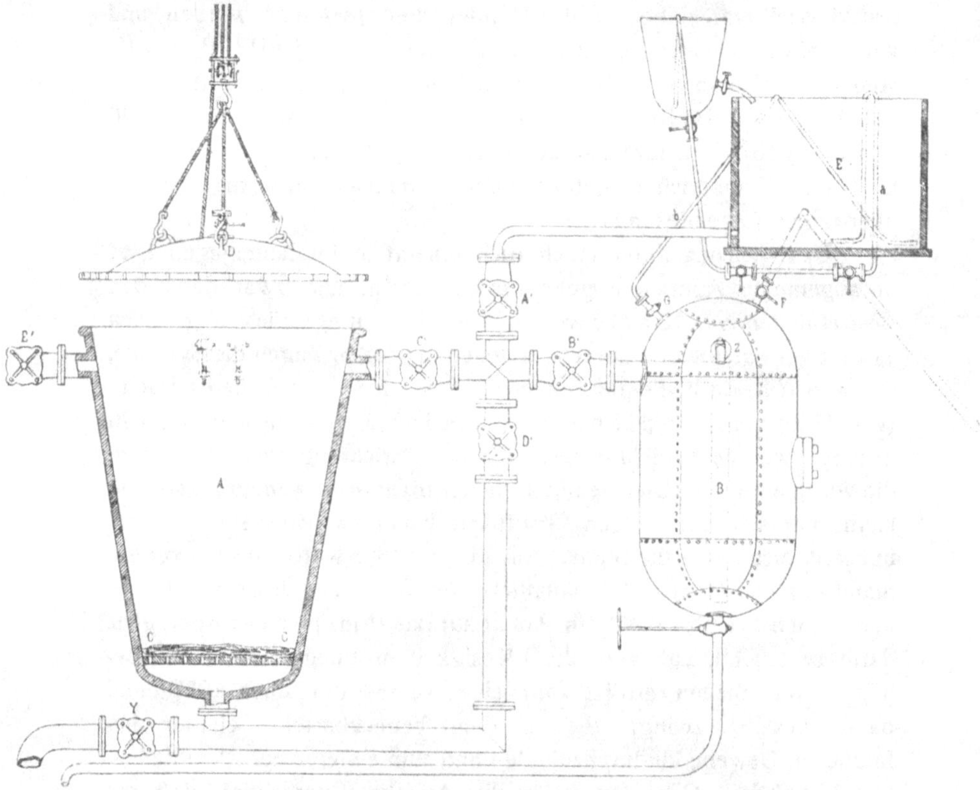


Fig. 48.

mit mehreren Lagen Schutztuch bedeckt; man legt Deckel *D* auf und verschraubt ihn. Die Dichtung wird durch Hanfeinlagen bewirkt. Nun bereitet man eine Lösung von Aetznatron, mit der man den etwa 1300 Liter fassenden Behälter füllt (diese Methode war bei der Kalkbäuche nicht gebräuchlich), erwärmt die Flüssigkeit im Holz-Reservoir *E* mittelst des Dampfrohrs *a* und läßt sie nach dem Aufkochen durch Oeffnen der Ventile *A'* und *B'* in den Kessel *B* eintreten; die Luft entweicht durch den Hahn *z*. Zu gleicher Zeit werden die Ventile *E'* und *Y* geöffnet, wodurch der Dampf durch die Gewebe hindurchströmt. Sobald die Lauge bei *z* erscheint, schließt man die Hähne *A'*, *B'*, *E'* und *Y* und öffnet das Ventil *F*, um den Dampf aus dem Dampfkessel in den Behälter *B* einzulassen. Sobald das Manometer die erforderliche Spannung anzeigt, öffnet man *B'* und *C'*, wodurch die Lauge nunmehr in das Gewebe eintritt. Man vergewissert sich von dem beendeten Durchgang der Flüssigkeit dadurch, daß sie aus den Hähnen nicht mehr austritt. Nach Verlauf von 5—8 Minuten schließt man zuerst *C'*, dann *F* und läßt durch Oeffnen des Hahnes *E'* Dampf auf die Lauge einwirken. Der im Kessel *B* befindliche Dampf wird durch Hantieren des Ventils *G* zum Entweichen gebracht, wodurch gleichzeitig das ins Reservoir *E* inzwischen gebrachte Wasser erwärmt wird. Durch zeitweiliges Oeffnen des Ventils *z* kontrolliert man den Stand des Manometers und läßt, sobald die Spannung auf den nötigen Grad gesunken ist, die Lauge noch während einer Viertelstunde auf die Gewebe einwirken, wonach *D'* geöffnet wird (*B'* war offen geblieben). Der durch *E'* eingeführte Dampf treibt die Lauge von neuem in den Kessel *B*; wenn man den Hahn *z* öffnet, so bemerkt man nunmehr, daß infolge der Dampfkondensation eine Luftleere eingetreten ist. Das Ende des Durchgangs der Lauge erkennt man aus dem Ausströmen der Luft durch den Hahn *z*, den man von Zeit zu Zeit öffnet. Man schließt nunmehr *E'* und *D'* und fängt nach 2—3 Minuten von neuem an, indem man *F* öffnet. Der Dampf tritt in Wirkung, wonach man *C'* öffnet; die Lauge strömt in die Gewebe und so fort. Man gibt drei Laugenpassagen in einer Stunde bei einer Gesamtdauer von 8—10 Stunden. Zum Schluß schließt man *C'* und *D'*, während sich die Lauge in den Geweben befindet und läßt die erstere durch Oeffnen von *Y* abfließen, wonach *E'* und *Y* geschlossen werden. Währenddessen ist das Wasser im Behälter *E* kochend geworden und wird in derselben Weise wie die Lauge in die Kufe *A* eingeführt; man gibt vier Wäschen von einer Dauer von $1^3/_4$—$2^1/_2$ Stunden.

Hieraus ersieht man, daß die Analogie mit dem System von Pendlebury eine vollkommene ist. Herrn Reber verdanke ich noch folgende Erklärungen der Bäucheinrichtung:

Der Bäuchapparat mit Hochdruck, mit einem Kessel und einem Vorwärmer, wurde von England nach der Normandie 1839—1840 von Waddington eingeeführt, der darauf ein Patent nahm und es mehrere Jahre ausbeutete (das Patent von Gebr. Waddington datiert vom 3. Februar 1838 und hat zwei Zusatzpatente von 1840 und 1841). Die Methode wurde von Anfang an in Rouen unter dem Namen des Erfinders bekannt. Die ersten Kessel waren aus Gußeisen mit dem Vorwärmer aus Kesselblech. Später wurde das Patent auf Gaudry, einen Kupferschmied, übertragen, der zuerst den Vorwärmer durch einen zweiten Kessel ersetzte und beide Kessel aus Blech konstruierte. Von 1840 bis 1859 benutzte unser Etablissement einen Apparat mit einem Kessel und einem Vorwärmer. In diesem Jahre führten wir zwei zusammenhängende Kessel ein, die bis jetzt in Betrieb sind (April 1867). Die Firma Stackler-Rouen hat zu gleicher Zeit mit uns das System Waddington angenommen; etwas später führten es Girard & Cie. ein, die es noch jetzt verwenden."

Nach dem englischen Patent Nro. 2176 vom Jahre 1859, an Richard Kay erteilt, wird die Ware, bevor der eigentliche Bäuch-

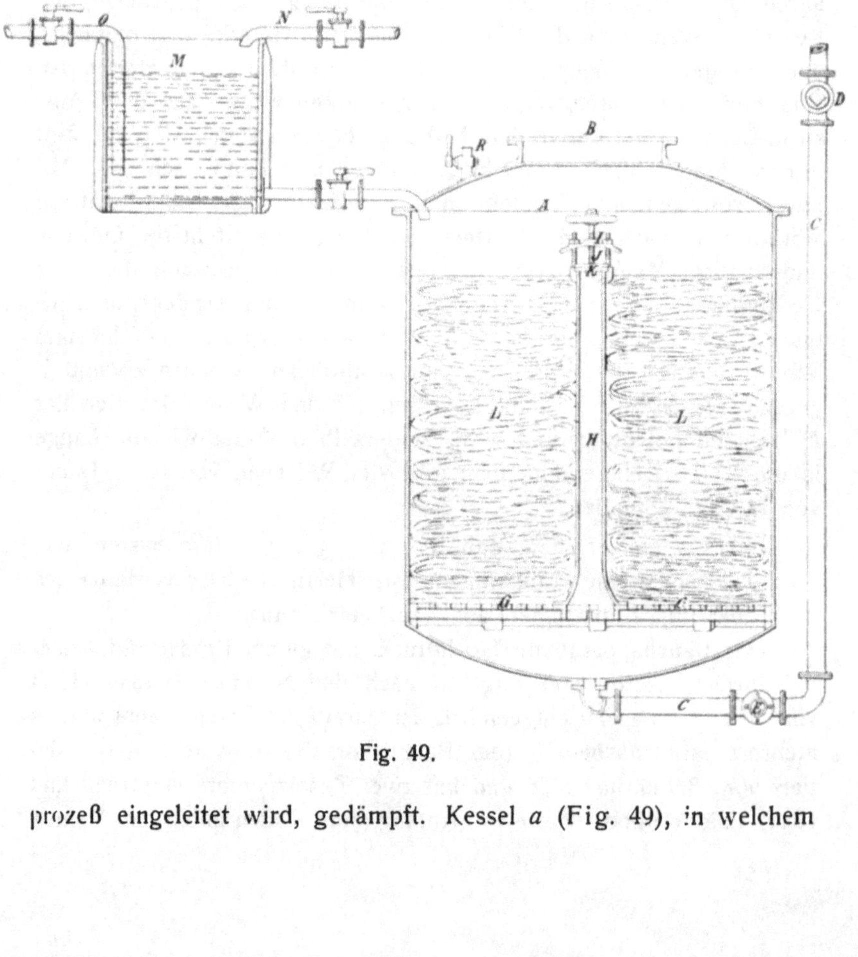


Fig. 49.

prozeß eingeleitet wird, gedämpft. Kessel *a* (Fig. 49), in welchem die zu bleichende Ware auf dem falschen perforierten Boden *G* ruht, ist oben durch Deckel *B*, der während der Operation verschlossen bleibt, versehen. Am unteren Ende des Kessels tritt Rohr *C*, welches durch Hahn *D* abgesperrt werden kann, ein. Von Rohr *C* zweigt eine Seitenleitung *E* mit Hahn *F* ab; es dient diese Leitung sowohl als Ablaßleitung für die Lauge, wie für die Dampfzufuhr zum Kessel. In der Mitte des falschen Bodens *G* ist Rohr *H*, welches bis über die Kesselfüllung hinaufragt und in der Kappe *I* endet, angebracht. Durch die Mitte dieser Kappe führt eine Schraubenspindel *J*, deren unteres Ende das Ventil *K* zum Schließen des Rohres *H* führt. Durch ein Handrad oder einen Schlüssel wird diese Schließvorrichtung von oben bedient.

Die Ware wird, nachdem sie durch die Waschmaschine gezogen und mit Lauge imprägniert ist, im Kessel abgelegt, Rohr *H* oben geschlossen und Deckel *B* befestigt. Alsdann wird Ventil *D* geöffnet, der Dampf strömt nun durch Rohr *C* in den unteren Teil des Kessels und von hier durch das Bleichgut nach oben. Nachdem die Ware so vorbereitet ist, wird *D* geschlossen, Deckel *B* und Rohr *H* bei *K* geöffnet. Hierauf wird die im Reservoir *M* befindliche Lauge, welche durch eine Dampfleitung *O* im Kochen erhalten wird, in den Kessel gelassen und dieser verschlossen. Zum Nachspeisen des Reservoirs *M* dient die Leitung *N*.

Nachdem die Dampfleitung *D* wieder geöffnet ist, treibt der Dampf in bekannter Weise die Lauge im Kessel durch das Steigrohr nach oben und wirft sie unter der Kappe *J* über die Ware. Die Luft des Kessels entweicht durch Ventil *R*.

Im Jahre 1861 wurde ein Bleichapparat von Banks & Grisdales*) bekannt, mit welchem in 10 Stunden 600 bis 1400 Pfund Gewebe gebleicht oder gewaschen werden konnten. Das Prinzip des Verfahrens besteht darin, daß die Luft aus dem Behälter und damit auch aus der Ware herausgepumpt wird, wodurch letztere ganz porös wird. Fig. 50 setzt zwei Kessel mit einer für beide genügender Luftpumpe voraus, von welchen beiden Kesseln in der Figur nur einer dargestellt ist. Einer derselben dient der Operation, während der andere gefüllt oder geleert wird. Oder man kocht in dem einen, chlort und säuert in dem anderen.

*) Dingler's Polytechnisches Journal. 1861. pag. 356.

Kufe *A* ist mit Doppelboden *H* versehen und wird hermetisch durch einen Deckel verschlossen. Sie steht mit einer Luftpumpe *B* durch Rohr *G* in Verbindung. Unter der Kufe befinden sich Reservoire CCC, die alle entweder Lauge enthalten oder es befindet sich in einem derselben Lauge, in einem anderen Wasser und in dem dritten ein Säurebad. Diese Reservoire stehen mit der Kufe durch Rohrleitungen in Verbindung und zwar mittels

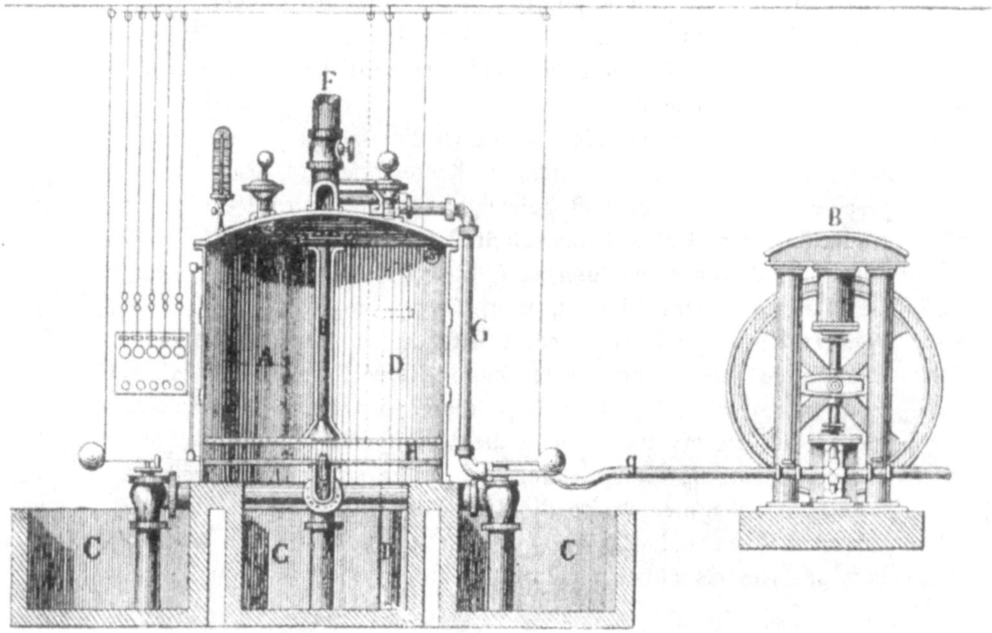


Fig 50.

einer Röhre, deren Arm *E* bis an die Haube der Kufe reicht und in einem Brausenkopf endigt. Jedes der drei Rohre CCC kann gegen die anderen abgeschlossen werden.

Man legt das Zeug in den Behälter *A*, pumpt die Luft aus, öffnet dann das Ventil des Rohres *E* und läßt die Lauge in die Kufe durch Luftdruck eintreten. Ist das nötige Quantum derselben darin, so wird das Ventil geschlossen und man läßt durch *D* Dampf in die Kufe einströmen. Bei der Luftleere wird die Lauge nun zu sieden beginnen und in alle Poren der Gespinstfasern eindringen. Nach genügender Einwirkung läßt man durch *F* Luft und kaltes Wasser in die Kufe eintreten. Dadurch fließt zunächst die Lauge in das Reservoir zurück. Nach Schließen des Ventils und nach neuem Evakuieren wird nun das Wasser die Lauge aus dem Gewebe entfernen.

Im Jahre 1866 erschien unter dem Titel „Das Buch der Bleiche" eine Schrift von E. H. Scharf,*) in welchem sich Verfasser als Erfinder einer Bäuchkufe ausgibt, wie sie in Fig. 51 ver-

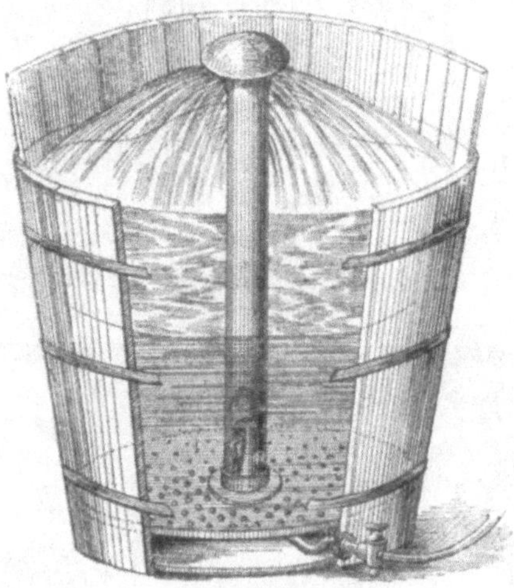

Fig. 51.

anschaulicht ist. Obgleich es sich hierbei keineswegs um eine Neuerung handelt, wie aus dem Vorhergehenden ersichtlich ist, so möge die Einrichtung hier doch Erwähnung finden, weil sie in einer Reihe später erschienener Werke Aufnahme fand: Der Apparat besteht aus einem Faß mit doppeltem Boden. In Verbindung mit einem äußeren Dampfrohre läuft als Fortsetzung ein Rohr von etwas schwächerem Durchmesser am Boden bis in die Mitte des Fasses, erhebt sich dann in vertikaler Richtung 8 Zoll über den zweiten Boden und schließt trichterartig mit Siebvorrichtung. Auf den Zwischenboden ist ein Rohr gesetzt von 5 Zoll Durchmesser, welches 12 Zoll über den Faßrand hinausgeht und mit einem kupfernen

*) Das Buch der Bleiche, von Eduard Heino Scharf, Kaufmann, technisch-chemischer Bleicher, Erfinder der Bleichmaschine für Waren und der selbsttätigen Dampflaugenschläger. Löbau 1866.

Hut von 20 Zoll Durchmesser versehen ist, welcher $1/2$ Zoll über dem Rohrende befestigt ist. Die Ware wird rings um das Rohr eingelegt, und es erfolgt das Aufgießen der Lauge auf kaltem Wege

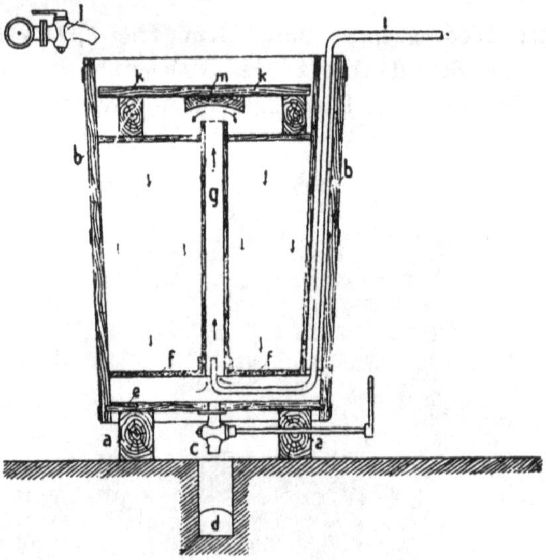


Fig. 52.

in verdünntem Zustande bis zur Mitte des Fasses. Es tritt die Lauge somit gleichzeitig in das Rohr in gleicher Höhe mit der äußeren Flüssigkeit. Erfolgt nun das Oeffnen des Dampfhahnes, so ist die im Rohre über der Siebvorrichtung befindliche Lauge im Verhältnis zur ganzen Lauge in geringer Menge bald auf den Siedepunkt gebracht und wird mit Kraft herausgeworfen. Der am oberen Ende des Rohres angebrachte Hut bewirkt ein gleichmäßiges Begießen der Lauge über das ganze Faß. Der luftverdünnte Raum, welcher im Rohre durch Ausstoßen der Lauge entsteht, stellt das Saugvermögen her, wodurch sich das Rohr immer wieder füllt. Die Schläge erfolgen anfänglich langsamer, je wärmer aber die Lauge wird, um so rascher geht das Auswerfen derselben, so daß bei erreichtem Siedepunkt 45 Schläge pro Minute erfolgen. —

Kufen ähnlicher Art waren vorher schon und sind auch heute noch, namentlich zum Entschlichten der Gewebe vor dem eigentlichen Bäuchen in Betrieb. Eine Konstruktion dieser Art hölzerner Bäuchständer nach Zipser*) sei hier wiedergegeben. Fig. 52 zeigt die Abbildung.

Auf dem Balkenroste *a* steht der aus starken Dauben hergestellte Bottich *b* so, daß der Abflußhahn *c* sich über dem Einlaufloch in den Kanal *d* befindet. In einiger Entfernung über dem eigentlichen Boden *e* ist der falsche Boden *f* mit dem Steigrohre *g* angebracht, in welchem von unten das von einer Holzverschalung umhüllte Dampfzuleitungsrohr *i* einmündet. Der Arbeitsvorgang ist folgender: Die Ware wird möglichst gleichmäßig unter Vermeidung von Schlingenbildung eingelegt und hierauf mit dem Balkenkreuze *k* beschwert, um ein Aufsteigen der Gewebe zu verhindern. Nun wird durch Oeffnen des Hahnes *l* die Stande mit Bäuchflüssigkeit gefüllt, welche, sobald man Dampf zuleitet, die durch Pfeile angedeutete Kreisbewegung antritt. Hierbei wird die Lauge mit großer Kraft im Steigrohre *g* gegen den am Balkenkreuze *k* angebrachten ausgehöhlten Deckel *m* geschleudert und dadurch gleichmäßig über die Ware verteilt. Nach beendigtem Kochen erfolgt das Ablassen der Flüssigkeit nach dem Kanal *d* durch Oeffnen des Hahnes *c*, worauf man durch *e* reines Wasser behufs Abkühlung und Reinspülung der Ware zufließen läßt.

Eine weitere Bäuch-Einrichtung, bei welcher der Dampfdruck die Lauge in der Kufe emporhebt, ist von Duvoir**) konstruiert worden und wird durch Fig. 53 illustriert.

Im Kessel *B* befindet sich die Lauge. Ein Schwimmer *J*, welcher sich an Leitstange *Z* bewegt, schließt beim Steigen ein Ventil *C*, öffnet es somit beim Sinken. Vom Boden des Kessels gehen zwei Rohre in die Kufe *A* und zwar befindet sich Rohr *F* am Boden des Kessels und mündet im unteren Boden der Kufe, wo ein Ventil *D* seine Mündung verschließen kann. Das andere Rohr *E* geht bis an den oberen Rand der Kufe und endigt dort in einen Brausenkopf. Der Deckel *H* schließt fest und luftdicht und kann mittels eines Seiles über Rollen gehoben werden. Ist *B* mit Lauge gefüllt, so ist das Ventil *C* geschlossen. Siedet nun die Lauge, so sammelt

*) Julius Zipser, Apparate, Geräte und Maschinen etc. Leipzig 1894.

**) Dr. H. Grothe, Katechismus der Wäscherei, Reinigung und Bleicherei. 2. Aufl. Leipzig 1884.

sich der Dampf über der Flüssigkeit an und schließt durch Druck auf die Lauge auch das Ventil *D*, welches von unten nach oben ventiliert. Durch den Dampfdruck wird nun die Lauge in Rohr *E* getrieben und strömt bei gehöriger Dampfspannung durch den Brausenkopf über das in *A* befindliche Zeug aus. Durch dieses

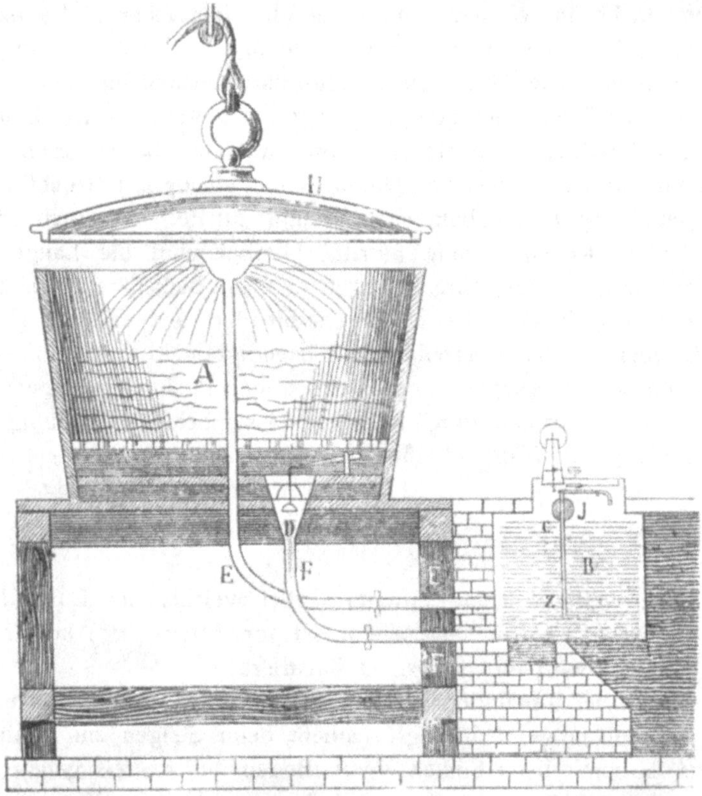


Fig. 53.

Ausströmen der Lauge sinkt Schwimmer *J* und öffnet Ventil *C*. Dadurch erhält der gespannte Dampf einen Ausweg, der Druck hört auf, die Lauge, welche sich im Doppelboden angesammelt hat, drückt Ventil *D* herab und strömt wieder in den Kessel ein. Durch diese Kesselfüllung hebt sich der Schwimmer, schließt sich Ventil *C*, dann Ventil *D* und das Ausströmen der Lauge durch *E* beginnt von neuem. Eine kontinuierliche Heizung des Kessels ist natürlich erforderlich.

Einen Apparat, um unter Benutzung des Vakuums zu bäuchen, beschreibt 1867 B e r j o t.*) Fig. 54 und 55 zeigt die Einrichtung: Die Bäuchkufe *A* ist mit einem durchlochten Doppelboden *B* versehen, auf welchen die zu bäuchende Ware gelagert wird, so daß

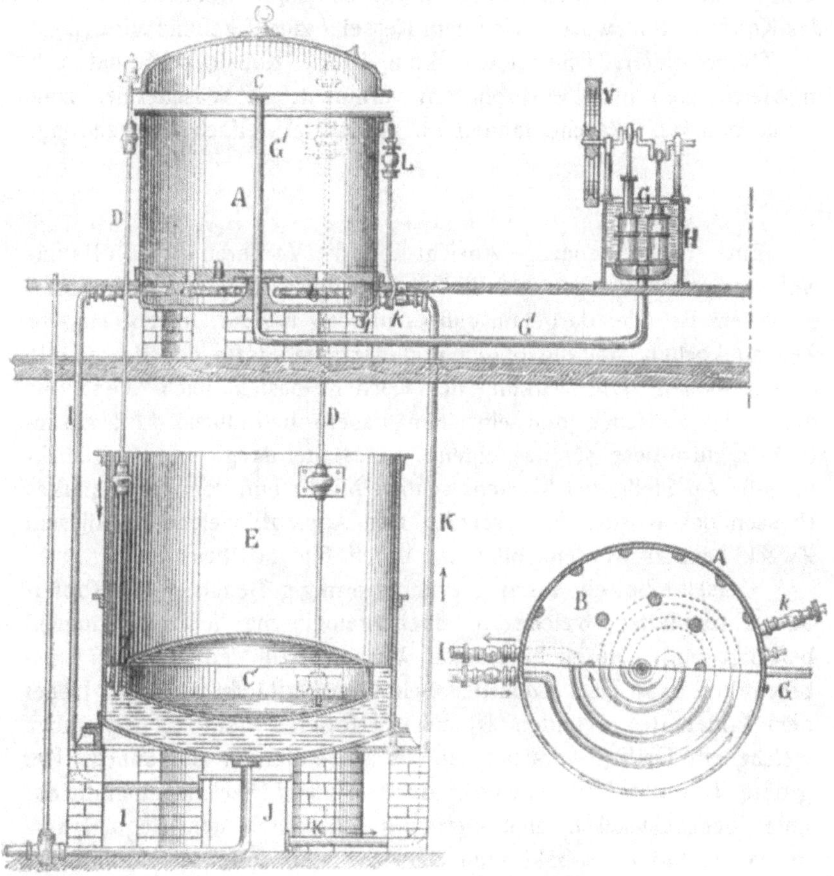


Fig. 54. Fig. 55.

die mittels Schlange im Doppelboden erhitzte Lauge frei nach oben in das Zeug steigen kann. Das Heben und Senken des Deckels der Kufe *A* wird mit Hilfe des Schwimmers *C'* bewirkt, der unten auf dem Wasser in Kufe *E* schwimmt und auf drei mit dem Schwimmer verbundenen Stangen *D* ruht. Läßt man Wasser aus *E* austreten,

*) A r m e n g a u d, Génie industriel. November 1867.

so sinkt der Deckel, und umgekehrt. Das Rohr *G'* steht mit der Luftpumpe *G* in Verbindung, die durch Wasser im Mantel *H* kühl erhalten und durch *V* angetrieben wird. Die Arbeit der Pumpe stellt ein Vakuum über dem Doppelboden resp. über der Ware in *A* her, so daß nun die Lauge frei in derselben aufsteigen kann. Rohr *I* führt aus *J* den Dampf in die Schlange, während durch *K* das Kondensationswasser nach dem Kessel *J* zurückgeführt wird. *L* ist ein Thermometer. Diese etwas komplizierte Konstruktion hat sich in Bleichereien nicht einzubürgern vermocht; in Wäschereien zum Auskochen der Wäsche fanden die Apparate vielfach Verwendung.

Eine etwas eigenartige Ansicht über die Vorbereitung von Baumwollwaren zum Bleichen und Färben vertritt Metz.*) Versuche haben es diesem Erfinder dargetan, daß es unnötig ist, die Gewebe längere Zeit zu kochen, um die öligen und harzigen Stoffe der Baumwolle aufzuschließen. Die Wirkung des Kochens besteht nach Metz nur darin, die zwischen den einzelnen Fasern befindliche Luft auszutreiben, nur diese sei das eigentliche Hindernis gegen den Bleichprozeß. An Stelle des Kochens schlägt Metz nun vor, durch starkes Pressen das Kochen zu ersetzen. Der Apparat, welcher zu diesem Zweck benutzt werden soll, wird durch Fig. 56 illustriert.

Derselbe besteht aus zwei zylinderförmigen Behältern aus Kupfer- oder Eisenplatten, welche auf einem gemeinschaftlichen Fundament befestigt sind. Die zu bleichende Ware wird in den Behälter *A* gebracht und dann Deckel *d* mittels Schraube *J* luftdicht befestigt. Ueber dem Boden des Zylinders ist eine perforierte Platte *C* angebracht, welche mit Griff *p* versehen ist, um sie entfernen zu können. Der größte Teil der Luft entweicht durch Rohr *f*, welches unmittelbar unter dem Deckel *d* eine Oeffnung hat, durch den Regulator *H* in das Gefäß *B*, sobald man den Zylinder durch die Rohre *OO* mit Wasser füllt. Ueber dem Behälter *B* ist eine Druckpumpe *P* befestigt. Diese erhält ihr Wasser durch Saugrohr *b*, welches bei *i* siebförmig durchlöchert ist, damit keine Unreinigkeiten eintreten können; die Pumpe preßt das Wasser durch Rohr *n* und *OO* in den mit Zeug gefüllten Behälter. Sie ist mit einem Sicherheitsventil *x* versehen, dessen Hebel so beschwert ist, daß es sich bei dem höchsten Druck öffnet. Der Regulator *H* enthält ein konisches

*) Victor Joclét; Vollständiges Handbuch der Bleichkunst. Wien 1878. Nach The practical mechanics journal, London.

Ventil, welches, sobald es in die Höhe getrieben wird, gegen ein Piston drückt. Das Piston bewegt sich in einer Büchse und hat einen Ring, auf dem das eine Ende einer Spirale ruht, das andere Ende der Feder stößt gegen eine obere Büchse, die den Zylinder verschließt und durch die das Piston geht. Der obere Teil

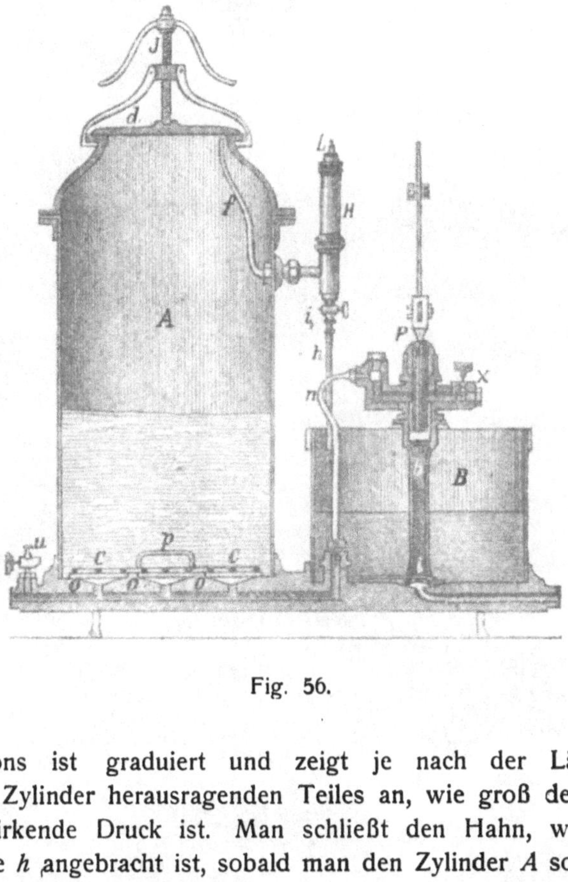


Fig. 56.

des Pistons ist graduiert und zeigt je nach der Länge des aus dem Zylinder herausragenden Teiles an, wie groß der auf das Ventil wirkende Druck ist. Man schließt den Hahn, welcher an der Röhre *h* angebracht ist, sobald man den Zylinder *A* so weit mit Wasser gefüllt hat, daß dieses aus *h* ausfließt. Dann kann nichts mehr aus dem Apparat entweichen, man fährt fort zu pumpen und übt dadurch einen solchen Druck auf die Fasern aus, daß diese die Luft, welche in ihren Poren enthalten ist, abgeben. Durch den Regulator ersieht man, wie stark der Druck ist und richtet danach die Dauer des Pumpens ein.

Nach dem englischen Patent No. 2243 vom Jahre 1867 sucht John Smith eine konstante Zirkulation in Bäuchkesseln auf folgende Weise zu erreichen. Ein gewöhnlicher Hochdruckkessel (Fig. 57) ist an seinem oberen Ende durch Rohr *A*

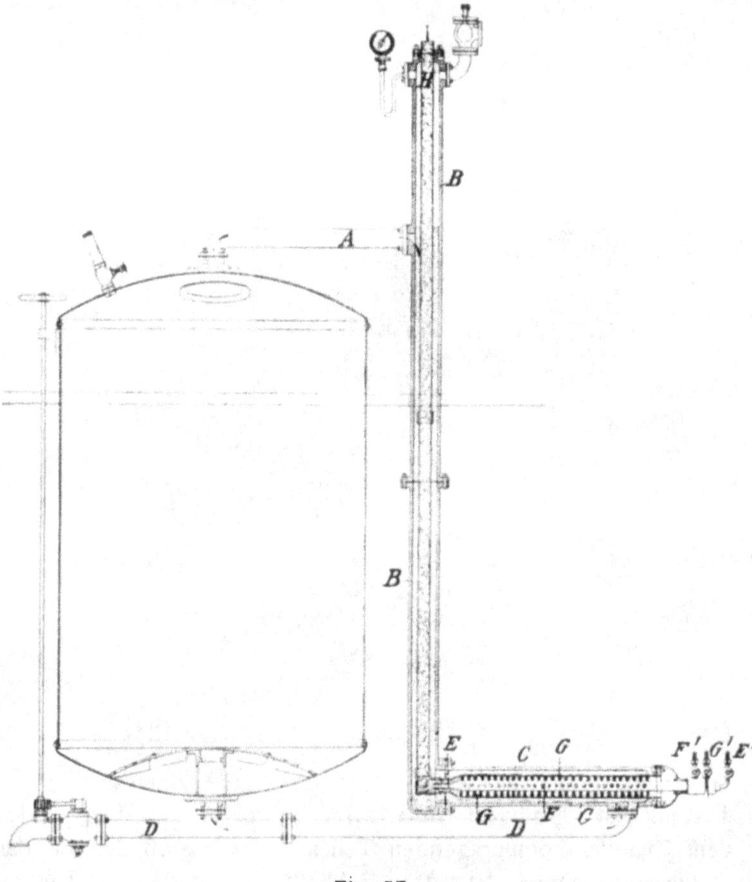


Fig. 57.

mit einem vertikalen äußeren Heizrohr *B*, an welches sich im rechten Winkel der Heizapparat *C* anschließt, verbunden. Der untere Teil des Bleichkessels steht durch Rohr *D* mit der Heizvorrichtung in Verbindung. Der Heizapparat besteht aus einem inneren perforierten Rohre *E*, welches von einem zweiten ebenfalls perforierten Rohre *F* umgeben ist. Um das ganze legt sich eine kupferne Büchse *G*. Durch die Hähne *F'* und *G'* wird Leuchtgas und atmosphärische Luft eingelassen, während durch *E'* Druckluft zugeführt werden kann. Die Verbrennungsgase ziehen durch Rohr *H* im Innern von Rohr *B* ab. An seinem oberen Ende ist dasselbe mit Manometer und Sicherheitsventil versehen.

Nachdem der Kessel mit Ware und Lauge gefüllt ist, wobei letztere die Rohre *DCB* bis zur Höhe der Lauge im Kessel anfüllt, wird der Heizapparat durch Anzünden in Tätigkeit gesetzt. Hierdurch wird die Lauge erhitzt, welche nun durch Rohr *B* nach *A* steigt, in den Kessel gelangt und eine ununterbrochene Zirkulation bewirkt.

Nach des Erfinders Vorschlag kann an Stelle der Gasheizung auch überhitzter Dampf benutzt werden.

Thomas Beeley wurde durch das englische Patent No. 543 vom Jahre 1868 eine Verbesserung geschützt, welche in der Hauptsache einen Schutz gegen Kesselexplosionen bilden sollte. Wie Fig. 58 zeigt, wird das zentrale Rohr *A* als Stütze zwischen Boden

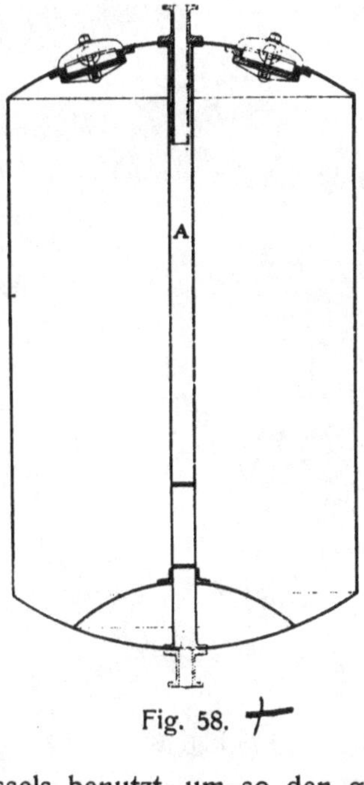


Fig. 58.

und Deckel des Kessels benutzt, um so den ganzen Kessel zu verstärken. Die am oberen wie unteren Ende des Rohres befindlichen Flanschen sind mit dem Boden resp. Deckel vernietet; das Rohr selbst ist perforiert, um Dampf und Lauge Ein- und Austritt zu gestatten.

Im Jahre 1868 wurde unter Nr. 2085 ein weiteres englisches Patent an Auguste Scheurer Rott und Scheurer Rott, fils, in Thann auf Verbesserungen an Bleichkesseln erteilt, welche die Schwierigkeiten der Bedienung derselben einmal

Fig. 59.

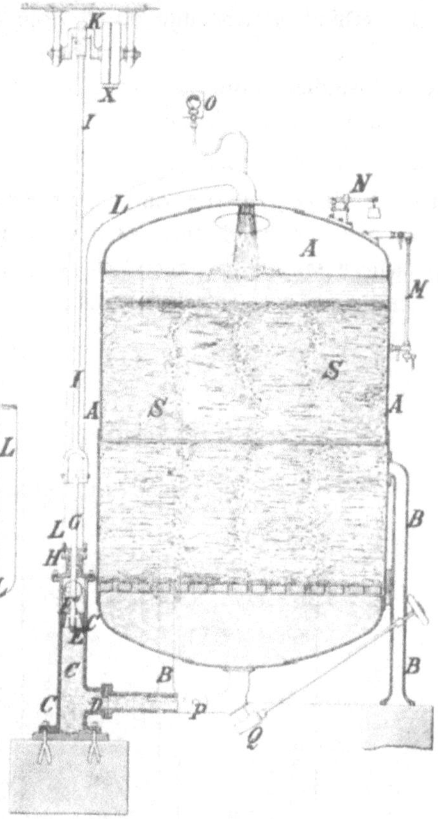


Figur 60.

Fig. 61.

von der Intelligenz des bedienenden Arbeiters unabhängig, andererseits auch ökonomischer, wie z. B. das Arbeiten mit Injektoren, machen sollte. Zu diesem Zweck schlugen die Erfinder die Anwendung der Pumpe vor, die entweder im Innern oder von außen den Kessel bedienen kann. Sowohl gewöhnliche, wie auch Zentrifugal- oder

Rotations-Pumpen können für diese Idee nutzbar gemacht werden. Nach der Patentschrift (Fig. 59, 60, 61) ist die Pumpe außerhalb des Kessels angeordnet. Der Kessel arbeitet bei 3½ Atmosphären Ueberdruck und liefert in 8 Stunden ein Resultat, welches gleichwertig mit einem 36stündigen Kochen auf bis dahin übliche Weise sein soll. Fig. 59 zeigt die Einrichtung des Kessels mit der seitlich angeordneten Druckpumpe, Fig. 60 eine Seitenansicht der Pumpe selbst und Fig. 61 die Verbindung des unteren Teiles des Kessels mit der Pumpe.

Der Kessel *A* ist auf Säulen *B* montiert, *C* ist die Pumpe, *D* ein Rückschlagventil für dieselbe. Der Pumpenkolben *E* ist an seinem oberen Ende mit dem Ventil *F* versehen, *G* ist die Führung und *H* die Stopfbüchse. Die Leitstange *I* stellt die Verbindung mit dem Antrieb *K* resp. *X* her. Rohrleitung *L* stellt die Verbindung zwischen der Pumpe und dem oberen Teil des Bäuchkessels her. *M* ist ein Wasserstandsglas, *N* ein Sicherheitsventil und *O* Manometer. Rohr *P* (Fig. 61) führt von dem Laugenbehälter zum Kessel. Ventil *Q* dient als Ablaßhahn nach beendigtem Bäuchen. Durch Rohr *R* (Fig. 60), welches im oberen Pumpenteil eintritt, wird Dampf zum ununterbrochenen Erwärmen der zirkulierenden Lauge zugeführt. Da der Druck im oberen und unteren Teile des Bäuchkessels *A*, d. h. über und unter dem Bleichgut *S* fast der gleiche ist, so hat die Pumpe nur die Arbeit, die Flotte unten im Kessel abzusaugen und sie in den oberen Teil desselben zu heben. Die Tourenzahl der Pumpe wird nach dem Kesselinhalt reguliert.

Im Jahre 1870 trat J. Decoudun*) mit einem neuen Laugenkessel auf, bei welchem die Wirkungen des Giffard'schen Injektors und das Rotationsrad benutzt werden. Der Kessel wird durch Fig. 62 illustriert: *A* ist das Laugenfaß, mit einem an Ketten hängenden Deckel versehen. *B* ist ein durchbrochener Boden; zwischen demselben und dem wirklichen Boden befindet sich ein mit Lauge gefüllter Raum *C*. *D* ist ein Zylinder, welcher als Hülle für das Rohr *E* dient; er hat unten eine mit Löchern versehene Erweiterung, welche die Lauge kontinuierlich einsaugt. *E* ist das Injektorrohr; es ist unten offen und mittels Schraubenbolzen befestigt. *F* ist das Dampfrohr; dieses läuft innerhalb der Erweiterung von *D* in eine konische Düse aus, welche in das untere Ende von *E* gesteckt

*) Polytechnisches Centralblatt 1870.

ist, und zwar nicht dicht schließend, sondern so, daß die Lauge um die Düse herum in das Rohr eintreten kann. Die Düse spielt die Rolle des Giffard'schen Injektors, d. h. der aus ihr heraustretende Wasserstrahl reißt die Lauge mit sich fort. *G* ist der Hahn für die Zulassung des Dampfes, *H* ein horizontales Rohr mit Löchern, durch welche die Lauge sich auf die Ware ergießt, um dann nach und nach durch dieselbe hindurch wieder nach abwärts zu fließen. Dieses Rohr ist in solcher Weise auf das obere Ende *E* aufgesetzt, daß es sich um die Achse von *E* drehen kann. Diese Drehung erhält das

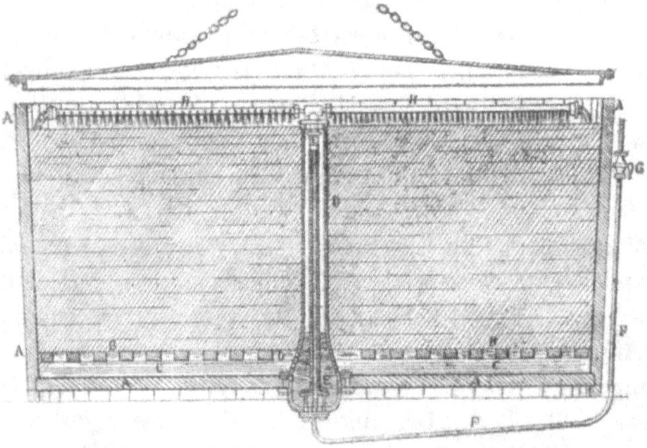

Fig. 62.

Rohr durch die ausfließende Lauge, da die Löcher in den beiden Hälften desselben an entgegengesetzten Seiten angebracht sind.

Der Apparat gewährt nach Decoudun folgende Vorteile: Man kann die Lauge zirkulieren lassen, ohne daß dieselbe bis zum Sieden erhitzt ist, und die Temperatur der Lauge allmählich steigern; die Lauge wird gleichmäßig über die ganze Oberfläche der Ware ausgebreitet; man kann die Operation unabhängig von der Feuerung beschleunigen oder verlangsamen; erdige oder sonstige unlösliche Teile werden nicht aufgerührt, sondern bleiben auf dem Boden des Fasses liegen; das Faß kann, da keine Feuerung unter demselben angebracht wird, von Holz hergestellt werden; um die Operation zu beginnen, braucht nur der Dampfhahn geöffnet zu werden.

---

Wie bereits Seite 46 mitgeteilt, rührt das Injektorprinzip in Anwendung auf Bleichkessel von Colin Mather her, welcher bereits im Jahre 1853 damit arbeitete. In Deutschland kamen die verbesserten Injektoren der Firma Gebrüder Körting in Körtingsdorf bei Hannover zu Anfang der 70er Jahre vielfach in

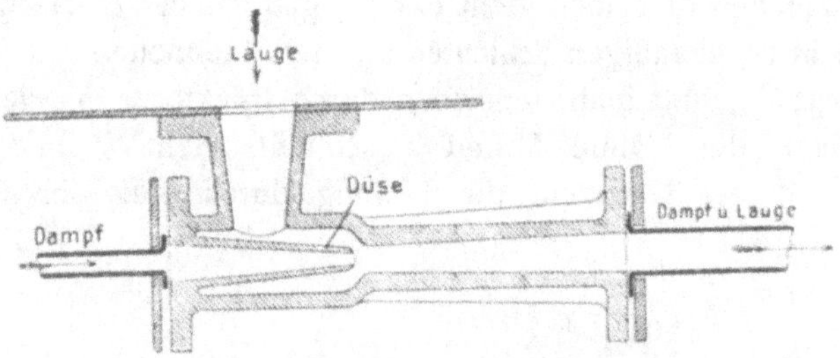


Fig. 63.

Gebrauch. Diese Injektoren, von Körting Zirkulations-Elevatoren genannt, lassen sich sowohl bei offenen Kufen wie

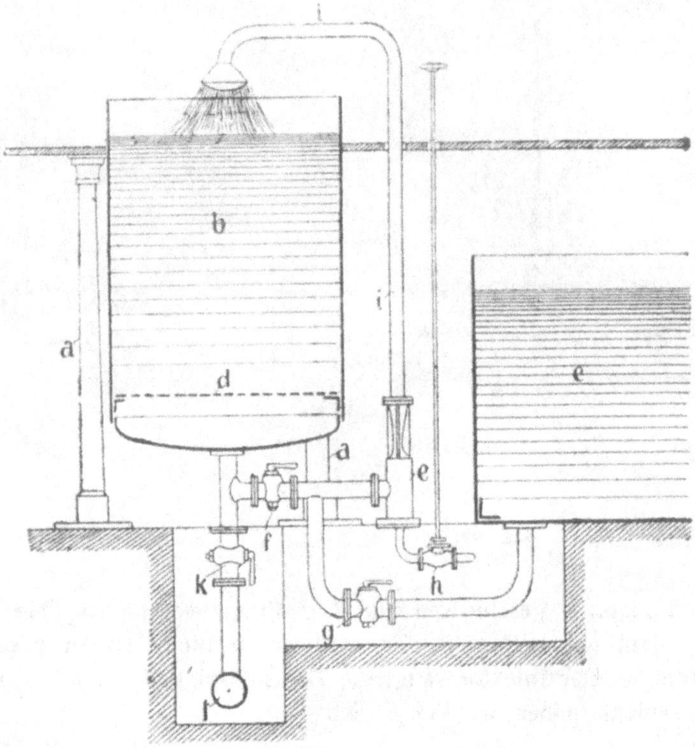


Fig. 64.

bei Hoch- und Niederdruck-Kesseln anwenden. Fig. 63 zeigt einen Schnitt durch einen solchen Injektor.

Die Einrichtung einer offenen Kufe mit Injektor wird durch Fig. 64 veranschaulicht.*) Die Bäuchkufe *b* ist auf drei Füßen *a* montiert, neben derselben steht der Laugenbehälter *c*. Nachdem das Gewebe in regelmäßigen Schichten auf dem Siebboden *d* des Kessels *b* abgelegt ist, füllt man denselben durch Injektor *e* mit der Lauge, indem man die Hähne *f* und *k* schließt, Hahn *g* und Dampfventil *h* öffnet. Nachdem die Füllung durch Steigrohr *i* beendet

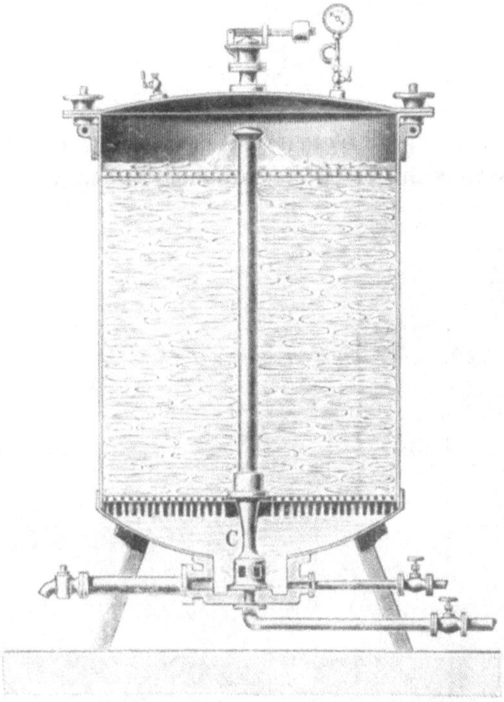

Fig. 65.

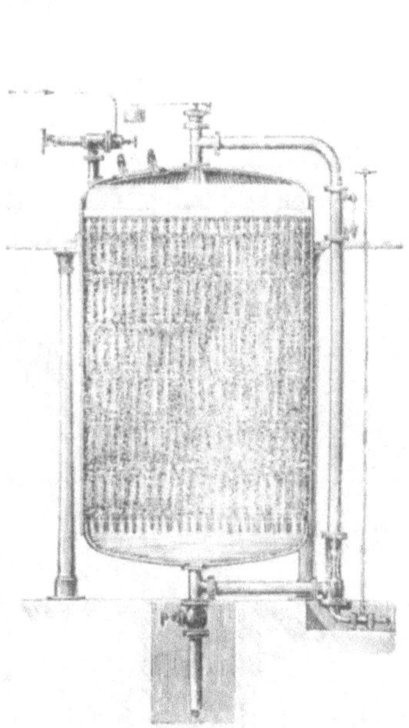

Fig. 66.

ist, wird Hahn *g* geschlossen und *f* geöffnet, worauf der Flüssigkeitskreislauf vor sich geht. Zur Entleerung dienen Hahn *k* und Ablaßrohr *l*. Der Injektor saugt die Bäuchflüssigkeit nur an, wenn dieselbe nicht heißer als 70° C. ist. —

Während die Injektoren bei offenen Kesseln nicht bis an den Siedepunkt arbeiten, können dieselben bei geschlossenen Kesseln über denselben hinaus benutzt werden. In diesem Falle muß die

*) Nach Julius Zipser, Apparate, Geräte, Maschinen etc. Leipzig 1894.

Dampfspannung mindestens eine Atmosphäre höher sein, als der im Bäuchkessel gehaltene Druck.

Die Zirkulations-Elevatoren können sowohl innerhalb der Kessel wie außerhalb derselben angebracht werden. Fig. 65 zeigt eine Einrichtung nach ersterer, Fig. 66 eine solche nach letzterer Ausführung.

Damit die Apparate stets genügenden Flüssigkeitszufluß erhalten, sind dieselben so tief, wie irgend tunlich aufzustellen. Die Röhren für den Dampf und die Lauge müssen mindestens die Weite erhalten, die in nachstehender Tabelle angegeben ist. Scharfe Biegungen sind zu vermeiden. Die Kessel sollen so hoch wie möglich mit Lauge gefüllt werden. Bei geschlossenen Kesseln muß ein Sicherheitsventil angebracht werden, das so belastet ist, daß der Druck nicht höher als 1 Atm. unter dem Dampfdruck steigen kann.

| Stündliche Leistung in Litern | Geringster Durchmesser des | |
|---|---|---|
| | Dampfrohres mm | Wasserrohres mm |
| 7500 | 40 | 50 |
| 10000 | 50 | 60 |
| 15000 | 50 | 80 |
| 30000 | 60 | 100 |

Wenn man beim Vergleich der bisher beschriebenen Kesselkonstruktionen schon herausfindet, wie leicht es gewesen ist, Patente auf bereits bekannte Erfindungen zu erlangen, so liefert ein deutscher Musterschutz ein weiteres klassisches Beispiel von dem Wert mancher Erfindungen.

Nachdem bereits mehr als 10 Jahre vorher Injektoren in genau derselben Anordnung von der Firma Gebr. Körting in Hannover*) bekannt waren, erhielt die Firma Franz Maas und Hardt in Barmen-Rittershausen im Jahre 1892 einen Musterschutz (No. 7339) unter dem Titel:

Innerer Dampfstrahlenübergießer in einem Bleich-, Bäuch-, Koch- usw.-Kessel.

„Er hat den Zweck, eine bessere Zirkulation in den Kochgefäßen

*) Um nur ein Beispiel anzuführen: Dieselbe Injektor-Konstruktion war bei Bernando Herrnhut in Treviso bereits im Jahre 1883 in Betrieb.

und damit eine bessere Ware hervorzubringen, und zwar wird dies folgendermaßen erreicht:

Der Uebergießer besteht aus einem düsenförmigen Stück *a*, mit darüber befestigtem Rohr und Zerteilungskappe.

Durch die Düse tritt der Dampf ein und reißt die unten im Kessel befindliche Lauge mit großer Geschwindigkeit durch das Rohr hinauf, um sie oben gleichmäßig über das Gut zu verteilen. Es entsteht unten ein luftverdünnter Raum, infolgedessen die Flüssig-

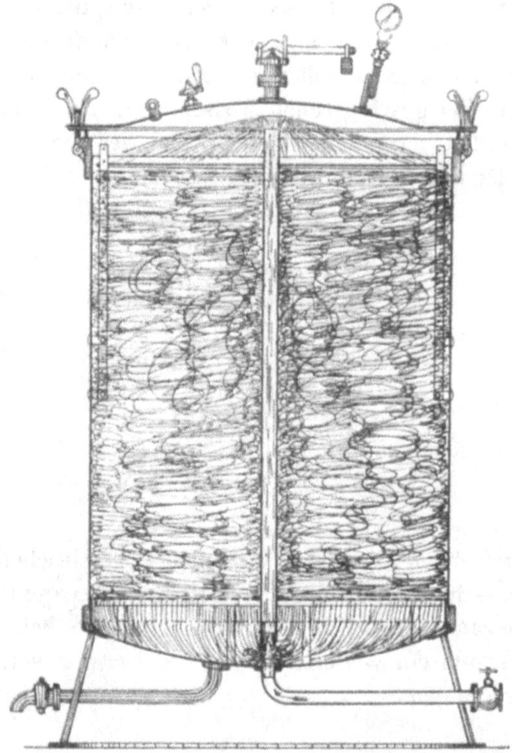

Fig. 67.

keit gleichmäßig durch die Ware hindurchgesogen wird, was für die Qualität der zu bleichenden oder auszukochenden Ware von größter Wichtigkeit ist."

Fig. 67 gibt die dem Musterschutz beigegebene Zeichnung wieder. Diese Kopie der Körtingschen Anordnung ist in ein größeres technisches Nachschlagewerk,*) ohne Körting zu er-

*) Otto Lueger, Lexikon der gesamten Technik (Band I, pag. 701), Stuttgart 1895.

wähnen, übergegangen. Es heißt darin: Da die äußeren sogenannten Zirkulations-Elevatoren infolge der vielen Flanschenverbindungen leicht undicht werden, haben Franz Maas & Hardt einen Bäuchkessel mit innerem Dampfstrahlüberhitzer gebaut.

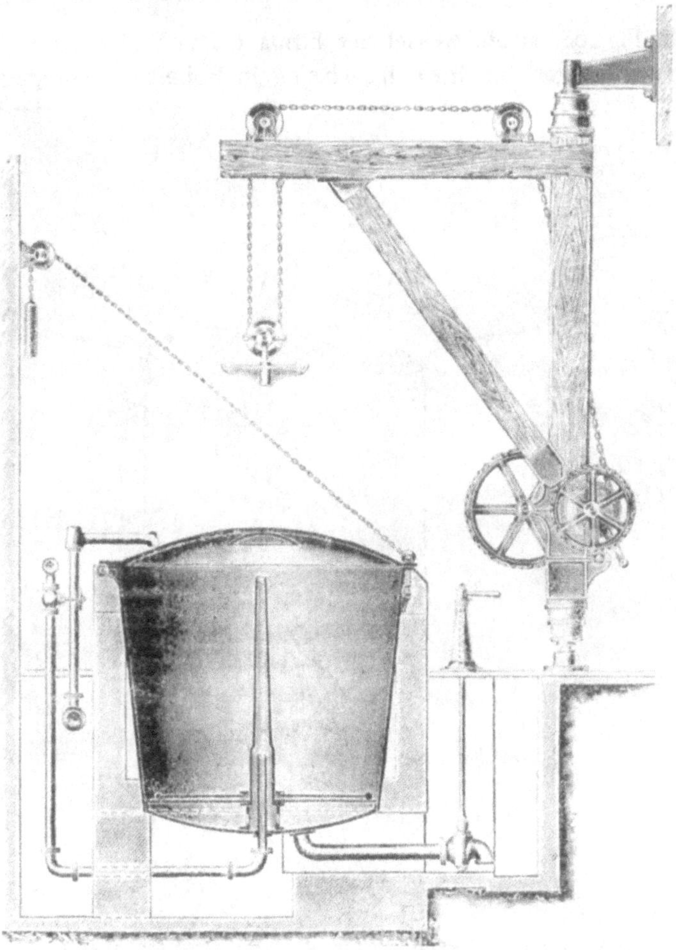

Fig. 68.

In der Mitte des Kessels steht ein Ueberguß- oder Steigrohr, um welches herum das auszukochende Bleichgut gelagert ist. Das Dampfzuleitungsrohr tritt direkt unter dem Steigrohr in den Raum zwischen Doppel- und Kesselboden ein. Auf das offene Ende des Dampfrohrs ist eine Düse aufgeschraubt, die in das untere Ende des Uebergußrohres greift. Aus ihr strömt der Dampf mit großer Gewalt in letzteres ein und reißt die unter dem perforierten Boden gesammelte Lauge mit sich in die Höhe, wo sie gegen einen konkaven Schirm geschleudert und über die Ware verteilt wird.“ —

Weitere Injektor-Kesselkonstruktionen zeigen die folgenden Fig. 68 bis 71.

In Fig. 68 ist ein Kessel der Firma Paul Scheider (früher Esser & Scheider) in Reichenberg in Böhmen wiedergegeben.

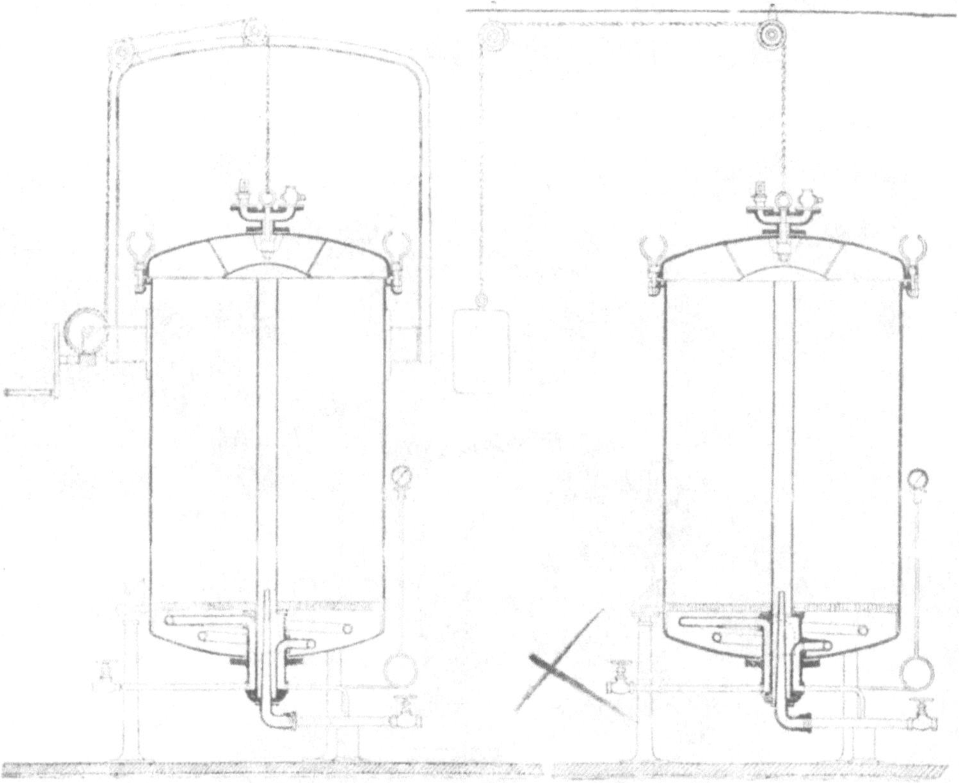

Fig. 69. Fig. 70.

Der Kessel ist aus Gußeisen hergestellt, gewöhnlich für 6—700 Kg Ware. Auf einem gußeisernen Siebboden des Kessels ruht ein schmiedeeisernes Netz, welches zum Herausheben der Ware unter Anwendung des Kranes bestimmt ist. Für gewöhnlich ist der Kessel zum Offenkochen bestimmt. Hochdruckkessel gleicher Konstruktion werden aus Schmiedeeisen mit hermetisch schließendem Klappdeckel hergestellt. —

In Fig. 69 und 70 sind ältere Injektorkessel-Konstruktionen der Firma C. G. Haubold jr. in Chemnitz veranschaulicht, und zwar ist der Kessel nach Fig. 69 mit Deckelwinde, der nach Fig. 70 mit Gegengewicht versehen.

Um ein vielfaches Durchbohren des Deckels und des Bodens bei Anbringung der Armaturgegenstände zu vermeiden, sind Sicherheitsventil, Lufthahn und Oese zum Abheben des Deckels an einem gußeisernen Stutzen gruppiert. Ein ähnlicher Stutzen ist am Boden der Kessel angebracht, an welchem der Dampf-Ein- und -Ausgang für die Kochschlange, der Dampfeingang für das Injektorrohr, sowie Manometer, Ein- und Auslaß für die Flotte vereinigt sind.

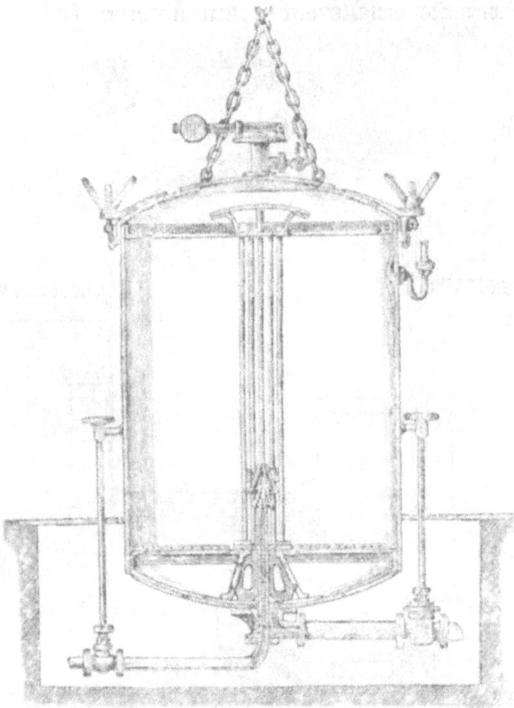

Fig. 71.

Fig. 71 zeigt eine ältere Injektorkesselkonstruktion von C. H. Weißbach in Chemnitz. Im unteren Teile des Kessels liegt ein aus Segmenten bestehender Siebboden, welcher in der Mitte auf einem Fuß, am Rand auf dem Boden des Kesselbodens ruht. Auf der Mitte des Siebbodens befindet sich ein Steigrohr mit Flottenverteilungshaube, welches am Fuße mit einem Injektor ausgestattet ist und nach außen mit einem Dampfabsperrventil, sowie mit einem Laugen- und Wasserabsperrhahn in Verbindung steht. Der schmiedeeiserne abhebbare Deckel wird mit umklappbaren Schrauben befestigt und hängt an Ketten. Durch Gegengewicht ist der Deckel ausbalanciert.

---

Ein weiteres englisches Patent, welches den Gebrauch des Injektors für die Laugenzirkulation schützt, wurde unter No. 1277 im Jahre 1871 an Squire Brierley erteilt. Fig. 72 zeigt die Anordnung: *a* ist der Kessel, *b* der Doppelboden, *c* das zentrale Steigrohr, *e* ein Sicherheitsventil. Am unteren Teil des Kessels ist

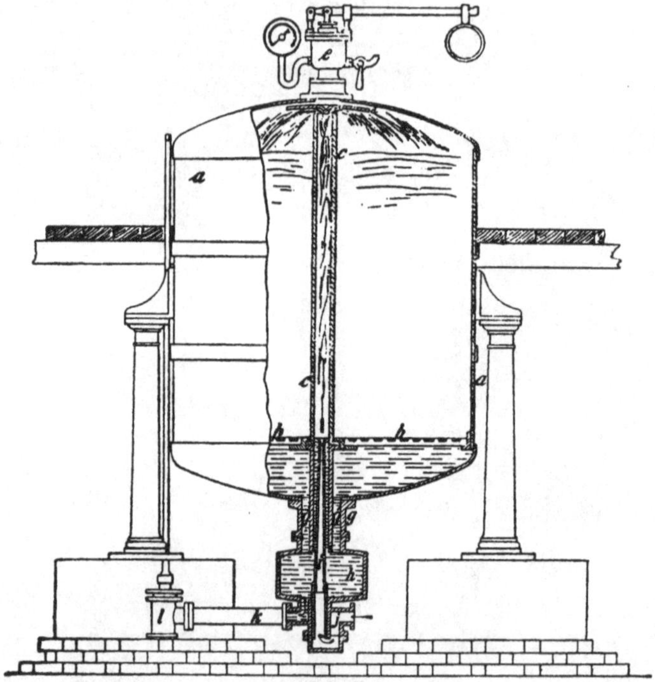


Fig. 72.

das Verbindungsstück *g*, *g'* angenietet, dessen Mittelstück in den unteren Teil des Kochkessels hineinragt und in dem Standrohr *c* seine Fortsetzung findet. Der untere Teil des Verbindungsstückes *g* ist mit dem Behälter *h* verbunden, in dessen Mitte das untere Ende des Injektorrohres *i* angebracht ist. Am unteren Ende des Behälters *h* sind die Rohrfortsätze *j* und *k* vorgesehen, von denen *j* der

Dampfzufuhr dient, während *k* zum Ablaßventil *l* führt. Der Arbeitsgang ist der gleiche wie bei früher beschriebenen Injektorkesseln.

Nach dem englischen Patent No. 845 vom Jahre 1872 sucht William Whyte jr. die Verteilung der Lauge über das Bleichgut dadurch gleichmäßiger zu gestalten, daß über der Ware im Kessel eine perforierte Abteilung vorgesehen wird, über welche das

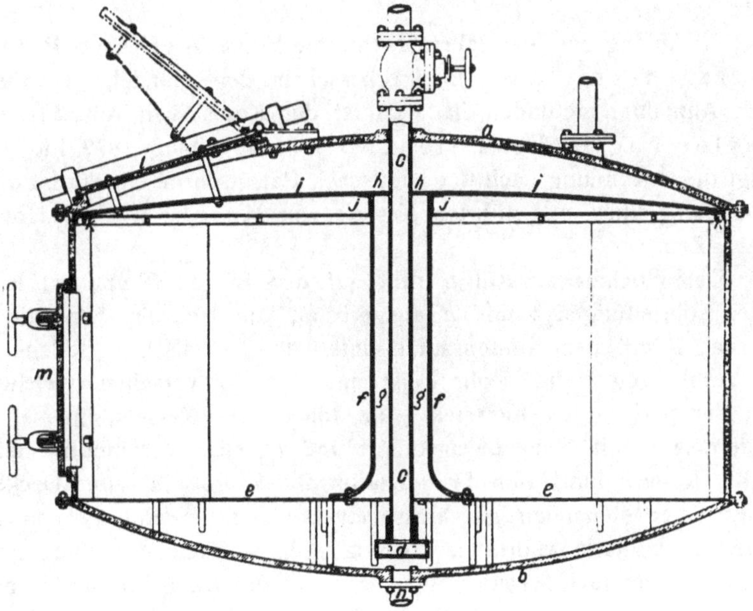


Fig. 73.

zentrale Standrohr die Lauge wirft. In die Mitte des oberen Deckels des Bleichkessels *A B* (Fig. 73) tritt das Dampfrohr *C* ein, welches vertikal nach unten geht und einige Zoll über dem Boden *b* endet. An seinem unteren Ende ist Rohr *c* mit einem perforierten Abschlußkopf *d* versehen, welcher den Dampf gleichmäßig unter dem falschen Boden *e* ausströmen läßt. Dampfrohr *c* ist von einem weiteren Rohr *f* umgeben, welches auf dem Doppelboden *e* angeschraubt ist. Nachdem der Raum über dem Doppelboden gefüllt ist, sickert die Lauge durch diesen und wird nun von dem Dampf durch den das Rohr *c* umgebenden Raum *g* nach oben getrieben, wo sie von *h* aus über die perforierte Platte *i* gleichmäßig verteilt wird. Um die

Gleichmäßigkeit der Laugenverteilung weiter zu sichern, ist die Deckplatte *i* nicht gleichförmig gelocht, sondern die Perforation ist so gewählt, daß sie allmählich vom Zentrum zur Peripherie hin größer wird. Die Deckplatte kann entweder transportabel oder fest angenietet vorgesehen sein, wie bei *k* und *j* gezeigt ist. Bei *l* ist die Oeffnung zum Füllen des Kessels, während *m* zum Entleeren dient, dann namentlich, wenn es sich um das Bleichen von Papiermasse handelt. Bei *n* ist der Ablaßhahn angebracht.

Zu Anfang der 70er Jahre brachte die Firma Mather & Platt in Manchester einen Injektorkessel in den Handel, der vielfach Aufnahme gefunden hat. Es ist der Kessel von Abraham Taylor, englisches Patent No. 1904, vom Jahre 1872. Fig. 74 zeigt die Anordnung nach der englischen Patentschrift. Fig. 75 ist die Abbildung eines ausgeführten Kessels von Mather & Platt aus jener Zeit.

Der Hochdruckkessel *a* ruht auf den Säulen *b* und ist mit zwei Rohrleitungen *c* und *d* ausgerüstet, von welchen *c* mit dem Deckel, *d* mit dem Bodenraume unterhalb des falschen Bodens *e* in Verbindung steht. Rohr *c* ist mit Ventil *f* versehen, welches mit der perforierten Kammer *g* im Innern des Kessels einerseits, andererseits mit dem Zweigrohr *c* und *c** eine Verbindung herstellt. Rohr *c* führt zum Dampfzuführrohr *h*, Rohr *c** zum Deckel eines tiefer stehenden geschlossenen Behälters *i*. Rohr *c** endet in einem konisch geformten Fortsatz *j*, in welchem das Ende des Rohres *h** mündet, welches seinerseits mit der Dampfleitung *h* verbunden ist. Auch das am Boden des Bleichkessels angebrachte Rohr *d* zweigt nach zwei Seiten ab, links nach einem Ablaßhahn *k*, rechts nach dem unteren Teil des Behälters *i*. Bei *l* ist ein Sicherheitsventil, bei *m* ein Wasserstandsrohr angebracht. Rohrleitung *n* dient zur Zufuhr der Lauge. Der Arbeitsgang ist folgender: Nachdem der Kessel mit der Ware beschickt und verschlossen ist, werden alle Hähne mit Ausnahme von *k* geschlossen. Man treibt nun durch Oeffnen des Dampfventils die Luft aus dem Kessel, welche bei *k* entweicht. Alsdann werden Dampfventil und Ablaßhahn geschlossen und durch Leitung *n* Lauge eingeführt, welche durch das Gewebe dringt, sich im unteren Teile des Kessels *a* sammelt und von hier in Behälter *i* fließt. Nachdem nun durch die Leitung *h** Dampf in denselben gelassen, treibt derselbe die Lauge durch das konische Rohr *j* in den oberen Teil des Bäuchkessels und so bleibt

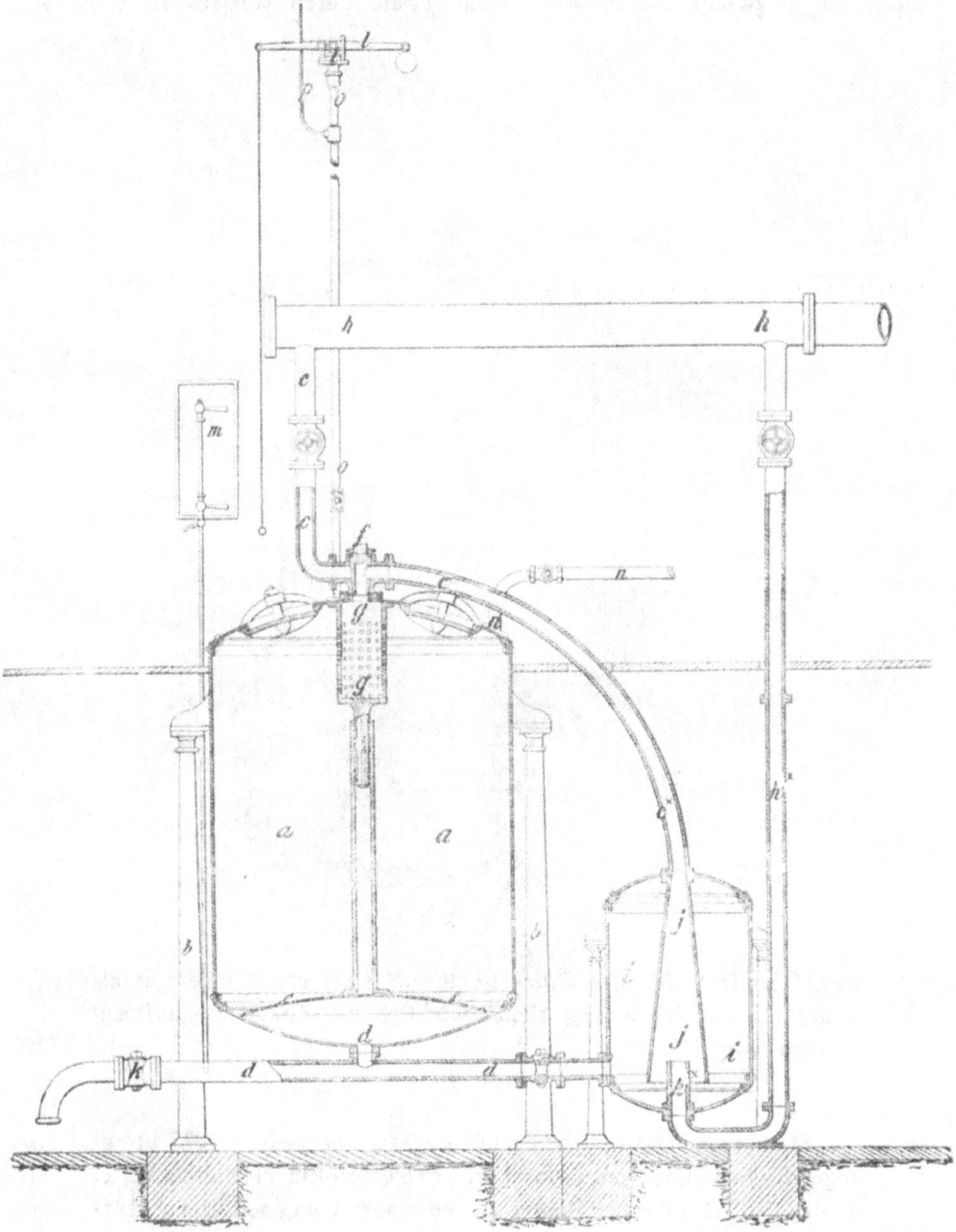


Fig. 74.

eine ununterbrochene Zirkulation im Gange so lange der Dampf zuströmt. Rohrleitung *o* führt zu dem Sicherheitsventil *l*. Von Rohr *o* zweigt ein seitliches Rohr *p* ab, durch welches so viel

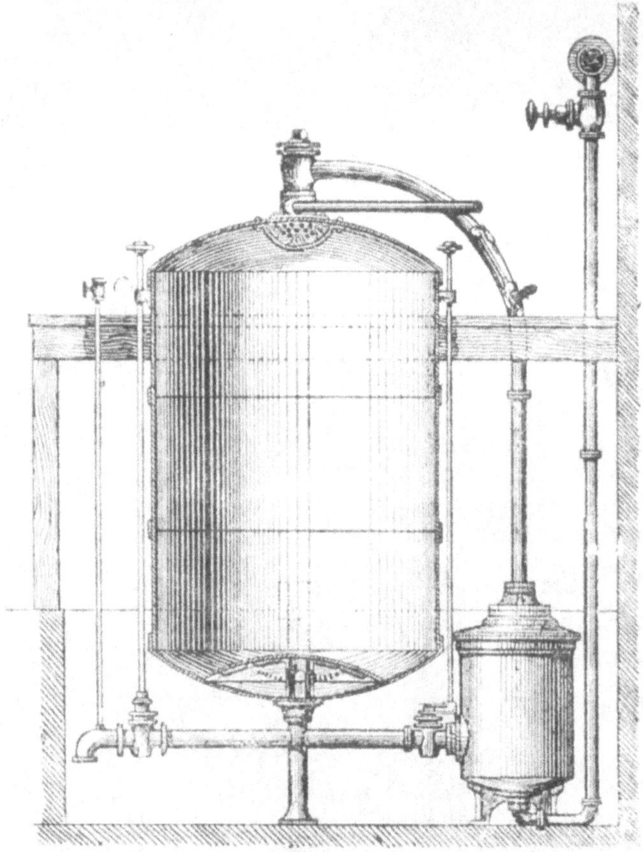

Fig. 75.

Dampf abbläst, daß der Druck im Kessel stets etwas niedriger als in der Dampfzufuhrleitung bleibt, wodurch die Zirkulation aufrecht erhalten wird.

---

Das englische Patent No. 690 vom Jahre 1873 bringt folgende Neuerung von James Horrocks. Ein Hochdruckkessel *A* (Fig. 76) ist mit einer Pumpe *B* und einem Laugenerhitzer *C* ausgerüstet. Der Kessel enthält in seinem Innern den perforierten Doppelboden *a*, das zentrale Rohr *b*, welches bei *c* durchlöchert ist, um der Lauge Eingang in die Ware zu geben, wie bei *d*, um der Flotte den Weg vom Boden des Kessels nach oben bis zu dem Absperrkeil *f* zu lassen. Die Lauge wird durch Pumpe *B* und Leitung *m* in das im Heizkörper *C* befindliche Spiralrohr *i* getrieben und geht

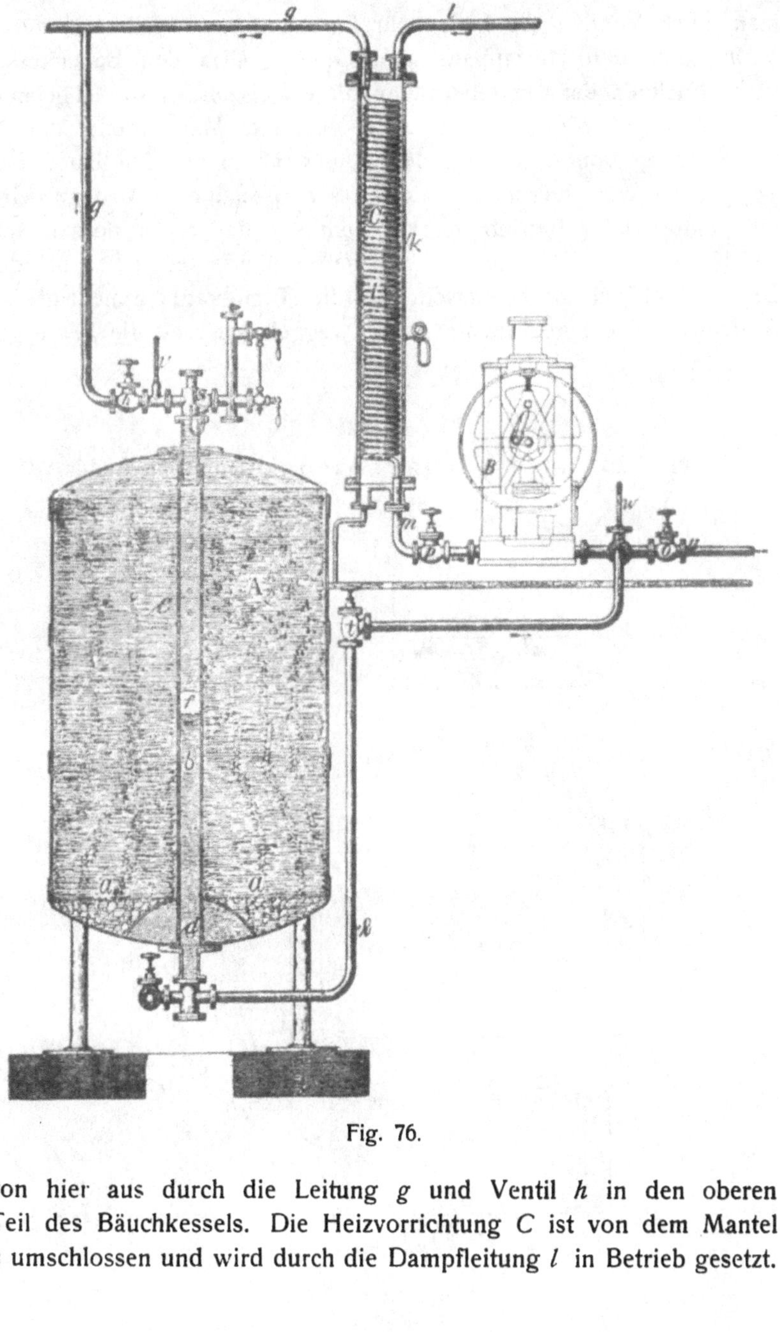

Fig. 76.

von hier aus durch die Leitung *g* und Ventil *h* in den oberen Teil des Bäuchkessels. Die Heizvorrichtung *C* ist von dem Mantel *k* umschlossen und wird durch die Dampfleitung *l* in Betrieb gesetzt.

Pumpe *B* steht durch die Leitung *e* mit dem unteren Teile des Kochers in Verbindung und durch Rohr *u* mit dem Laugenbehälter. *w* und *x* sind Kontrollthermometer, *s* ein Manometer. Der Arbeitsgang ist folgender: Nachdem der Kessel mit Ware gefüllt ist, läßt man durch Ventil *o* die Lauge zur Pumpe treten, welche sie durch *p*, *m* durch den Heizapparat und durch *g h* in den Bäuchkessel treibt. Nachdem der Laugenvorrat auf diese Weise in den Kessel gelangt ist, wird Ventil *o* geschlossen und *t* geöffnet. Man arbeitet nun in der Richtung von unten nach oben ungefähr 4 Stunden lang. Die Temperatur wird hierbei bis auf 220° F. gesteigert. Alsdann wird die Pumpe außer Betrieb gesetzt, Ventile *h* und *t* geschlossen und der Kessel für 8—12 Stunden sich selbst überlassen, d. h. bis der Druck allmählich nachgelassen und die Temperatur erniedrigt ist. Alsdann wird die gebrauchte Lauge weggelassen und die Ware gewaschen.

---

Sam Mason und Michael Alcock ließen im Jahre 1873

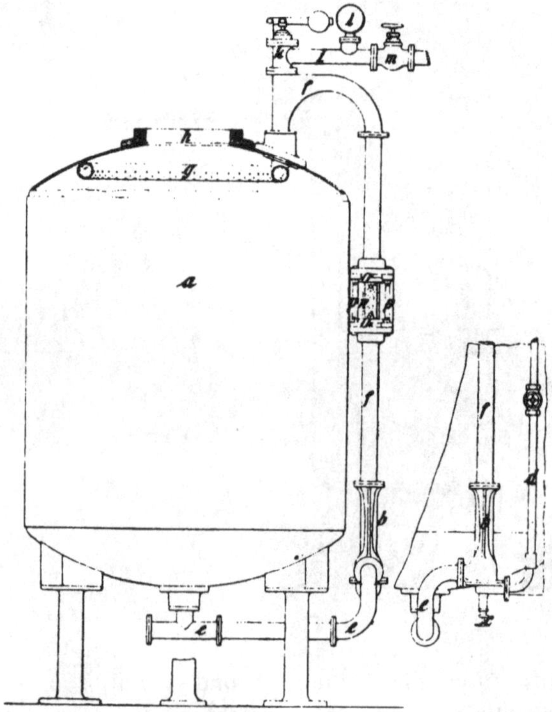

Fig. 77.

unter No. 2997 durch englisches Patent folgende Kesseleinrichtung schützen: Der Kessel *a* (Fig. 77) ist mit einem Injektor *b* ausgestattet, der durch Leitung *d* mit Dampf versorgt wird. Eine Spindel *c* dient zur Regulierung des Injektors. Von diesem zweigt nach unten Leitung *e* ab, die die Verbindung mit dem unteren Teile des Bleichkessels herstellt, während das Steigrohr *f*, in welches ein gläserner Wasserstand *n*, *o*, *p* eingesetzt ist, seitlich in den oberen Teil des Kochkessels einmündet. Rohr *f* ist hier mit einem kreisförmigen perforierten Spritzrohr *g* versehen, welches unter dem zentral gelegenen Mannloch *h* angebracht ist. *i*, *k*, *l* sind Sicherheitsventil und Manometer.

Harold Potter will nach dem englischen Patent No. 1690 vom Jahre 1874 den Bäuchprozeß in dem vierten Teil der sonst hierfür benötigten Zeit in seinem durch Fig. 78 veranschaulichten Apparat durchführen.

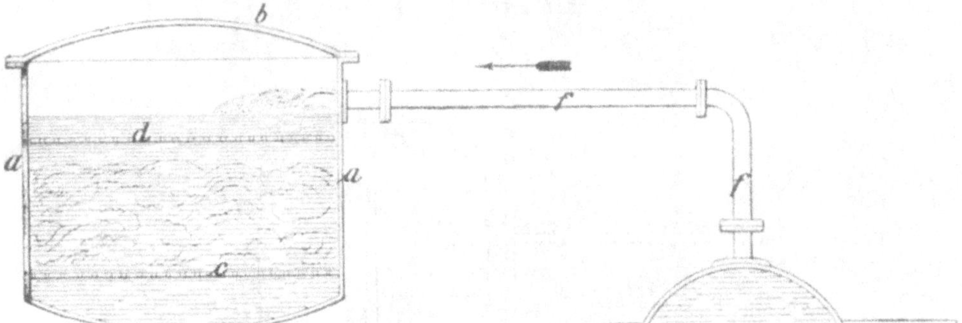


Fig. 78.

Bäuchkessel *a* ist mit einem Deckel *b* versehen, der so befestigt werden kann, daß der Apparat einem Druck von 200 Pfund pro Quadratzoll standhält. Die Ware ruht auf dem Siebboden *c* und wird oben durch eine perforierte Platte *d* gehalten. Bei großen Abmessungen des Kessels *a* sollen mehrere Siebböden eingelegt werden. Der untere Teil des Bäuchkessels *a* steht durch Rohrleitung *e* mit einem durch direkte Feuerung geheizten Kessel *g* seitlich in Verbindung. Der obere Teil dieses Heizkessels ist mit dem oberen Teil des Bäuchkessels durch Leitung *f* verbunden. Die Lauge zirkuliert in der Rohrrichtung der Pfeile. Bei einem Druck von 200 Pfund soll, je nach Qualität der Ware, 5—6 Stunden auf diese Weise gearbeitet werden.

---

Von Thomas Fletcher rührt folgende Kesselkonstruktion her. Englisches Patent No. 3954 A. D. 1875 (Amerikanisches Patent No. 213647, 1879). Kessel *a* (Fig. 79) ist mit dem perforierten

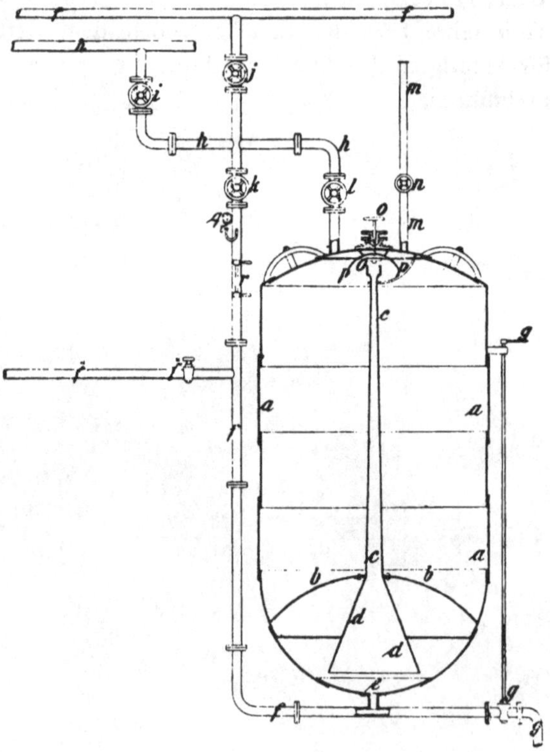

Fig. 79.

Boden *b* und dem Uebergußrohr *c*, welches an seinem oberen Ende die Platte *p* trägt, versehen. Dieses Rohr *e* erweitert sich an seinem unteren Ende in der trichterartigen Form *d*, unter welcher die Oeffnung *e* der Hochdruckdampfleitung *f* liegt. In den oberen Teil des Bleichkessels führt die Niederdruckdampfleitung *h*. Dieselbe ist mit der Hochdruckleitung *f* durch die Ventile *i*, *j*, *k*, *l* so verbunden, daß sowohl in den oberen wie in den unteren Teil des Bleichkessels entweder Hochdruck- oder Niederdruck-Dampf eingelassen werden kann. Die Laugenleitung *f* f** steht in Verbindung mit der Hochdruckleitung *f*, welche in den unteren Teil des Kessels führt. Auf dem Deckel desselben befindet sich die Ablaßleitung *m* mit dem Ventil *n*, ferner ein Ventil *o*, welches zum Schließen des Uebergußrohres *c* dient. Der Arbeitsgang gestaltet sich wie folgt: Nachdem die Ventile *i*, *j*, *k*, *l* abgesperrt sind, wird die Ware in den Kessel eingeschichtet und der Kessel dann verschlossen. Hierauf wird Hahn *g* geöffnet und das Uebergußrohr *c* durch Ventil *o* geschlossen. Durch Oeffnen der Ventile *j* und *l* wird nun Hochdruckdampf in den oberen Teil des Kessels eingelassen, welcher die Ware vordämpft, erwärmt und den Schmutz abtreibt. Alsdann wird Hahn *g* geschlossen und die Ventile der Niederdruckdampfleitung *i* und *l*, sowie *o* geöffnet, darauf durch *f** Lauge zugelassen und Hochdruckdampf durch Oeffnen der Ventile *j* und *k* in den unteren Teil des Kessels geführt. Das kleine Ablaßventil *n* wird nun ebenfalls geöffnet und die Zirkulation der Lauge ist eingeleitet.

Nach dem Bäuchen wird der Hochdruckdampf durch Schließen der Ventile *j*, *k* abgestellt, Hahn *g* geöffnet und Ventil *o* geschlossen. Alsdann treibt nach Oeffnen von *i* und *l* Niederdruckdampf die Lauge ab.

---

Um die farbigen Endstreifen der Stücke, welche eine Laugenbehandlung unter Druck nicht vertragen, bei der Bäuche zu schützen hat James Ashcroft, englisches Patent No. 4970 vom Jahre 1876, an dem oberen Teile des Kochers Aussparungen vorgesehen, durch welche die Stückenden nach außen geführt werden und frei herabhängen. Die Aussparungen werden dann durch eine besondere Vorrichtung so verschraubt, daß der geschlossene Kessel ohne Gefahr mit höherem Druck arbeiten kann.

---

William Bracewell konstruierte den durch englisches Patent No. 847 vom Jahre 1878 geschützten Kessel, wie er durch Fig. 80 u. 81 illustriert wird. Bracewell machte geltend, daß das Ueberströmen der Lauge von einem zum anderen Kessel bei den Anordnungen von Barlow und Pendlebury bis zu $1/2$ Stunde Zeit beanspruche, daß während des Hinüberdrückens der Flüssigkeit die oberen Schichten der eingelegten Ware des sich entleerenden Kessels

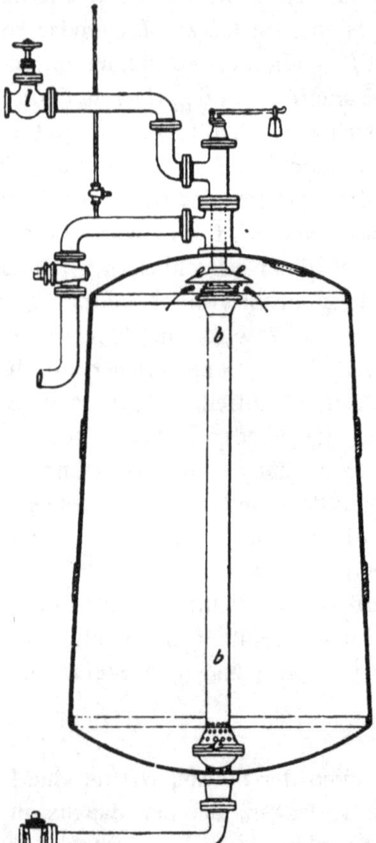


Fig. 80.

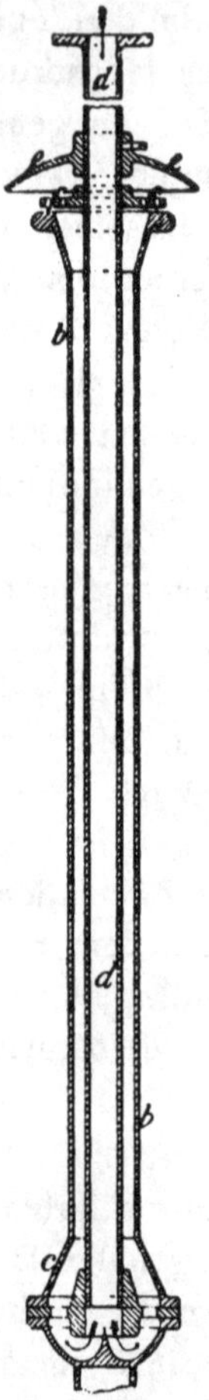


Fig. 81.

längere Zeit der Einwirkung des Dampfes in halbtrockenem Zustande bloßgelegt seien, also leicht im Faden geschwächt werden können. Ferner findet Bracewell eine Gefahr für die Festigkeit der oberen Warenschichten darin, daß dieselben beim Hinüberdrücken der Kalklauge ungelöste Teile des Kalkes gleich einem Filter zurückhalten und dann beim Zutreten des Dampfes ohne Anwesenheit einer Flüssigkeit von der zurückgebliebenen Kalkschicht verbrannt, d. h. morsch werden. Endlich fürchtet er das stürmische Kochen in diesem Apparat, welches leicht ein Durcheinanderwerfen der Schichten der eingelegten Ware veranlassen kann.

Diese Uebelstände soll der Kessel von Bracewell vermeiden. Derselbe ist so eingerichtet, daß ein Kessel für sich allein, oder auch zwei in Verbindung miteinander arbeiten. Er hat, wie aus Fig. 80 und 81 ersichtlich, eine schwach konische Form, welche die eingelegte Ware, wenn sie durch das Kochen sich bewegen und heben wollte, in dieser Bewegung zurückhalten soll.

Bevor die Bäuchflotte in den Kessel gegeben wird, verdrängt man die Luft durch einströmenden Dampf. Ist die Ware mit Flüssigkeit bedeckt und alles verschlossen, so läßt man durch Ventil *l* den Dampf vorsichtig eintreten.

Das Dampfrohr *d* (Fig. 81), in welches der Dampf von oben einströmt, ist von einem zweiten, gußeisernen Rohr *b* umgeben, welches oben ausgeschweift, unten ausgebaucht und mit einem Deckel verschlossen ist. Auf dem oberen Ende des Rohres *d* liegt eine Scheibe *f* lose auf, welche das Dampfrohr *d* umschließt und an demselben auf- und niedergleiten kann, während Schirm *e* oberhalb der Scheibe *f* an dasselbe Dampfrohr *d* festgeschraubt ist.

Vor dem Einlassen des Dampfes steht die Lauge im Kessel und im Rohr *d* gleich hoch; durch den Dampf wird sie in letzterem nieder-, in das äußere Rohr *b* hinüber- und hinaufgedrückt, hebt dort die Platte *f* und ergießt sich in einem durch den Schirm *e* von oben begrenzten Strahl über die Ware. Dann senkt sich die Platte wieder, durch die Oeffnungen bei *c* dringt neue Flüssigkeit in das Rohr nach, um, vom Dampf in die Höhe gedrückt, von neuem die Platte *f* zu heben und wie zuvor auf demselben Wege in den oberen Teil des Kessels zu gelangen. Indem sich die Platte ungefähr einmal in der Sekunde hebt und senkt, verursacht sie ein fortwährendes Klingen und zeigt dadurch das fortgesetzte regelmäßige Umlaufen und Kochen der Flotte an.

---

Adolph Rack konstruierte 1878 folgenden Ueberguß-Apparat (D. R. P. No. 2266), Fig. 82.

*A* ist ein mit angenietetem, gußeisernem Randring *B* versehener Kessel. *C* ist ein innerer, mit Löchern versehener Mantel, welcher mit seinem oberen Randringe unbefestigt auf dem entsprechenden Rande *B* aufliegt bezw. von demselben getragen wird. *E* ist ein mit einem Ventil *G* versehener Deckel, letzterer mit gußeisernem Randring, in welchem ein Dichtungsring *F* liegt. *H* sind vier nach der Richtung des Pfeiles zurücklegbare Deckel-Verschluß-schrauben. *J* ist ein mit Löchern versehenes, unten offenes Rohr, an welchem unten eine durchlöcherte Bodenscheibe *K*, letztere mit sechs Verstärkungsrippen *L* und Rand *M*, befestigt ist. Das Ganze liegt mit dem Rande *M* unbefestigt auf dem an *C* befestigten Ringe *N* auf. *O* ist ein am Rohre *J* befestigter Ventilsitz mit dazugehörigem Ventil. Letzteres kann je nach Bedarf durch Auflegen von Scheiben *P* schwerer gemacht werden. *Q* ist ein Rohrstück, welches sich von oben aus mittelst der daran befestigten Stange *R* im Rohre *J* in der

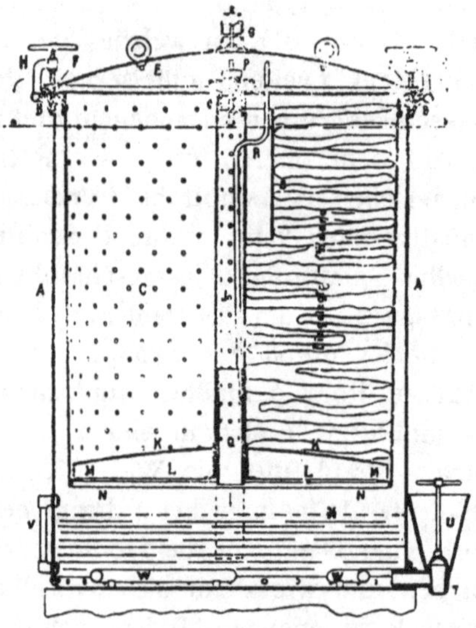

Fig. 82.

Richtung des Pfeiles herabschieben läßt. Die Verschiebung des Rohres kann auch ohne Stange direkt durch das Anfassen des Rohres vor jedesmaliger Einsetzung des ganzen Mittelteiles geschehen. *S* ist ein Schutzblech zur Verhinderung der Berührung der Stange *R* mit der eingelegten Ware. *T* ist ein Hahn mit daran befestigtem Trichter. Der mit dem Griff versehene Hahnkegel ist hohl, oben offen, unten geschlossen, und hat eine mit dem horizontalen Hahnrohr korrespondierende Seitenöffnung. Hat dieser Kegel die Stellung wie in Fig. 82 so ist der Abschluß zwischen dem Innern des Kessels und dem Trichter hergestellt. Wird dieser Kegel herausgenommen, so wird die im Kessel befindliche Flüssigkeit *X* abfließen. *V* ist ein Wasserstandszeiger. *W* ist ein zur Erhitzung der im Kessel befindlichen Flüssigkeit *X* angebrachtes Dampfrohr.

Nachdem der Apparat mit der Ware gefüllt ist, wird durch Trichter *U* Lauge bis zur Höhe *X* eingegossen und zum Kochen gebracht. Der aus der Flüssigkeit erzeugte Dampf wird sich sowohl im Rohre *J*, als auch in dem zwischen den Wänden *A* und *C* befindlichen Raum verteilen, und durch die Löcher von *J*, *C* und *K* in die Ware eindringen. Wenn erforderlich, wird die Ware nach Art des sogenannten Kataraktsystems mit einem Teil der im Apparat befindlichen Flüssigkeit übergossen. Dies wird erreicht, indem das Rohrstück *Q* nach unten geschoben bezw. in die Flüssigkeit eingetaucht wird, und sind vorher die Belastungsringe vom Ventil *O* abzunehmen und auf Ventil *G* aufzulegen, so daß der durch letzteres veranschaulichte Dampfdruck etwas größer ist, als der durch das erstere. Soll nur gedämpft und nicht übergossen werden, so ist das Ventil *O* durch Ringe *P* so zu belasten, daß es zirka doppelt oder dreimal so viel Druck erhält, als das Ventil *G*. Der größte zum Dämpfen erforderliche Druck ist ungefähr 0,5 kg pro Quadrat-Zentimeter.

---

George Sinclair erhielt auf die in Fig. 83 veranschaulichte Kesselkonstruktion das englische Patent No. 2035 im

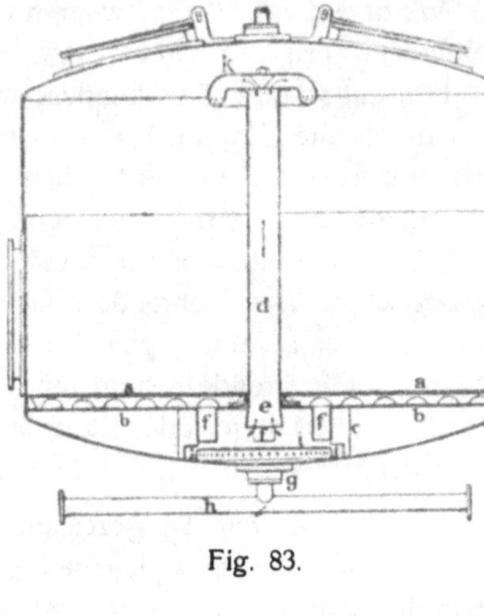


Fig. 83.

Jahre 1880: In einem Bleichkessel der gewöhnlichen Form ist ein perforierter Doppelboden *a* gelagert, unter welchem ein zweiter nicht perforierter Boden *d* sich befindet, welcher den Raum *c* abschließt. Das zentrale Uebergußrohr *d* ist auf dem nicht perforierten Boden *b* befestigt und endet in einer konischen Erweiterung *e*, welche etwas über *b* hinausgeht. Weiter sind zwei oder mehrere Abzugsrohre *f* vorgesehen, welche etwas tiefer als das Uebergußrohr *e* in den Kessel hineinragen. Die durch das Bleichgut sickernde Lauge gelangt durch die Rohre *f* in den Raum *c*, kann darin aber nicht höher steigen als bis zum unteren Ende von Rohr *e*. Die Dampfzufuhr erfolgt durch Rohr *h* resp. *g*. Ueber dem Stutzen *g* befindet sich eine perforierte Platte *i*, welche dazu dient, den eintretenden Dampf zu verteilen und mit der Flotte in *c* zu mischen. Der durch *g* zuströmende Dampf treibt sowohl die im unteren Teile von Raum *c* befindliche Lauge nach oben in das Ueberlaufrohr *d* als er auch weiter dazu dient, die Platte *b* zu erhitzen und damit den Kesselinhalt überhaupt. An Stelle der üblichen Kappe ist am Ende des Ueberlaufrohres ein röhrenförmiger perforierter Kranz *k* aufgesetzt, welcher die Lauge über das Bleichgut verteilt.

---

Das englische Patent No. 2868 vom Jahre 1880 an John Hawthorn erteilt bringt folgende Neuerung. Der Kessel *a* (Fig. 84) ist mit dem Ueberlaufrohr *b* versehen, welches an seinem unteren Teil *d* so ausgebohrt ist, daß in dem zylindrischen Teile ein hohles zylindrisches Ventil *e* gleiten kann, während der konisch geformte darunter befindliche Teil zum Eintritt der Lauge dient. Das Ventil *e* ist mit der Führungsstange *f* verbunden, welche im oberen Teile des Kessels *a* durch die Stopfbüchse *g* geht und durch ein Handrad *h* auf- oder niedergeschraubt werden kann. In den unteren konischen Teil des Uebergußrohres *b* tritt das Rohrende *c* ein, welches oben so bearbeitet ist, daß der Ventilkopf *e* in dasselbe paßt und damit einen Verschluß bilden kann. Das Rohrende *c* ist so montiert, daß es der Lauge Abfluß nach der Leitung *j* gewährt, wie durch Pfeil in Fig. 84 angedeutet ist. Das Rohrende *c* steht mit Leitung *k* in Verbindung, welche durch *m* mit Lauge, oder durch *e* mit Dampf oder mit beiden versorgt werden kann.

Wenn das Ventil *e*, wie in Fig. 84 gezeichnet, nach oben gestellt, Leitung *m* geschlossen, Ventil *l* dagegen geöffnet ist, wird der Dampf durch *c* in den unteren Teil des Kessels eintreten und die Lauge aus diesem Teil durch das Ueberlaufrohr in bekannter Weise nach oben treiben und über das Bleichgut ergießen. Um die Lauge abzulassen, wird Hahn *n* geöffnet und durch Handrad *h* das Ventil *e* soweit heruntergeschraubt, daß eine feste Verbindung mit dem Rohrende *c* hergestellt wird. Hierdurch wird das Aufsteigen der Lauge

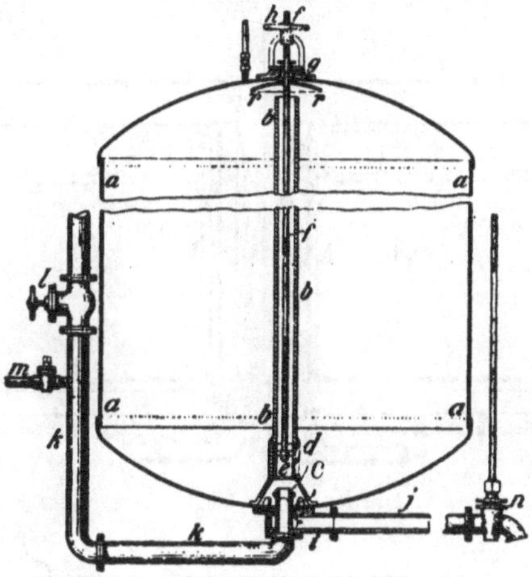

Fig. 84.

durch das Ueberlaufrohr unterbrochen und nur der Dampf tritt in den Raum oberhalb der Ware und befördert so das Abtreiben der Lauge.

---

Einen offenen Injektorkessel beschreiben im englischen Patent No. 4166, 1880, Maurizio Sella und Fidele Cerrutj, von welchem Fig. 85 und 86 Abbildungen zeigen. Kessel *A* ruht auf Füßen *b* und ist mit dem auf Kranz *a* aufliegenden perforierten Boden *F* ausgestattet. Bei Kesseln von sehr großem Durchmesser dienen die Stutzen *c* (Fig. 86) als Verstärkung. Auf dem Boden *F* ist das Rohr *T* befestigt, in welchem der Injektor angebracht ist, der an seinem unteren Ende, mit den Oeffnungen *c'* für den Zugang der Lauge versehen, auf das Dampfzuleitungsrohr *V* aufgeschraubt ist. Der Injektor *I* selbst besteht aus zwei konischen übereinander gesetzten Teilen *d*. Das äußere Rohr *f* ist durch die Platten *g* mit dem Standrohr *T* und dem perforierten Boden *F* fest verbunden. Mit diesem sind die aufrechten, oben mit Haken versehenen Streben *h* verbunden, durch welche der ganze Einsatz herausgehoben werden kann. Streben *l* halten die Streben *h* in der richtigen Lage. An das Dampfrohr *V'* schließen sich drei Zweigrohre *m* an, welche durch ein oben perforiertes Rohr *H* verbunden sind und welches den Dampf nun zwischen dies äußere Standrohr *T* und das innere Rohr *f*

Fig. 85.

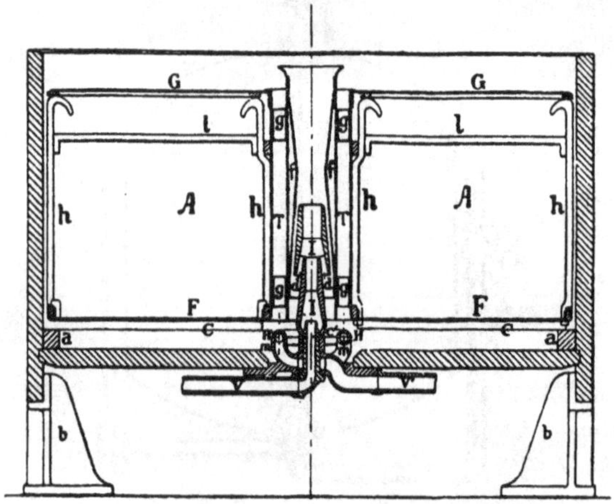


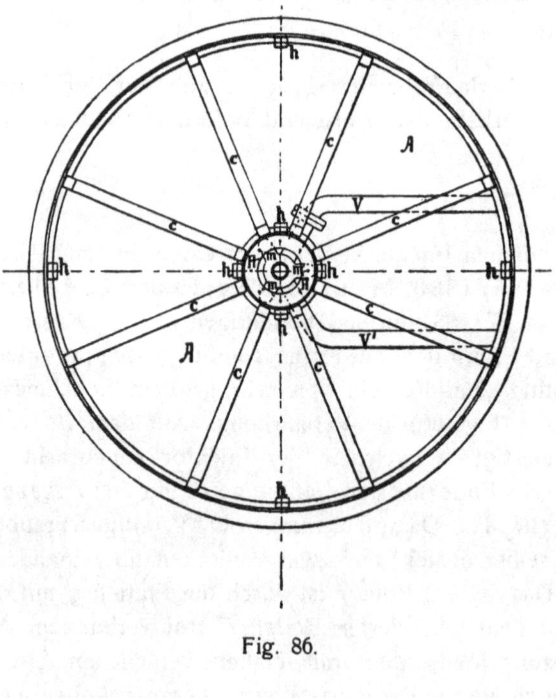


Fig. 86.

bläst, sobald das Ventil von *V'* geöffnet wird. Der Bäuchkessel wird oben durch den perforierten Deckel *G* abgeschlossen.

Die Arbeitsweise ist folgende: Der mit dem Bleichgut gefüllte Behälter wird in den Kessel *A* gelassen und die Lauge aufgegeben. Alsdann wird der ringförmige Raum zwischen *T* und *f* geschlossen. Nachdem nun durch *V* dem Injektor Dampf zugeführt ist, treibt derselbe die Bäuchflotte durch Rohr *f* über das Bleichgut, und dies wird so lange fortgesetzt, bis erstere so warm geworden, daß der Dampf von *V* nicht mehr vollständig kondensiert wird. Dann wird die Dampfzuleitung von *V* abgesperrt, der Injektor oben geschlossen und der Abschluß zwischen *T* und *f* geöffnet. Hierauf wird Leitung *V'* geöffnet, und der Dampf von Rohr *H* treibt nun die Lauge in den Raum zwischen *T* und *f* und wirft sie über die Ware, in gleicher Weise wie vorher der Injektor arbeitete.

**

Anfang des Jahres 1882 kam bei der Firma Scheurer-Rott & Cie. in Thann ein Kesselsystem in Betrieb, welches an Stelle der früheren Pumpe (vergl. Fig. 59) mit einer Zirkulationspumpe, System Maginot ausgestattet war und welche einen sichereren und leichteren Arbeitsgang ermöglichte. Des weiteren war der Kessel mit einem Laugenvorwärmer versehen, wie er typisch heute noch allgemein angewendet wird. Die Veröffentlichung der ganzen Anlage, die unter dem 25. Oktober 1882 als versiegeltes Schreiben bei der „Société industrielle de Mulhouse“ deponiert worden war, erfolgte in dem Bulletin genannter Gesellschaft am 25. Januar 1893, nachdem bereits in einer Sitzung vom 29. April 1891 das Schreiben eröffnet war.

Das Schreiben von Thann, 25. Oktober 1882 datiert, hat in deutscher Uebersetzung folgenden Wortlaut:

„Wir benutzen in unserer Bleicherei seit ungefähr 6 Monaten Vorwärmer, welche den Eintritt des direkten Dampfes in die Lauge verhindern und infolgedessen eine Verdünnung derselben ausschließen, was bei den bisher gebräuchlichen Verfahren nicht der Fall war.

Die Apparate bestehen aus einem Röhrenkessel, in welchem die Lauge durch eine Pumpe zirkuliert, während die Rohre selbst von einem Mantel, in welchen der Heizdampf einströmt, umgeben ist. Am unteren Ende des Mantels ist ein Kondenstopf zur Abfuhr des Wassers angebracht.

Der Röhrenkessel enthält 40 Rohre von ungefähr 5 cm. Durchmesser und 4 m Länge, welche eine Heizfläche von 30 Quadratmetern ergeben.

Die Lauge wird durch die Pumpe vom Boden des Bäuchkessels entnommen und durch den Röhrenkessel in den oberen Teil des Bäuchkessels befördert. Zu Beginn der Arbeit kann die Lauge mit direktem Dampf vorgewärmt werden.

Nachdem der Bäuchprozeß beendet ist, wird an Stelle von Dampf kaltes Wasser in den Mantel des Röhrenkessels eingeführt. Die Pumpe arbeitet weiter und die Abkühlung des Bäuchkessels ist darauf in einer Stunde erfolgt.

Der Apparat läßt sich sowohl bei Nieder- wie bei Hochdruckkesseln anwenden und läßt sich auch mit Zwillingskesseln nach dem System Barlow und Pendlebury verbinden.

Die Beständigkeit sowohl der Laugenkonzentration wie der Temperatur, welche wir beobachtet haben, ist eine größere als bei den bisher gebräuchlichen Bäuchkesseln."

M. Levy-Spira gab in der Sitzung der Société industrielle de Mulhouse vom 25. Januar 1893 noch folgende erläuternde Daten über die Einrichtung.

Die Laugenerhitzer (réchauffeurs) nach dem System Scheurer-Rott & Cie. sind im Jahre 1881 entstanden und seit Anfang des Jahres 1882 im Betrieb. Man hat dieselben nach und nach bei Hochdruckkesseln von 3000 und von 2000 kg Gewebe eingeführt. Die Kessel selbst haben dieselbe Konstruktion wie die die früher, (1868, vergl. Seite 74) beschriebenen mit dem einzigen Unterschied, daß die frühere Pumpe durch eine solche nach System Maginot ersetzt wurde.

Die Kes el, welche mit 2 kg. Ueberdruck arbeiten, haben folgende Dimensionen:

A. Kessel für 3000 kg Gewebe.

| | |
|---|---|
| Aeußerer Durchmesser | 2,400 m, |
| Zylinderhöhe | 3,000 „ |
| Ganze Höhe | 4,100 „ |
| Blechstärke | 15 mm. |

B. Kessel für 2000 kg Gewebe.

| | |
|---|---|
| Aeußerer Durchmesser | 2,350 m, |
| Zylinderhöhe | 1,960 „ |
| Ganze Höhe | 2,800 „ |
| Blechstärke | 14 mm. |

Die Ueberhitzer für die größeren Kessel A. haben

| | |
|---|---|
| Durchmesser | 800 mm, |
| Höhe | 3 700 „ |

Mit 40 Rohren à 54/60 mm Durchmesser und 3,560 m Höhe.

Die Ueberhitzer der kleineren Kessel B. haben

| | |
|---|---|
| Durchmesser | 700 mm, |
| Höhe | 3 250 „ |

Mit 30 Rohren à 54/60 mm Durchmesser und 3,130 m Höhe.

Die Pumpe (System Maginot) für Kessel A. liefert, bei 900 bis 1000 Touren pro Minute, 20 bis 30 Liter in der Sekunde; für Kessel B. ist eine Pumpe vorgesehen, welche bei minutlich 800 bis 900 Touren 18 bis 20 Liter pro Sekunde fördert. Zur Kontrolle bei der Arbeit des Bäuchens dient ein Registrier-Manometer nach Naudin.

Die Bäuchoperation wird bei geöffnetem Kessel durch langsames und allmählich sich steigerndes Erwärmen der Lauge durch den Röhrenkessel eingeleitet. Nach dem Verschließen des Kessels wird, um schneller den nötigen Druck herbeizuführen, unter Beobachtung der nötigen Vorsicht durch direktes wie indirektes Erhitzen weiter gearbeitet bis ein Druck von 2 kg erreicht ist, alsdann wird der Druck nur durch den Röhrenkessel 6 Stunden lang aufrecht erhalten. Auf diese Weise vollzieht sich die erste (Kalk-) Bäuche. Man läßt nun die Kalklauge ablaufen und kühlt die Gewebe durch mehrmaliges Aufgeben von kaltem Wasser ab.

Bei der zweiten Bäuche mit Soda wird nur mit dem Röhrenkessel erhitzt, ohne direkten Dampf, da sich der Druck bei der Sodalösung weit schneller einstellt als beim Arbeiten mit Kalkmilch, auch durchdringt die alkalische Lauge die Gewebe schneller als die Kalklauge. Es wird 9 Stunden lang bei 2 kg Druck gekocht. Nach dem Ablassen der Lauge wird dieselbe durch kaltes Wasser ersetzt und dann eine Stunde bei 1 kg Druck weiter gepumpt. Alsdann wird durch wiederholte Aufgabe von kaltem Wasser der Kessel abgekühlt.

Während nach dem alten System ohne Vorwärmung ein Kohlenverbrauch von 14 kg pro 100 m Gewebe konstatiert wurde, leistet die neue Einrichtung dasselbe mit 9 bis 10 kg Kohlen.

Die Scheurer-Rott'sche Einrichtung wird durch die folgenden Figuren 87, 88, 89 illustriert:

*C* ist der Bleichkessel,

*R* der Röhren-Vorwärmer,

*P* die Pumpe,

*V* Hauptdampfleitung,

*K* Hauptwasserleitung,

*v* Dampfleitung für die äußere Heizung des Röhrenkessels,

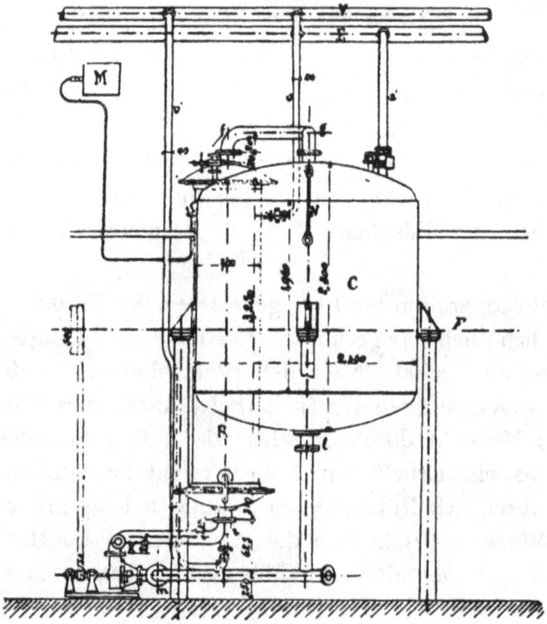

Fig. 87.

*v'* Dampfleitung für die innere Heizung des Röhrenkessels, bei welcher der Dampf also direkt in die Rohre eintritt,

*e* ist die Wasserleitung zum Röhrenkessel,

*e'* die Wasserleitung des Bäuchkessels,

*f*, *g* ist das Verbindungsrohr zwischen dem oberen Teil des Bäuchkessels und dem oberen Teil des Laugenerhitzers,

*i*, *k* die Verbindung zwischen dem unteren Teile des Röhrenkessels und dem Druckrohr der Pumpe,

*l*, *m* die Verbindung zwischen dem unteren Teile des Bäuchkessels und dem Saugrohr der Pumpe,

*n* ist ein Ablaßhahn,

*F* die Transmission zum Antrieb der Pumpe,

*S* ist ein Sicherheitsventil,

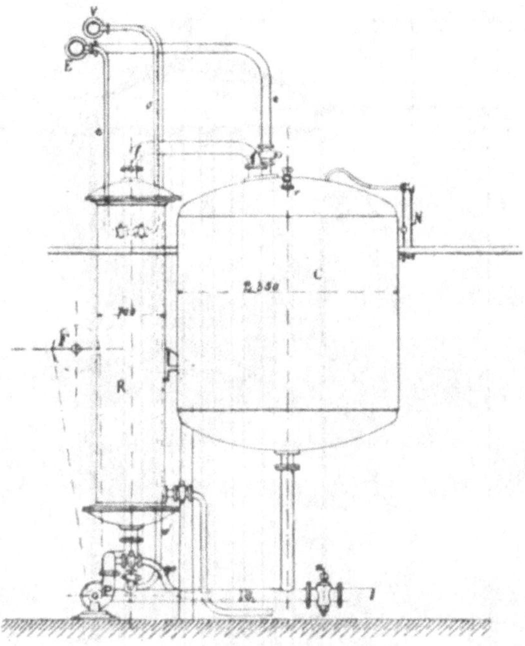

Fig. 88.

*r* ein Lufthahn,

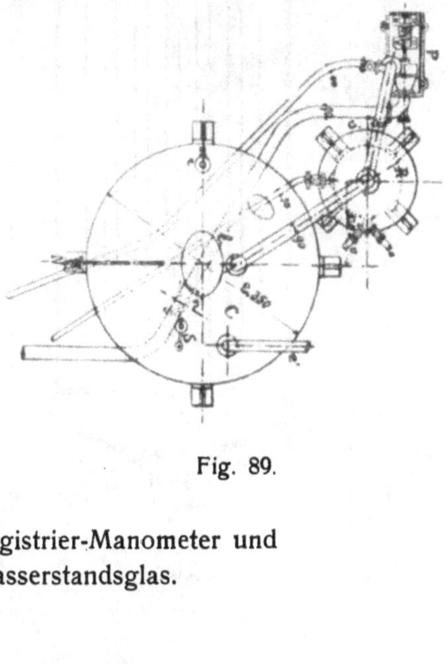

Fig. 89.

*M* ein Registrier-Manometer und

*l* ein Wasserstandsglas.

Der Röhrenkessel selbst ist in Fig. 90 resp. 91 abgebildet.

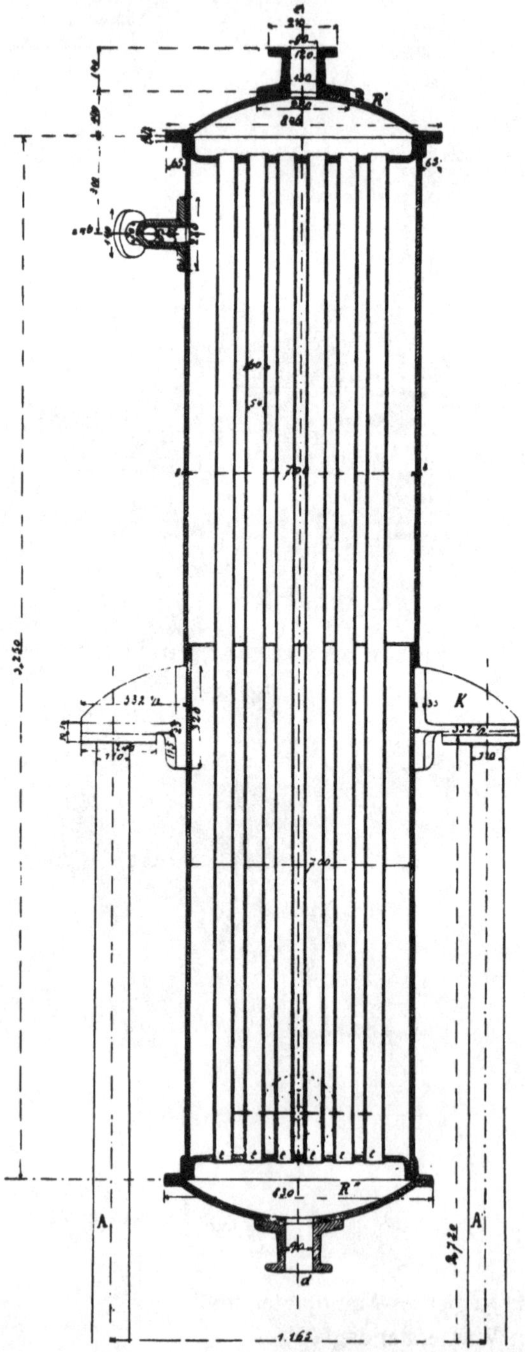

Fig. 90.

*R* ist der Röhrenkessel,

*R'R''* haubenförmige Abschlußstücke,

*ed* Stutzen an letzteren,

*tt* sind die Rohre, in welchen die Lauge zirkuliert,

*A* sind Träger für den Röhrenkessel, welcher durch die Winkel *K* gehalten wird,

*a* und *b* ist der Eintritt von Dampf und Wasser in den äußeren Teil des Röhrenkessels. —

Unter den vielen zum Teil unter Patentschutz gestellten Verbesserungen in der Konstruktion von Bleichkesseln darf diese Scheurer-Rottsche wohl als die erfolgreichste angesehen werden.

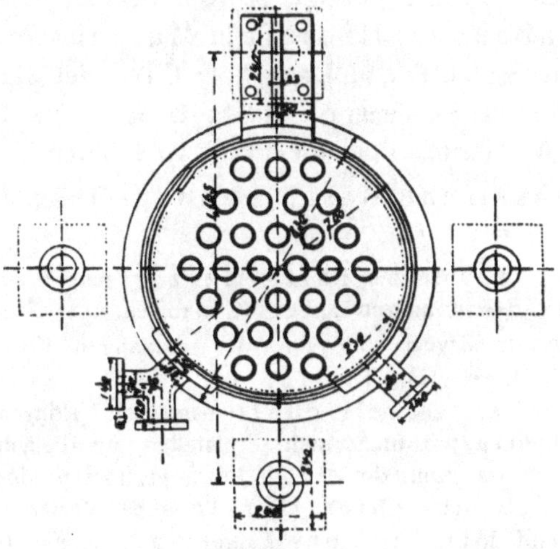

Fig. 91.

Tatsächlich sind denn auch heute moderne Kessel ohne Laugenvorwärmer und Pumpe im Großbetrieb nicht denkbar.

Vorbilder anderer Art für beide Einrichtungen waren ja bereits durch englische Patente bekannt, doch bleibt es immerhin das Verdienst der Firma Scheurer-Rott & Cie. in Thann, den richtigen ökonomischen Weg gewiesen zu haben.

Es ist versucht worden, dies Verdienst abzuschwächen. In einer Broschüre, „Das Thies-Herzig'sche Bleich-Verfahren"*) betitelt, sagt Herr Heinrich Thies:

„Den Röhrenkessel hat Schreiber dieses zuerst durch Haubold in Chemnitz 1887 ausführen lassen. Bis zu dem Patente vom 20. Mai

*) Separatabdruck aus der Zeitschrift „Oesterreichs Wollen- und Leinen-Industrie", Reichenberg (Böhmen), Jahrgang 1896.

1890, Nro. 59 674, wurde die Anwendung nicht offenkundig gehandhabt. Dieselbe Idee haben Scheurer-Rott in Thann gehabt, haben aber auch den Röhrenkessel nicht offenkundig benutzt, da z. B. die Elsässische Maschinenfabrik, die Erbauerin dieser Kessel, nicht einmal wußte, zu welchem Zweck diese Kessel bei Scheurer-Rott gedient haben; vielmehr haben diese Herren durch pli cacheté, welches am 29. April 1901 geöffnet wurde und durch Beschreibung im Februar-März-Hefte von 1893 des Bull. de la Société Industrielle de Mulhouse das Fabrikgeheimniss gewahrt. Wie man diese Neuerung unverfrorener Weise von anderer Seite feil halten kann, ist Schreiber dieses unverständlich."

Da in Fachkreisen die Prioritätsfrage über die Einführung des Röhrenvorwärmers und der Rotationspumpe seit Jahren diskutiert wird, hielt ich es für angezeigt, sowohl bei der Elsässischen Maschinenbaugesellschaft in Mülhausen i. E. als auch bei der Firma Scheurer, Lauth & Cie., der Nachfolgerin der ehemaligen Firma Scheurer-Rott & Cie. in Thann, eine authentische Aufklärung über die Frage zu erbitten.

Die Elsässische Maschinenbau-Gesellschaft teilte mir folgendes mit:

„Was die über das Thies-Herzig'sche Bleichverfahren aufgestellten Behauptungen anbetrifft, daß es uns nicht bekannt war, zu welchem Zweck die von der damaligen Firma Scheurer-Rott & Cie., in Thann, bei der Elsässiscehn Maschinenbau-Gesellschaft bestellten Röhrenkessel gedient haben, können wir nicht mehr feststellen, ob dieselben richtig sind oder nicht, da nunmehr ca. 25 Jahre verflossen sind; nur ist uns bekannt, als das Thies-Herzig'sche Verfahren veröffentlicht wurde und man den Vorwärmer als eine Neuheit bezeichnete, daß die Firma Scheurer, Lauth & Cie., in Thann, sich schon seit mehreren Jahren solcher Röhren-Vorwärmer in ihrer Strangbleiche bediente."

Die Auskunft der Firma Scheurer, Lauth & Cie. in Thann lautet in deutscher Uebersetzung wie folgt:

„Wir hatten die Idee den Röhrenkessel (réchauffeur) in Verbindung mit Bäuchkesseln anzuwenden zuerst im Jahre 1881. Die Maschinenfabrik „Ateliers de construction Bitschwiller" lieferte zwei Röhrenkessel für den Betrieb von vier Bleichkesseln, deren jeder 3000 Kilo Gewebe faßte. Die behördlichen Abnahme-Protokolle dieser Vorwärmer datieren vom 3. Januar 1882.

Am 14. März 1882 wurden dieselben in Betrieb genommen. Später sind eine Anzahl von Vorwärmern von der Elsässischen Maschinenbau-Gesellschaft angeschafft worden. Seit dem Jahre 1882 haben wir kein Geheimnis aus unserer Neuerung gemacht und von den zahlreichen Chemikern, die seit jener Zeit unsere Fabrik besuchten und besichtigten, ist wohl keiner gewesen, der nicht die Laugenüberhitzer eingehend in Augenschein genommen hätte; auch hat Professor E. Nölting seit ca. 25 Jahren regelmäßig mit seinen Assistenten und Schülern die Bleicherei unseres Etablissements besichtigt.

Die Verbesserung, welche wir durch Einführung des Laugenerhitzers beim Bäuchen gebracht haben, war also im Jahre 1887, zur Zeit, als Thies die erste Idee davon hatte, einer Reihe von Fachleuten bekannt und sozusagen „le secret de polichinelle".

Durch das amerikanische Patent No. 242907 vom Jahre 1881 wurde James Fish folgende Konstruktion (Fig. 92) geschützt:

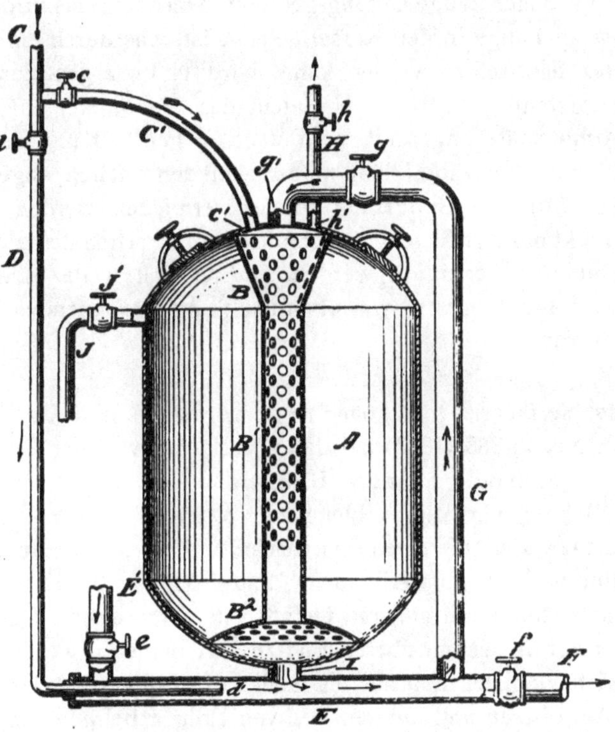


Fig. 92.

Im Kessel $A$ ist das zentrale perforierte Rohr $B^1$ angebracht, welches unten auf der ebenfalls perforierten Platte $B^2$ ruht und oben in der trichterförmigen Erweiterung $B$ endigt. Das Dampfrohr $C$ führt einerseits durch Ventil $c$, Leitung $C^1$ bei $c^1$ in den perforierten Zylinder $B$, andererseits durch Ventil $d$ in die Leitung $D$, welche in die Dampf- und Laugenleitung $E$ bei $d^1$ mündet. Rohr $E^1$ mit dem

Hahn *e* dient zum Laugeneinlaß und tritt vor dem Dampfaustritt *d*¹ in die Leitung *D* ein. Leitung *F* mit Hahn *f* dienen zum Laugenablaß. Rohr *G* mit dem Ventil *g* und dem Ausflußteil *g*¹ dient zur Laugenzirkulation vom unteren zum oberen Teile des Bäuchkessels. *H* mit Ventil *h* steht nach oben mit einem Sicherheitsventil und nach unten mit Rohr *B* in Verbindung. *J* mit dem Ventil *j* dient zum Wassereinlaß.

Man beginnt die Arbeit damit, daß man durch *c* Dampf in den mit Ware gefüllten Kessel läßt, während alle Hähne und Ventile mit Ausnahme von *f* abgesperrt sind. Alsdann werden Ventil *c* und Hahn *f* geschlossen, der zum Sicherheitsventil führende Hahn *h* sowie Hahn *e* der Laugenleitung geöffnet. Nachdem das erforderliche Quantum an Lauge in den Kessel gelangt ist, was durch ein Wasserstandsglas beobachtet werden kann, wird Hahn *e* geschlossen und das Dampfventil *d* geöffnet. Nachdem das Manometer einen Druck von 1 Atmosphäre angezeigt, wird Ventil *g* geöffnet und der Dampf verrichtet nun die Zirkulation in der von den Pfeilen angedeuteten Richtung. Mit der Einrichtung soll es vermieden werden, daß die Lauge direkt auf das Bleichgut fällt, die oberen Partien desselben mehr als die unteren beeinflußt werden, und es soll weiter eine gleichmäßigere Einwirkung des von oben nach unten arbeitenden Dampfes erzielt werden.

---

Das Verfahren von John Auchinvole und U. Pornitz D. R. P. No. 21 388 (1883) hat den Zweck, mit weniger Operationen bessere Resultate in der Bleicherei etc. zu erzielen. Zu diesem Behufe wird die zu bleichende Ware in Apparate eingelegt, von welchen Fig. 93 einen Durchschnitt darstellt. Beide Apparate sind durch Rohre verbunden und stehen außerdem durch Rohre und Hähne mit anderen Gefäßen in Verbindung. Das mittlere Rohr *a* trägt an seinem oberen Ende ein Manometer, welches sowohl zur Feststellung des Druckes als auch zur Bestimmung der Luftleere dient. Am oberen und unteren Teil von Rohr *a* befinden sich Zweigrohre, welche mit dem Apparat durch Hähne in doppelter Verbindung stehen. Außerdem ist der Doppelapparat mit Wasserstandsgläsern armiert, um die Höhe der Flüssigkeiten anzuzeigen. Die Deckel der Apparate haben kleine Handhebel *b*, durch welche der Verschluß erfolgt. Diese Handhebel drehen sich in Bolzen und bewegen sich auf schiefen Ebenen, wodurch die Deckel fest auf den Spurkranz aufgedrückt werden; die Abdichtung erfolgt mittelst Gummiplatten. Die Deckel werden durch Flaschenzüge *c* gehoben.

Die Ware wird in Kästen aus durchlöchertem Holz, Weidenruten oder Rohr gepackt. Die Kanten dieser Kästen oder Körbe sind durch metallische Winkelstücke verstärkt und stehen diese ca. 50 mm am Boden vor, wodurch, da sie von gleicher

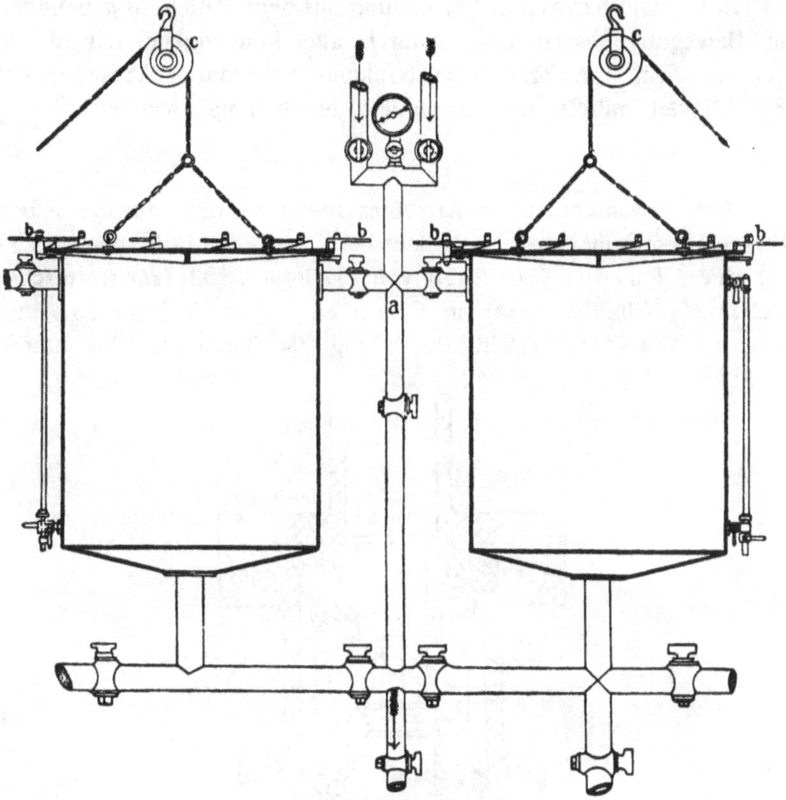


Fig. 93.

Länge mit den Kästen sind, die Winkelstücke oben 50 mm zurückstehen. Dadurch werden am Kasten vier Füße gebildet, welche beim Einsetzen der Kästen in den Apparat den darunter stehenden Kasten umgreifen, damit die Kästen sich nicht seitlich verschieben können. Die Vakuumapparate werden für Bleichzwecke mit Blei ausgelegt. An dem unteren Teil von Rohr *a* wird eine Luftpumpe angebracht. Nachdem die Luft ausgesaugt, läßt man die Flüssigkeit in den Apparat eintreten. Ist es nötig, das Material vor dem Imprägnieren zu dämpfen, so geschieht dies durch Einlassen von direktem Dampf. Um denselben wieder schnell zu entfernen, läßt man durch das

Rohr, welches am Apparatboden befestigt ist, einen Exhaustor wirken, welcher den Dampf abführt. Nach Einwirkung von Flotte und kaltem, sowie heißem Spülwasser wird durch einen dazu bestimmten Hahn heiße Luft in den Apparat gelassen, welche die behandelte Ware schnell trocknet; das Trocknen wird dadurch erhöht, daß der Exhaustor, welcher sich in Verbindung mit dem Mittelrohr *a* befindet, in Bewegung gesetzt und dadurch alle Feuchtigkeit schnell abgeführt wird. Der Trockenprozeß kann auch durch Absaugen der Feuchtigkeit mittelst der Luftpumpe beschleunigt werden.

---

Eine etwas veränderte Art eines Injektors, doch auf demselben Prinzip der früher beschriebenen beruhend, wird in dem englischen Patent No. 2958 vom Jahre 1883 (amerikanisches Patent No. 302138, 1884) an Charles Loxton Jackson und James Westley erteilt, durch Fig. 94 illustriert. Das untere

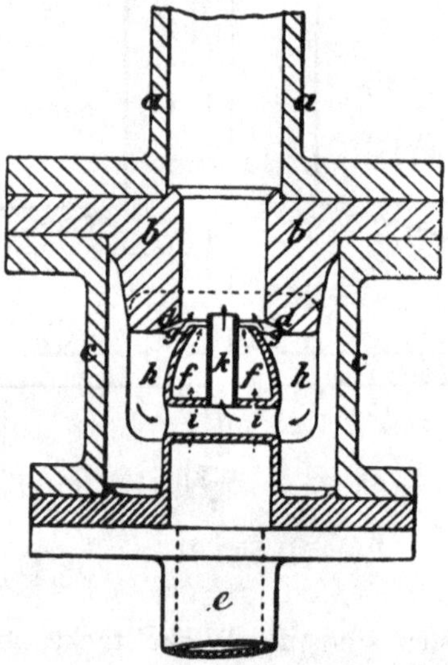


Fig. 94.

Ende des zentralen Uebergußrohres *a* verjüngt sich in dem angeschraubten Teile *c*, welcher bei *d* im Innern abgeschrägt ist, in der bei *b* gekennzeichneten Weise.

Das obere Ende des Dampfrohres *e* endet in den hohlen außen konisch verlaufenden Auspuffer *f*, welcher ein wenig in das unten abgeschrägte Ueberlaufrohr *d* eintritt und rund herum den Raum *g* für den Eintritt der Lauge freiläßt. Wenn der Dampf durch Rohr *e* eintritt, so treibt er die Lauge durch die Oeffnungen *h* nach *g* das Ueberlaufrohr *a* hinauf; gleichzeitig tritt durch die Oeffnung *i* und das kurze vertikale Rohr *k* im Auspuffer ein konstanter Strom von Lauge in das Ueberlaufrohr *a*, welches, an seinem oberen Ende mit einem Verteiler versehen, die Flüssigkeit in bekannter Weise über das Bleichgut verteilt.

Der Betrieb der Bäuchkessel durch Injektoren hat bekanntlich den Vorteil, daß die Zirkulation der Lauge kontinuierlich weiter wirken kann, wenn in den Arbeitspausen die Maschinerie anhält. Ein Nach-

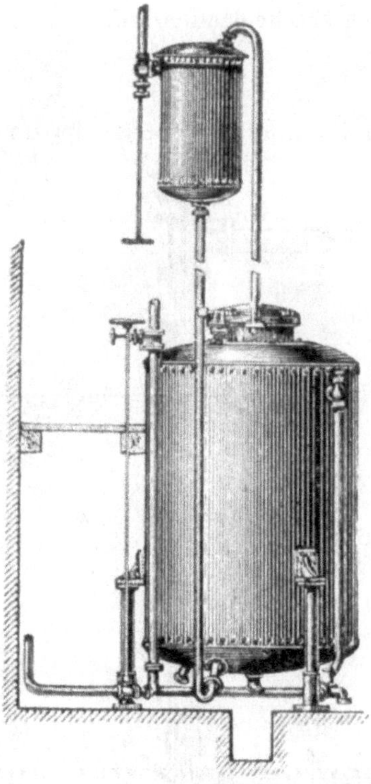

Fig. 95.

teil des Injektorenbetriebes ist indes der, daß durch die direkte Einwirkung des Dampfes auf die Bäuchflotte durch Kondenswasser sich das Flottenquantum stetig vergrößert. Die immer mehr zunehmende Flotte findet schließlich keinen Platz im Kessel und muß deshalb abgeführt werden. Um die Mitte der 80er Jahre des vorigen

Jahrhunderts ordnete zu diesem Behufe die Firma Fr. Gebauer in Charlottenburg einen sogenannten Flottenfänger an (vergl. Fig. 95), der diesem Zweck dienen sollte. Das am oberen Teile desselben angebrachte Ventil und Rohr ist in die Atmosphäre geleitet und läßt die überflüssige Lauge entweichen.

Von dem später zu beschreibenden Weiß'schen Apparat unterscheidet sich diese Gebauer'sche Anordnung dadurch, daß bei Weiß das oberhalb des Kessels befindliche Reservoir zum Entlüften dient. Bei Weiß wird mit durch Laugenüberhitzer erwärmter Flotte gearbeitet, diese also nicht verdünnt. Die Flotte wird in solchem Quantum gehalten, daß der Kochkessel ganz und das Uebergußgefäß halb gefüllt ist; die obere freie Hälfte des letzteren dient zum Aufspeichern der sich abscheidenden Luft.

Für Bäuchkessel mit sog. Uebergußapparat haben R. Ains-

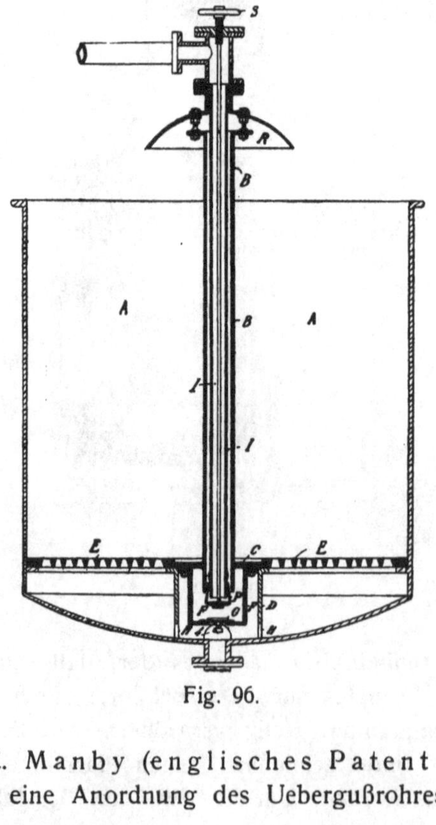


Fig. 96.

worth und E. Manby (englisches Patent No. 19 vom Jahre 1885) eine Anordnung des Uebergußrohres mit zentraler

Dampfzuführung zur Hervorbringung des Flüssigkeitsumlaufs getroffen. In Fig. 96 ist dieser neue Teil des Bäuchkessels *A* für sich gezeichnet.

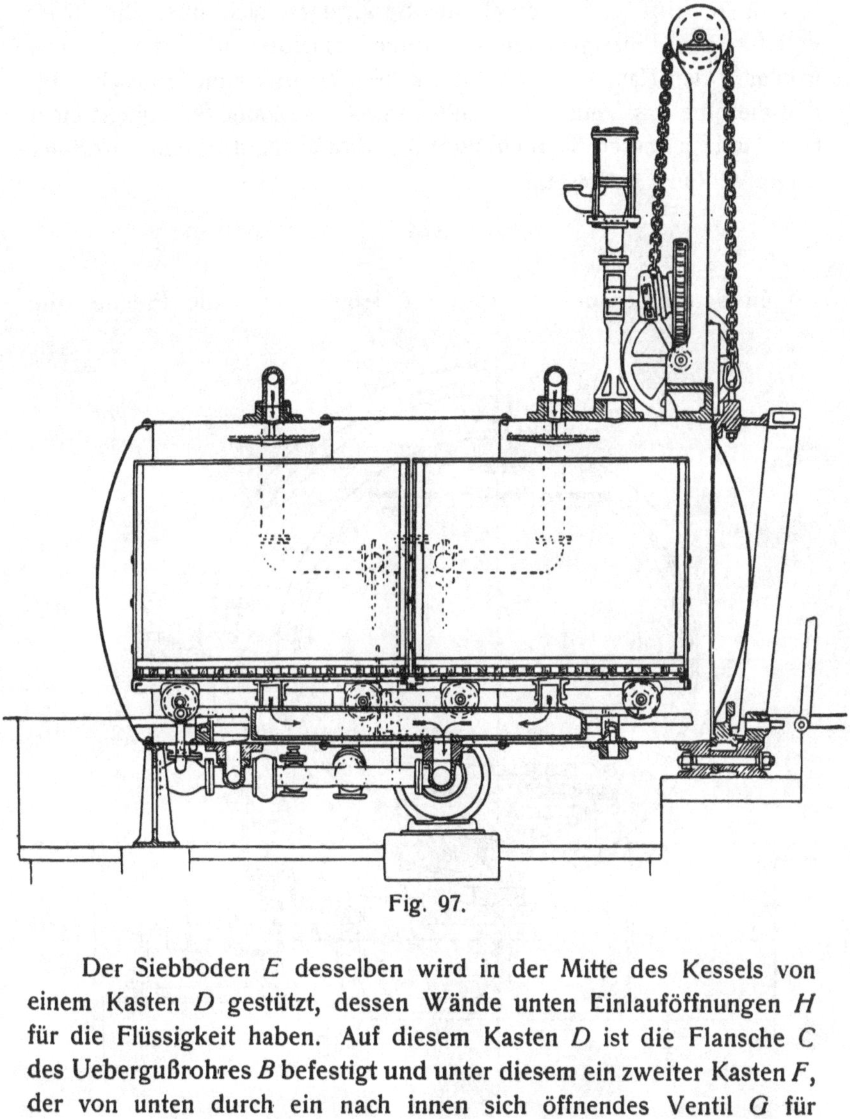

Fig. 97.

Der Siebboden *E* desselben wird in der Mitte des Kessels von einem Kasten *D* gestützt, dessen Wände unten Einlauföffnungen *H* für die Flüssigkeit haben. Auf diesem Kasten *D* ist die Flansche *C* des Uebergußrohres *B* befestigt und unter diesem ein zweiter Kasten *F*, der von unten durch ein nach innen sich öffnendes Ventil *G* für die Flüssigkeit zugänglich ist. Die Bewegung des Ventils *G* wird durch einen Schraubenkopf *b* begrenzt. Innerhalb des Rohres *B* steckt das Dampfzuführungsrohr *I*, über dessen unteres Ende die Kapsel *P* greift, welche gleichzeitig zum Verschluß des Ringraumes zwischen den Rohren *B* und *I* dient und mittels des Handrades *S* von außen stellbar ist. Bei Oeffnen des Ventils *P* und bei Dampfzuleitung im Rohre *I* steigt der Dampf in dem Rohre *B* empor und reißt die in den Kasten *F* eingetretene Flüssigkeit mit, welche oben an den Schirm *R* trifft und dadurch als Sprühregen sich über die Ware ergießt. Die Flüssigkeit sickert durch dieselbe und tritt dann von neuem in den Kasten *F*. Wird die Kapsel *P* soweit niedergeschraubt, daß dieselbe das Ventil *G* geschlossen hält, so kann Flüssigkeit nicht mehr übergegossen werden und die Stoffe werden dann nur der Dampfwirkung ausgesetzt.

In den Zeitraum von 1885 bis 1889*) fallen die Patente, die

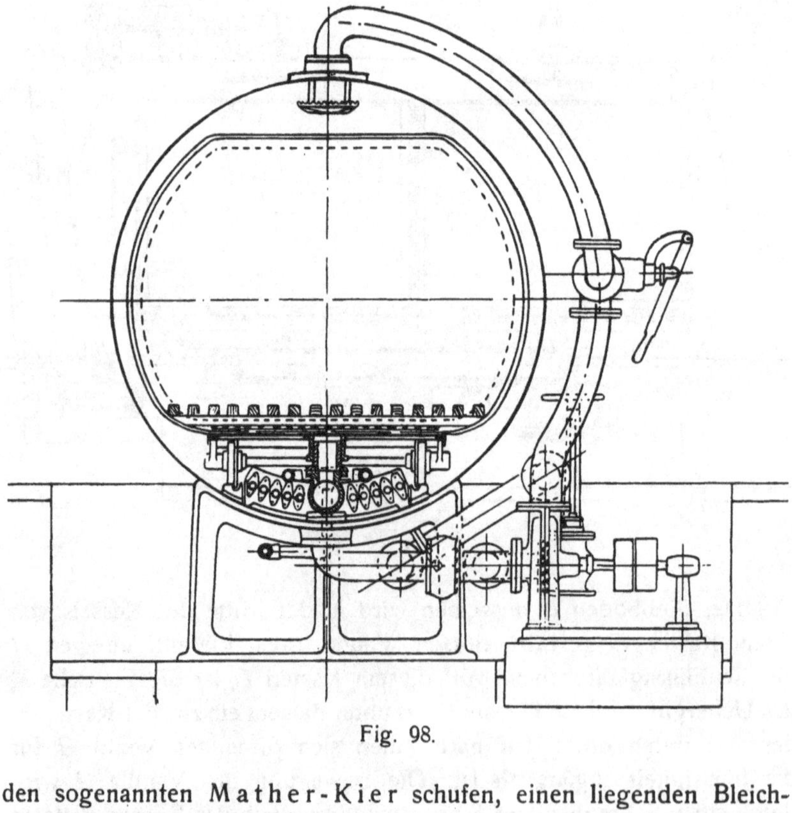

Fig. 98.

den sogenannten Mather-Kier schufen, einen liegenden Bleichkessel mit Waggon-Einrichtung für die Ware. Die ersten Konstruk-

*) Vergl. Theis, die Breitbleiche baumwollener Gewebe, pag. 79—96, Berlin, Krayn 1902.

tionen hatten den Fehler, daß die Verschlußdeckel einem Betriebs-Druck von 3 Atmosphären nicht sicher standhielten. In den letzten Jahren ist dieser Mangel beseitigt worden und die heutigen Kessel dieser Gattung, wovon Fig. 97 Seite 115 und 98 Seite 116 Abbildungen zeigen, genügen der Druckbeanspruchung von 3 Atmosphären.

Eine Reihe von Verbesserungen an diesem Mather-Kier sind in Vorschlag gebracht worden:

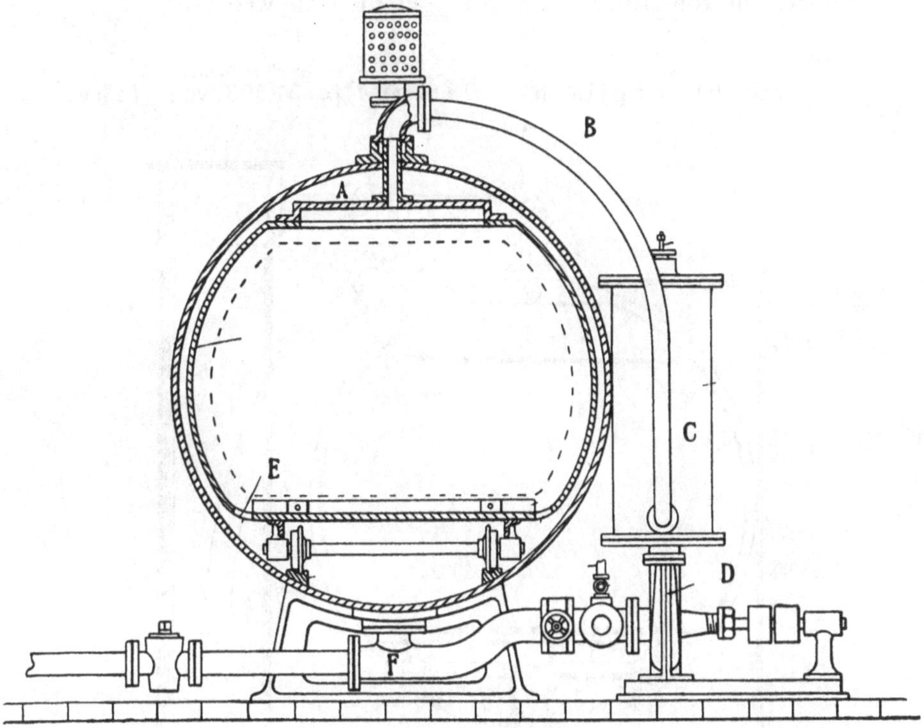


Fig. 99.

Nach dem amerikanischen Patent No. 408991 sucht E. A. Rusden die Einrichtung der liegenden Waggonkessel zu verbessern, einmal durch einen besonderen Schraubenverschluß der Kesseltür, dann durch eine Aenderung der Waggons derart, daß dieselben nach dem Einfahren in das Kesselinnere oben mit einem Deckel verschlossen werden, der nur einen Flansch für das von der Pumpe kommende Laugenrohr führt. Die Waggondeckel sind durch

Stopfbüchsen und Schrauben im oberen Teil des Kesselventils angebracht und können, sobald die Wagen im Kessel an der richtigen Stelle angekommen sind, heruntergeschraubt werden und bilden dann einen dichten Abschluß. In Fig. 99 veranschaulicht *A* den Deckel des Wagens, *B* das von der Pumpe *D* kommende Laugenrohr. Die Bäuchflotte wird von der Pumpe *D* zunächst in den Laugenerhitzer *C* getrieben und geht von demselben durch Deckel *A* in den Waggonraum, wird durch die eingeschichtete Ware getrieben und geht durch die am Boden der Wagen befindlichen Oeffnungen *E* in den unteren Teil des Kessels, resp. von Rohr *F* zur Pumpe *D* zurück, um von neuem nach oben gefördert zu werden.

Nach dem englischen Patent No. 21393 vom Jahre

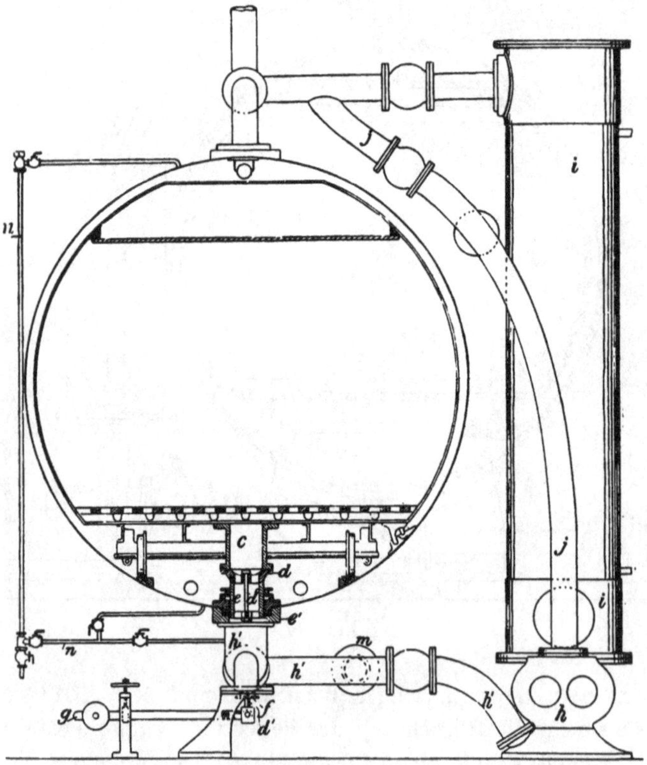


Fig. 100.

1895 hat sich auch Matthew Walton die Aufgabe gestellt, eine bessere Verbindung zwischen dem Waggonboden und der Pumpenleitung beim Matherschen liegenden Bleichkessel herzustellen.

Der Waggonkessel ist mit einem falschen Boden ausgerüstet, unter welchem der eigentliche Boden liegt, und an diesem ist ein kurzes Flanschrohr *c* (Fig. 100) angebracht, welches eine dichte Verbindung mit dem Gegenflansch *d* herstellt. Der untere Teil dieses Flanschstückes *d* ist so bearbeitet, daß er genau in den darunter befindlichen kurzen Zylinder *e* paßt, welcher sich seinerseits wieder in einer am Kessel befestigten Stopfbüchse *e'* bewegen kann. Der Flanschkragen *d* wird durch einen Bolzen *d'* mit dem Zylinder *e* verbunden, welcher denselben an seinen Sitz hält, ohne der Adjustierung hinderlich zu sein. Der untere Teil des Bolzens *d'* führt durch den Zylinder *e* und durch eine Stopfbüchse *f* und ist hier mit einem Hebel *g* versehen, durch welchen der Zylinder *e* und Flansch *d* auf- und abbewegt werden kann. Rohrleitung *h'* verbindet den Zylinder *e* mit der Zirkulationspumpe *h*, welche durch Rohr *j* mit dem oberen Teil des Kessels in Verbindung steht. Pumpe *h* kann auch mit dem Laugenüberhitzer *i* in Verbindung gebracht werden. Bei *m* ist eine Leitung für die Zufuhr der Lauge aus einem besonderen Behälter angebracht. *n* ist ein Wasserstandsglas zur Kontrolle der Laugenmenge im Kessel.

Nach dem amerikanischen Patent No. 570675 vom Jahre 1896 sucht H. G. Mc Kerrow die Zirkulation der Lauge durch die Ware des liegenden Waggonkessels auf folgende Weise zu erreichen.

Der Waggonkessel *A* (Fig. 101 Seite 120) ist mit dem perforierten Boden *B* ausgerüstet. Die obere Oeffnung des Bodens wird, nachdem er mit Ware gefüllt und in den Kessel eingefahren ist, durch einen außerhalb des Kessels in Stopfbüchse laufende Schraubenanordnung mit dem Deckel *C*, unter welchem die perforierte Platte *D* sitzt, fest verschlossen. Ebenso wird das zu der Pumpe *E* führende Saugrohr *F* am unteren Teil des Waggons durch eine Schraubenanordnung fest und dicht gegen den Boden des Warenbehälters geschraubt, worauf die Arbeit beginnen kann. Die Lauge ist nun gezwungen, durch Rohr *G* nach *C* resp. *D* den Weg durch die Ware zu nehmen, um durch *F* den Weg zur Pumpe *E* zurückzugelangen.

Vom Verfasser*) rührt ein weiterer Vorschlag für eine günstige

*) Vergl. Theis, Breitbleiche. pag. 90.

Zirkulation in den Waggons der liegenden Kessel. Hierbei ist der Waggonkörper, welcher das Gewebe aufnimmt, selbst nicht fahrbar, sondern hängt, während er gefüllt wird und beim Einführen in den Kessel, schwebend in einem fahrbaren Gestell. (Vergl. Fig. 102.)

Auf seinem Platz im Kessel angekommen, wird der Warenbehälter durch eine auf dem fahrbaren Gestell gelagerte Schnecke und Windenanordnung gesenkt, und ein unter dem Boden des Waggon-

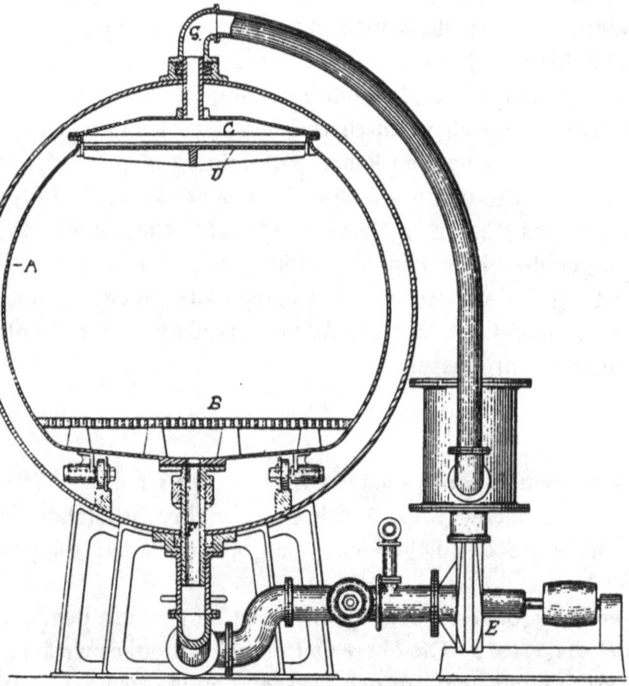


Fig. 101

körpers aufgesetzter, rechteckiger, die ganze Länge und die Breite desselben einnehmender Dichtungsrahmen legt sich auf einen ebensolchen, welcher im Boden des Kessels angebracht ist.

Der Boden des Warenbehälters wie dieser selbst ist perforiert. In demselben ist zur weiteren Sicherung einer flotten Zirkulation eine s c h m a l e, die ganze Länge desselben durchsetzende perforierte Doppelwand angeordnet.

Da auf diese Weise der ganze Wagenboden als direkte Absaugefläche dient und die Warenmasse im Waggonkörper durch die perforierte Doppelwand gleichsam in zwei Teile geteilt wird, so ist für eine gesicherte Zirkulation Garantie gegeben. —

Für liegende Kessel hat Verfasser schon früher*) vorgeschlagen,

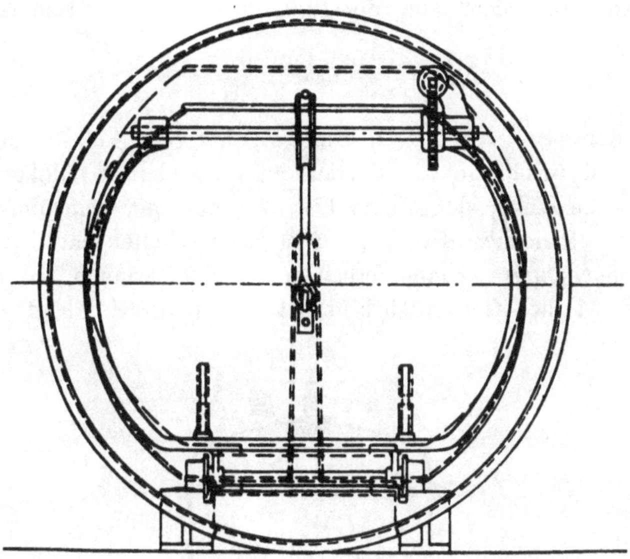

Fig. 102.

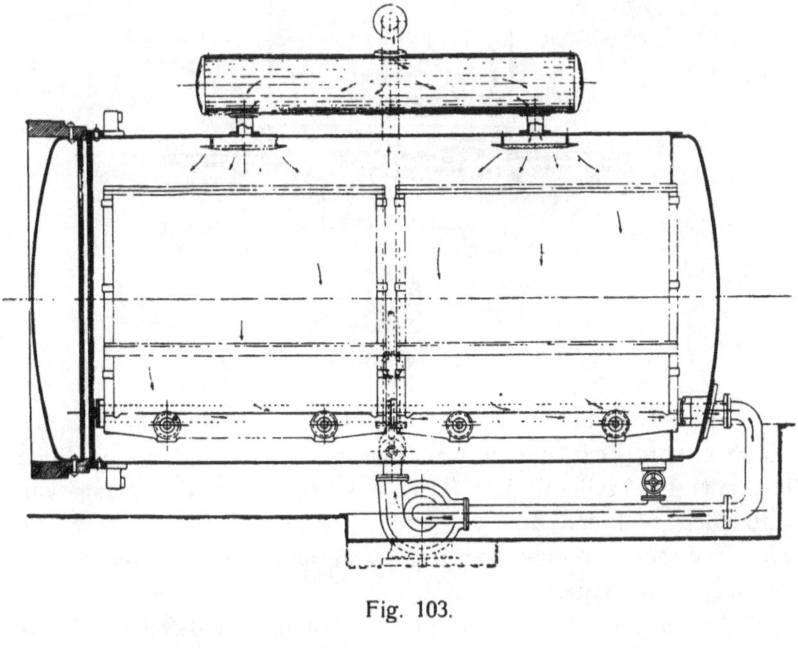

Fig. 103.

*) Theis, Breitbleiche, Seite 99.

den Heizkessel nach Art der Dampfsammler bei Dampfkesseln auf den Bleichkessel selbst zu lagern. Fig. 103 veranschaulicht diese Idee durch eine Zeichnung der Firma Fr. Gebauer in Berlin.

In der deutschen Patentschrift No. 42933 von Carl Haubold (in Firma C. G. Haubold jr., Chemnitz) dokumentiert sich der Gedanke, den Zeitverlust, welcher mit dem Füllen und Leeren der Bleichkessel verbunden ist, auszuschalten und den eigentlichen Bäuchapparat kontinuierlich benutzen zu können, wie es z. B. bei dem Mather-Kier möglich ist. Die Patentschrift sagt:

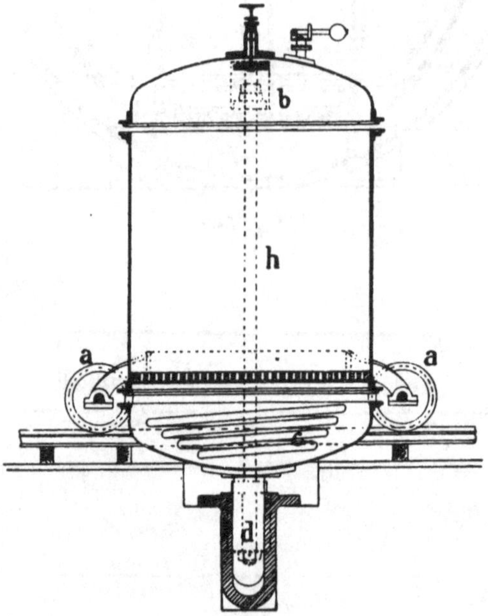

Fig. 104.

Bei den bisher verwendeten Kesseln zum Kochen, Waschen, Bleichen von Textilstoffen war zum mindesten der untere Boden fest mit dem zylindrischen Teil, dem eigentlichen Fassungsraum, verbunden, während zum Teil der obere Deckel abhebbar war und zum Teil auch Mannlöcher zum Einbringen der Ware in den Fassungsraum hatte.

Um nun eine billige Anlage zu bekommen und ferner schneller und vorteilhafter zu arbeiten, insbesondere aber, um das Gut vor und nach der Behandlung auf einen beliebigen Platz leicht hinschaffen zu können, ist der Teil des Kessels, welcher das Gut enthält, also der eigentliche Fassungsraum, transportierbar angeordnet.

Die Fig. 104—109 stellen solche Kessel dar; der zylindrische Teil *h* derselben ruht auf vier Rädern und ist durch dieselben transportierbar Der Deckel *b* und der Boden *c* sind dagegen nicht transportierbar, können aber nach oben und unten zu bewegt werden, und zwar durch hydraulische Presse *d*, wie in Fig. 104, oder durch Dampfzylinder *e*, wie in Fig. 105, oder mittelst Schrauben *f*, wie in Fig. 106 dargestellt.

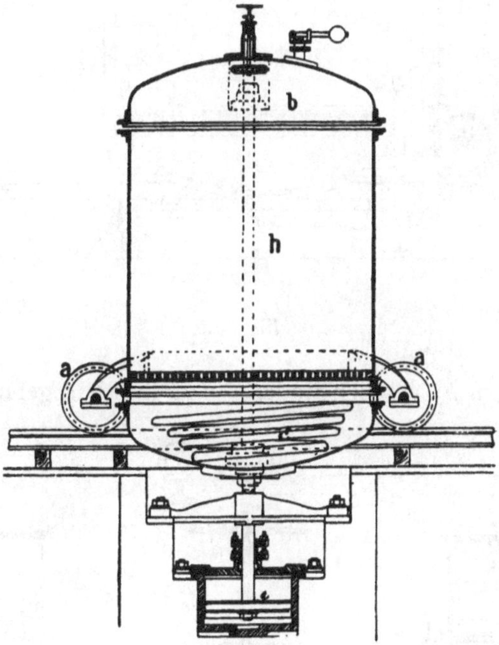


Fig. 105.

Das Arbeiten mit diesem Kessel geschieht in der Weise, wie es Fig. 109 zeigt; der zylindrische Teil des Kessels *h*, Fig. 108, wird mit Gewebe gefüllt, dann, wie aus Fig. 109 ersichtlich, zwischen Deckel *b* und Boden *c* transportiert. Hierdurch werden Boden *c* und Deckel *b* fest auf den Zylinder *h* aufgedrückt und mit denselben verbunden, und es beginnt der Prozeß.

Es wird Dampf eingelassen oder die Pumpe *g* zur Zirkulation der Flüssigkeit in Betrieb gesetzt, je nachdem das Füllgut die Operation verlangt.

Ist diese vollendet, so wird Boden *c* und Deckel *b* wieder vom Zylinder *h* entfernt, der Wagen *h* herausgefahren, ein

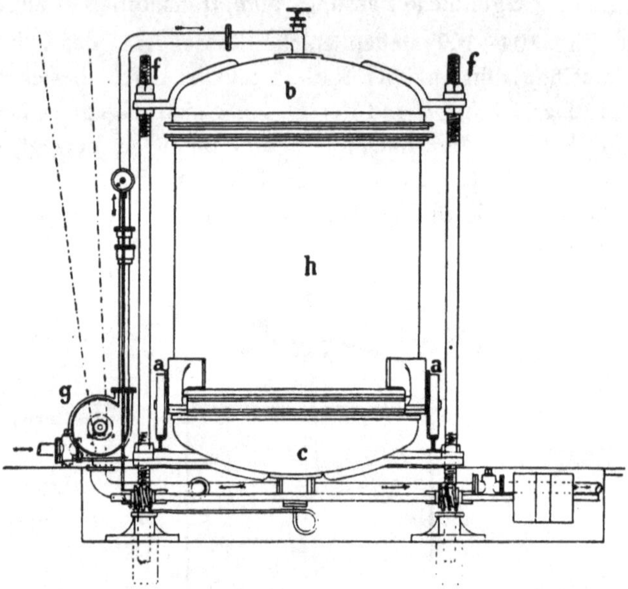


Fig. 106.

frischer Wagen *h* zwischen Boden *c* und Deckel *b* gebracht, und die

Fig. 107. Fig. 109. Fig. 108.

Arbeit beginnt von neuem, während der vorher behandelte Wagen *h* entleert und frisch gefüllt wird.

---

Im gleichen Jahre (1888) wurde diese H a u b o l d sche Konstruktion verbessert. Die D e u t s c h e P a t e n t s c h r i f t N o. 44985 besagt über die neue Anordnung folgendes:

Die Handhabung des durch das Patent No. 42 933 geschützten Kessels läßt sich dadurch vereinfachen, daß man den zylindrischen Teil desselben mit dem Boden fest verbindet und beides, Boden und Fassungsraum, transportabel und auswechselbar einrichtet, so daß nach Füllung und bei beabsichtigter Inbetriebsetzung des Kessels nur die Befestigung des feststehenden Deckels mit demselben notwendig wird.

Die vereinfachte Ausführungsform ist durch Fig. 110 in der Seitenansicht mit Vorwärmer und Nachwärmer und der Pumpe im

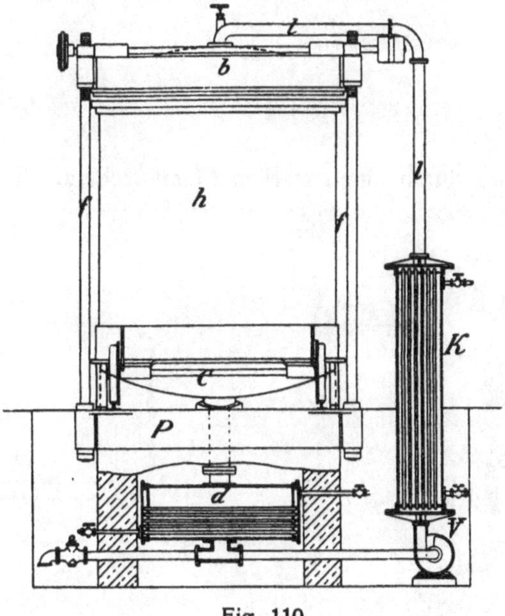


Fig. 110.

Schnitt dargestellt. Fig. 111 zeigt die Handhabung des Kessels.

Unter *b* ist der durch vier Schrauben *f* auf- und niederbewegbare feststehende Deckel dargestellt, die Schrauben *f* sind in einer im Boden eingelassenen Platte *P* befestigt, und es erfolgt die Auf- und Niederbewegung des Deckels durch Schnecke *S* mit Schneckenrad *R* mit offenen und geschränkten Riemen. Der Kessel *h* ist mit dem Boden *c* dicht verbunden und wird bei Entleerung oder Füllung mit diesem mittelst der Räder *T* heraus- oder hineingefahren; die Abdichtung an dem nach dem Vorwärmer *d* führenden Rohre kann entweder mittelst schiefer Fläche, wie gezeichnet, erfolgen, oder der Stutzen des Kessels wird mit einer Verschraubung versehen, welche jedesmal mit dem Rohr *J* verbunden oder gelöst wird, oder endlich kann

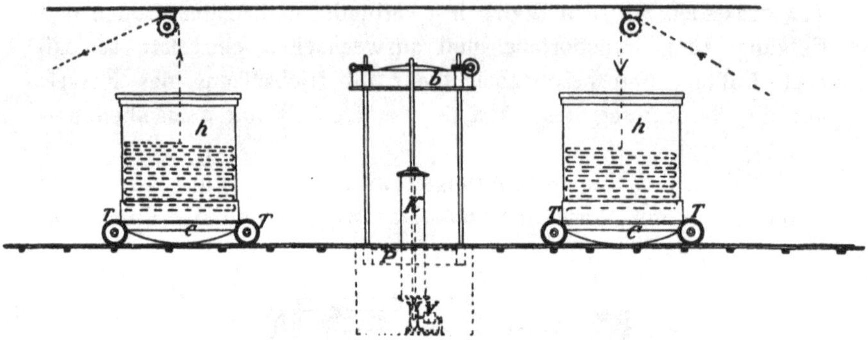


Fig. 111.

die Verbindung durch einen starken Gummischlauch geschehen.

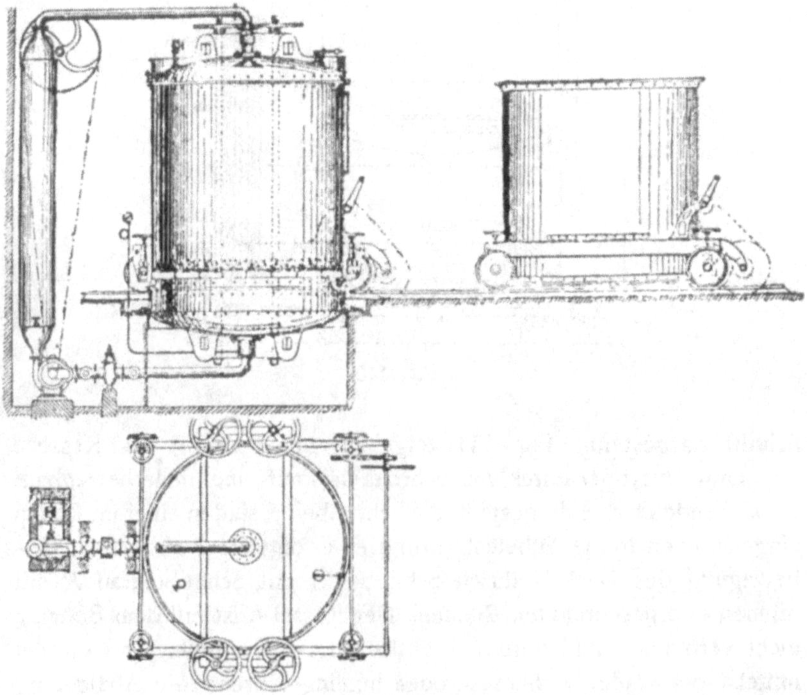

Fig. 111a.

Die durch das Bleichgut gedrungene Flüssigkeit wird mittelst der Pumpe *V* vom Boden *c* durch das Rohr *J* und den Vorwärmer *d* angesaugt und dann durch Nachwärmer *K* und Rohr *e* wieder in den Kessel zurückgedrückt, wo dieselbe durch eine kleine Verteilungsturbine breitgespritzt wird, um den Kreislauf wieder zu beginnen.

Für Partien von 300 bis 1200 kg Gewebe hat der Kessel einen Durchmesser von 0,9 bis 2,5 m.

In Fig. 111a ist die praktisch ausgeführte Form der Einrichtung wiedergegeben, und zum Schluß dieses Werkes ein Plan beigefügt, welcher eine Bleicherei-Anlage mit diesem Waggonsystem vorführt.

---

Durch deutsches Patent No. 47567, 1889, wurde Fr. Gebauer in Charlottenburg ein revolvierender Bleichapparat geschützt, der den Zweck verfolgte, ein schnelles Auswechseln der einzelnen Kochkessel behufs Entleerung und Neubeschickung zu ermöglichen. Die Einrichtung wird durch die Fig. 112 und 113 veranschaulicht und besteht aus einer Anzahl auf einer gemeinsamen Drehscheibe *A* angeordneter Kessel von 2 bis 3 cbm Inhalt, welche an eine gemeinsame Dampf- und Flottenrohrleitung $BB_1$ durch Verschlüsse *a* angeschlossen sind, wobei mit Hilfe der Ventile *b*, Dreiweghähne *c* eine Verbindung mit $BB_1$ und *G* hergestellt oder unterbrochen werden kann. Die zwischen der Rohrleitung $BB_1$ eingeschaltete Zentrifugalpumpe *G*, welche entweder auf der Drehscheibe *A* oder außerhalb derselben montiert ist, bewirkt einen Kreislauf der in den Kesseln *G* und der Rohrleitung $BB_1$ befindlichen Flotte, so daß, je nach Bedarf, ein oder mehrere Kessel mit $BB_1$ verbunden und somit zu gleicher Zeit mit Flotte berieselt werden können. Um ferner die Flotte in stetigem Kochen zu erhalten, werden die Rohrstutzen *e* mit der Dampfleitung verbunden. Durch Schließung des Ventils *b* und Absperrung der Rohrleitung *B*, sowie Einstellung von *E* mittelst des Dreiweghahns *c* wird durch Injektor *F* ein Kreislauf in jedem einzelnen Kessel erzielt, derart, daß die Flotte aus *G* durch *EFD* wieder in den Kessel *G* zurücktritt, ohne die Rohrleitung $BB_1$ zu passieren. Die Kessel sind auf der Drehscheibe so angeordnet, daß die dem Arbeitsraum zugekehrten Kessel entleert und gefüllt werden können.

Die Kessel werden für kleinere Partien von 400 bis 500 kg Ware ausgeführt und somit das Gut in kleinen Mengen behandelt,

Fig. 112.

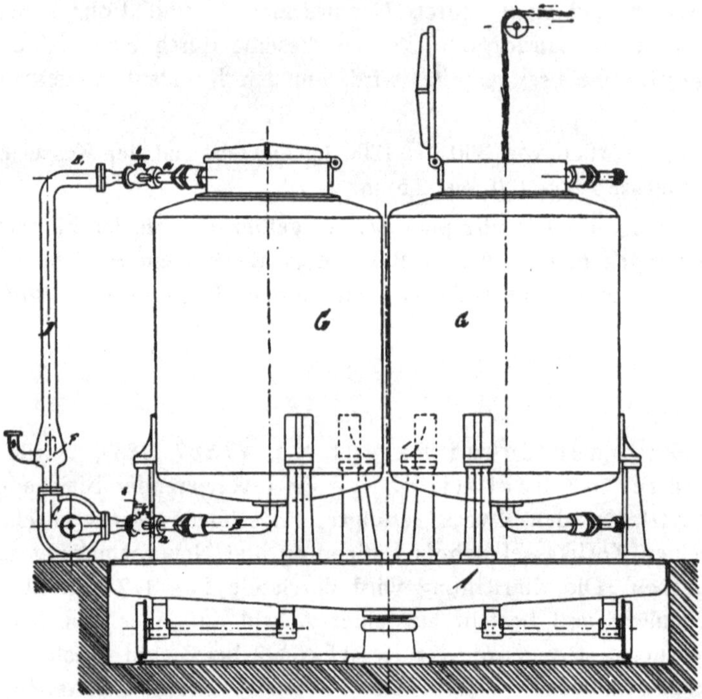

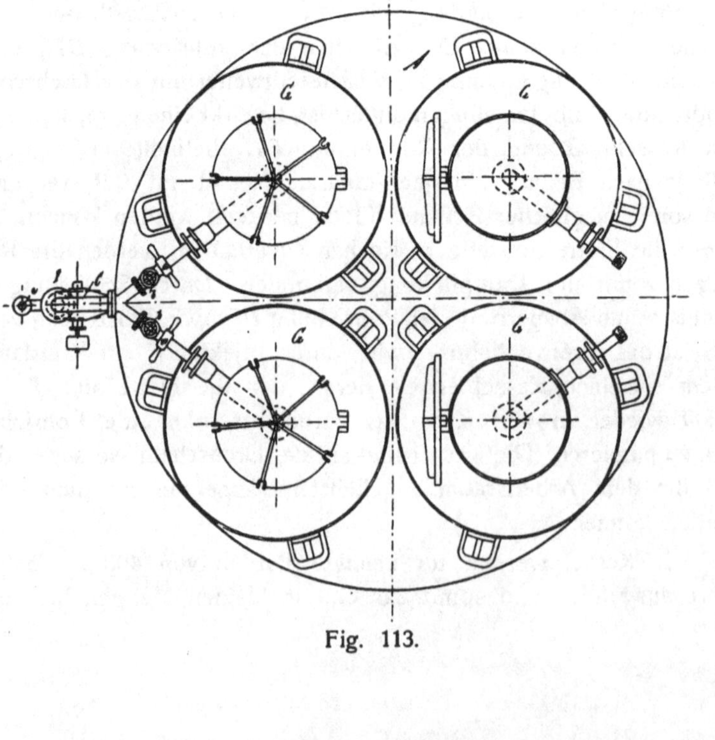

Fig. 113.

wodurch die Behandlungsdauer abgekürzt, da der Kreislauf der Lauge in einem kleineren Kessel erleichtert wird und der Kesselinhalt, da der kleinere Rauminhalt schneller als ein größeres Quantum von der umlaufenden Flotte durchdrungen wird, schneller zum Kochen gelangt. Die Behandlung von kleinen Partien erfolgt rascher und gleichmäßiger. Ferner wird in kontinuierlicher Folge ein Kessel nach dem anderen gefüllt, an die Leitung angeschlossen, gekocht und entleert u. s. f. Es würden demnach bei einer Anordnung von vier Kesseln auf einer Drehscheibe, von denen zwei an das Flotten- und Dampfleitungsrohr angeschlossen sind und sich in Kochung befinden, zwei andere auf der Vorderseite der Drehscheibe stehen, von denen einer gefüllt und der andere entleert wird. Dieser Apparat ist für ein kleineres Warenquantum und für eine geringere Leistung bestimmt und vergegenwärtigt, daß je zwei Kessel unabhängig von den anderen beiden gekocht bezw. entleert und gefüllt werden können. Alsdann wird die Drehscheibe um 180° gedreht, so daß sich die neugefüllten Kessel gegen die Rückwand schieben und die fertiggekochten sich nach der Vorderseite bewegen.

In die Zeit vom Jahre 1890 bis 1894 fallen die Patente, die das sogenannte Thies-Herzig'sche Bleichverfahren in Konkurrenz mit den Bäuchkesseln von Mather & Platt, Gebauer und anderen brachte.

Sechs Patentschriften mit 12 Patentansprüchen charakterisieren die Thies'sche Idee, welche in der mechanischen Konstruktion allein nicht zu verstehen ist und deshalb im Zusammenhang mit den vorschwebenden chemischen Verfahren vorgeführt werden muß.

Die deutschen Patente erschienen in folgender Reihenfolge:

| | | | | | | |
|---|---|---|---|---|---|---|
| No. 56 705 | gültig | vom | 18. Juli 1890 | ab, | ausgegeben am | 13. April 1891. |
| No. 59 674 | „ | „ | 20. Mai 1890 | „ | „ „ | 7. Nov. 1891. |
| No. 79 102 | „ | „ | 6. Febr. 1892 | „ | „ „ | 12. Jan. 1895. |
| No. 85 119 | „ | „ | 19. Juli 1894 | „ | „ „ | 31. Jan. 1896. |
| No. 85 689 | „ | „ | 3. Mai 1893 | „ | „ „ | 27. März 1896. |
| No. 91 892 | „ | „ | 20. Mai 1893 | „ | „ „ | 23. April 1897. |

Die äußere Form des Thies'schen Kessels lehnt sich an die bereits Seite 52 vorgeführte von Robesson an. Der Scheurer-Rott'sche Vorwärmer und die Zentrifugalpumpe kommen ebenfalls in Anwendung. Das erste Patent von Heinrich Thies*) und

*) Nach einer Broschüre von E. Kabisch, Bleicherei-Verfahren, Ludwigsburg 1895 ist Thies der alleinige Erfinder, während Herzig die Einführung der Thies'schen Patente in die Praxis einleitete.

Emil Herzig No. 59674 (vom 20. Mai 1890) hat folgenden Wortlaut:

Das Verfahren unterscheidet sich von den bisher bekannten Bäuchverfahren, insbesondere von dem Köchlin'schen Verfahren dadurch, daß eine Trennung der bisher, z. B. bei Köchlin, vorgenommenen Operation der Behandlung mit Erdalkalien und mit Aetznatron in der Weise erfolgt, daß zuerst auf und zwischen den Fasern ein Niederschlag von Erdalkalien erzeugt wird, und daß danach durch Dämpfen der so vorbehandelten Stoffe ein Zustand derselben geschaffen wird, welcher sie bei der drittens folgenden Behandlung mit Aetzalkali vor etwaigen zerstörenden Einflüssen desselben schützt, während Köchlin vor dem Dämpfen keine Erdalkalien anwendete.

Infolgedessen kann dieses zuletzt benutzte Aetzalkali in siedend heißem Zustande und in einer Konzentration angewendet werden, wie es bisher nicht möglich war, da die Vorbehandlung zum Schutz der Faser fehlte, welche nun durch die getrennte Behandlung mit Erdalkalien und durch die Dämpfung geschaffen ist.

Es wird infolge dieser Vorbehandlung nicht nur die Verwendung sehr konzentrierter Natronlauge möglich und eine energische Einwirkung beim Bäuchprozeß und eine Verkürzung des letzteren hervorgerufen, sondern man vermeidet auch durch die Verwendung kochender konzentrierter Lauge eine Merzerisation (Zusammenschrumpfung) der Faser, eine Kontraktion der Faserstoffe, welche bei den bisherigen Bäuchprozessen, bei welchen kalte Lauge auf die Stoffe einwirkte, unvermeidlich war.

Als drittes unterscheidendes Merkmal des vorliegenden Prozesses gegenüber den bisher gebräuchlichen und dem Köchlin'schen Verfahren, muß hervorgehoben werden, daß diese Einwirkung der siedenden Aetzalkalien währen der ganzen Dauer des Bäuchprozesses nahezu konstant erhalten wird, dadurch, daß man der Verdünnung der Aetzalkalilauge infolge der Verseifung insofern entgegenwirkt, als man durch Abziehen von Dampf unterhalb der Bäuchmaterialien nicht nur eine schnelle und gleichmäßige Zirkulation der Bäuchflüssigkeit und eine gleichmäßige Einwirkung derselben auf den gesamten Inhalt des Bäuchkessels herbeiführt, sondern auch durch die Verdampfung die Konzentration der Alkalilauge auf ihrer ursprünglichen Höhe hält. Es liegen somit vier Momente vor, welche sich gegenseitig in ihren Wirkungen ergänzen:

1. die getrennte Vorbehandlung der Faser mit Erdalkalien,

2. das Dämpfen derselben nach der Behandlung mit Erdalkalien,

3. das Behandeln der entlufteten Faser mit kochender Natronlauge und deshalb die Vermeidung der Kontraktion der Faserstoffe,

4. Konzentration in besonderer Weise und unter stetiger Zirkulation.

Die sich gegenseitig ergänzenden Wirkungen dieser Teilprozesse erklären sich auf Grund folgender Umstände:

I. Die Faserstoffe schrumpfen durch kalte kaustische Alkalilösungen im Verhältnis zu deren Gehalt (bei sehr starken Lösungen als Merzerisation bekannt). Diese Schrumpfung findet bei Siedehitze nicht statt.

Aehnlich wirken große Baumwollschichten in der Kälte verdünnend auf hindurchfiltrierende Lösungen von kaustischen Alkalien, während dieselben in der Siedehitze fast unverändert bleiben.

II. Bei Gegenwart und Zutritt von Sauerstoff (Luft), sei es im Bäuchkessel oder im Fasermaterial oder im verwendeten Dampf, wirken siedende kaustische Alkalien durch Oxydation zerstörend auf die Faser.

III. Die auf Faserstoffe durch Wechselzersetzung von Alkalien und Erdalkalisalzen niedergeschlagenen Erdalkalien können durch kochendes Wasser und Dampf nicht mehr fortgeschwemmt werden. Sie bleiben beim Dämpfen mit der Faser verbunden und veranlassen katalytisch starke Reduktionserscheinungen.

IV. Bei starker Verminderung des Volumens der Lauge zum Bäuchmaterial gelingt nur dann eine gleichmäßige zirkulierende Einwirkung, wenn Lauge und Dampf gleichzeitig durch das Bäuchmaterial eilen und unter demselben sich trennen können.

Ein benetzter Haufen Faserstoffe sammelt nämlich durch Gravitation in den unteren Schichten bis zum Abtröpfeln Flüssigkeit an. Nur diese filtrierende und absickernde Menge würde vermittelst Pumpe zur Zirkulation gebracht werden, weil kochende Flüssigkeiten wegen Dampfbildung nicht angesaugt werden können.

Die schnelle Durchströmung des Bäuchmaterials aber wird hervorgerufen durch Abscheidung von Dampf unterhalb des Bäuchkessels und Entfernung der Lauge durch Pumpen und Einführung der Lauge oben über dem Bäuchmaterial, und man erzielt hiermit eine gleichmäßige Verteilung der Lauge in den Hohlräumen und also auch die gemischte Zirkulation von Dampf und Lauge und Gleichmäßigkeit der Einwirkung. Das Fasermaterial füllt im Bäuchzustande das Vierfache seines spezifischen Volumens aus, es nehmen z. B. 1500 kg Baumwolle den Raum von 4000 l ein. Die Hohlräume betragen, weil Baumwolle ein spezifisches Gewicht von 1,5 besitzt, dann 3000 l. Wollte man nach bihsriger Bäuchmanier das Material mit Flüssigkeit füllen, so wären auf 1500 kg Baumwolle ca. 3000 l erforderlich; wollte man hierzu die im nachstehenden Beispiel angeführten 50 kg Ammoniaksoda von 98 bis 99 proz. Natriumkarbonat verwenden, so würde kaum eine 1 proz. Natronlösung einwirken. Wir verwenden nur 5 bis 600 l Lösung, welche bei Einkochung zu Harzseife einer Konzentration von 5 bis 7 proz. Natron entspricht.

Man erreicht also durch Dampfabführung unter dem Bäuchmaterial:

1. einen unbegrenzt schnellen Zirkulationsgang und damit eine gleichmäßige Ausfüllung der Hohlräume mit überall gleich konzentrierter Lauge und Dampf unten und oben im Kessel;

2. eine Verminderung der Flotte, eventuell so weit, daß sie nur hindurchfiltriert, und dadurch die ökonomische Verwendung konzentrierter Lauge;

3. eine Eindampfung der Lauge und damit den Ausgleich in der Verseifung.

Die Neuheit gegenüber dem Köchlinschen Verfahren beruht auf der Anwendung von Erdalkalien vor der Dämpfung und nachfolgender Behandlung mit siedenden Aetzalkalien, während Köchlin Erdalkalien nicht vor dem Dämpfen verwendete. Nur hierdurch wird ein Schutz vor der zerstörenden Wirkung der Aetzalkalien erreicht.

Der zweite Unterschied besteht darin, daß zwischen beiden Operationen die Faserstoffe gedämpft werden, der dritte Unterschied in der Behandlung mit kochender Natronlauge, und als vierter Unterschied ist die Konzentrierung durch stetigen Kreislauf der Bäuchflüssigkeit und Absaugen der Wasserdämpfe unter dem Bäuchkessel zu erwähnen

Das Verfahren gestattet die Anwendung von kaustischen Alkalien in großer Konzentration, ohne eine Einschrumpfung oder Verschwächung der Faser befürchten zu lassen; es erzielt eine chemisch reine Zellulose.

Das Verfahren wird in folgender Weise ausgeführt:

Das zu bleichende Material wird je nach seinem Zustande zunächst gesäuert oder direkt mit einer Alkaliverbindung getränkt. Diese Säuerung oder Tränkung mit Alkalien erfolgt in der bei Bäuchprozessen bekannten Weise. Um die Wirkung der Säure zu verbessern, wird ein geringer Zusatz von Flußsäure*) gemacht.

Um an Säure zu sparen und die Wirkung derselben zu vervollständigen, wird der mit derselben imprägnierte Faserstoff nach kalter Einwirkung stetig gedämpft. Es verlieren die Faserstoffe dadurch die Eigenschaft, aus schwach sauren Lösungen anorganischer Salze basische Verbindungen auf sich niederzuschlagen.

Diese vorbereitende Behandlung der Faserstoffe mit Säure wird zum Schluß als letzte Operation des Bleichverfahrens wiederholt, nachdem man vorher in gewöhnlicher Weise gechlort hat. Bei Faserstoffen, welche nur Spuren anorganischer Verbindungen enthalten, genügt die Säuerung in der letzten Operation allein, ohne daß bei Beginn des Prozesses eine Säurebehandlung eintritt. Diese Stoffe erhalten dann direkt die sonst nach Einwirkung der Säure stattfindende Alkalibehandlung.

Die anfängliche Behandlung mit einem Alkali bezweckt, lose adhärierende Bestandteile, z. B. Schlichte, Pektinkörper und eingetrocknete Pflanzensäfte, aufzuweichen oder vor der Bäuchoperation zu entfernen.

In der Regel nimmt man die Präparation mit Erdalkalien nicht im Bäuchkessel vor, sondern setzt beim Waschen der mit Alkalien behandelten Faserstoffe dem Waschwasser bestimmte Mengen einer Lösung einer alkalischen Erde zu. Das sonst hartnäckig in der Faser zurückbleibende Alkali setzt sich dabei leicht in Erdalkali um, und diese kleine Menge von Erdalkali, welche chemisch auf der Faser niedergeschlagen ist, kann vermöge ihrer geringen Löslichkeit nicht durch Dampf und Wasser abgetrieben werden, sondern verbleibt trotz der folgenden Operationen in der Faser. Es bleibt also für die Folge die Faser schwach und gleichmäßig alkalisch, und es veranlassen diese Erdalkalien bei Erhitzung die Reduktion der vegetabilischen Verunreinigungen. Die Wirkung der mit Erdalkalien behandelten Faser ist eine stark reduzierende, und dieselbe absorbiert bei Eintritt der Siedehitze nicht nur den Rest des

*) Der Zusatz von Flusssäure wurde unter Nr. 56705 (18. Juli 1890) denselben Erfindern in Deutschland patentiert. Der Patentanspruch lautet:
Das Verfahren, die Faserstoffe vor dem Bäuchprozess durch einen Zusatz von Flusssäure zu säuern und darauf die Faserstoffe zu dämpfen, zum kombinierten Zweck, die Kiesel- und andere Verbindungen der besseren Lösung zugänglich zu machen und die Wirkung der Säure zu verstärken.

Sauerstoffes der Luft, sondern ist auch imstande, Indigoblau und Azofarben in die bekannten farblosen Verbindungen überzuführen. Es ist so möglich, die natürlichen oder zufällig vorkommenden Farbstoffe leichter zu lösen. Die so mit Erdalkalien behandelte Faser

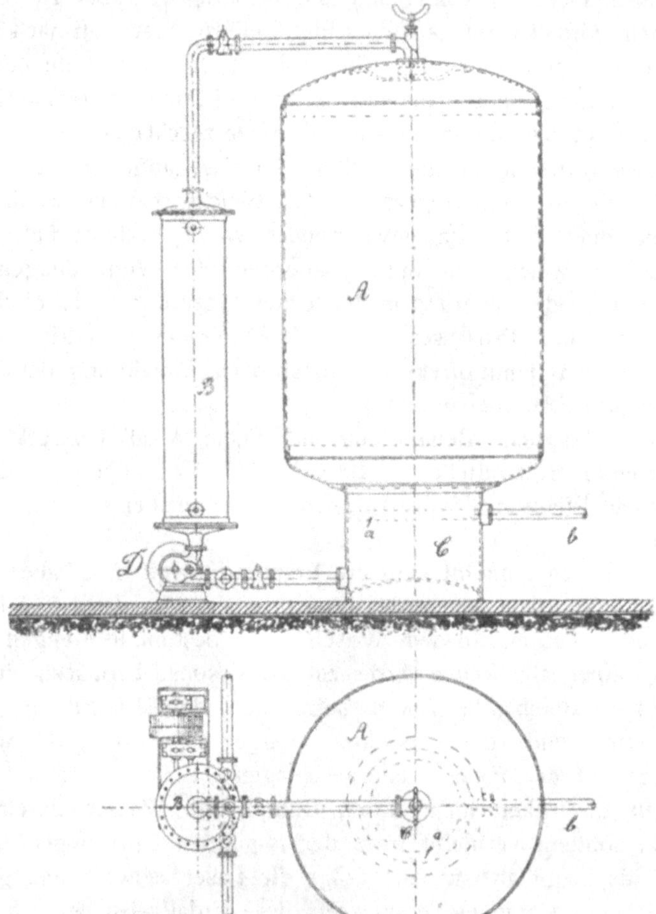

Fig. 114.

wird über 100° erhitzt und darauf mit kaustischer Lauge getränkt, und zwar bei einer Temperatur von über 100°, und in einem Volumenverhältnis zum Fasermaterial, daß sie nicht die Hohlräume ausfüllt.

Bei den bisher bekannten Bäuchmethoden war zum Bedecken des Bleichmaterials mit Flüssigkeit das Zwei- bis Dreifache des Gewichtes des Bleichguts notwendig, und es war deshalb aus Ersparnisrücksichten eine starke Konzentration der Alkalilauge nicht verwendbar.

Der mit heißer Alkalilauge getränkte Faserstoff wird bei hoher Temperatur gekocht, und um die Zirkulation zu beschleunigen und gleichzeitig die Menge der Alkaliflüssigkeit weiter zu vermindern, also dieselbe zu konzentrieren, wird unter dem Bäuchkessel *A* (Fig. 114) ein Behälter *C* angebracht, welcher durch eine Pumpe *D* fortwährend entleert wird. In diesen Behälter *C* ragt ein durchlöchertes Rohr *a* hinein, durch dessen Löcher Dampf in das nach der Atmosphäre oder zum Kondensator führende Rohr *b* entweichen kann. Durch dieses Rohr *a b* zieht fortwährend Dampf ab; die sich in *C* unten sammelnde Bäuchflüssigkeit wird durch Pumpe *D* aus dem unteren Behälter abgesaugt und der Druck im Teil *C* und dem unteren Teil des Bäuchkessels *A* durch Dampfentnahme oder Dampfabführung stetig vermindert, so daß die zirkulierende Laugeflüssigkeit beschleunigt durch die Faserstoffe eilt. Die Pumpe *D* fördert die Bäuchlauge durch den Rohrkessel *B*, welcher um ca. 40° C. stärker als die Bäuchflüssigkeit geheizt wird. Bei dem fortwährenden Erhitzen, Zirkulieren und Einwirken auf die Faserstoffe findet die Verseifung statt. Je nachdem die Alkalien durch Verseifung neutralisiert werden, sich mithin abschwächen, korrigiert das Konzentrieren der Bäuchlauge diese schwächer werdende Wirkung, und es wird eine gleichmäßig schnell verlaufende Verseifung herbeigeführt.

Die Ausführung des Verfahrens ist nachfolgend in einem Beispiel an Kattungewebe erläutert.

Das trockene Kattungewebe, welches für Druck bestimmt ist, wird mit seinem eigenen Gewicht an Säurelösung imprägniert. Es wird im Liter dieser Säure verwendet:

10 g Schwefelsäure von 60% wasserfreier Säure oder 16 g Salzsäure von 30% Salzsäuregas, und 0,5 g Flußsäure von 75%.

Man läßt das Gewebe etwa 4 Stunden in der Säurelösung lagern und dann die Stücke ½ Minute lang durch Wasserdampf hindurchgehen. Darauf führt man dieselben durch die Waschmaschine und dann durch ein alkalisches Bad von ca. ½% Natron, welches eine Temperatur von 50° C. besitzt; dieses Bad läßt man bis 12 Stunden, gewöhnlich über Nacht, einwirken; zur Herstellung dieses alkalischen Bades werden gewöhnlich die verseiften natronhaltigen Rückstände aus dem Bäuchkessel verwendet.

Sind die Gewebe sehr unrein, z. B. von Schlichte, oder ist das Rohmaterial stark mit pektinartigen Körpern behaftet, so wird diese Behandlung ganz oder teilweise wiederholt.

Das Kattungewebe, welches in warmer Alkalilösung gelagert hat, wird dann auf der Waschmaschine gewaschen; dem Wasserzulauf der Waschmaschine setzt man pro 1000 l Wasser 50 g Chlormagnesium von 25% oder eine andere Erdalkaliverbindung hinzu. Bei Waschwässern, welche infolge ihres Gehalts an Erdalkalien schon einen hohen Härtegehalt besitzen, kann der Zusatz von Erdalkalien vermindert oder fortgelassen werden, weil durch solche Wässer schon die Behandlung der Faser mit Aetzerdalkalien bewirkt wird. Der Ueberschuß des Waschwassers wird abgedrückt, so daß das Material in den Bäuchkessel mit etwa seinem eigenen Gewicht an Waschwasser eingelegt wird.

Den Bäuchkessel *A* schließt man dann und dämpft darauf mit Hilfe des im Rohrkessel *B* befindlichen Röhrensystems. Dieses Dämpfen der Faserstoffe, durch welches dieselben auf eine Temperatur von über 100° C. gebracht werden, dauert, je nach der Größe des Kessels, bis zu 2½ Stunden. Im Behälter *C* sammeln sich Wasser und Luft, welche zeitweise abgelassen werden. In das auf diese Weise vorbereitete Bäuchgefäß wird kaustische Lauge kochend eingebracht, wodurch das so vorbereitete Gewebe gleichmäßig die kaustische Lösung annimmt. Man verwendet auf 1500 kg Kattun 50 kg Ammoniaksoda von 98 bis 99% Natriumcarbonat, aus welcher mittelst gebrannten Kalks ca. 600 l kaustische Lauge hergestellt werden. In dieser Lösung verseift man vor dem Gebrauch noch ca. 10 kg Kolophonium und pumpt sie dann kochend heiß in den Bäuchkessel. Darauf erhitzt man die Flüssigkeit in demselben mittelst des Röhrenkessels *B* und unter stetigem Zirkulieren durch *A-C-D-B* bis auf etwa 125°. Die Zirkulation und Erhitzung dauert etwa 5 Stunden, wobei unter stetigem Abblasen durch Rohre *a b* die Flüssigkeit mehr und mehr konzentriert wird. Danach wird das Kattungewebe in kochendem Wasser im Kessel ausgewaschen und hierauf gechlort, indessen verbraucht man nur den dritten Teil des Chlorkalks, welcher bisher erforderlich war. Zum Schluß säuert man, wie zu Anfang beschrieben ist.

Das folgende Patent von Thies-Herzig No. 79102 datiert vom 6. Februar 1892 und hat das Entlüften von Faserstoffen zum Gegenstand. Es beruht nach der Patentschrift das Verfahren auf der Erkenntnis, daß sich eine vollkommene Entluftung der Faser vor dem Bleichprozeß in einfacher Weise dadurch erzielen läßt, daß man die Faserstoffe mit Wasser unter Druck behandelt, so daß eine Absorption der in ihnen befindlichen Luft durch das Wasser stattfindet. Bringt man dann das mit Luft gesättigte Wasser in einen Raum, in welchem nicht derselbe Druck wie in dem die Faserstoffe enthaltenden Kessel herrscht, so gibt das Wasser die aufgenommene Luft wieder ab; nur darf bei diesem Vorgang nicht im Materialkessel selbst eine Druckverminderung eintreten, da sonst die Luft sofort vom Wasser freigegeben und von den Faserstoffen direkt angezogen wird.

Die zu entluftenden Stoffe werden in einem Kessel (den Materialkessel) gebracht, welcher durch ein Rohr mit einem kleineren Heizkessel in Verbindung steht. Von dem Rohr aus führt ein Zweigrohr zu einem Wasserkessel und von dessen unterem Boden aus ein Rohr zu einer Rotationspumpe. Letztere steht durch ihren Druckstutzen mit dem Heizkessel in Verbindung. Außerdem ist der Materialkessel mit dem Wasserkessel durch eine Rohrleitung verbunden, welche wiederum mit der oberen Rohrleitung des Heizkessels durch ein vertikales Rohr in Verbindung steht. In sämtlichen Rohrleitungen sind an passender Stelle Drei- bezw. Einweghähne angebracht, welche es ermöglichen, der durch die Pumpe geförderten Wassermenge eine verschiedene Bewegungsrichtung zu erteilen.

Die Faserstoffe werden in den Materialkessel gebracht und der Wasserkessel mit reinem oder mit Chemikalien enthaltendem Wasser gefüllt. Die Rotationspumpe saugt vom Boden des Wasserkessels durch eine untere Rohrleitung das Wasser an und drückt es in den Heizkessel, welcher jetzt jedoch noch keine vollständige Erhitzung der Flüssigkeit herbeiführen soll. Aus dem Heizkessel gelangt dieselbe in seine obere Rohrleitung und von hier aus durch das vertikale Rohr in die die Böden des Materialkessels und des Wasserkessels verbindende Leitung, wobei ein vom vertikalen Rohr aus nach dem Wasserkessel zu gelegener Hahn der durch dieses vertikale Rohr hindurchgedrückten Flüssigkeit den Rückweg zum Wasserkessel absperrt, während ein auf der anderen Seite des vertikalen Rohres liegender Hahn den Zutritt zum Materialkessel freigibt.

In der oberen Rohrleitung des Heizkessels ist ein Luftventil angebracht, welches so lange geöffnet bleibt, bis das durch die Pumpe in den Materialkessel gedrückte Wasser aus ihm entweicht. Hierauf wird das Ventil geschlossen und man läßt jetzt die Pumpe weiter arbeiten, so daß dem Wasser im Materialkessel ein Druck von etwa 2 Atm. gegeben wird. Nachdem dies geschehen ist, öffnet man in der oberen Rohrleitung zwischen Material- und Wasserkessel einen Hahn, worauf ein sofortiges Ueberströmen des im Materialkessel befindlichen, mit Luft gesättigten Wassers in den Wasserkessel stattfindet, in welchem sich oben durch das Absaugen der Zirkulationsflüssigkeit ein luftverdünnter Raum gebildet hat Die Pumpe muß während der Oeffnung des zuletzt erwähnten Hahnes fortwährend in Tätigkeit bleiben, damit keine Druckverminderung im Materialkessel eintreten kann.

Auf diese Weise wird das Entlüftungsverfahren so oft ausgeführt, bis ein Wasserstandsglas am Wasserkessel eine andere Beschaffenheit der Zirkulationsflüssigkeit erkennen läßt. Darauf wird die Verbindung zwischen dem Materialkessel und dem Wasserkessel von ihren Deckeln her geschlossen und das im Wasserkessel befindliche Wasser erhitzt.

Um bei dem Entlüftungsverfahren auch den letzten Rest von Sauerstoff aus der Faser zu entfernen, können dem Druckwasser bestimmte Chemikalien zugesetzt werden, und zwar etwa folgende:

1. geringe Menge schwach alkalischer Flüssigkeit, welche kohlensaure Alkalien oder Seife enthält, wie z. B. gebrauchte alte Bäuchflotte;
2. Alkalibisulfite;
3. eine in Milchsäuregärung befindliche, aus Käse, Getreidemehl und Kreide bereitete Flüssigkeit.

Durch diese Zusätze wird zugleich ein Teil der Unreinigkeiten in der Faser beseitigt.

Die Behandlung unter Druck läßt sich, wenn es auf die Zeitdauer nicht ankommt, schon dadurch erreichen, daß man die Zirkulation durch das Fasermaterial nicht, wie bisher üblich, von oben nach unten leitet, sondern umgekehrt, wodurch sich der hydrostatische Druck mit dem zur Fortbewegung der Zirkulation erforderlichen vereinigt, wobei dann das Material von unten nach oben hin entlüftet wird. Unter Anwendung von Druck und Minderdruck, in Verbindung mit der Zirkulation von unten nach oben läßt sich auch heißes Wasser anwenden; es darf jedoch nicht siedend sein.

Dieses Patent erhielt durch ein Zusatzpatent No. 85119 vom 19. Juli 1894 eine Abänderung, worüber die Patentschrift folgendes ausführt:

Das Verfahren kann vereinfacht werden dadurch, daß man anstatt der mehrfachen Wiederholung der Operation einen größeren Druck im Bäuchkessel wählt und so das Wasser absorptionsfähiger macht, da die Fähigkeit, Gase zu absorbieren, proportional dem Druck steigt.

Die Erfindung besteht also darin, daß unter Anwendung stärkeren Druckes ein nur einmaliges Unterdrucksetzen des im Bäuchkessel befindlichen Wassers eintritt, und zwar unter entsprechend höherem Druck, je nachdem, ob die betreffende Faser leicht oder weniger leicht zu behandeln ist.

Das Ablassen des Wassers, nachdem es sich mit Gasen gesättigt hat, kann auf verschiedenem Wege erfolgen. Beispielsweise läßt man es unten aus dem Bäuchkessel austreten, indem man oben Dampf in denselben einläßt, um eine Druckverminderung zu verhüten; oder aber man preßt luftfreies Wasser in den Bäuchkessel und läßt das gesättigte oben oder unten ab, während das erstere ein Fallen des Druckes verhütet. Das Wasser, welches zum Entluften benutzt wird, darf nicht zu heiß sein, da es sonst an Absorptionsfähigkeit verliert.

In einem vom 3. Mai 1893 datierenden Zusatzpatent No. 85689 zu dem ersten Thies-Herzig'schen Patent vom 20. Mai 1890 heißt es wie folgt:

Im Haupt-Patent No. 59674 ist dargetan, wie, entgegen der früheren Ansicht, nur dann eine veränderliche Zirkulation im Bäuchkessel erzielt werden kann, wenn durch Entnahme von Dampf unter dem Bäuchmaterial eine Druckdifferenz zwischen dem oberen und unteren Teil des Kesselinhaltes unterhalten wird. Jede bisher hervorgerufene Zirkulation förderte nur die infolge ihrer Schwere durch die Ware hindurch filtrierende siedende Flotte wieder empor und befriedigte nicht, weil sie nicht beliebig gesteigert werden konnte. Man war in der irrigen Vorstellung befangen, daß man mittelst Pumpen oder Injektoren die Lauge aus dem Bleichmaterial absaugen könne. Eine siedende Flüssigkeit aber läßt sich nicht absaugen; sie reißt gleichsam sofort unter Dampfbildung ab. Fig. 115 zeigt die neue Konstruktion.

Die Pumpe *D* hat bei dieser Einrichtung nur die Aufgabe, den Untersatz *C* zu entleeren oder höchstens halb gefüllt zu erhalten, damit durch Rohr *a b* des Haupt-Patentes reiner Dampf entweichen kann. Die Pumpe nimmt also an der Zirkulation der Lauge durch die Ware nur insofern teil, als sie die Lauge in den Rohrkessel und in das Steigrohr einfüllt.

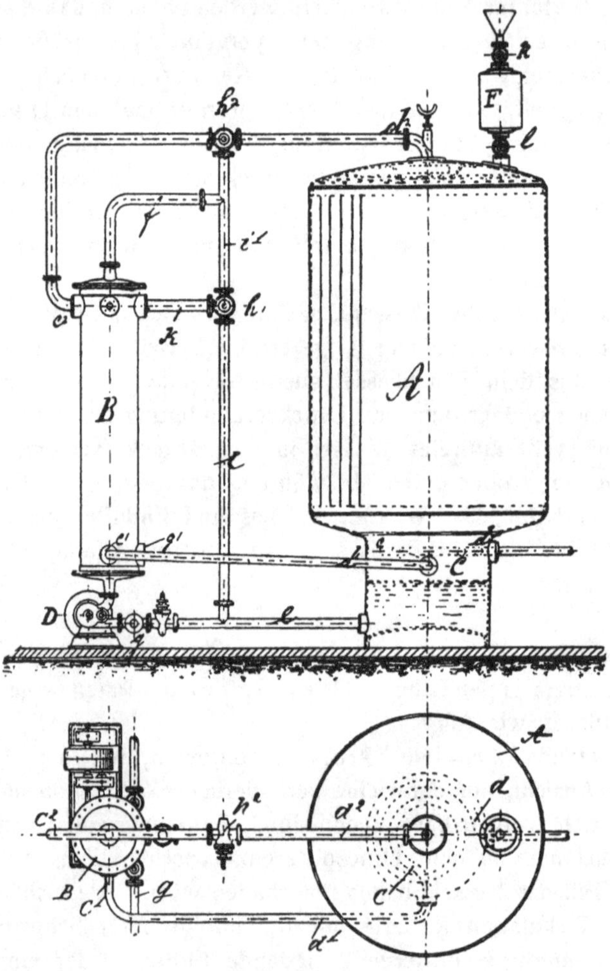

Fig. 115.

Die Ware im Bäuchkessel *A* bildet ein Hindernis für die freie Bewegung der Flüssigkeit zwischen zwei absichtlich gebildeten dampferfüllten Räumen: einem oben im Bäuchkessel, dem anderen im Untersatz. Je mehr Lauge die Pumpe unten abnimmt und oben zuführt, um so mehr steigt der Druck oben im Kessel. Je mehr Dampf durch das Rohr *a b* abgeblasen wird, um so größer wird die Druckdifferenz zwischen dem oberen und dem unteren Raume sein.

Die Größe dieser Druckdifferenz bedingt die Schnelligkeit der Zirkulation.

Im Verlauf der praktischen Benutzung des Verfahrens ist das Ziel, durch Druckdifferenz zwischen den beiden Operationsseiten, der oberen und der unteren Stofflage, die Zirkulation beliebig zu steigern, auch dann noch aufrecht zu erhalten gesucht, wenn gegen Ende des Bäuchens der Dampfdruck sich erniedrigt und wenn hierauf mit siedendem und später mit kaltem Wasser ausgewaschen werden muß. Deshalb wird durch den Untersatz *C* kaltes Wasser mitteist einer Schlange *c d* geleitet, hierdurch der Dampf teilweise kondensiert und eventuell der Dampfdruck im Untersatz bis zur Vakuumsgrenze vermindert: es bleibt hierdurch die Druckdifferenz zwischen oben und unten auch unter 100 ° C. gesichert. Durch die Kaltwasserschlange *c d* wird Wärme wieder gewonnen. Diese Schlange wird zur weiteren Ausnutzung der in der Lauge aufgespeicherten Wärme unten mit dem Dampfraum des Rohrkessels *B* durch das Rohr $d^1 c^1$ und den Dampfraum oben durch das Rohr $c^2 d^2$ mit dem oberen Raum des Bäuchkessels *A* verbunden. Läßt man dann die Pumpe *D* rückwärts arbeiten, so gelangt die heiße Bäuchflotte durch die Rohre $e, i, i^1$ und *f* bei entsprechender Stellung der Dreiweghähne $h^1 h^2$ in den Zirkulationsraum des Röhrenkessels *B* in steigender Richtung, wodurch ein Gegenstrom erzeugt wird. Das unter Druck stehende Kühlwasser gelangt durch Schlage *d c*, Rohre $d^1 c^1$ und $c^2$ $d^2$heiß auf die Ware, und es wird die heiße Lauge durch die rückwärts laufende Pumpe kalt bei *g* abgeführt. Hierbei wird die Ware im Kessel von oben nach unten ausgewaschen.

Für gewisse Zwecke kann die Ware auch in der Richtung von unten nach oben ausgewässert werden. Das im Kessel *B* unter Gegenstrom erhitzte Wasser wird dann nicht durch den Dreiweghahn $h^2$ hindurch bei $d^2$ in den Kessel *A* geführt, sondern bei entsprechender Einstellung des Dreiweghahnes $h^1$ durch die Röhre *k* und *i* hindurch in den Untersatz *C* des Bäuchkessels gedrückt. Die verdrängte heiße Bäuchflotte fließt in diesem Fall von $d^2$ aus durch den Hahn $h^2$ und das Rohr *f* in den Rohrkessel *B* und wird mittelst der Pumpe *D* in abgekühltem Zustande bei *g* abgelassen. Dieselben beiden Gegenstromführungen werden durch die skizzierte Anordnung ebenfalls dann ermöglicht, wenn man ohne die Kühlschlange *c d* und ohne Druckwasser arbeitet, bezw. wenn die Pumpe *D* die Aufgabe des Wasserdruckes übernimmt. Dann saugt die Pumpe bei *g* kaltes Wasser an, drückt es im Gegenstrom entweder durch den Rohrkessel *B*, das Rohr *f* und den Hahn $h^2$ oben bei $d^2$, oder von Rohr $f$ aus durch den Hahn $h^1$ und die Rohre $i$ und $e$ unten in den Kessel, also jedesmal im Gegenstrom zu der Lauge, welche mittelst des Kesseldruckes entweder durch die Rohre $e$ und $i$, den Hahn $h^1$ und das Rohr $k$ oder von $d^2$ aus durch den Hahn $h^2$ nach $c^2$ und somit in beiden Fällen durch den Rohrkessel $B$ hindurch- und bei $g^1$ abgekühlt herausgedrückt wird.

Hierdurch wird erstens eine beliebig schnelle Zirkulation auch bei vermindertem Dampfdruck bis zur Vakuumgrenze und zweitens eine ergiebige Wärmeausnutzung erzielt.

Um bei dem im Haupt-Patent beschriebenen Abblasen einerseits Dampf zu sparen, andererseits aber auch die Entnahme von Wasser durch die Eindampfung beschränken zu können, ohne jedoch die Druckdifferenz zu verlieren, ist noch folgende Verbesserung angebracht.

Ein indifferentes Gas wird in den oberen Dampfraum des Bäuchkessels $A$ gelassen. So z. B. pumpt man mittelst einer Druckpumpe Leuchtgas oder von Sauerstoff und Kohlensäure befreite Luft, hinein. Während die Zirkulationspumpe die Flüssigkeit fortgesetzt über die Bäuchware ausbreitet und dadurch bestrebt ist, die Dampfgasfüllung vor dem Eindringen in das Kesselinnere abzuschließen, wirkt das Dampfgasgemenge je nach der Veränderung seines Raumes durch Expansion auf die Fortbewegung der Flüssigkeit und vergrößert ganz nach Verhältnis den Druck von oben im Kessel, ohne gleichzeitig, wie bei einem entsprechenden Dampfüberdruck, zwischen dem oberen und unteren Raum des Kessels auch eine höhere Wärmedifferenz zu verursachen. Unter Vergleichung der Angaben eines Thermometers oben und eines anderen unten am Bäuchkessel läßt sich auf diese Weise die Temperatur trotz großer Druckunterschiede relativ niedrig halten, und diese Ausgleichung der bisherigen Temperaturunterschiede bewirkt eine wesentlich gleichmäßigere Bäuchung.

Anstatt des etwas umständlichen Verfahrens, Gase mittelst einer Pumpe einzufüllen, erreicht man diesen Zweck auch schon durch Zusatz von bei niedriger Temperatur siedenden Flüssigkeiten, welche sich nicht mit Wasser oder Lauge mischen, wie z. B. leicht siedenden Kohlenwasserstoffen. Wird z. B. in den Behälter $F$ durch den Hahn $k$ Petroleumbenzin eingefüllt, dieses mittelst des Hahnes $k$ von der Atmosphäre abgeschlossen und dann Hahn $l$ geöffnet, so verdampft das Benzin augenblicklich und der Druck steigt, während die Temperatur fällt.

Die Reihe der T h i e s ' schen Patente schließt mit dem deutschen Patent No. 91 892 vom 20. Mai 1893, ausgegeben am 23. April 1897 und an H e i n r i c h T h i e s erteilt. Die Patentschrift sagt:

Die Erfindung betrifft ein Dämpfverfahren für Textilstoffe, bei welchem das Neue zunächst darin liegt, daß die Luft aus dem Dämpfgefäß mittelst Dampf entfernt wird, welcher, nachdem er durch Absorptionsmittel von Sauerstoff und Kohlensäure befreit ist, unterhalb der zu dämpfenden Textilstoffe eingeführt wird, so daß er dieselben von unten nach oben durchströmt. Ist das Dampfgefäß mit den Textilstoffen bis oben hin in gehörigem Grade durch den Dampf durchwärmt worden, so wird der Abdampf (vom oberen Teil des Dämpfgefäßes aus) nebst den beim Dämpfen erst entstehenden Gasen mittelst einer Pumpe abgesaugt, worin das zweite Hauptmoment besteht.

Der Zweck des Verfahrens besteht darin, die in der Textilfaser eingeschlossene Luft rechtzeitig genug zu entfernen, um die Oxydation der mit Alkalien getränkten Faser zu verhüten. Dieser Zweck wird in nachstehend beschriebener Weise erreicht.

Vorausgeschickt sei, daß bei dem neuen Dämpfverfahren der im D. R. P. No. 59674 beschriebene Apparat verwendet wird, welcher aus dem eigentlichen Dämpfgefäß, einem Untersatz für dasselbe, einem mit dem oberen Teil des Dämpfgefäßes verbundenen Rohrkessel und einer mit dem unteren Teil des letzteren verbundenen Pumpe besteht.

Ist das Dämpfgefäß mit den Textilstoffen gefüllt, so wird der Dampf in der Richtung von unten nach oben durch dieselben hindurchgeleitet, nachdem er eine in dem Untersatz befindliche Flüssigkeit passiert, welche Zusätze von gebrauchter Bäuchlauge, Sulfite etc. erhalten hat. Sofern der nicht kondensierbare Gasgehalt nicht wesentlich mehr als etwa 0,03 Volumprozent beträgt, kann die Absorption von Kohlensäure und Sauerstoff außer acht gelassen werden.

Bei dem Durchströmen des Dampfes durch die Flüssigkeit ist seine Wärme dem Druck im Dampfgefäß proportional, während bei hochgespannten Dämpfen, wenn keine Arbeit geleistet wird, eine Ueberhitzung eintritt. Sobald der Dampf den Kessel bis oben hin angewärmt hat, verbindet man den oberen Teil des Dämpfgefäßes mit dem einen Teil, z. B. dem Rohrsystem des Rohrkessels, während durch einen anderen Teil kaltes Wasser gepumpt wird; gleichzeitig verbindet man das Saugrohr der Pumpe mit dem kondensierenden Raum des Rohrkessels, so daß nun die Gase abgesaugt werden. Trotz der voraufgegangenen Absorption von Kohlensäure und Sauerstoff entwickeln sich doch Gase infolge des Reduktionsprozesses, und zwar stinkende Kohlenwasserstoffgase, während außerdem noch stets der Stickstoff übrig bleibt.

Neben der Erreichung des im Patent 59674 dargelegten Hauptzweckes gewährt das vorstehend beschriebene Verfahren folgende Vorteile:

1. Man gewinnt die Wärme des austretenden Dampfes wieder, indem das angewärmte Wasser entsprechend benutzt wird.

2. Man dämpft mit gesättigtem, sauerstoff- und kohlensäurefreiem Dampf und, je nach der Regulierung der Verbindung zwischen dem Dampfgefäß und dem Kondensationsraum des Rohrkessels bei niedrigem Druck und entsprechend niedriger Temperatur.

3. Man erreicht eine wesentlich schnellere Durchströmung des Kesselinhalts und Beschleunigung des Dämpfprozesses, weil die Differenz zwischen dem unten und oben im Kessel herrschenden Druck wesentlich vergrößert werden kann.

4. Man hat eine Beseitigung des alkalischen Zustandes der Faser weniger zu fürchten, als beim Dämpfen in umgekehrter Richtung, wobei der kondensierte Dampf mit dem Wassergehalt der Stoffe dem unteren Teil des Bäuchkessels zufließt und so die Ware von oben nach unten abspült.

Man nähert sich durch diese Behandlung, wenn bei Beginn der Dämpfung die Luftpumpe mitbenutzt wird, der gewünschten Temperatur unter 100° C., woselbst eine Imprägnierung mit kaustischen Alkalien anzuwenden wäre, so weit, daß man Entlüftung vermittelst einer unschädlichen Dämpfungstemperatur erreicht, worauf dann als Ersatz des Bäuchens eine Dämpfung bei höherer Temperatur bei Ausschluß von Sauerstoff stattfinden kann.

Im Handbuch der Färberei von Loewenthal*) hat Heinr. Thies eine Studie über seine Arbeiten und Beobachtungen beim Bäuchen veröffentlicht, welche hier folgen möge:

„Das Verfahren in seiner heutigen Form gestalteten Thies und Herzig auf Grund von Versuchen, welche sie zuerst vor 20 Jahren in Barlowschen Kiers ausführten, und die in mancher Beziehung den Bäuchprozeß beleuchten. Um Unregelmäßigkeiten der Bäuchung aufzuklären, wurde durch genaue Versuche die dabei zur Wirkung gelangende Sauerstoffmenge festgestellt, indem der abgehende Dampf verflüssigt und die übrig bleiben-

*) Handbuch der Färberei der Spinnfasern von Dr. R. Loewenthal, deutsche Ausgabe des englischen Handbuches der Färberei. II. Auflage. Berlin 1900.

den Gase nach Bindung der Kohlensäure aufgefangen und untersucht wurden. Der verwendete Kesseldampf von 3½—4 Atm. Druck enthielt durchschnittlich in 1 kg Dampf 16,4—18,5 ccm Gas, davon 22—23% O (Sauerstoff). Beim Dämpfen roher genetzter Ware (welche aus der Schlichte etwas Soda und Borax enthielt) ergab 1 kg des bei 0,6 Atm. abgeblasenen Dampfes

| | | | |
|---|---|---|---|
| nach 5 Minuten . . . . | 510—700 ccm | Gas mit | 18—20% O, |
| „ weiteren 20 Minuten . | 430—450 „ | „ „ | 16½—19% O, |
| „ „ 20 „ . | 405—440 „ | „ „ | 16—18% O; |

beim Dämpfen mit Kalk getränkter Ware dagegen

| | | | |
|---|---|---|---|
| nach 5 Minuten . . . . | 265—300 ccm | Gas mit | 12—15% O, |
| „ weiteren 20 Minuten . | 185—280 „ | „ „ | 8—11% O, |
| „ „ 20 „ . | 260—340 „ | „ „ | nur Spuren O. |

Demnach beeinflußt die einfach genetzte, schwach alkalische Ware den Sauerstoffgehalt des Dampfes nur wenig, während die mit Kalklauge getränkte Ware schnell Sauerstoff bindet und nach 45 Minuten den Kesseldampf vollständig seines Sauerstoffs beraubt. Eine Schwächung der Ware findet dabei nicht statt. Bei Ersatz der Kalklauge durch gleichwertige, sowie nach und nach verstärkte Natronlauge war nun zunächst keine Verminderung des Sauerstoffs zu bemerken, bis bei Verstärkung auf das Fünffache (¾° B) der zuerst gebrauchten Lauge der Sauerstoff plötzlich verschwand. Bei diesem Versuche zeigte sich aber die dem zentralen Rohr des Kiers zunächst liegende Ware sehr stark angegriffen und gebräunt, und färbte sich mit Alizarin und Dahlia, während die weiter vom Rohr entfernten Teile nicht angegriffen und viel heller waren und sich nicht anfärbten. Ein wiederholter Versuch fiel ebenso aus; der Sauerstoffverbrauch glich ungefähr dem bei der Kalkkochung gefundenen; die Ware war aber bis zu 40 cm Entfernung vom inneren Rohr morsch.

Die Versuche im großen (welche durch Versuche im kleinen mit Baryt, Strontian und Magnesia ergänzt wurden) ergaben folgendes:

1) Kalklauge wirkt beim Bäuchen wesentlich verschieden von Natronlauge.
2) Die Aetzalkalien und Aetzerdalkalien entsauerstoffen beim Bäuchen die im Kier und in der Ware enthaltene und die durch den Dampf eingebrachte Luft.
3) Eine Entlüftung durch Natron kann die Wirkung der Erdalkalien, insbesondere der Kalklauge ohne Gefährdung der Ware nicht ersetzen.
4) Während bei dem schwachalkalischen Zustand der kalkhaltigen Ware (0,06 Prozent Kalk vom Wasser) der Sauerstoffverbrauch sich gleichmäßig auf den ganzen Kessel verteilt und vermutlich vorwiegend die zu entfernenden Fremdstoffe, nicht die Ware selbst angreift, gibt die äquivalente Natronlauge keine Reaktion, während stärkere Lauge örtlich wirkt und die Faser selbst angreift.
5) Die Entlüftung ist an Zeit gebunden und kann nicht durch Verstärkung der Lauge beschleunigt wird.

Weitere Versuche lehrten, daß Natron schnell verseift, während Kalk in der Hauptsache die Verunreinigungen nur verändert; daher sieht gekalkte Ware mehr rotbraun, mit Natron gekochte gelber und viel heller aus.

Für den Erfolg des Bäuchens kommt es nicht allein auf die vollkommene Entlüftung an, sondern auch darauf, daß noch weitergehend die Faser in einen reduzierenden Zustand versetzt wird, der Färbungen mit Küpenblau und Azofarben bleicht. Durch Einlegen von indigoblauen Lappen an verschiedene Stellen des mit Ware gefüllten Kiers und rechtzeitige Unterbrechung der Bäuchung ließ sich eine Stufenfolge von Dunkelblau bis Weiß erzielen, während bei vollständiger Durchführung sämtliche Färbungen gebleicht wurden. Bei Unterbrechung des Kochens waren folgende Erscheinungen zu beobachten:

| Entfernung vom inneren Rohr: | Mit Kalk gekochte Ware: | Mit verstärkter Natronlauge gekochte Ware: |
|---|---|---|
| 5 cm | Indigolappen dunkelblau, Waare braun, aber gesund. | Indigolappen heller, Ware heller, aber faul. |
| 10 „ | Indigolappen mittelblau, Ware gelbbraun. | Indigolappen dunkelblau Ware viel heller. |
| 20 „ | Indigolappen weiss, Ware gelb. | Indigolappen hellblau, teilweise weiss, Ware weiss. |

(Je nach der Einpressung der Ware fielen die Versuche verschieden aus und mißlangen zuweilen; nachdem sich der Werkmeister eingearbeitet hatte, lieferten sie aber zuverlässige und gleichmäßige Ergebnisse.)

Bei weiterem Arbeiten fanden Thies und Herzig, daß mit alter noch kaustischer Natronlauge bei $62\frac{1}{2}^0$ C getränkte, über Nacht abgelagerte und dann im Kier gewaschene Ware durch längeres Dämpfen ($2\frac{1}{2}$ Stunden, bis der abgehende Dampf luftfrei war) in jenen reduzierenden Zustand übergeführt wurde und nun ohne Gefahr siedende, starke Lauge in so geringen Mengen, daß die Hohlräume nicht ausgefüllt und die Ware nicht bedeckt wurde, eingelassen werden durfte. In den ersten Anlagen wurde stark kalk- und magnesiahaltiges (hartes) Wasser benutzt; als dann aber in einer anderen Fabrik gearbeitet wurde, ergab sich ein Mißerfolg, der auf die Weichheit des verwendeten Wassers zurückgeführt werden konnte und die Anwendung von Chlormagnesium (D. R. P. 57 674) zwecks Ablagerung von Erdalkali in der Faser veranlaßte. Infolge dieser Ablagerung von Erdalkali reagiert die Ware in allen Teilen des Kiers auch nach dem Dämpfen dauernd alkalisch, während Aetznatron großenteils durch den verflüssigten Dampf herausgewaschen werden würde.

In der Ausführung im einzelnen zeigt das Verfahren von Thies und Herzig noch manche Eigentümlichkeiten, so namentlich in betreff der vorbereitenden Säuerung und der Entlüftung, wie die folgende Beschreibung ergibt. Hervorgehoben sei noch die vorzügliche Anordnung der einzelnen Arbeiten (gekoppelter Gang der Operationen, T. u. H.), die es ermöglicht, in 18 Stunden (vom späten Nachmittag bis zum nächsten Mittag) die ganze Bäuche und Bleiche bis zum Trocknen durchzuführen. Es wird hierbei nach folgendem Schema gearbeitet, das mit drei Maschinenoperationen durchzuführen ist:

Erste Maschinenoperation: Von der Senge durch a) Säure, b) Dämpfer, c) Waschmaschine, d) Lauge und Quetsche direkt (ohne Ablagerungen) in den Bäuchkessel, von dem ein einziger die ganze Tagesproduktion (bis 14 000 kg) faßt; hier wird die Ware über Nacht in ca. 10 Stunden fertig gebäucht. Zweite Maschinenoperation: Vom

Kessel durch a) Säure, b) Dämpfer, c) Waschmaschine, d) Quetsche für 4 Stunden ins Chlorbassin. Dritte Maschinenoperation: Vom Chlorbassin durch a) siedende Soda, b) Dämpfer, c) Waschmaschine, d) Quetsche zum Trocknen.

Die Ware läuft entweder unmittelbar von der Sengmaschine oder auch nach vorhergehendem Durchziehen durch Wasser durch sehr verdünnte Säure — nur 16 g Salzsäure 30% oder 10 g Schwefelsäure 60% nebst ½ g Flußsäure 75% im Liter und wird 20—60 Sekunden gedämpft. (Ganz schwere Ware läuft breit durch einen mit mehreren Quetschwalzenpaaren versehenen, mit siedender Säure gefüllten Behälter hindurch in einen Rollendämpfer, wo sie 20 Sekunden verbleibt, um dann in der gleichen Säure auf 50—55° C abgekühlt zu werden. Leichtere Ware wird, um Ueberhitzung zu verhindern und um gleichzeitig Funken zu löschen, durch heißes Wasser (unter Umständen auch durch Seifenlösung) gezogen und dann in 2—4 Strängen nebeneinander der obigen ersten Maschinenoperation (Säuern u. s. w.) zugeleitet). Bei dieser Art des Säuerns wird an Säure und an Waschwasser gespart und die Abwässer werden weniger verunreinigt. Auch wird die Ware gleichmäßig gesäuert, während beim Säuern mit längerem Lagern der Ware Anfang und Ende des langen Stranges verschieden ausfallen. Ueberdies wirkt die schwächere Säure besser und schneller bei höherer, als die stärkere bei geringerer Wärme und die Dextrinierung der Stärke findet augenblicklich statt; dagegen wirkt die schwache Säure nicht wie die stärkere fällend auf die Proteïnkörper, und sind diese daher leichter zu entfernen. Die Flußsäure soll beim Dämpfen besonders auf Eisen- und Aluminiumverbindungen, namentlich auf kieselsäurehaltige aufschließend wirken. Nach dem Dämpfen wird die gesäuerte Ware durch gebrauchte Lauge und dann durch ein schwaches Bad von Chlormagnesium (50 g im Liter) gezogen und nun abgequetscht, um dann in den Kier geführt und hier in bekannter Weise von Burschen eingelegt und festgestampft zu werden.

Vollkommener als in dem durch deutsches Patent No. 85 089 geschützten und durch Fig. 115 illustrierten Bleichkessel gelingt die Entlüftung durch einen neueren Bleichkier, welcher noch mit einem weiteren Hilfskessel, dem sog. Vakuumkessel versehen ist; bei Beendigung der Kochung wird dieser mit der luftfreien Lauge vollständig gefüllt. Nachdem der mit der alkalisierten Ware gefüllte Hauptkier verschlossen, wird er vom Vakuumkessel aus von unten her voll Lauge gepumpt, bis deren Austreten aus dem Lufthahn anzeigt, daß er gefüllt ist, worauf dieser Hahn geschlossen wird. Nun wird von unten weiter Lauge in den Kessel bis zu 4 Atm. Druck oder mehr gepumpt und die Verbindung zwischen dem oberen Teil des Kiers und des Vakuumkessels so weit geöffnet, daß der Druck konstant bleibt, also oben so viel abströmt, wie die Pumpe unten zuführt. Die Lauge sättigt sich daher unter dem im Kier herrschenden Druck mit dessen Luft, tritt dann in den Vakuumkessel über, wo sie verstäubt und durch die Einwirkung des Vakuums entlüftet wird. Allmählich wird die Tourenzahl der Pumpe vergrößert und die Luft, sowie etwa neu sich bildende Gase werden vollkommen aus dem Kier entfernt. Nach bestimmter Zeit heizt man mittelst des Röhrenkessels die umlaufende Lauge an und setzt dies so lange fort, bis der Dampfdruck allein etwa 2½ Atm. erreicht hat, und man erhält ihn so einige Zeit, bis die Ware in den oben besprochenen reduzierenden Zustand gelangt ist. Alsdann wird die Pumpe abgestellt und die Lauge durch ihren eigenen Druck aus den Kesseln abgetrieben, so daß hierbei keine Spur von Luft eindringen kann. (Die Lauge dient dann noch zum Alkalisieren der gesäuerten Ware.) Es wird nun frische Lauge von ungefähr 6—8° B — für 1500 kg Kattun 50 kg durch Kalk kaustisierte Soda als 600 Liter Natronlauge, in der noch 10 kg Kolophonium verseift wurden — auf die Ware gepumpt und die 4—5 Stunden dauernde Hauptbäuchung beginnt. Die mit veränderlicher Geschwindigkeit angetriebene Pumpe D entnimmt aus dem Untersatz C so viel Lauge, daß die Höhe der Flüssigkeit in C dauernd ziemlich gleich bleibt und fördert z. B. bei Kiers für 5000 kg Ware 5—700 Liter pro Minute. Dieser schnelle Kreislauf wird durch künstliche Erhöhung der Druckunterschiede im Bäuchkier ermöglicht, indem aus dem Untersatz Dampf abgelassen wird, der dann jenseits der Pumpe durch den Röhrenkessel wieder ersetzt wird; hierdurch kann eine Verdünnung der Lauge vermieden und diese vielmehr gegen Ende des Kochens eingeengt werden. Um die Druckunterschiede beliebig steigern und auch noch aufrecht erhalten zu können, wenn gegen Ende des Kochens der Dampfdruck fällt und nachher mit heißem Wasser ausgewaschen wird, ist im Untersatz die Schlange *e d* angebracht, durch welche kaltes Wasser geleitet wird, das den Dampf teilweise kondensiert und den Dampfdruck bis zur Vakuumgrenze vermindern kann. Die durch die Kaltwasserschlange *c d* gebundene Wärme wird zusammen mit der der Kochlauge für das Auswaschen mit heißem Wasser verwertet, indem die Schlange durch Rohr $d^1$ $c^1$ mit dem Dampfraum des Röhrenkessels und dieser durch $c_2$ $d_2$ mit dem oberen Raum des Bäuchkiers verbunden wird, während die Bäuchflotte bei entsprechender Stellung der Dreiweghähne $h_1$ $h_2$ und Rückwärtsbewegung der Pumpe durch die Rohre $e$ $i$ $i_1$ $f$ von oben in den Zirkulationsraum des Röhrenkessels gedrückt wird; das unter Druck stehende Kühlwasser gelangt dann durch die Schlange *c d* und die Rohre $d_1$ $c_1$ und $c_2$ $d_2$ heiß auf die Ware, während die Lauge bei *g* abgekühlt nach dem Vakuumkessel abgeführt wird. (Es ist auch die Möglichkeit vorgesehen, das heiße Waschwasser von unten nach oben durch die Ware zu treiben.) Auf das Waschen mit heißem Wasser folgt solches mit kaltem und alsdann wird die Ware herausgenommen.

Die gesamten Bäuchoperationen dauern 8—10 Stunden und werden meist über Nacht ausgeführt, da zur Bedienung nur 1 Mann erforderlich, der hauptsächlich durch Beobachtung von vier zweckmäßig angebrachten Manometern den Prozeß überwacht."

---

In Fig. 116 ist eine ausgeführte Anlage des Thies-Herzig'schen Bleichkessels der Firma Emil Welter in Mülhausen i. E. abgebildet.

Der Arbeitsgang dieser Einrichtung gestaltet sich wie folgt: Aus dem geschlossenen Bäuchkessel *I* (Fig. 116) wird durch Luftpumpe *A* die Luft verdrängt, bis das Manometer 50 bis 55° anzeigt.

Alsdann werden die Verbindungshähne *CDE*, welche von dem Siedekessel III zum Bäuchkessel *I* führen, geöffnet und aus ersterem

Fig. 116.

tritt die vorher schon eingefüllte und auf 50 bis 60° C. erwärmte alte gebrauchte Lauge in den unteren Teil des Kessels *I*. Nachdem die benötigte Laugenmenge eingeflossen, werden Hähne *C* und *D*

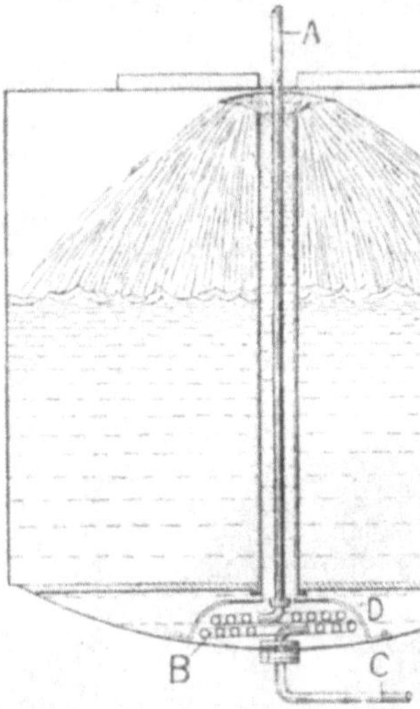


Fig. 117.

wieder geschlossen. Man öffnet nun die Hähne *H* und *G*, welche

Fig. 118.

an den Laugenerhitzer *H* und die Pumpe *F* angeschlossen sind. Der

Siedekessel wird mit der Pumpe durch den Dreiweghahn *E* verbunden und diese dann in Gang gesetzt. Die Lauge nimmt nun ihren Weg vom unteren Teile des Bäuchkessels durch den Röhrenkessel *II*, und ergießt sich dann durch Leitung *H* über das Bleichgut. Das Kondenswasser aus Kessel *II* wird während der Bäuchoperation vom Siedekessel aufgenommen. Nach dreistündigem Zirkulieren entleert man die Lauge und spült mit 6 bis 8 Kubikmeter warmem Wasser, d. h. mit dem im Siedekessel *III* aufgespeicherten Kondenswasser, entleert durch Rohr *J* und füllt währenddessen den Siedekessel mit frischer Lauge, welche in besonderem Behälter vorher vorbereitet wurde. Nach dem Erwärmen wird die Lauge nun durch die Rotationspumpe *F* in den Laugenerhitzer und von hier in den Bleichkessel getrieben. Verbindungshahn *D* wird geschlossen und Hahn *E* geöffnet, wodurch eine konstante Zirkulation hergestellt wird, welche 6 Stunden unterhalten bleibt. Das Entleeren der Lauge erfolgt durch Rohr *K*. Man fängt einen Teil derselben für die nächste Operation auf und läßt den Rest wegfließen. Es wird nun mit 30 bis 40° C. warmem Wasser aus dem Siedekessel gespült und schließlich mit kaltem Wasser aus Leitung *L* abgekühlt. Der Druck im Bäuchkessel darf 2½ Atm. nicht übersteigen.

---

Als neu sieht nach dem englischen Patent No. 6291 vom Jahre 1892 John Brennand die Anwendung von Heizschlangen zum Erwärmen der Flotte im Innern des Kochkessels angebracht an. Fig. 117 zeigt die patentierte Anordnung, bei welcher der Dampf von oben durch Leitung *A* eintritt, die spiralförmigen Heizkörper *B* passiert, um bei *C* wieder auszutreten. Ueber den Heizkörpern *B* ist ein perforierter Mantel *D* vorgesehen.

Aus früheren Patenten von C. G. Haubold jr. in Chemnitz (Vergl. Fig. 104) geht schon hervor, daß die Anwendung von Heizschlangen im Innern des Bäuchkessels (1892) nichts Neues mehr war. Ein weiterer Beleg hierfür ist die Abbildung eines Kessels der Firma U. Pornitz in Chemnitz. (Fig. 118.)

Bei dieser Einrichtung steigt die Flotte, welche durch die am Boden des Apparates liegende Dampfschlange zum Kochen gebracht wird, in dem in der Mitte befindlichen Brührohr in die Höhe und übergießt die Ware. Der Dampf tritt nicht unmittelbar zur Lauge und zur Ware, sondern es gibt ersterer seine Wärme durch Ausstrahlung der vollständig geschlossenen Schlange an die Kochflüssigkeit ab. Das in der Schlange sich kondensierende Wasser wird durch den Kondensationswasserableiter abgeführt. Der Verschluß des Deckels, welch letzterer in seiner ganzen Größe abzuheben ist, wird durch stabile Klauenschrauben in kurzer Zeit hergestellt.

Von Juli 1894 ab läuft das deutsche Patent No. 82325 an Otto Krüger erteilt. Auf diesem Patent beruht der sogenannte Gebauersche Sektionskessel. In der Patentschrift wird folgendes gesagt:

Der Prozeß des Bleichens etc. erfolgt in der neuen Einrichtung in allen Teilen des Bottichraumes dadurch gleichmäßig intensiv und schnell, daß die zu benutzende Flotte auf den ganzen inneren Umfang des Bottichs verteilt wird und eine Bewegung erhält, welche von diesem Umfange radial nach der hohlen, als Abflußrohr vorgesehenen Mittelachse hin gerichtet ist. Die Flottenteilchen eines beliebigen horizontalen Querschnittes bewegen sich demnach radial und sind bestrebt, diese Bewegung durch die in horizontalen Lagen aufgeschichteten Waren horizontal auszuführen.

Die Flotte hat in jeder horizontalen Schicht die gleiche Stärke und der Prozeß geht vom Umfange der Ware nach dem Mittelpunkte zu vor sich, so daß die Wirkung derselben vom Umfange nach der Mitte hin gleichmäßig ist.

Die Wirkungsweise des Apparates kennzeichnet sich daher dadurch, daß die Flotte bestrebt ist, sich in horizontalen Schichten radial zu bewegen und daß die kräftigste Flotte mit der größten Warenmenge zusammentrifft und diese im Verhältnis zur letzteren, sowohl in jeder Schicht, als auch durch den ganzen Bottichraum dieselbe Intensität behält.

Bei den bisher gebräuchlichen Apparaten findet ein Ueberfluten oder ein Uebergießen der Ware mit Flotte statt. Letztere sickert demnach wie durch ein Filter durch die Ware hindurch. Die in ihr suspendierten Teilchen werden daher von den oberen Warenschichten zurückgehalten, so daß die unteren Waren nur noch von sehr schwacher Flotte beeinflußt werden.

Diejenigen Apparate, bei denen die Flotte in verschiedenen Höhenlagen des Bottichs eingeführt werden, wirken in derselben Weise.

Fig. 119 und 120 zeigen zwei Ausführungsformen des Apparates.

Der Bottich besitzt die bisher übliche zylindrische Form und besteht aus dem Mantel *a* von entsprechendem Durchmesser und

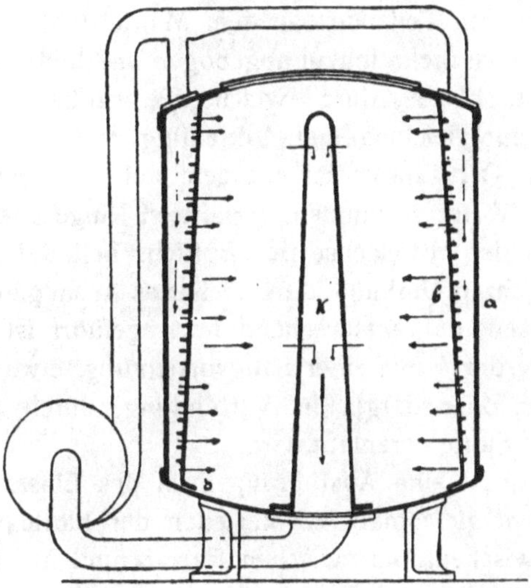

Fig. 119.

Höhe. Er ist mit einem Deckel zum Ein- und Ausbringen der Ware versehen. Innerhalb desselben ist ein auf dem ganzen Um-

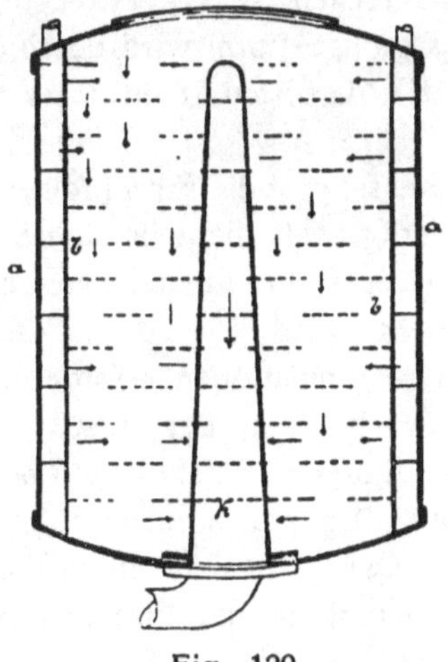

Fig. 120.

fange durchlöcherter Einsatz *b* angeordnet. Dieser kann ein Zylinder sein oder ein Kegel, dessen größte Basis sich am Boden des Bottichs befindet, wie Fig. 119 zeigt. Er ist auf seinem Umfange von entsprechend feinen Löchern durchbrochen, und zwar in der Weise, daß das Material aus den Löchern nicht vollständig abgetrennt, sondern am unteren Teil noch an dem Mantel haftet. Diese Butzen sind nach dem Zwischenraum zu abgebogen und bilden eine terrassenförmig gerauhte Fläche, durch welche die einfließende Flotte aufgefangen und zur gleichmäßigen Verteilung nach dem Bottichinnern gebracht wird. Der Einsatz ist mit dem äußeren Mantel in zweckentsprechender Weise verbunden, vermittelst Ringe oder Bördelung *d* oder dergl. In der Mittelachse des Bottichs befindet sich ein ebenfalls auf dem ganzen Umfange durchlöchertes Absaugerohr *k*, welches oben geschlossen und entsprechend hoch geführt ist. Unten steht dieses Absaugerohr *k* mit einer Saugvorrichtung, etwa einer Pumpe, einem Injektor oder dergl., in Verbindung, durch welch letztere der Umlauf der Flotte veranlaßt wird.

In Fig. 120 ist eine Ausführungsform des Einsatzes *b* und der Vorrichtung zum gleichmäßigen Verteilen der Flotte dargestellt.

In den Zwischenraum zwischen Einsatz und Mantel sind Ringstücke so eingesetzt, daß entsprechend zusammengehörende Teile je einen Ring bilden, welcher mehrere Unterbrechungen aufweist. Diese wechseln mit denen des tiefer liegenden Ringes ab. Die Weite dieser Unterbrechungen nimmt von dem obersten nach dem untersten Ringe hin ab, wobei diese der herabfließenden bezw. herabzubringenden Flottenmenge entsprechen. —

Die für die Praxis gültige Form wird durch die Fig. 121 und 122 der Maschinenfabrik Fr. Gebauer in Charlottenburg veranschaulicht.

Zum Betrieb der Kessel gibt die Firma folgende Anleitung: Beim Kochprozeß ist notwendig, daß die teils in der Ware, teils in den Kochern, Flottenwärmern, Rohrleitungen etc. eingeschlossene Luft nach Möglichkeit entfernt wird.

Hierzu sind zwei Manipulationen erforderlich:

I. Nachdem die Verbindung des, resp. der Kocher mit dem Flottenwärmer durch Oeffnung der Ventile *A B* bewirkt ist, werden die beiden unteren Ventile *C D* geschlossen, und der Ablaßhahn *E* sowie das Ventil *F* geöffnet. Dann läßt man durch das am Flottenwärmer befindliche Ventil *G* Dampf in den Flottenwärmer eintreten. Der Dampf wird die in diesem, in den Kochern und in den Hohlräumen eingeschlossene Luft nach Möglichkeit verdrängen, die teils durch das Ventil *F* teils durch den Hahn *E* entweicht. Sobald aus dem Ventil *F* der Dampf ziemlich stark strömt, schließt man dieses und

Fig. 121.

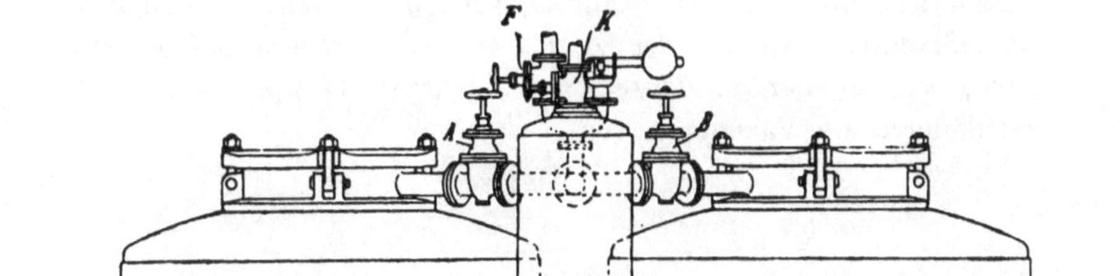


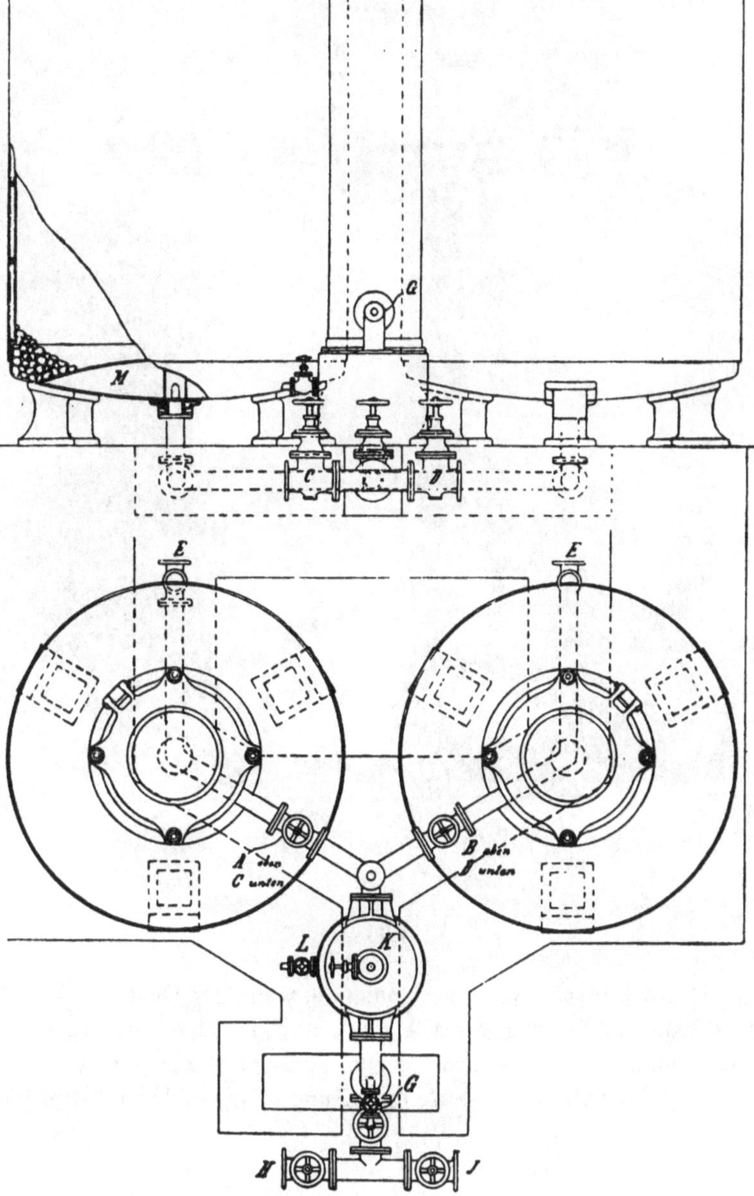


Fig. 122.

später auch den Hahn *E*, sobald Dampf aus demselben entweicht. Hierauf schließt man das Ventil *G*, setzt die Pumpe in Tätigkeit und läßt durch Oeffnung des Ventils *H* Wasser in die Gefäße eintreten, welches den in denselben befindlichen Dampf kondensiert und dadurch ein Vakuum erzeugt.

Fig. 123.

II. Nach dieser ersten Manipulation, wenn der Dampf vollständig kondensiert ist, wird die im Wasser selbst befindliche und auch von diesem aus der Ware absorbierte Luft auf folgende Weise entfernt. Die Ventile *C* und *D* sowie das auf dem Flottenwärmer befindliche Ventil *K* sind zu öffnen, während vorher die Ventile *A* und *B* geschlossen sein müssen; nun wird Dampf in das Rohrsystem des Flottenwärmers durch Oeffnung des Ventils *L* geschickt und die Pumpe in Tätigkeit gesetzt. Hierdurch wird nun mittels der Pumpe ein luftverdünnter Raum in dem Hohlraum *M* der Kocher erzeugt, das zum Kondensieren des Dampfes benützte Wasser mit der zum Teil absorbierten Luft wird abgesaugt und in den Flottenwärmer getrieben. Durch Erwärmung des Wassers bis zur Siedehitze wird der letzte Rest von atmosphärischer Luft ausgetrieben und durch das geöffnete Ventil *K* entfernt. Nachdem dann dieses Ventil *K* geschlossen ist, wird die Verbindung der Kocher mit dem Flottenwärmer durch die Oeffnung der Ventile *A* und *B* wieder hergestellt und durch *J* das gewünschte Quantum Lauge eingelassen, welches dann durch die Pumpe in einem möglichst luftfreien Raum zur Zirkulation gebracht wird. —

Fig. 123 veranschaulicht eine ausgeführte Form der Gebauer'schen Kesseleinrichtung.

---

Die Anwendung eines perforierten inneren Doppelmantels ist

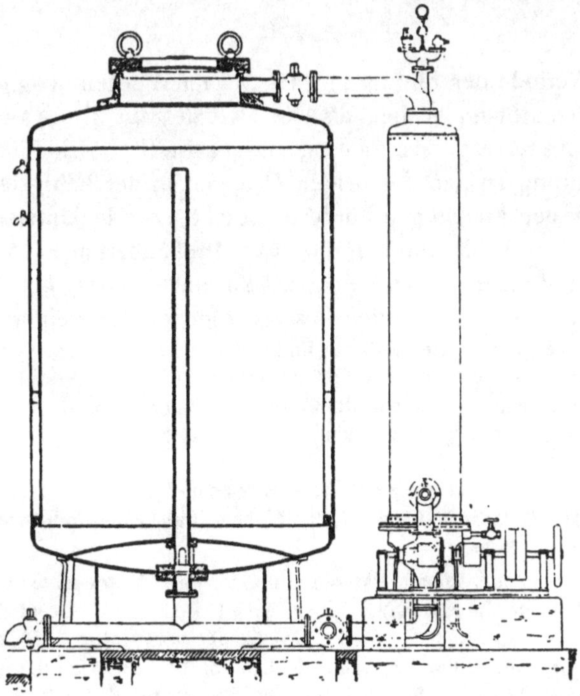

Fig. 124.

von verschiedenen anderen Firmen ebenfalls vorgeschlagen worden. So zeigt Fig. 124 eine solche Konstruktion der Firma C. G. Haubold jr. in Chemnitz i. S.

Der Unterschied zwischen beiden Bauarten ist der, daß sich im Gebauerschen Kessel zwischen Außenkesselmantel und innerem gelochten Mantel terassenförmig angeordnete Verteilungskörper befinden, die das eigentliche Patent ausmachen. Beim Haubold'schen Kessel (Fig. 124) ist unten ein voller Ring eingesetzt, oben und in der Mitte aber nur kurze Versteifungsstücke, welche nicht terrassenförmig, sondern gerade untereinander sitzen.

Der Effekt dürfte praktisch wohl der gleiche sein. —

An vielen Stellen ist man zu der Einsicht gelangt, daß diese Doppelmäntel keinen nachweisbaren Vorteil gegenüber glatten Kesseln haben, daß der Doppelmantel dagegen vielfach geradezu als Schmutzfänger dient und Ursache zu Flecken gibt. Da diese Doppelmäntel am Kesselmantel angenietet sind, so ist eine gründliche Reinigung des Zwischenraumes umständlich und zeitraubend. Gebauer hat deshalb den Notausweg gesucht, den Mantel in einzelnen herausnehmbaren Stücken anzuordnen, damit eine bessere Reinigung möglich wird.

---

Die Periode der Einführung des Mather'schen Waggonkessels war in Deutschland vorbei, als die Patente von Thies-Herzig und Krüger, resp. Gebauer, die Fachwelt beschäftigten. Um die Einführung stritten die beiden Gruppen in der heftigsten Weise. Der Streit der Meinungen förderte beachtenswerte Untersuchungen zutage, die sich in einer Reihe von Preßäußerungen des Herrn H. Thies dokumentieren. So wird an einer Stelle*) bei der Kritik des Gebauer'schen Sektionskessels folgendes ausgeführt:

„Beim Vergleich vieler Patente findet man denselben Ideengang wiederkehren. So sehen wir in dem Gebauerschen Zirkulationskessel (Patent O. Krüger & Compagnie in Charlottenburg) die Patente von Jagenburg**) und Mather (von anderen zu schweigen) neu auferstehen. Wir haben vor zehn

*) Das Thies-Herzig'sche Bleich-Verfahren, Separat-Abdruck aus der Zeitschrift: Oesterreichs Wollen- und Leinen-Industrie, Reichenberg, Böhmen, 1896.

**) Die hier angezogenen Patente von Gustav Jagenburg, D. R. P. No. 20 691 vom Jahre 1882, ferner englisches Patent No. 4764 vom Jahre 1887 und D. R. P. No. 52 283 vom Jahre 1889 bezwecken eine Verbesserung im Färben, hauptsächlich von losem Material und suchen ein gleichmäßiges Durchfärben des Fasergutes dadurch zu erreichen, daß der Färbekessel drehbar um zwei Zapfen angeordnet ist, und beim Um-

Jahren mit diesen Konstruktionen im großen gearbeitet, ließen aber auch unsere Verbesserungen dazu fallen, weil die so augenscheinliche Vergrößerung der Filterfläche eine sehr ungleichmäßige Reaktion in der Ware hervorruft, weil die in der Peripherie gelegene Ware weit über das 20 fache weniger an zirkul. Flotte erhält als die zentralgelegene Ware, welche noch dazu konzentrisch zusammengedrückt wird und so das Filter verstopft. Auf diesem von Jagenburg und Mather verlassenen Standpunkt wird man kommen, wenn man nicht mehr beeinflußt ist von dem Unsinn der Auffassung, daß eine siedende Flotte horizontal und radial hindurchgesogen werden kann. Wir haben zuerst klargestellt, daß siedende Flotte sich überhaupt nicht saugen läßt,*) da sofort unter Dampfbildung die Flüssigkeitssäule abreißt und erhielten deshalb auch vor 6 Jahren unser erstes Patent auf die richtige Erkenntnis, daß nur die herbeigeführte Druckdifferenz zwischen den Operationsseiten der Ware das Zirkulationsvehikel ist. Wir versuchten damals die hier skizzierte Einrichtung. (Siehe Fig. 125.) Nach Füllung des Kessels *A* wurde durch Düse *b* Dampf eingelassen, der in dem Behälter *c* in umgekehrter Pfeilesrichtung durch die Ware bei *d* abging. Dann wurde Dreiweghahn *E* geöffnet und der Injektor sog und drückte Wasser (bei *c* in den Raum des Absteigerohres *f*). Die Kondensation bewirkte eine Druckverminderung im Kessel; das Kondensat wurde durch Pumpe *P* bei *g* abgeführt. Dann wurde die Lauge aus *R* bei *h* auf die Ware gelassen; der Injektor wurde durch Umschaltung von *iEa* (3 Dreiweghähne) zum Ejektor des Schwadens und eingeschlossener Luft.

Die Lauge strömte in der Pfeilrichtung durch die Ware und nachdem im Wasserstand *WS* dieselbe sichtbar, wurde mit Pumpe *P* luftfrei zirkuliert. Die Operationsseiten K K K (durch eingehängte Ketten oder Hölzer wurde die Oberfläche der Ware am Mantel offen gehalten) und *f f f* ermöglichten eine große Warenfläche zu filtrieren. Die Kombination von Pumpe und Injektor gestattete noch viele Abweichungen in der sonst gebräuchlichen Zirkulation; so wurde durch *d* Dampf eingelassen und mit Injektor *b* kaltes Wasser gleichzeitig eingespritzt oder die Brüdendämpfe direkt mit Düse und Wasserstrahl kondensiert und mit der Luft gleichzeitig abgesogen. Die Resultate gaben uns mit zwingender Gewißheit die Richtung unserer heutigen Anschauung: „Die Ware in einfachster stereometrischer Form, d. i. kompakt in Zylinderform mit vollkommenen Mantel-

---

drehen ein leichteres Umarbeiten des Materials erreicht wird, als es von Hand möglich ist. Vom Boden und Deckel des Kessels reichen kegelförmige Siebkörper oder mehrere perforierte Standrohre in das Innere des Kessels, welche die Zirkulation der Farbflotte unterstützen sollen.

*) Daß siedende Flüssigkeit sich mit Kolbenpumpen nicht ansaugen läßt, ist ca. 100 Jahre früher bereits bei Besprechungen über Bäuchkessel von Widmer mitgeteilt worden. (Vergl. Seite 6). Die bei den heutigen Kesseln allgemein üblichen Zentrifugalpumpen saugen sowohl die Flüssigkeit wie den Dampf an, wie durch eingeschaltete Wasserstände beobachtet werden kann. Die Druckdifferenz, das „Thies'sche Zirkulationsvehikel", ist also auch bei den übrigen, mit Zirkulationspumpen arbeitenden Kesseln vorhanden: nur ist bei der Thies'schen Anordnung die Druckdifferenz auf Kosten der Einfachheit der Kesselkonstruktion gesteigert.

abschluß für den Flottenweg zu behandeln; nur die obere und untere Kreisfläche zu Operationsseiten einzurichten und konzentrische Hohlzylinder ganz zu vermeiden. Für die gleichmäßige Behandlung mußten wir also zu der allerältesten Form zurückkehren. Alle jene Jahrzehnte geschaffenen Zirkulationsneuerungen wurden durch folgerichtige Durchführung des Diffe-

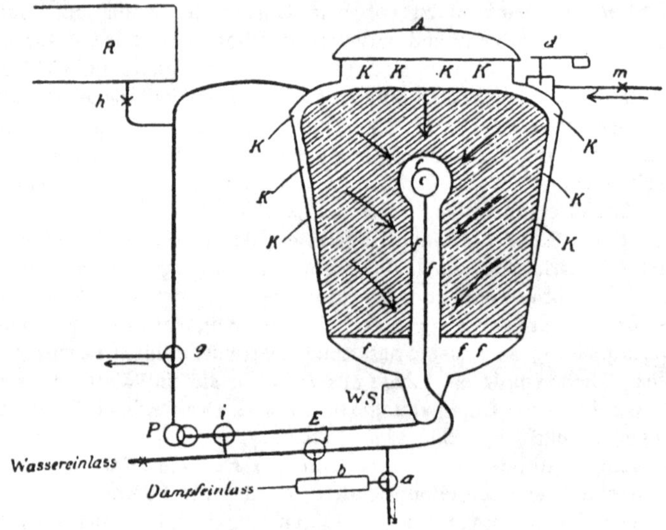


Fig. 125.

renzdruckes an den Operationsseiten überholt, wir erreichten eine Zirkulation, die nach Belieben gesteigert wird, zugleich aber auch alle Teile der Ware mit gleichem Quantum Flotte durchzieht, ohne wie bei Gebauer konzentrisch, also unregelmäßig, zusammenzupressen oder gar diese am meisten gepreßte Ware mit einem ganz abnormen Mißverhältnisse von Flotte zu ruinieren."

*

In Fig. 92 ist die Einrichtung von Bleichkesseln wiedergegeben, auf welche das englische Patent No. 14 374 vom Jahre 1894 an Bernard Walsh erteilt wurde.

Neber dem Bäuchkessel *A* (Fig. 126) ist ein Laugenbehälter *D* angeordnet, welcher durch die Rohrleitungen *B* und *C* mit dem Bäuchkessel in Verbindung steht. In dem Laugenbehälter *D* wird die Bäuchflotte durch das Dampfrohr *e* und die Schlange *e'*, welche von der Hauptdampfleitung *E* gespeist wird, erhitzt und durch die zwischen den Leitungen *B* und *C* eingeschaltete Zirkulationspumpe *F* durch das Bleichgut im Kessel getrieben. Im Kessel selbst sind keinerlei Rohre vorgesehen und die Lauge kann durch die Pumpe sowohl von unten nach oben wie oben nach unten durch den während der Bäuchoperation gefüllten Kessel geführt werden. Der Laugenkessel *D* selbst wird durch Leitung *d* aus einem besonderen Reservoir,

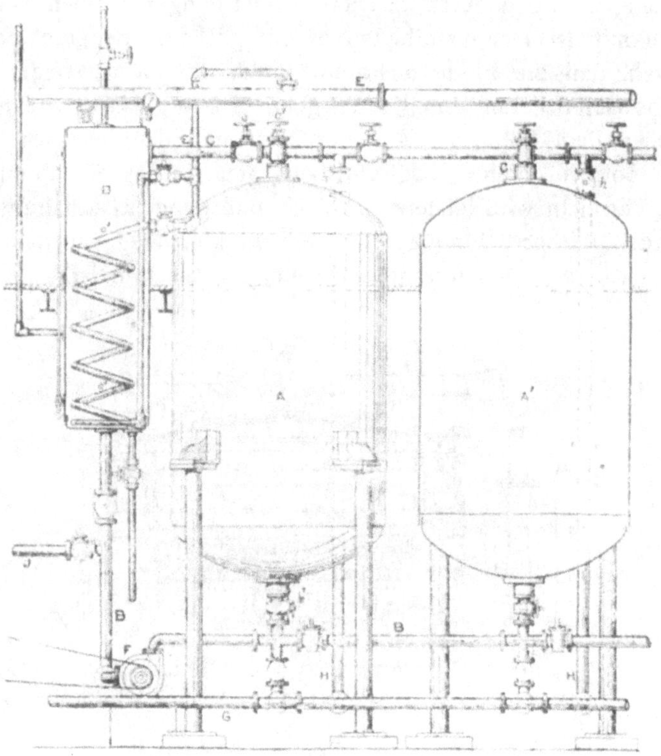

Fig. 126.

in welchem sich die Bäuchlauge befindet, gespeist. Rohrleitung *G* dient zum Ablassen der Lauge, in welches auch das Ueberlaufrohr *H* mündet. Um nach beendetem Bäuchen mit Wasser auswaschen zu können, ist Pumpe *F* resp. Leitung *B* mit dem Wasserzufuhrrohr *J* versehen. Der Laugenkessel *D* ist mit zwei Bäuchkesseln *A* und *A'* verbunden; soll in dem zweiten Kessel *A'* gekocht werden, so werden die Hähne *b'*, *c'* und *h* geschlossen.

Nach dem deutschen Patent No. 98 092 vom Jahre 1896 will Erich Homberg alle beim Bleichen erforderlichen Operationen in ein und demselben Gefäß in fortlaufender Reihenfolge ausführen, und zwar teils im geschlossenen Behälter, teils im offenen Gefäß.

Der Zweck wird dadurch erreicht, daß am Bleich-Apparat Einrichtungen angebracht sind, welche den Kreislauf der Flotte beschleunigen und dadurch raschere Erwärmung derselben beim Bewegen mittelst Dampfstrahlpumpe ermöglichen. Es geschieht dies dadurch, daß die Flotte nicht nur durch die Faser, sondern auch um das Gefäß herum durch einen gehörig weit gelassenen Ringraum zwischen dem hölzernen Warenbehälter und dem äußeren, metallenen Bottich geführt wird und von hier wieder zur Pumpe gelangt. Erreicht wird letzteres dadurch, daß durch Einschaltung eines besonderen Rohres für die Flotte ein direkter Weg von dem Ringraum nach dem Absaugrohr der Pumpe geschaffen ist.

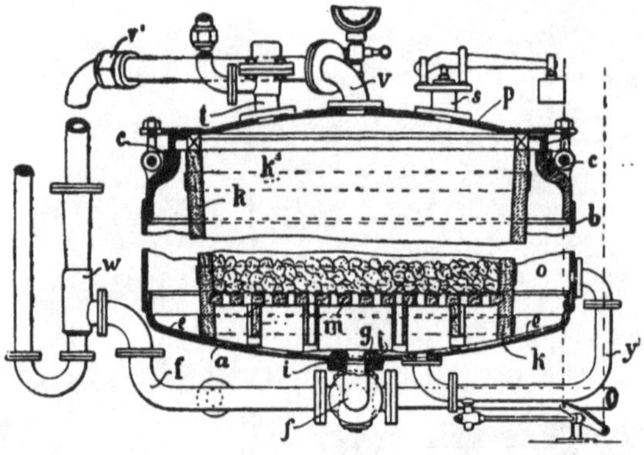

Fig. 127.

Die so schneller erwärmte Flotte kann daher rascher und stärker auf das Gut im Behälter einwirken, weil stets ein Teil der neu erwärmt ankommenden Flotte auch wieder seinen Weg durch die Ware hindurch nimmt.

Einem Ueberlaufen bei allzu reichlichem Aufgießen derselben über festgepackte Füllung im innern Behälter, beugt das Vorhandensein des weiten Ringraumes vor, indem überfließende Flotte sich in diesen Raum ergießen kann und unten wieder mit der durch das Gut gedrungenen Flüssigkeit zusammentritt und von der Pumpe abgezogen werden kann.

Fig. 127 veranschaulicht eine mit den genannten Hilfsmitteln versehene Vorrichtung im Vertikalschnitt durch den Bottich und Deckel mit in Seitenansicht dargestellter Armatur.

Die Vorrichtung besteht aus einem dichten, mit flach gekümpeltem Boden *a* versehenen Kessel *b*, in welchen unter Belassung eines verhältnismäßig weiten Zwischenraumes *o* ein Holzbottich *k* mit Siebboden *m* zur Aufnahme der Ware eingesetzt ist.

Mittels eines Deckels *p* kann der Kessel *b* dicht verschlossen werden, um die Behandlung z. B. mit Sodalauge im regelmäßigen Kreislauf vornehmen zu können.

Zu diesem Zwecke ist der Kessel mit einer Strahlpumpe *w* und der entsprechenden Saug- und Druckleitung *f w v* versehen, während auf dem Deckel die Sicherheitsarmatur, Manometer und zwei Sicherheitsventile *s* und *t*, angebracht ist.

Nach vollständiger Füllung mit Lauge wird der am unteren Teile des Bleichkessels befindliche Dreiweghahn so eingestellt, daß das zum Laugenbehälter führende Rohr abgeschlossen ist, und nun tritt regelmäßiger Kreislauf bei rasch steigender Erwärmung ein, indem der freie Ringraum *o* durch ein zwischen ihn und die Absaugeleitung *f* eingeschaltetes Hilfszirkulationsrohr *y* miteinander ziemlich direkt in Verbindung stehen und der Flüssigkeitsstrom von *o* nach der unteren Saugleitung *f* der Strahlpumpe nicht auf den Durchgang unter dem Holzrande des Bottichs *b* beschränkt ist.

Der Boden des Kessels *b* ist mit einer Bleiplatte *e* belegt, deren tiefste Stelle in das Saugrohr *f* hineinreicht, und zwischen Bleiplatte *e* und Boden *a* ist eine an der Unterseite mit radialen Durchlässen *i* versehene Scheibe *g* eingesetzt, welche nicht nur Reste der Flüssigkeit, die sich zwischen Bleiplatte und Flüssigkeit ansammeln, durch die Radialdurchlässe *i* unterhalb der Platte *e* in das Abführrohr gelangen läßt, sondern den ungehinderten Weg zwischen *y* und *f* schafft. Der Bleiboden ist nötig, um den Kessel beim Chloren zu schützen.

Die so beschaffene Vorrichtung ist in geeigneter Höhe des oberen Randes *c* über dem Flur des Arbeitsraumes durch Aufstellung in einem Schacht angebracht, so daß die auf das Chloren folgende Behandlung mit Säure von Hand aus einem Gefäß mittelst eines Schöpfgefäßes und eines auf die Ränder *c* und $k^1$ aufgelegten Schutzbleches von säurefestem Material mit aufstehenden Seitenrändern an den Längsseiten geschehen und der Ringraum zwischen *b* und *k* überbrückt werden kann, während ein herabreichender Teil des Bleches bis oberhalb des Gefäßes hängt, das neben dem Kessel *b* aufgestellt ist, so daß ein Uebergießen von Säure in den Ringraum *O* vermieden wird.

Durch geeignete Anschlüsse des Saugrohres an einen Seifenlaugenbehälter und Anschluß eines Rohrstückes an die Kuppelung $v^1$, die in den Bottich oben hineinführt, kann das Auswaschen und Behandeln mit Seifenlauge in gleicher Weise im Kreislauf bewirkt werden, wobei wegen des wiederholten Durchlaufs durch die Strahlpumpe und Vermischung mit Arbeitsdampf eine stetige Temperatursteigerung stattfindet.

---

Durch das amerikanische Patent No. 555486 vom Jahre 1896 wurde G. L. Allen und W. P. Allen folgende Kesselkonstruktion geschützt:

Der Kessel *A* (Fig. 128) wird durch den perforierten Boden *B* in den oberen Teil $A^1$, welcher die Ware und den unteren $A^2$, welcher

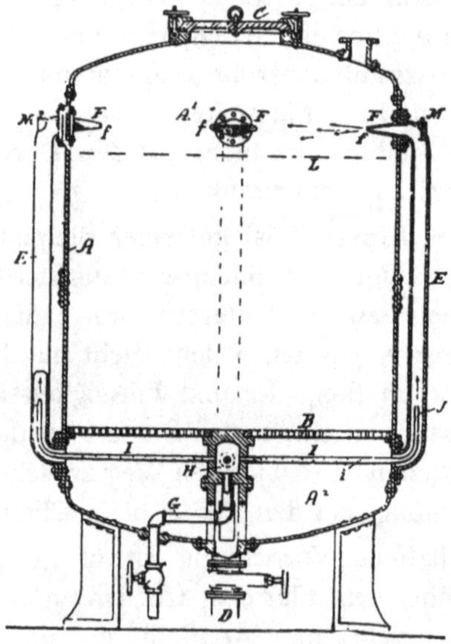

Fig 128.

die Bäuchflotte enthält, geteilt. *C* ist das Mannloch und *D* die Ablaßleitung Außerhalb des Kessels führen vier oder mehr Rohre *E* vom unteren Teil des Kessels in den oberen. Bei Kesseln von neun Fuß Durchmesser haben diese Rohre eine lichte Weite von fünf Zoll.

Die Einmündung der Rohre *F* ist mit einem breiten flachen Mundstück *f* versehen, durch welches die Lauge über das Bleichgut ausgespritzt wird. Das Dampfzufuhrrohr *G* führt in das hohle Kopfstück *H*, von welchem radial die Dampfrohre *I* abzweigen, welche in die weiteren Standrohre *E* einmünden und in eine injektorartige Verengung *J* am Ende auslaufen. Die Rohre *I* sind perforiert, um direkten Dampf an die Lauge im Kesselraum $A^2$ abzugeben, jedoch ist die Perforation so gewählt, daß der Dampf noch Kraft genug hat, die Injektorarbeit durch *J* zu verrichten. Um die Zirkulation der Lauge von

Fig. 129.

außen sichtbar zu machen, ist am oberen Ende der Steigrohre *E* ein Fortsatz angegossen, in welchem eine Spindel *M* spielt, welche, durch die aufsteigende Lauge nach oben gedrückt, äußerlich anzeigt, daß die Bäuchung im Gange ist. Sinkt die Spindel herab, so zeigt dies an, daß die Lauge aufhört, ihren Weg von unten nach oben zu nehmen. —

Diese Kessel werden von der Firma William Allen & Sons Co. in Worcester, Mass., gebaut. Fig. 129 zeigt die äußere Form.

Das englische Patent No. 6028 vom Jahre 1896 an Edward Deakin erteilt strebt eine Verbesserung an offenen Kochkesseln an, deren Hauptzweck darin besteht, die zirkulierende Flüssigkeit so heiß als möglich zu machen, den Gang der Flüssigkeit durch die Steig- oder Spritzröhre langsam und ununterbrochen, sowie ohne jede Bewegung in dem Gewebstoffe zu gestalten, und schließlich den zum Erhitzen und Zirkulierenlassen der Flüssigkeit dienenden Dampf nur außersalb des Kessels wirken zu lassen und dadurch zu verhindern, daß irgend welche Verunreinigungen aus dem Dampfkessel in den Bleichkessel übertreten.

Fig. 130 zeigt die Konstruktion im Schnitt. Im unteren Teile des Kessels *a* befindet sich das konische Gußstück *b*, welches mit dem

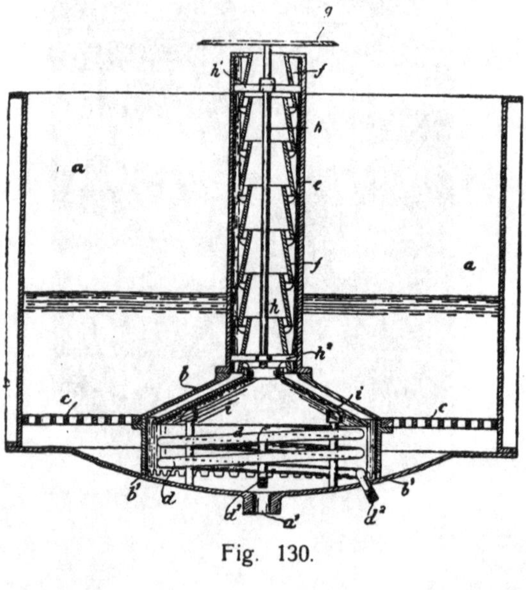


Fig. 130.

Rost *c* den falschen Boden des Kessels bildet, auf welchem die zu behandelnder Gewebstoffe liegen. Nahe dem Boden des Konus *b* befinden sich Oeffnungen $b^1$, welche mit dem Raum zwischen dem faslchen Bodın *c* und dem festen Boden des Kessels *a* in Verbindung stehen und einen Durchgang für die Flüssigkeit bilden. Innerhalb des Teiles *b* ist eine Heizschlange *d* angebracht, die an dem einen Ende $d^1$ mit einem Dampfzufuhrrohr und an dem anderen Ende $d^2$ mit einem Dampfablaß außerhalb des Bleichkessels in Verbindung steht. An den Scheitel des Trichters *b* und in Verbindung mit demselben befindet sich eine vertikale Zirkulationsröhre, *e*, in derem Innern sich konzentrisch eine engere Röhre *f* befindet, die aus einer Reihe von kurzen, nach oben zu spitz zulaufenden Abteilungen zusammengesetzt ist; das Röhrenhalsende der einen Abteilung ragt in das untere Ende der nächsten Abteilung hinein und so fort, also auf die Weise, daß an jeder Verbindungsstelle ein Raum frei bleibt, wodurch eine Verbindung zwischen dem Innern der Röhre *f* und dem ringförmigen Raume zwischen den Röhren *f* und *e* gebildet wird. An Stelle der inneren aus Abteilungen bestehenden Röhre *f* kann auch ein durchlöchertes Rohr angebracht werden. Ueber dem Scheitel der Röhren *e* und *f* ist eine Kappe *g* an einem Schaft *h* befestigt, welche durch zwei Halter $h^1 h^2$, einen am Scheitel, den anderen am Boden der Röhre *f* befindlich, getragen wird. Am unteren Ende des Schaftes *h* ist eine trichterförmige, seitwärts abfallende Platte *i* angebracht, welche in ihrer Form dem Trichter *b* entspricht und so angeordnet ist, daß zwischen den beiden Teilen *b* und *i* ein ringförmiger Raum bleibt. Am Boden des Kessels befindet sich die Abflußöffnung $a^1$, welche durch ein Ventil verschlossen wird; auch kann ein Schlammhahn angebracht werden. Zur Inbetriebnahme der Einrichtung wird Dampf in die Heizschlange *d* eingelassen, welche, in Berührung mit Flüssigkeit, den Dampf kondensiert; das Kondensationswasser entweicht bei $d^2$. Sobald die Flüssigkeit erhitzt wird, beginnt die Zirkulation in dem Trichter *b*, durch die Steigröhre, die offenen Verbindungsstellen der zusammengesetzten Röhre *f*, durch den ringförmigen Raum zwischen den beiden Röhren *f* und *e* und den ringförmigen Raum zwischen den Teilen *b* und *i* herunter, in den Trichter *b* zurück, wo die Flüssigkeit wieder erhitzt wird, bis sämtliche Flüssigkeit in dem Trichter *b* und den Röhren *e* bis zum Kochpunkt erhitzt ist. Darauf fließt die kochende Flüssigkeit über den oberen Rand der Steigröhre unter den Deflektor *g* und auf die Ware im Kessel. Die Flüssigkeit sickert nach und nach durch die Stoffe hindurch und gelangt durch die Oeffnungen $b^1$ nahe dem Boden wieder in den Trichter *b* und wird abermals durch die Heizschlange *d* zum Kochen gebracht. Durch Regulieren der in dieselbe eintretenden Dampfmenge kann eine ununterbrochene Bewegung der kochenden Flüssigkeit hergestellt werden.

---

In Fig. 131 ist eine Kesselkonstruktion wiedergegeben, auf welche an Edward Makin jr. das englische Patent No. 23635 vom Jahre 1896 erteilt wurde.

Zum Erhitzen der Lauge und um derselben einen beschleunigten Gang durch das Bleichgut im Kessel *a* zu geben, verbindet Makin den Bleichkessel durch die Rohrleitungen *b* und *d* mit einem durch direkte Feuerung betriebenen Ofen *e*, in welchem konisch geformte Hohlkörper *c* angeordnet sind, durch welche die Lauge zirkuliert und,

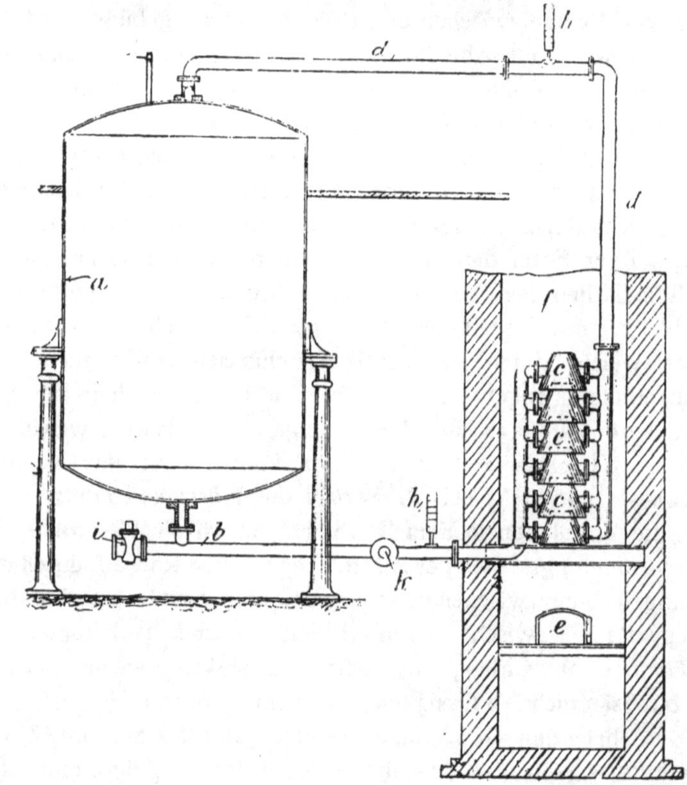


Fig. 131.

von den Verbrennungsgasen umspült, schnell auf hohe Temperatur gebracht werden soll. Die Gase entweichen durch den Schornstein *f*. Bei *g* ist ein Lufthahn und Sicherheitsventil, bei *h* sind Thermometer oder Manometer angebracht. Ventil *k* dient zum Einführen der Lauge und Hahn *i* zum Ablassen derselben.

In der deutschen Patentschrift No. 100899 (1898) teilen Franz Erban und Ludwig Pick folgendes mit:

Bei den bisher bekannt gewordenen Vorrichtungen zum Bleichen von Textilmaterial mit umlaufender Flotte hat man mit dem Nachteil zu kämpfen, daß die Flotte sich im Material Wege sucht und Kanäle bildet, wodurch der Widerstand ein geringerer wird, als in benachbarten Teilen. Infolgedessen ist der Kreislauf der Flotte ein ungleichmäßiger und dementsprechend auch das Produkt ungleichmäßig. Besonders unangenehm bemerkbar macht sich diese Erscheinung in der Bleicherei, und zwar in der Weise, daß gewisse Stellen der Ware nicht oder nicht genügend ausgekocht werden

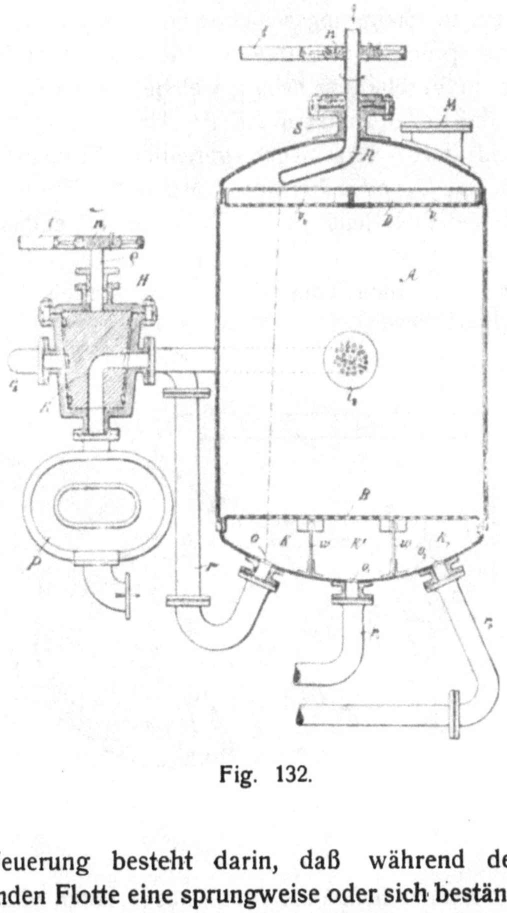

Fig. 132.

Die Neuerung besteht darin, daß während des Arbeitens der umlaufenden Flotte eine sprungweise oder sich beständig ändernde Richtung gegeben wird, so zwar, daß in verschiedenen aufeinander folgenden Zeitabschnitten die Richtung der Flotte beim Durchdringen durch die Ware geändert wird, wodurch immer wieder andere Teile der Ware in die Richtung des Flottenstromes gelangen.

Es wird nämlich einerseits die Eintrittsstelle der Flotte während des Arbeitens stetig oder sprungweise geändert und andererseits damit übereinstimmend oder auch unabhängig die Austrittsstelle der Flotte geändert, so daß hierdurch auch die Richtungslinie der Flotte von der Eintritts- zur Austrittsstelle sich ändert.

Zur Ausführung des Verfahrens wird eine Vorrichtung verwendet, bei welcher die Flotte durch einen in Abteilungen (Sektoren) geteilten Siebdeckel immer wieder an anderen Stellen dem Material zugeführt wird, während der Raum unter dem Siebboden durch Wände in Kammern geteilt wird, welche jede durch eine besondere Rohrleitung mit einem Steuerungsschieber in Verbindung stehen, der sie stetig oder sprungweise mit einer Pumpe, einem Injektor oder Vakuumkessel in Verbindung bringt, welche den Kreislauf der Flotte bewirken, so daß jeder Punkt innerhalb der zu behandelnden Ware wiederholt und durch verschieden gerichtete Flottenströme durchdrungen wird und die etwa bei dem Verlauf der Flotte in der einen Richtung gebildeten Kanäle bei den darauf folgenden Richtungsänderungen verlegt werden.

Fig. 132 zeigt einen Längsschnitt des Kessels, und Fig. 133 einen Querschnitt nach Linie *x-x* durch Fig. 132.

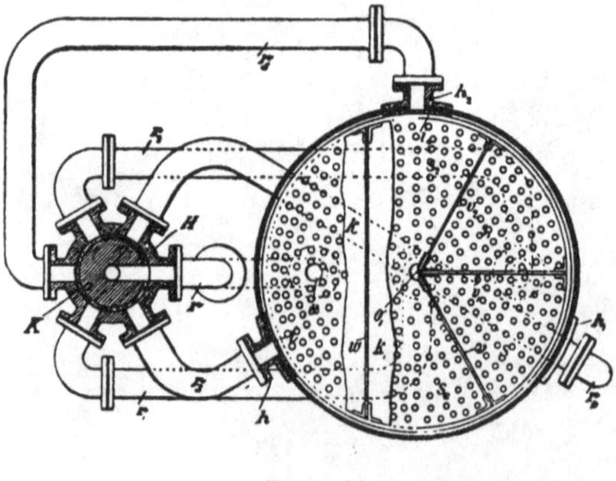

Fig. 133.

Der Kessel *A* ist mit einem Siebboden *B* ausgestattet, auf welchem das durch das Mannloch *M* nach Aufheben des Siebdeckels *D* eingebrachte Textilmaterial aufgeschichtet wird. Der Raum unter dem Siebboden ist durch zwei oder mehr senkrechte Wände *w* in drei oder mehr sektorförmige Kammern $k k_1 k_2$ geteilt, deren jede mit einer Austrittsöffnung $oo_1o_2$ und sich an diese anschließende Rohrleitungen $rr_1r_2$ versehen ist; der Siebdeckel $D$ ist wieder durch eine Anzahl radial stehender Wände $vv_1v_2$... in mehrere segmentförmige Abteilungen $ss_1s_2$... geteilt und die Flotte wird durch ein zentral eingeführtes, im Innern des Kessels knieförmig abgebogenes Rohr $R$ zugeführt, welches, im Kesselstutzen $S$ dicht gelagert, durch eine aufgesteckte Riemenscheibe $n$ von einer Transmission $t$ aus beständig, oder sprungweise, in Drehung versetzt wird.

Weiter sind im Mantel des Kessels $A$ drei oder mehr Stellen mit Sieben $ii_1i_2$ verkleidet und von außen mit Hauben $hh_1h_2$ dicht überdeckt, an die Rohrleitungen $r_3r_4r_5$ angeschlossen.

Die Richtungsänderung der durch den Kessel laufenden Flotte kann durch einen Steuerungsmechanismus veranlaßt werden, welcher in Form eines Vielweghahnes oder Drehschiebers ausgeführt ist und z. B. aus einem Hahngehäuse $H$ besteht, in welchem ein Hahnküken $K$ sich dreht; das allseits dicht abgeschlossene Hahngehäuse $H$ ist an seinem Umfange mit so viel in einem Kreise liegenden Austrittsstutzen versehen, als Rohrleitungen $rr_1...r_5$ vom Kessel abzweigen; jede dieser Rohrleitungen mündet auf diese Art in das Hahngehäuse $H$, welches mit einer Saug- und Druckpumpe $P$ in Verbindung steht, die die Flotte aus dem Kessel von unten absaugt und oben durch Rohr $R$ wieder dem Kessel zuführt. Hahnküken $K$ ist rechtwinklig gebohrt und wird von einer auf seiner Spindel $p$ aufgesteckten Transmissionsscheibe $n_1$ in Drehung versetzt, so daß die seitliche Mündung der Hahnkükenbohrung immer wieder mit einer anderen der Rohrleitungen $r...r_5$ in Verbindung kommt, während die untere Mündung der Hahnkükenbohrung mit der Pumpe in Verbindung bleibt. Es ist auch möglich, die gleiche Wirkung durch Hähne oder Ventile in den einzelnen Leitungen, welche abwechselnd geöffnet und geschlossen werden, zu erzielen.

Die Wirkungsweise der Vorrichtung ist folgende:

Das zu behandelnde Material wird in den Kessel zwischen dem Siebboden $B$ und dem Siebdeckel $D$ aufgeschichtet, Mannloch $M$ geschlossen, die Flotte durch Rohr $R$ zugeführt und gleichzeitig Pumpe $P$ in Tätigkeit und vermittelst der Transmissionsscheiben $nn_1$, das Rohr $R$ und das Hahnküken $K$ in stete oder sprungweise Drehung versetzt, wobei man auch die gegenseitigen Umdrehungsgeschwindigkeiten des Rohres $R$ und des Hahnkükens $K$ zeitweilig ändern kann. Durch die Drehung des Rohres $R$ wird die Flotte abwechselnd den aufeinander folgenden segmentförmigen Abteilungen $ss_1s_2$ . . . des Siebdeckels zugeführt und durch die Drehung des Hahnkükens $K$ die

Flotte aufeinander folgend durch die Rohrleitungen $r \ldots r_5$, also jedesmal an einer anderen Stelle abgesaugt; die Richtung, welche die Flotte durch das Material nimmt, wird also bei jeder Umdrehung des Rohres *R* und des Kükens *K* häufig gewechselt. Die sich ändernden Verbindungslinien zwischen Eintritt und Austritt der Flotte kreuzen sich, und hierdurch findet dieselbe Gelegenheit, das Material an allen Teilen zu durchdringen und die Bildung von Wegen oder Kanälen, durch welche die Flotte während der Arbeitsdauer hindurchfließen könnte, während sie andere Teile des Materials nicht oder nur schwer durchdringt, erscheint ausgeschlossen.

Nach dem deutschen Patent No. 104397 vom Jahre 1898 (englisches Patent No. 11402 A. D. 1899) hat Adolf Urban einen Bleichapparat (Fig. 134) konstruiert, bei welchem die Flotte einen Kreislauf ausführt, indem sie durch ein in den Flottensammelraum eingeführtes Druckmittel (Luft bezw. Dampf oder Dampf und Luft) im Steigrohr stoßweise angehoben wird und durch das Material wieder niedersinkt. Gegenüber den ähnlichen Zwecken dienenden Apparaten mit kreisender Flotte, bei denen entweder die Flotte zum Ueberkochen gebracht oder der Wirkung eines Dampfstrahlgebläses oder einer Pumpe ausgesetzt wird, ist das Druckmedium auf der Oberfläche der Flotte im Sammelraum und läßt nach jedesmaligem Anheben der Flotte ein Druckminimum eintreten, welches der Flotte den Durchtritt durch das Gewebe ermöglicht. Während bei bekannten Apparaten der Kreislauf nur unter Erhöhung der Temperatur der Flotte oder durch mechanisch angetriebene Mittel möglich ist, kann bei diesem Apparat auch mit kalt bleibender Flotte gearbeitet werden, und mechanisch bewegte Vorrichtungen sind nicht erforderlich.

Das zu behandelnde Gut liegt zwischen zwei Siebböden *f* und $f^1$. Der obere, das Arbeitsgut abdeckende Boden *f* ist entweder am Steigrohr *b* und am Bottich durch Druckschrauben, Randleisten oder dergl. niedergehalten oder besitzt ein so hohes Gewicht, daß das bei Inbetriebsetzung des Apparates noch trockene Gut eine so starke Pressung erleidet, daß es dem Druckmittel von unten den Durchtritt nicht gestattet. Daher wird die Preßluft die Flotte im Steigrohr anheben und mit Hilfe des Verteilers über das Gut schleudern können. Nach dem Anheben der Flotte im Steigrohr tritt plötzlich im Flottensammelraum ein Druckminimum ein und dieses gestattet der in der Ware befindlichen Flotte, unterstützt durch die auf dieselbe

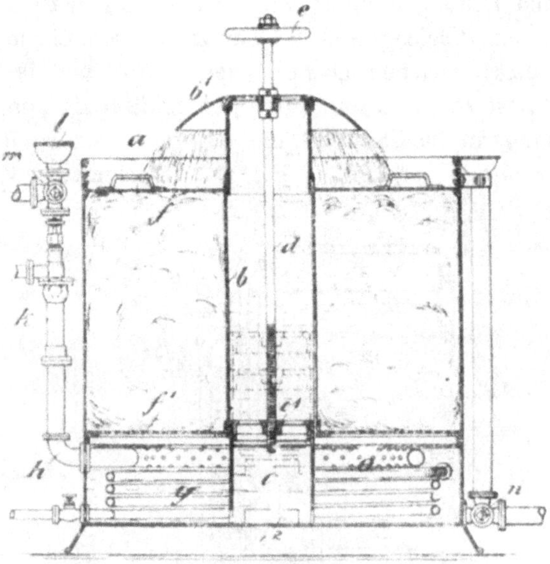


Fig. 134.

geschleuderten Flotte, so lange zu sinken, bis sie das Steigrohr wieder absperrt, worauf sich der Vorgang wiederholt.

Den Gegenstand einer Erfindung von Bernh. Thies (D. R. P. 107 113 vom Jahre 1898) bildet ein Verfahren für Bleichzwecke, welches dadurch gekennzeichnet ist, daß sowohl ein senkrechter, umkehrbarer Kreislauf im Warenkessel als auch ein radialer Flottenlauf geschaffen ist. Es ist der Warenkessel einerseits mit einem hochgelegenen Flottenbehälter und andererseits mit einem Druckkessel verbunden, welche jeder für sich in Verbindung mit dem Warenkessel ein System herstellen, von denen das eine die senkrechte, das andere die radiale Flottenbewegung herbeiführt. Hierbei dient der hochgelegene Flottenkessel gleichzeitig als Behälter für den Flottenüberschuß, welcher bei der Einströmung der Flotte aus dem Druckkessel in den Warenkessel aus letzterem austritt.

Der Flottenkessel *B* (Fig. 135) ist mit dem Warenkessel *A* durch zwei Leitungen verbunden. Diese zwei Leitungen sind bei der in

Fig. 135 vorgesehenen Stellung des Vierweghahnes *C*, erstens *BFGHA* und zweitens $BE^1DA$. Im kalten Zustande befinden sich diese beiden Leitungen unter Vermittelung des Warenkessels *A* in hydrostatischem Gleichgewicht. Rohr $E^1$ ist von einem Erhitzer *E* umgeben, durch welchen Dampf geleitet wird, und im Innern mit Rippen $E^2$ besetzt. Wird nun durch den Erhitzer *E* Dampf hindurchgeleitet, so gerät im Rohr $E^1$ die Flotte ins Sieden und es wird die Flottensäule in der Leitung $BE^1DA$ erleichtert bezw. verlängert.

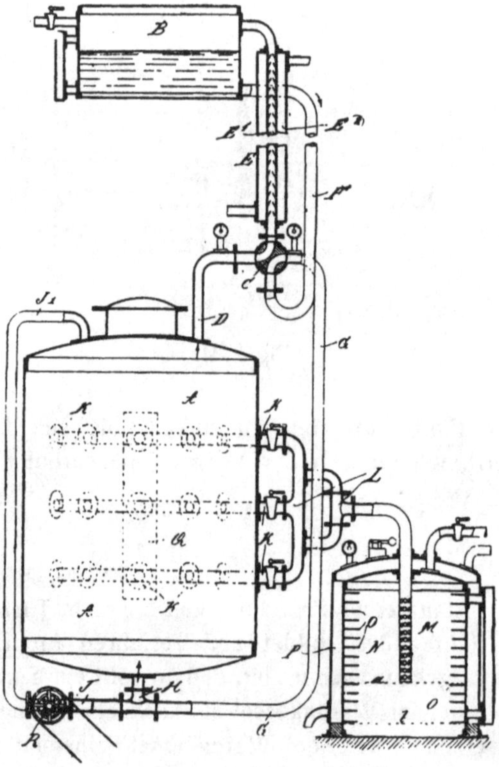

Fig. 135.

Dadurch strömt die Flotte in den Kessel *B*, und indem sich das hydrostatische Gleichgewicht wieder herzustellen trachtet, kommt ein Kreislauf im Sinne $BFGHADE^1B$ zustande. Dieser Kreislauf kann durch Umstellung des Vierweghahnes *C* umgekehrt werden. Neben diesem Kreislauf in senkrechter Richtung geht ferner noch ein Flottenlauf in wagerechter Richtung, vor sich, welcher ebenfalls in seiner

Richtung und zwar selbsttätig umgesteuert wird. Es sind an und für sich Vorrichtungen mit in radialer Richtung in den Warenkessel eintretender Flotte bereits bekannt (vergl. Fig. 132), indessen wird bei dieser Vorrichtung nicht die gleiche Wirkung erstrebt und erreicht, wie bei der vorliegenden.

Die Einrichtung von Erban & Pick bezweckt eine gleichmäßige Verteilung der Flotte dadurch, daß dieselbe an den verschiedensten Stellen sowohl am Umfang als auch am Boden oder am Kopf des Gefäßes zu- oder abgeleitet wird und die Zu- und Ableitungsstellen durch Umstellung eines Vielweghahnes fortwährend gewechselt werden. Es findet aber bei der Einrichtung von Erban & Pick keine Umkehrung der Flottenrichtung derart statt, daß die Flotte denselben Weg, nur in umgekehrter Richtung nimmt, und es findet auch ferner nicht eine gleichzeitige radiale Zuführung der Flotte von einer großen Anzahl von Stellungen aus statt, welche auf den Mantel des Warenkessels möglichst gleichmäßig verteilt sind. Durch die Anordnung einer vom Mantel ausgehenden umkehrbaren Flottenleitung findet ein abwechselndes Zusammenstauchen und abwechselndes Lockern der Ware vom Umfang zur Mitte statt und umgekehrt, so daß eine andere Wirkung erzielt wird, als bei der Einrichtung nach dem genannten Patent, bei welchem nur die Stromrichtung der Flotte möglichst vielfach verändert wird, während ein fortwährender Wechsel der Warenlagerung zwischen Stauchen und Lockern, also eine Art Waschbewegung, nicht erreicht werden kann.

Während ferner im Patent No. 100 899 Flotte immer nur an einer Stelle zugeführt und an der anderen abgeführt wird, wird bei der vorliegenden Vorrichtung an möglichst vielen Stellen gleichzeitig Flotte zugeführt und in einem anderen Zeitpunkt des Arbeitsvorganges wieder abgeführt. Die selbsttätige Umsteuerungsvorrichtung für diese radiale Zu- und Abführung besteht in folgendem:

Es ist der Warenkessel am Umfang mit mehreren Reihen von Rohrstutzen *K* versehen, welche durch Verbindungsrohre zu einer Leitung *L* vereinigt werden, die ihrerseits vermittelst eines gelochten Rohres *M* in das Innere des Heizkessels *N* führt. Dieser Heizkessel *N* ist an seiner inneren Wandung mit einem System von Heizrippen *o* versehen und wird mittelst eines Dampfmantels *P* geheizt. Nimmt man nun an, der Kessel *N* sei mit Flotte gefüllt, so wird dieselbe vermittelst der Dampfheizung bis zum Sieden erhitzt und es wird allmählich der Inhalt des Kessels *N* nach dem Warenkessel *A* hinübergedrückt werden und die Ware von außen nach innen durchdringen, sowie nach der Mitte zu zusammenstauchen, während gleichzeitig der Ueberschuß von Flotte, welcher durch die aus *N* einströmende Flotte aus *A* verdrängt wird, in den Flottenkessel *B* fließt, ohne daß dabei der senkrechte Kreislauf unterbrochen wird. Es dient also der Flottenkessel *B* gleichzeitig als Behälter zur Aufnahme der durch die Flotte aus *N* verdrängten Flotte in *A*. So lange das Rohr *M* in die Flüssigkeit in *N* hineintaucht, wird durch die Leitung *LK* ein Gemisch von Flüssigkeit mit mehr oder weniger Dampf in den Kessel hineinströmen, wodurch wiederum eine mechanische Bewegung der Ware hervorgebracht wird. Sobald das untere Ende des Rohres nicht mehr in die Flüssigkeit taucht, also die Flüssigkeit ungefähr den Spiegel *a* erreicht hat, wird nur noch Dampf die Leitung *LK* passieren. Sobald die Flüssigkeit jedoch soweit heruntergedampft ist, daß die Flotte unter den Spiegel *b* reicht, wird der Druck im Heizkessel *N* ein geringerer als derjenige im Warenkessel *A* und die Flotte strömt aus dem Kessel *A* durch die Leitungen *KL* in den Kessel *N* zurück, worauf sich der oben beschriebene Vorgang wiederholt. Hierbei wird wieder der aus dem Kessel *A* nach *N* abfließende Teil der Flotte durch Nachströmen aus dem Flottenkessel *B* ersetzt, ohne daß dadurch der senkrechte Flüssigkeitsstrom gestört wird. Durch die Vereinigung der zwei Flottenströme wird es ermöglicht, die Ware nach beiden Richtungen hin zu lockern und zu pressen, während infolge des nur senkrecht auf- oder abwärts wirkenden Druckes die Füllung des Kessels nur an den Deckelseiten gelockert oder gepreßt wurde. Durch die Anordnung eines gleichzeitig als Flottenkessel für den senkrechten selbsttätigen Kreislauf und als Behälter für den Ueberschuß von der radialen Flottenbewegung dienenden Gefäßes ist es ermöglicht, beide Flüssigkeitsströme mit der gleichen verhältnismäßig geringen Menge Flotte zu unterhalten.

Die Pumpe *R* dient dazu, besonders vor Beginn der Kochzeit die Ingangsetzung des Flüssigkeitsstromes zu unterstützen und wird, sobald infolge der Erwärmung im Flottenerwärmer *E* der Kreislauf beginnt und der Warenkessel *A* genügend durchgewärmt ist, außer Betrieb gesetzt.

Um die Vergleichmäßigung der Ware vermittelst der durch die beiden verschiedenen Flüssigkeitsströme herbeigeführten mechanischen Bewegung möglichst ausnutzen zu können, wird noch in der Mitte beim Einstampfen der Ware ein Hohlraum geschaffen, indem die Ware um einen Zylinder herum eingestampft wird, welcher nach und nach herausgezogen und schließlich ganz entfernt wird.

Der dadurch in der Ware entstehende Hohlraum wird schließlich durch weitere Ware abgedeckt und sodann der Kessel geschlossen. Der so entstandene Hohlraum dient dazu, der Ware einen gewissen Spielraum zu gewähren, so daß sich die zu fest gepackten Stellen unter dem Einfluß der Flüssigkeitsbewegungen ausgleichen können.

---

Eine Aenderung des bereits in Fig. 128 vorgeführten Kessels von Allen wurde dem Amerikaner John F. Monaghan durch das englische Patent No. 21645 vom Jahre 1898 geschützt. Fig. 136 zeigt den Kessel, welcher wie der von Allen,

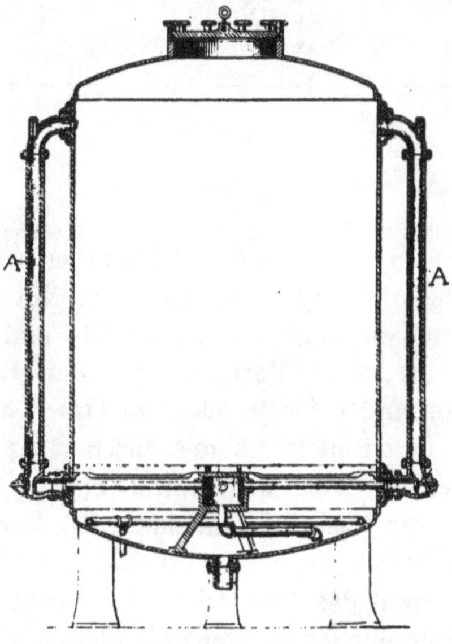


Fig. 136.

mit äußeren Zirkulationsrohren *A* versehen ist. Der Unterschied zwischen der Allen'schen und Monaghan'schen Konstruktion besteht darin, daß letztere durch einen besonderen in Fig. 136a veranschaulichten Mechanismus ein abwechselndes Uebergießen der Lauge durch die einzelnen Rohre vorsieht, welches mechanisch herbeigeführt, automatisch wirkt. Es kehrt also der Gedankengang wieder, der bereits durch das deutsche Patent No. 100 899 von Erban und Pick, vergl. Fig. 132 und 133, gegeben war.

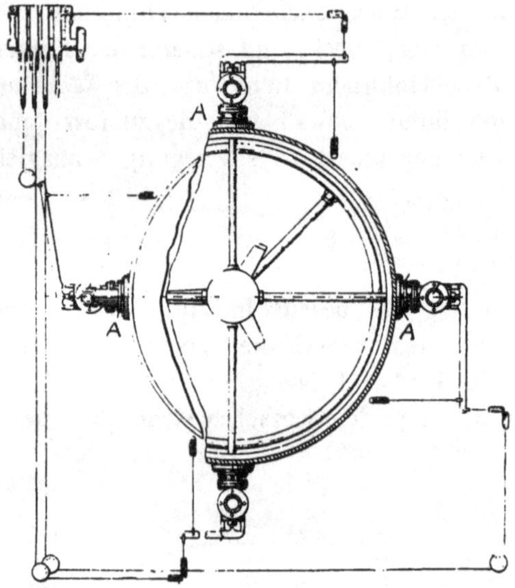


Fig. 136a.

In den Jahren 1899 und 1900 wurden vier deutsche Patente für Bäucheinrichtungen an Robert Weiß erteilt.

Das erste derselben trägt die No. 111 644 und es heißt darin:

Die bisher gebrauchten Vorrichtungen zum Bleichen etc. der Textilfasern mit kreisender Flotte oder mit Gasen haben den Nachteil, daß die Flüssigkeit nicht überall gleichmäßig durch das Gut hindurchdringt, weil dasselbe bei seinem Einlegen in den Kessel bezw. in den oder die dasselbe aufnehmenden Körben nicht überall unter gleichem Druck gepackt wird. In der Nähe der Kessel- bezw. Korbwand kommt das Material weniger dicht zusammenliegen als in der Mitte und infolgedessen kreist die Flüssigkeit bezw. das Gas viel lebhafter in der Nähe der Kessel- bezw. Korbwand durch die Vorrichtung als im Mittelteil derselben, und es kommen hierdurch im behandelten Gut störende Ungleichheiten vor.

Um diesem Uebelstande abzuhelfen, wurde zwar schon vorgeschlagen, einen sich einerseits gegen den Boden des Einsatzkorbes stützenden und andererseits an der Kesselwand befestigten breiten, konischen, stellenweise durchlochten Ring anzuwenden; hierdurch wurde aber der Kreislauf der Flüssigkeit derart von der Kesselwand weg bis weit in den Kessel hinein gehemmt, daß eine noch viel ungleichmäßigere Behandlung des Arbeitsgutes eintrat. Andererseits wurden Vorrichtungen empfohlen, bei welchen ein gleichmäßigeres Durchdringen der Fasern dadurch erzielt werden sollte, daß das Kreisen der Flüssigkeit in horizontaler Richtung erfolgte, was aber bei beiden Vorrichtungen den Nachteil mit sich brachte, daß — infolge des Vorhandenseins eines inneren gelochten Einsatzes bezw. eines inneren Leerraumes — der zur Aufnahme des Textilmaterials verfügbare Raum vermindert wurde, und ferner den Uebelstand hatte, daß das Packen des Materials in die Vorrichtung erschwert wurde oder, um die Einschichtung des Arbeitsgutes gleichmäßig zu gestalten, ein keilförmig radial wirkendes Einsatzstück und ein Preßdeckel verwendet werden mußten und dadurch das Packen des Textilmaterials in den Kessel viel mehr Zeit erforderte. Außerdem haben solche Vorrichtungen den Nachteil, daß dieselben während des Packens des Materials in den Apparat außer Betrieb gesetzt werden müssen, während bei den gewöhnlich gebrauchten Vorrichtungen das zu behandelnde Material in einen Satz Körbe gepackt werden kann, der Inhalt eines anderen Satzes Körbe aber behandelt wird.

Bei vorliegender Erfindung wird das zu behandelnde Material wie bei den gewöhnlichen Vorrichtungen auch in Körbe gepackt; die Seitenwandung dieser Körbe wird jedoch aus nach außen ausgebauchten Federn gebildet und es ist deren größter Durchmesser größer als derjenige des Kessels bezw. des Kesselteiles, welcher den betreffenden Korb aufnehmen soll, so daß beim Einsetzen der Körbe in den Kessel deren Seitenwandung durch die Kesselwandung nach innen gedrückt wird und infolgedessen das in der Nähe der Kesselwand befindliche Textilmaterial in den Körben auf dem ganzen Umfange dieser letzteren dichter zusammengepreßt wird.

Fig. 137 und 138 zeigen eine Seiten- und Oberansicht eines solchen Korbes. Fig. 139 zeigt die Verwendung solcher Körbe bei einem Kessel mit zylindrischer Wandung und Fig 140 zeigt die Anwendung von Körben von ungleichem Durchmesser bei einem Kessel, dessen Durchmesser stufenweise von unten nach oben zunimmt. Fig. 141 zeigt die Anwendung der Körbe bei einem Kessel mit konischer Wandung, Fig. 142 die Anwendung der Erfindung bei Vorrichtungen nach dem System Mather und Platt.

Der in Fig. 137 und 138 dargestellte Korb besteht aus zwei Metallringen *b* und *c*, wovon mindestens der untere ein Sieb *a* trägt und welche vermittelst nach außen ausgebauchter, die Seitenwandung des Korbes bildender Federn *d* miteinander verbunden sind. Am oberen Ring *b* ist eine Anzahl Stangen *e* befestigt und das untere

Ende jeder dieser Stangen ist in einer am unteren Ringe *c* befestigten Hülse *g* geführt, so daß, wenn eine Anzahl solcher Körbe in einem Kessel *i* aufeinander gestellt werden, wie durch Fig. 139 dargestellt ist, das untere Ende der Stangen *e* der Körbe, welche durch darüber befindliche Körbe belastet sind, am entsprechenden unteren Ring *c* anstoßen muß und so ein Zusammendrücken der unteren Körbe verhindert wird.

Fig. 137.

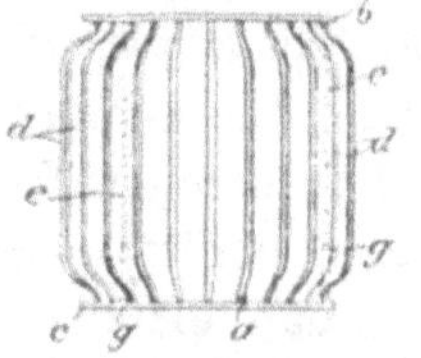

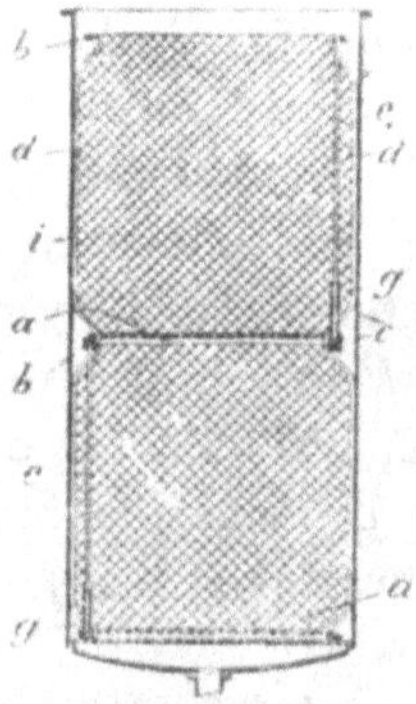

Fig. 139.

Fig. 138.

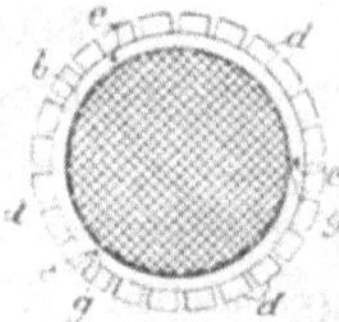

Fig. 141

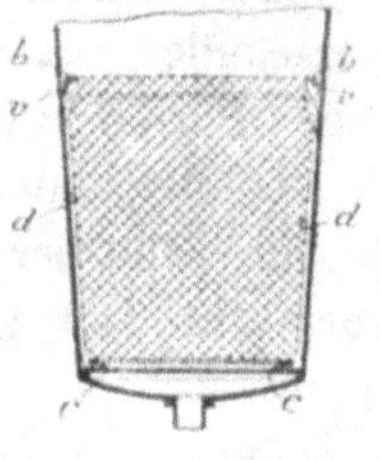

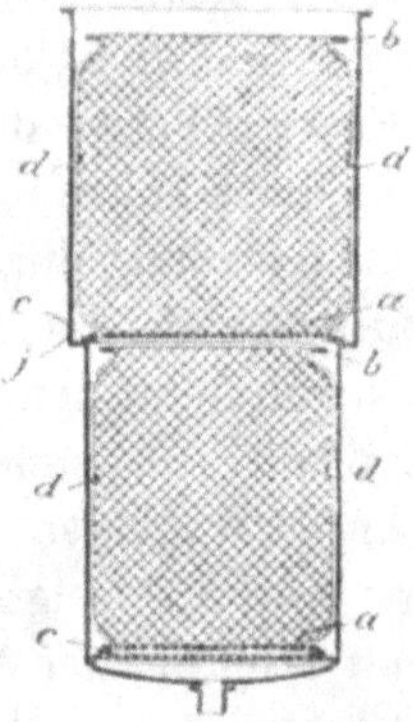

Fig. 140.

Fig. 142.

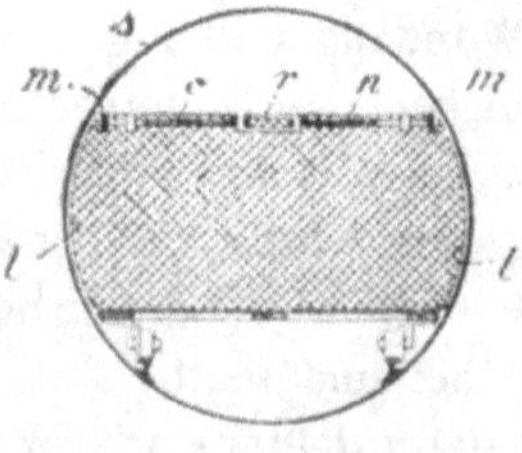

Beim Kessel *j*, dessen Durchmesser stufenweise zunimmt (Fig. 140), fallen die Stangen *e* und Hülsen *g* weg.

Beim Einführen jedes beladenen Korbes an die Stelle, welche er im Kessel *i* bezw. *j* einnehmen soll, werden die Federn *d* durch die Wandung des Kessels nach innen gedrückt und infolgedessen wird das in der Nähe der Federn befindliche, beim Packen weniger dicht zusammengedrängte Textilmaterial auf dem ganzen Korbumfange dichter zusammengepreßt, also ein gleichmäßigeres Kreisen der Flüssigkeit durch das Gut erzielt. Die Federn *d* sind so dünn und der Abstand zwischen den aufeinanderfolgenden Federn *d* ist so klein, daß nach Einbringen der beladenen Körbe in den Kessel und erfolgtem Zusammenpressen des in der Nähe dieser Federn befindlichen Gutes möglichst wenig davon zwischen den Federn am Umfange der Körbe aus denselben herausragen kann.

Die Körbe können oben beim Ring *b* mit einem abhebbaren Siebe versehen sein.

In Fig 141, welche die Anwendung der Erfindung bei einem Kessel mit konischer Seitenwandung zeigt, sind die Federn *d* unten an der Außenseite des Ringes *c* und oben an der Innenseite des Ringes *b* befestigt. Die punktierten Linien dieser Figur zeigen die Form, welche die Federn *d* einnehmen, wenn der Korb sich außerhalb des Kessels befindet. *v* ist ein ringförmiger Wulst des Kessels, auf welchen der obere Ring *b* aufzuliegen kommt. Da der untere Ring *c* des darüber anzuordnenden Korbes auf dem erwähnten Ring *b* aufruhen soll, so verhindert der Wulst *v* ein Zusammendrücken des vermittelst seines oberen Ringes *b* daran hängenden Korbes durch das Gewicht der darüber befindlichen Körbe. Dieselben Einrichtungen können an Kesseln mit horizontal umlaufender Flüssigkeit verwendet werden, indem die Körbe dann ringförmig werden, d. h. zwei konzentrische, aus Federn gebildete Wandungen aufweisen.

Die Erfindung läßt sich, wie aus Fig. 142 ersichtlich, auch auf Vorrichtungen nach System Mather und Platt ausdehnen, bei welchen das zu behandelnde Material auf Wagen geladen wird, die — auf Schienen rollend — in einen horizontalen Behälter *s* eingeführt werden, indem die Seitenwandungen dieser Wagen aus Federn *l* gebildet sind. Die oberen Enden der je eine Seitenwandung des Wagens bildenden Federn *l* sind durch Längsschienen *m* miteinander verbunden, und an einer dieser Längsschienen sind Schrauben *n* mit Linksgewinde und an der anderen Schrauben *o* mit Rechtsgewinde befestigt, welche paarweise in entsprechende Muttergewinde eines drehbaren Stückes *r* hineindringen, so daß durch Drehen dieser Stücke *r* die ferdernden Seitenwandungen des Wagens voneinander entfernt oder einander genähert werden können.

Bevor das zu behandelnde Gut in einen solchen Wagen eingelegt wird, werden dessen Seitenwandungen durch Drehen der

Stücke *r* so weit voneinander entfernt, daß die größte Breite derselben größer ist als der Durchmesser des Behälters *s*. Ist nun ein solcher Wagen mit Gut angefüllt, so werden zunächst — durch Drehen der Stücke *r* in dem einen Sinne — dessen Seitenwandungen einander hinlänglich genähert, damit der Wagen in den Behälter *s* hineingebracht werden kann, und hierauf durch Drehen derselben Stücke *r* in dem anderen Sinne die federnden Seitenwandungen des Wagens an die Wandung des Behälters angedrückt; hierbei bleibt das in der Nähe der Federn *l* befindliche Gut dennoch dichter zusammengepreßt, als es unmittelbar nach Beladen des Wagens gepreßt war, so daß hierdurch ein regelmäßiges Kreisen der die Wagen senkrecht durchströmenden Flüssigkeit erzielt wird.

. . . . . .

In dem folgenden Weiß'schen Patent D. R. P. No. 116 762 wird folgendes ausgeführt:

Bei den gebräuchlichen Vorrichtungen zum Bleichen etc. der Textilfasern mit kreisenden Flüssigkeiten, deren Temperatur 100° C. übersteigt, mündet das Druckrohr der Pumpe, welche die Flüssigkeit im Kreislauf erhält, entweder direkt in den Oberteil des die Textilfasern in Gewebe-, Gespinnst- oder Flockenform enthaltenden Gefäßes oder in einen neben letzterem angeordneten geschlossenen Behälter ein, in welchem die Flüssigkeit erhitzt wird und aus welchem sie durch ein Ueberlaufrohr in das das Fasermaterial enthaltende Gefäß gelangt (s. z. B. die britischen Patente 14374 A. D. 1894 und 21 393 A. D. 1895), so daß bei unvorsichtigem Vorgehen des Arbeiters es bei solchen Vorrichtungen vorkommen kann, daß nicht der ganze Fasermaterialinhalt des Gefäßes in Flüssigkeit taucht, die oberen Schichten des in demselben befindlichen Materials vielmehr mit dem heißen Dampfe in Berührung kommen und dadurch die Textilfasern zerstört werden.

Um diesem Uebelstande abzuhelfen, wird nach der Erfindung zwischen der Pumpe, welche die 100° C. übersteigende Flüssigkeit im Kreislauf erhält, und dem Oberteil des das zu behandelnde Textilmaterial aufnehmenden Kessels ein über diesem letzteren angeordnetes, von der äußeren Atmosphäre dicht abgeschlossenes Gefäß eingeschaltet, welches eine solche Menge von Reserveflüssigkeit aufzunehmen vermag, daß genügend Flüssigkeit vorhanden ist, um das Textilmaterial im Kessel unter Flüssigkeit zu halten.

In Fig. 143 und 144 sind zwei Ausführungsbeispiele schematisch dargestellt.

Der Kessel *a* (Fig. 143), auf dessen Siebboden *b* das zu behandelnde Textilmaterial aufruht, ist unten mit dem Saugrohr *c* einer Pumpe *d* verbunden, deren Druckrohr *e* in den Oberteil des Gefäßes *f* einmündet. Letzteres ist über dem Kessel *a* in geeignetem Abstande hinter demselben angeordnet und steht an seinem Unterteil mit dem Oberteil des Kessels *a* durch ein Rohr *g* in Verbindung. Das Gefäß *f* ist mit einer mit Dampf gespeisten Heizschlange *i*,

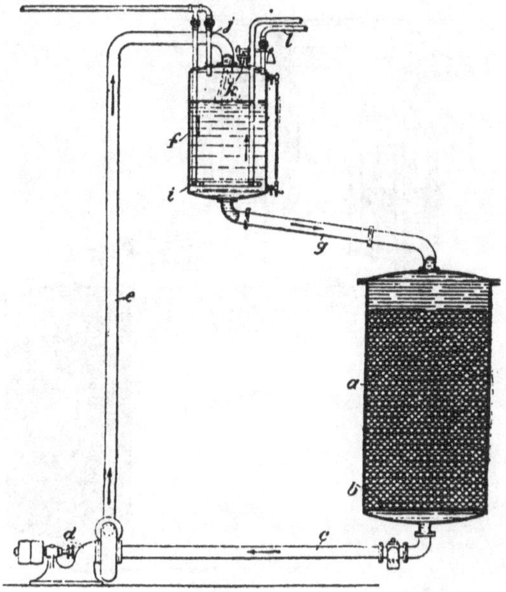


Fig. 143.

einem Dampf unmittelbar in den Oberteil desselben zuführenden Rohre *j*, einem Sicherheitsventil *k* und einem mit Hahn versehenen Rohr *l* zum Ablassen der Gase und des Dampfes ausgerüstet.

Die Arbeitsweise der Vorrichtung ist die bekannte, mit dem Unterschiede, daß das Druckrohr der Pumpe *d*, anstatt die Flüssigkeit direkt in den Kessel *a* zu leiten, dieselbe in das über letzterem angeordnete Gefäß *f* fördert, so daß unter allen Umständen genügend Flüssigkeit im Kessel *a* vorhanden ist, um das in ihm enthaltene Textilmaterial unter Flüssigkeit und luftfrei zu halten, und daher die Behandlung bei höheren Temperaturen und unter größerem Dampfdruck als gewöhnlich vorgenommen werden kann, weil nicht zu befürchten ist, daß die oberen Schichten des Kesselinhaltes mit den heißen Dämpfen in Berührung kommen.

Dadurch, daß bei der Vorrichtung die Behandlung der Textilfasern bei höheren Temperaturen (120 bis 140 ° C.) vorgenommen werden kann, wird der Prozeß beschleunigt, indem beim Bleichen die Fettkörper, Harze und andere Inkrustationsstoffe des Textilmaterials bei höherer Temperatur rascher angegriffen werden, woraus sich ergibt, daß verdünntere Chemikalien verwendet werden können und infolgedessen die Textilfasern weniger angegriffen werden.

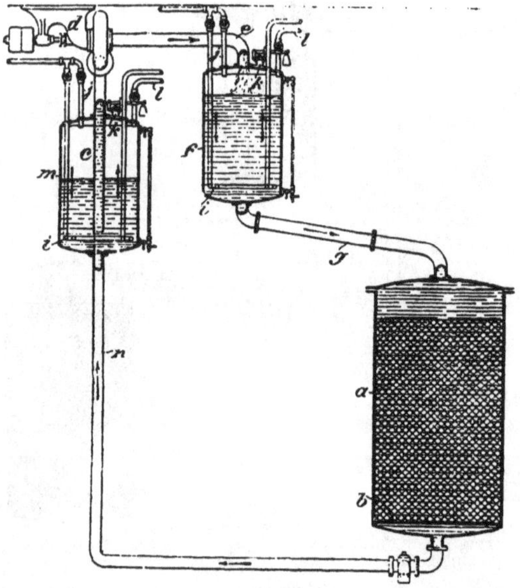

Fig. 144.

Es ist schon bekannt, bei Vorrichtungen zum Behandeln von Textilstoffen mit kreisender Flotte das Druckrohr der Pumpe in einen offenen bezw. aus Holz bestehenden und über dem das Textilmaterial enthaltenden Kessel angeordneten Behälter einmünden zu lassen, aus welchem die Flotte in den das Textilmaterial enthaltenden Kessel zurückfließt; bei diesen Vorrichtungen kann aber die Behandlung des Textilmaterials infolge des Behälterbaues nicht mit Flüssigkeiten über 100 ° C. stattfinden.

In Fig. 144 ist die Pumpe *d* über dem Kessel *a* angeordnet und zwischen dieselbe und dem Unterteil des letzteren ein weiteres Gefäß *m* eingeschaltet, welches ähnlich wie das Gefäß *f* konstruiert ist. Das Saugrohr *c* der Pumpe taucht bis zu einer gewissen Tiefe in das Gefäß *m*, welches durch ein Rohr *n* mit dem Unterteil des Kessels *a* in Verbindung steht. Der Zweck dieser Anordnung ist, daß die Pumpe *d* nur Flüssigkeit aus *m* bezw. *a* absaugen kann, nachdem der Flüssigkeitsspiegel in *m* so weit gestiegen ist, daß das Saugrohr *c* in die in *m* enthaltene Flüssigkeit eintaucht, so daß immer Flüssigkeit im Rohr *n* vorhanden sein muß, selbst wenn die Pumpe in einem gewissen Zeitraum mehr Flüssigkeit fördern sollte, als durch das in *a* enthaltene Material in demselben Zeitraum durchsickert, und infolgedessen sich auch nie ein Vakuum im Unterteil des Kessels *a* bilden kann, welches ein unregelmäßiges Durchsickern der Flüssigkeit durch das im Kessel *a* behandelte Material veranlassen könnte.

Eine weitere Erfindung von Robert Weiß (D. R. P. 122865) bezweckt, bei Vorrichtungen zum Behandeln von Textilfasern mit kreisenden, überhitzten Flüssigkeiten im Verlaufe der Behandlung zu beliebiger Zeit die Konzentration der Flotte ändern bezw. gleich erhalten zu können, ohne genötigt zu sein, den Kreislauf der Flotte zu unterbrechen oder die Temperatur oder den Druck zu verändern. Erreicht wird dieser Zweck durch die zeitweise Einführung von gemessenen Mengen konzentrierter Flotte in ein in den Flottenkreislauf der Vorrichtung an irgend einer Stelle außerhalb des Warenkessels dauernd eingeschaltetes geschlossenes Gefäß, dessen Fasungsraum im Vergleich zur jeweilen zugeführten Flüssigkeit so groß ist, daß die eingeführte Ersatz- oder Verstärkungsflotte hinlänglich verdünnt wird, um nicht im Warenbehälter eine ungleiche Wirkung hervorzurufen. Diese Einführung der konzentrierten Flotte in das erwähnte Gefäß kann vermittelst Meßhahn, Pumpe, Injektor usw., stattfinden.

Die bisher bekannten Zuführvorrichtungen für Verstärkungsflotten wirken saugend und können nur bei Vorrichtungen verwendet werden, bei welchen die Flotte absatzweise bewegt wird. Es kann ferner die Ersatzflotte nur innerhalb einer Saugperiode, und nicht, wie bei vorliegender Vorrichtung, zu beliebiger Zeit in die Behandlungsflüssigkeit eingeführt werden.

Zur Erläuterung der Erfindung ist in Fig. 145 die in der Patentschrift 116762 beschriebene Vorrichtung gewählt. Hierbei ist das Gefäß, in welches die Ersatzflotte zunächst eingeführt werden soll, durch den Flottenbehälter *f* gebildet, welcher in bekannter Weise über dem Warenkessel *a* in den Kreislauf der Flotte eingeschaltet ist. Ein Meßhahn ist dabei einerseits vermittelst des Rohres *b* an das die Verstärkungs- oder Ersatzflotte enthaltende Vorratsgefäß *x* und andererseits vermittelst des Rohres *c* an den Flottenbehälter *f* angeschlossen. Das hohle Hahnküken *d* nimmt für gewöhnlich die gezeichnete Stellung ein und enthält darin eine seinem Fassungsraum entsprechende Menge Ersatzflotte. Soll z. B. die Konzentration der bereits

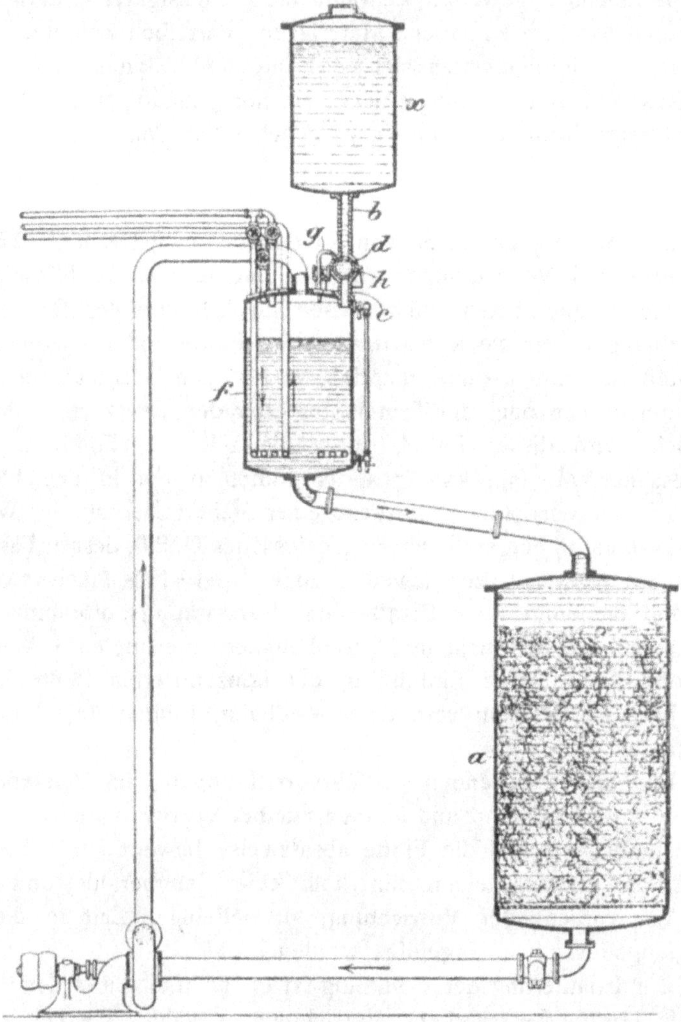


Fig. 145.

teilweise ausgezogenen Flotte erhöht werden, so wird das Küken *d* um 180° gedreht, die Verbindung mit dem die konzentrierte Flotte im Vorrat enthaltenden Gefäß *x* unterbrochen und das Kükeninnere mit dem Flottenkessel *f* verbunden, um die Verstärkungsflotte aus dem

Küken in den Kessel *f* zur Mischung mit der Behandlungsflüssigkeit übertreten zu lassen. Zufolge der Geräumigkeit des Kessels *f* gegenüber dem Fassungsraum des Hahnkükens *d* wird sich die eingeführte Verstärkungsflotte hinreichend verdünnen, bevor sie zum Warenkessel *a* gelangt. Um hierbei die Entleerung des Kükens *d* zu erleichtern, wird gleichzeitig vermittelst eines seitlichen Verbindungsröhrchens *g*, welches in den Kessel *f* mündet, und einer Oeffnung *h* in der Kükenwand der Druckausgleich zwischen Küken und Kessel herbeigeführt.

Bei dieser Anordnung kann es vorkommen, daß die Ersatzflüssigkeit im Vorratsgefäß zufolge Wärmeleitung seitens des Flottenkessels erwärmt, unter Umständen sogar verdampft oder zerstört wird. Dieser Möglichkeit wird dadurch vorgebeugt, daß der Meßhahn mit einem zweiten Hahn zusammen angewendet und zwischen diese beiden ein Kühler eingeschaltet wird. Für diesen namentlich bei flüchtigen Flüssigkeiten eintretenden Fall erhält die Neuerung zweckmäßig die in Fig. 146 gezeigte Ausbildung. Zwischen die beiden auf

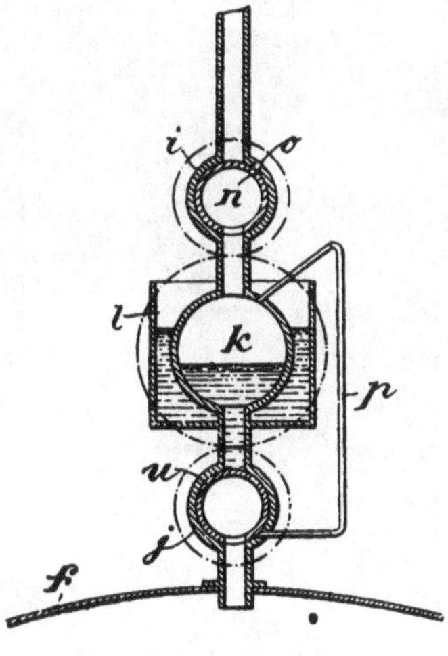


Fig. 146.

dem Kessel *f* angeordneten Meßhähne *i*, *j* ist in die sie verbindende Leitung ein Zwischenbehälter *k* eingeschaltet, der in einem Kühler *l* durch fortwährend zu- und abfließendes Wasser gekühlt wird. Stehen die Hahnküken so, wie Fig. 146 angibt, so deckt sich eine Oeffnung *n* im Küken mit einer gleichgroßen, ins Freie ausmündenden Oeffnung *o* im Gehäuse des Hahnes *i*. Die im Küken dieses Hahnes abgeschlossene Ersatzflüssigkeit oder Verstärkungsflüssigkeit tritt in den

Zwischenbehälter *k* über, und zwar zu gleicher Zeit, wo sich das Küken des vom Behälter *k* gespeisten Meßhahnes *j* in den Kessel *f* entleert. Werden die beiden Hähne um 180° umgesteuert, so tritt der Meßhahn *i* mit dem die Ersatzflüssigkeit enthaltenden Gefäß und jener *j* mit dem Zwischenbehälter *k* in Verbindung. Dabei wird auch hier wiederum durch Vermittelung eines in den Oberteil des Behälters *k* mündenden Röhrchens *p*, welches durch eine Ausnehmung *u* des Kükenkörpers des Hahnes *j* mit dem Flottenkessel *f* in Verbindung gesetzt wird, der Druckausgleich zwischen letzterem und dem Zwischenbehälter *k* erzielt, was die Füllung des Meßhahnes *j* leichter und rascher vor sich gehen läßt. Andererseits geht auch die Entleerung des Hahnes *i* in den Zwischenbehälter *k* leichter von statten, indem bei Zurückdrehen der Hähne um 180° (Stellung

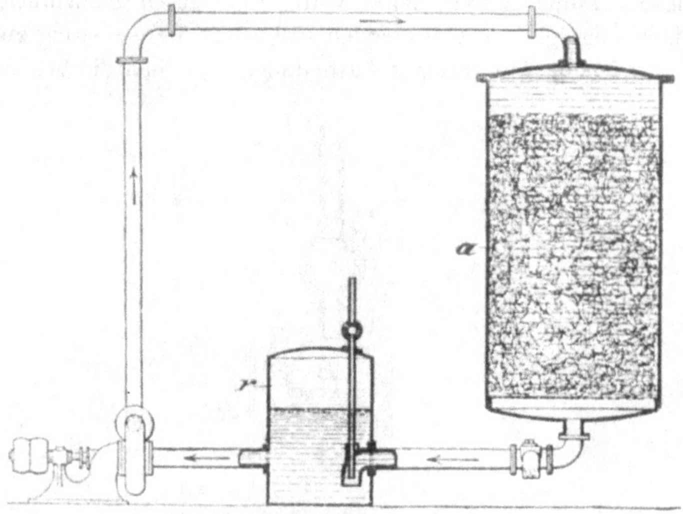


Fig. 147.

der Fig. 146) der in den Behälter *k* vom Kessel *f* her eingedrungene Dampf, durch den Kühler *l* kondensiert, gewissermaßen ein Vakuum erzeugt, das den durch die Oeffnungen *n*, *o* wirkenden atmosphärischen Druck saugend unterstützt.

Statt die Kükenöffnung *n* des Hahnes *i* mit der äußeren Atmosphäre in Verbindung zu setzen, kann dieselbe auch unter Vermeidung des Luftzutrittes in das Zuleitungsrohr *b* münden. In diesem Falle ist sie unter Weglassung der Oeffnung *o* des Hahngehäuses diametral gegenüber der Ausflußöffnung anzubringen.

In den geschilderten Ausführungsformen ist vorausgesetzt, daß die Meßhähne an einem Flottenvorratsbehälter *f* angebracht sind. Dies ist indessen nicht unbedingt erforderlich. Der beabsichtigte Zweck wird auch dann erreicht, wenn der oder die Meßhähne an irgend einer anderen Stelle des Kreislaufs, wie in Fig. 147 veranschaulicht, an einem in denselben eingeschalteten Hilfsbehälter *r* angeordnet werden, die jedoch genügend Flüssigkeit enthalten müssen, um die erforderliche Verdünnung der Verstärkungsflotte herbeizuführen, bevor dieselbe mit dem behandelnden Material in Berührung gelangt.

Um eine weitere Verdünnung der in den Kreislauf eingeführten konzentrierten Flotte hervorzubringen, kann zwischen das Gefäß, in welches die konzentrierte Flotte eingeführt wird, und den Warenbehälter ein oder mehrere weitere Gefäße eingeschaltet werden.

---

In einem Zusatzpatent No. 124140 zu dem Patent No. 116762 führt Robert Weiß folgendes aus:

Durch die mittelst Haupt-Patentes geschützte Vorrichtung wird bezweckt, die Behandlung von Textilfasern mit kreisenden, überhitzten Flüssigkeiten vornehmen und dadurch beschleunigen zu können. Damit dies möglich ist, ohne das Fasergut durch heiße Dämpfe zu beschädigen, muß ein Flottenvorratsbehälter zwischen Warenkessel und Pumpe derart angeordnet werden, daß die Ware dauernd vollständig unter Flüssigkeit gehalten wird. Nötigenfalls ist zum genannten Zweck dieser Flottenvorratsbehälter mit einem weiteren Vorratsbehälter zu verbinden.

Zweck der Erfindung ist eine Ausbildung dieser Vorrichtung für den Fall, daß dieselbe mit zwei Flottenvorratsbehältern arbeitet, und es zielt die Neuerung darauf hin, den Kreislauf der Flüssigkeit umkehrbar zu machen, was durch eine eigenartige Verbindung der beiden Vorratsbehälter möglich wird. Diese Verbindung ist durch ein Rohrsystem durchgeführt, daß zwei Rohre in ihrer wechselweisen Eigenschaft als Saugrohre der Pumpe unter der Flüssigkeitsoberfläche der zugehörigen Flüssigkeitsbehälter ausmünden, während zwei andere, wechselweise die Druckrohre bildende Rohre des Systems oben an diese Behälter angeschlossen sind.

Die Umkehrung des Flottenlaufes selbst erfolgt durch Steuerhähne je nach der Art der Verbindung des Rohrsystems mit der die Flüssigkeit im Kreislauf erhaltenden Pumpe.

In Fig. 148 sind die Flottenvorratsbehälter *f m*, deren Höhenlage und Verbindung mit dem Warenkessel in der im Haupt-Patent gekennzeichneten Weise durchgeführt gedacht ist, durch zwei Rohre *p q* bezw. *r o* mit je einem Dreiweghahn *x* in Verbindung, der andererseits an die Pumpe *d* angeschlossen ist. Die Rohre *p r* des Rohr-

Fig. 148.

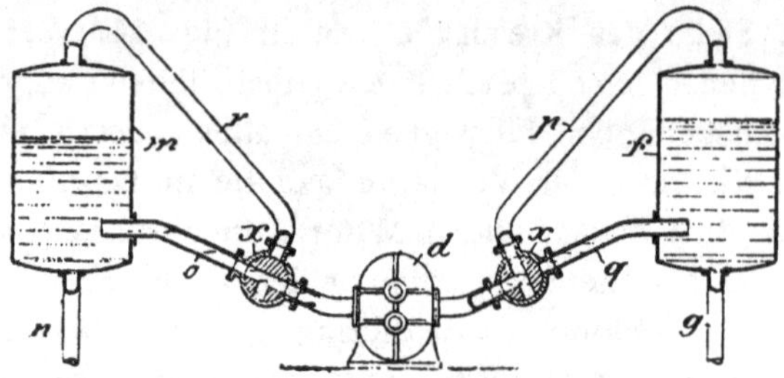

Fig. 149.

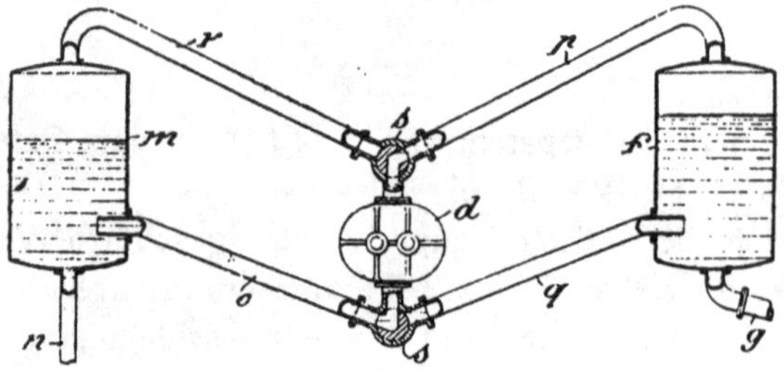

Fig. 150.

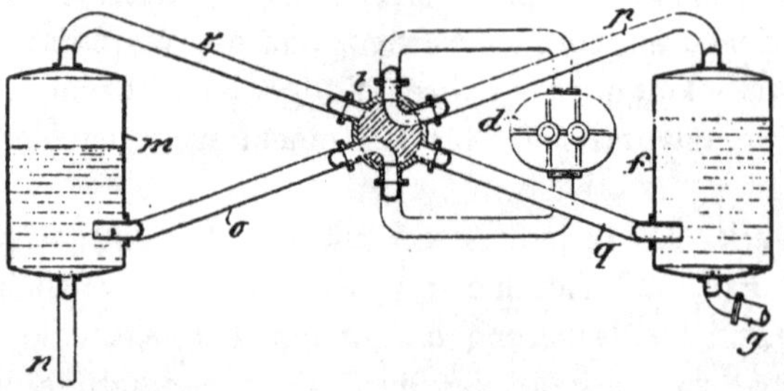

systems münden oben in die zugehörigen Behälter *f m* ein, während jene *q o* unten bis in das Innere dieser Behälter hineindringen und unter der Flüssigkeitsoberfläche in denselben ausmünden.

Nehmen die Steuerhähne *x* die Stellung der Fig. 148 ein, so saugt die Pumpe aus dem Behälter *m* die Flotte durch *o* an, und treibt sie durch *p* in den Vorratsbehälter *f* hinein, von wo sie durch Rohr *g*, den Warenkessel und Rohr *n* zum Vorratsbehälter *m* zurückkehrt. Der Flottenlauf ist derjenige der Vorrichtung des Haupt-Patentes. Werden die beiden Hähne *x* um 90° umgestellt, so nimmt die Flotte den umgekehrten Lauf, indem sie alsdann unter der Voraussetzung, daß die

Pumpe umgesteuert worden ist, vom Behälter *f* durch *q* und *r* in den

Fig. 151.

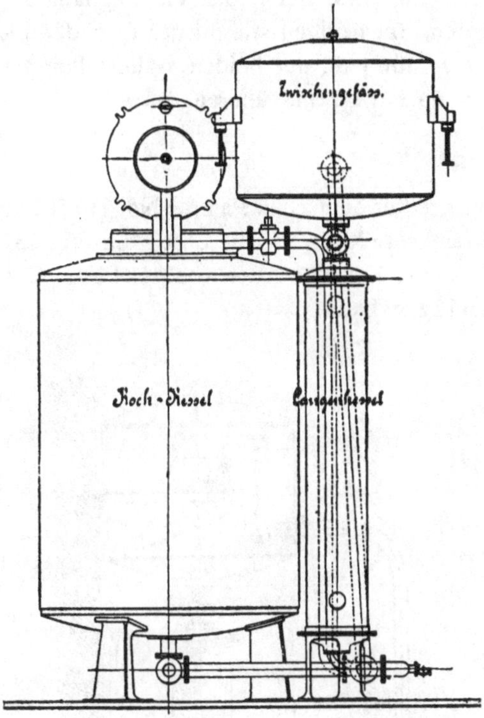


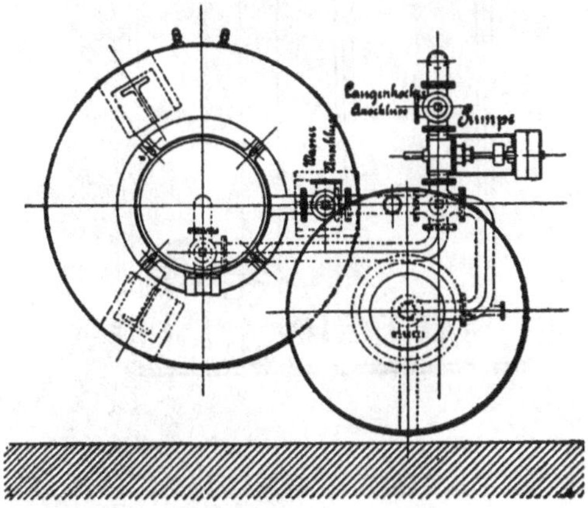


Fig. 152.

Behälter *m* gefördert wird.

Ist die Verbindung des Rohrsystems mit der Pumpe nach Fig. 149 und 150 durchgeführt, so wird das Umsteuern der Pumpe zur Umkehrung des Flottenlaufes überflüssig; es brauchen nur die beiden Winkelhähne *s s* (Fig. 149) bezw. der Vierweghahn *t* (Fig. 150) umgestellt zu werden. Im übrigen stimmt der Lauf der Flotte durch das Rohrsystem *o p q r* für jede der beiden Hahnstellungen entsprechend mit demjenigen nach Fig. 148 überein.

---

Auf Grundlage der deutschen Patente No. 116 762 und No. 124 140 entstand die Kochkesselform, welche durch die Fig. 151, 152 und 153 illustriert wird. Diese Kessel werden von der Firma C. G. Haubold jr. in Chemnitz gebaut.

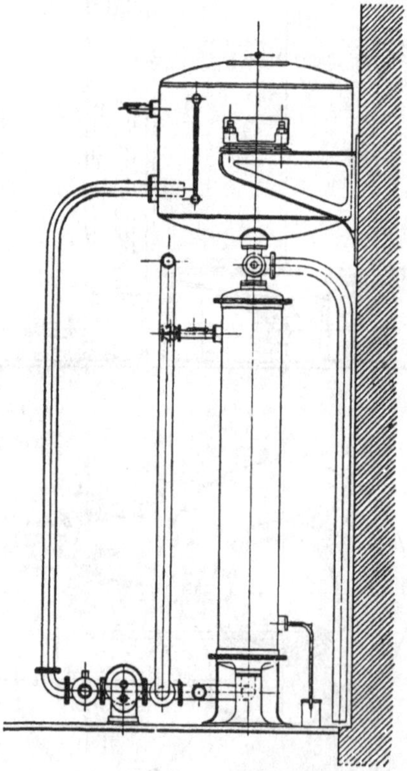

Fig. 153.

Die Arbeitsweise dieser Bäuchkessel vollzieht sich wie folgt: Die Bäuchlauge wird in besonderen Behältern bereitet. Ist dies geschehen, der Kochkessel mit Ware gefüllt, dieselbe oben gegen

Hochschwimmer abgesteift und der Deckel geschlossen, so drückt man mittelst der Pumpe die Flotte in den Kochkessel. Dies wird solange fortgesetzt, bis derselbe ganz und der Uebergußkessel ungefähr halb gefüllt ist. Durch den Lauf der Flotte durch Laugenerhitzer und Uebergußkessel wird sie auf Kochtemperatur gebracht. Zum schnellen Ankochen ist die Laugenzuflußleitung mit einem direkten Dampfeinlaß versehen. Sobald genug Kochflotte im Kessel und im Uebergußkessel vorhanden ist, wird die Zuflußleitung vom Laugen-

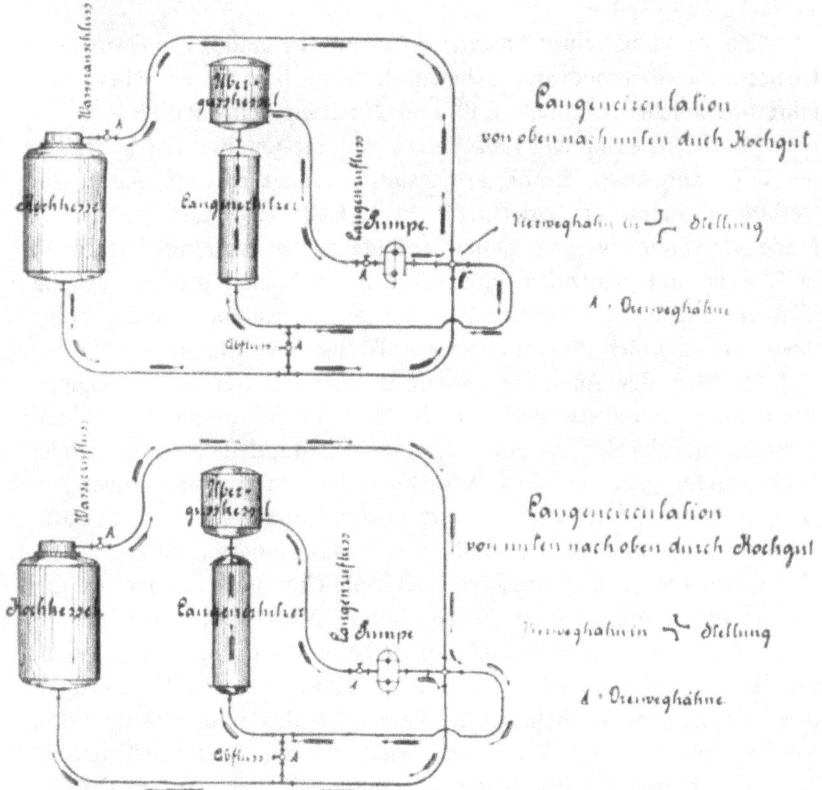


Fig. 154.

behälter abgeschlossen und die Flottenzirkulation beginnt. Man kann durch entsprechende Einstellung der in der Rohrleitung befindlichen Hähne die Lauge sowohl von unten nach oben als auch von oben nach unten durch die im Kochkessel eingepackte Ware leiten. In beiden Fällen passiert die Flotte den Laugenerhitzer und das Uebergußgefäß. Dadurch, daß letzteres nur halb gefüllt ist, ist sein oberer Raum fähig, die in der Ware enthaltene und vor der Kochflotte beim Anfüllen hochgetriebene Luft wie auch die sich aus der Kochflotte beim Zirkulieren noch abscheidenden Luftbläschen aufzunehmen, so daß der Kochkessel dadurch möglichst vollständig entlüftet wird.

Fig. 154 stellt die Flottenzirkulation nach beiden Richtungen hin schematisch dar.

Für den Betrieb dieser Weißschen Kessel hat der Erfinder folgendes durch deutsches Patent No. 147821 geschütztes Verfahren angegeben.

Die vegetabilischen Fasern, in losem Zustande, als Garn oder Gewebe, werden heutzutage bekanntlich nach zwei typischen Verfahren gebleicht: 1. mittels Kalk und 2. mittels Natronlauge.

Das Bleichen mittels Kalk liefert, was die Qualität der behandelten Ware anbelangt, die besten Resultate. Indessen muß bei diesem Verfahren, damit es wirksam ist, der Kalk in derart reichlichem Maße verwendet werden, daß er infolge seiner geringen Löslichkeit in Wasser und namentlich in der Wärme sich zum größten Teil im Wasser einfach in Suspension befindet (sogen. Kalkmilch). Die Folge davon ist, daß sich die ungelösten Kalkteile nicht nur in den Röhren und Gefäßen des Apparates, sondern auch auf der zu bleichenden Ware absetzen und dadurch eine gleichmäßige energische Behandlung derselben in Frage stellen, ganz abgesehen davon, daß die so behandelte Ware nachträglich in einer Waschmaschine tüchtig ausgewaschen werden muß. Schließlich erfordert dieser Prozeß eine Nachbehandlung mit Säuren, Alkalien und in der Waschmaschine.

Der Natronlaugeprozeß verläuft reinlicher und rascher als der Kalkprozeß. Dagegen steht die bleichende Wirkung der Natronlauge hinter jener des Kalkes zurück, so daß die Bleichung weniger vollständig ist und auch bei wiederholtem abwechselnden Durchlaugen und Durchsäuern die behandelte Ware nicht das schöne Weiß zeigt, welches mit Kalk erhalten wird. Auch ist die Ware stellenweise, nämlich dort, wo die Zirkulation der Lauge kräftiger war, mit Flecken behaftet, die zwar durch Chlorieren und Säuern für das Auge vorübergehend unsichtbar gemacht werden können, dagegen beim Färben in hellen und mittleren Tönen und beim Dämpfen wieder zum Vorschein kommen.

Beiden Verfahren ist schließlich noch das gemein, daß sie beide zur Erzielung eines Reinweiß die Zuhilfenahme eines Oxydationsmittels, z. B. Chlor, Chlorozon, Wasserstoffsuperoxyd usw. erfordern.

Um nun alle diese Uebelstände tunlichst zu beseitigen,

insbesondere Waschmaschinen und Oxydationsmittel entbehrlich zu machen und den Prozeß zu beschleunigen, wird das Textilmaterial in einem geschlossenen Apparate mit heißer kreisender Strontianlauge (Strontiumhydroxydlösung) allein oder mit passenden Zusätzen behandelt. Zu bemerken ist, daß sich die Anwendung der sonst analogen Barytlauge, hauptsächlich wenn dieselbe allein genommen wird, nicht empfiehlt, denn diese hinterläßt eine fleckenbehaftete Ware und hat auch nicht eine so vollständige Verseifungskraft wie Strontianlauge, was sich dadurch erklären läßt, daß die infolge Verseifung während des Bleichens entstehenden Baryumsalze nicht so löslich sind wie die entsprechenden Strontiumsalze. Die Wirkung der Strontianlauge ist, was die Raschheit des Bleichens anbelangt, vortrefflich. Es wird hiermit eine allen Anforderungen entsprechende Ware erzielt, besonders, wenn ein Filter in den Kreislauf der Bleichflüssigkeit eingeschaltet wird,*) daß die von der Lauge allenfalls mitgeführten unlöslichen Verseifungsprodukte und dergl. Unreinigkeiten auf mechanische Weise zurückhält.

Das Bleichverfahren kann für Baumwollgewebe nach folgender Vorschrift ausgeführt werden:

Das zu behandelnde Gewebe wird mit einer Strontianlösung, welche je nach dem zu erzielenden Resultat 2 bis 20 g Strontian ($SrO$) auf 1 l Wasser enthält, gegebenenfalls mit Barytlauge, Kalklösung, Natronlauge, Kalilauge, Lithiumhydroxydlösung, Ammoniak vermischt, imprägniert. Dann wird das Gewebe in einen Kochapparat eingeführt, welcher gestattet, die Bleichflüssigkeit in kreisender Bewegung zu erhalten, und welcher mit einem in den Kreislauf dieser Flüssigkeit eingeschalteten Filter versehen ist, und der Rest der strontianhaltigen Bleichflüssigkeit aufgegeben. Nach längerem Kochen sind die natürlichen Fette der Baumwolle und die beim Spinnen und Weben hinzugekommenen verseift. Indessen wird das Bleichen erst dadurch vervollständigt, daß das Gewebe nachträglich unter Druck während zwei oder mehr Stunden mit der im Kreislauf erhaltenen Bleichflüssigkeit weiter gekocht wird. Nach dem so vollzogenen Bleichen genügt ein Ausspülen im Kreislauf. Eine Untersuchung der behandelten Ware lehrt, daß diese gleichmäßig und fleckenlos gebleicht ist, im Gegensatz zu den nach den bekannten Bleichverfahren erhältlichen Resultaten.

Sind die gebleichten Stücke zum Färben bestimmt, so kann dies direkt oder auch erst nach dem Säuren und Ausspülen geschehen.

*) Dies ist Gegenstand des D. R. P. No. 149269 (1902).

Von C. Tassel rührt ein in Frankreich patentierter Bäuchkessel her, welcher von der Firma Fernand Dehaitre in Paris ausgeführt wird. Der Kessel bezweckt, mit kurzen Natronlaugenflotten bei Luftabschluß zu dämpfen; er besteht aus einem stationären äußeren Kessel, in welchen ein transportabler innerer Einsatz *B* paßt. Fig. 155 und 156 zeigen die Einrichtung. Der Deckel *C* ist

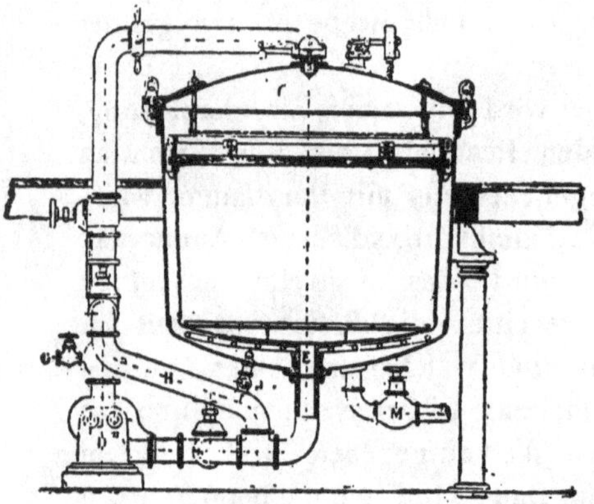

Fig. 155.

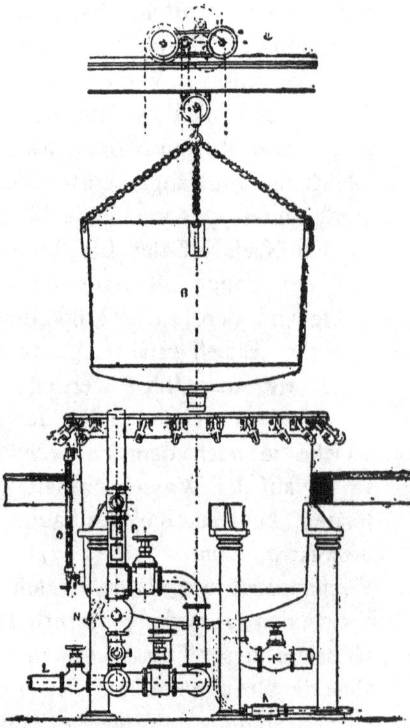

Fig. 156.

zum Abnehmen eingerichtet; die Zirkulation wird durch die Zentrifugal-Pumpe *D* resp. Leitung *E* bewerkstelligt. *F* ist ein Ablaßventil, *G* ein Dampfeinlaß, *H* die Waschwasserleitung und *I* die Leitung für den Laugenzufluß. Im unteren Teile des Kessels liegt eine Heizschlange, deren Kondenswasser durch *K* abgeführt wird. Bei *N* ist ein Ventil für direkten Dampfeinlaß, *O* ein Wasserstandsglas und *P* ein Beobachtungsglas für den Laugengang. Die Einrichtung bezweckt eine Verbesserung des Mather-Plattschen Kesselwagens durch Anordnung eines dicht auf dem ganzen Boden liegenden Zwischenbehälters; es kehrt die Idee hier wieder, die in Fig. 102 vom Verfasser für liegende Mathersche Bleichkessel angeregt wurde.

---

Ein in England vielfach gebräuchlicher Bäuchkessel ist der von Farmer und Spenlé, welcher von der Firma Sir James Farmer & Sons Ltd. in Manchester gebaut und durch Fig. 157 illustriert wird.

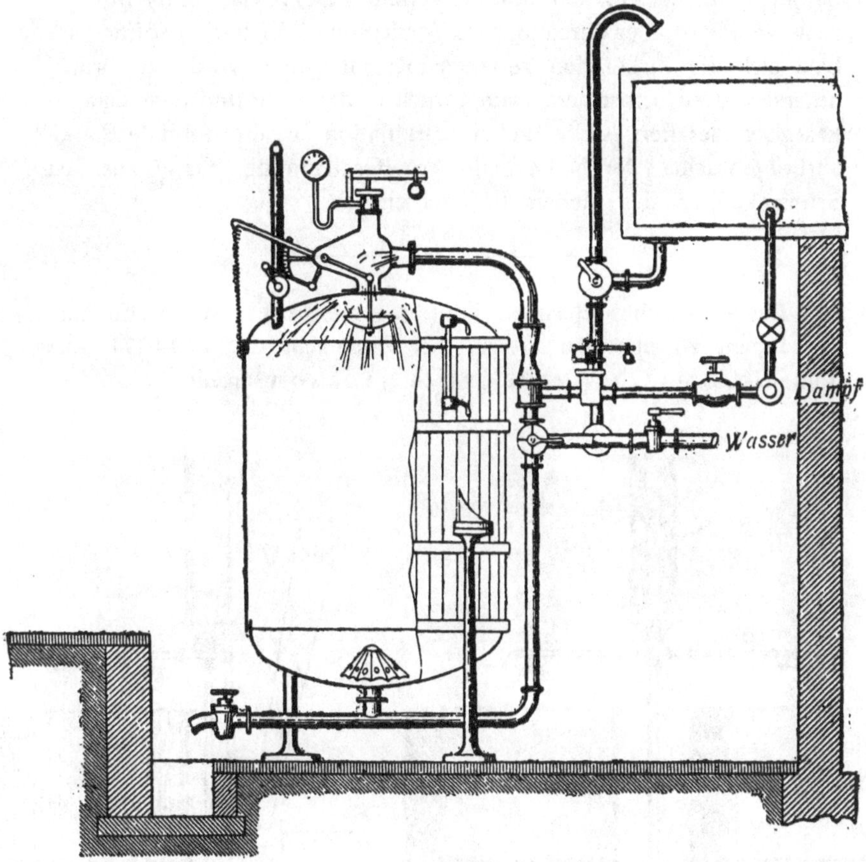


Fig. 157.

Bei dieser Einrichtung ist wieder auf den Injektor zurück-gegriffen, welcher durch eine besondere Konstruktion mit einem möglichst geringen Dampfverbrauch zu arbeiten gestattet; ein eingeschaltetes Reduktionsventil erleichtert die Aufsicht im Betrieb des Kessels. Durch eine besondere Konstruktion wird die Zirkulation der Lauge kontrolliert. Der dazu angewandte Indikator besteht aus einer perforierten beweglichen Platte, die an einer Führungsstange am Ende eines Hebels aufgehängt ist; dieser Hebel setzt eine Achse in Bewegung, die aus dem Gehäuse am oberen Teile des Kessels herausgeht. Beim Auftreffen der Lauge auf die Platte senkt und hebt sich dieselbe und gibt so den Druck an einem angebrachten Segment zu erkennen. Ein zweiter kleiner Hebel, an dieselbe Achse montiert, steht mit einem Luftventil in Verbindung. So lange die Zirkulation normal verläuft, bleibt das Luftventil geschlossen, wird aber durch letztere Vorrichtung selbsttätig geöffnet, sobald sich die Zirkulation verlangsamt. Hierdurch wird der Druckunterschied zwischen dem Dampfdruck in der Kufe und dem Dampfkessel wieder hergestellt und die Zirkulation auf die normale Stärke zurückgebracht. Der bedienende Arbeiter kann den Gang aus den Schwankungen des Hebels beobachten.

Ein drastisches Beispiel dafür, wie leicht es ist, in England ein Patent zu erlangen, liefert die Patentschrift No. 14 174 vom Jahre 1900 an Charles Loxton Jackson erteilt.

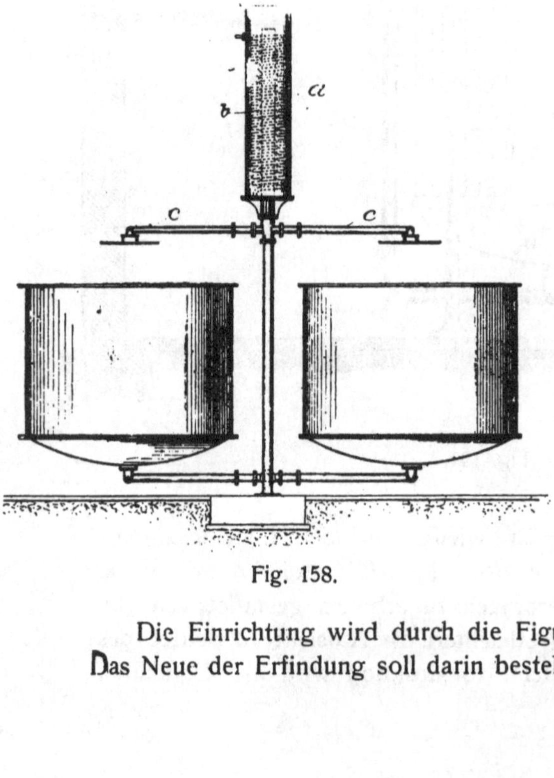


Fig. 158.

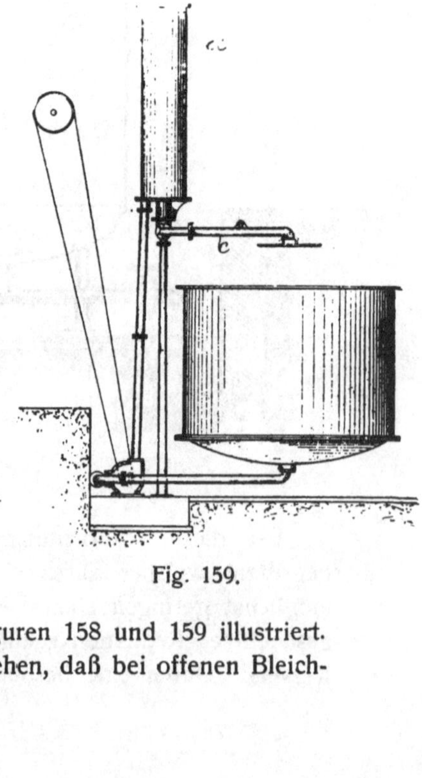


Fig. 159.

Die Einrichtung wird durch die Figuren 158 und 159 illustriert. Das Neue der Erfindung soll darin bestehen, daß bei offenen Bleichkufen, deren Boden durch eine Rohrleitung mit einer Pumpe in Verbindung steht, diese die Lauge unter dem Siebboden der Kufen wegsaugt und dieselbe in einen darüber befindlichen Laugenerhitzer *a* drückt. Letzterer ist mit spiralförmiger Dampfschlange *b* ausgerüstet, um welche die Lauge nach dem Austritt aus dem Druckrohr zirkuliert, um, auf diese Weise erhitzt, durch die Verteilungsrohre *c* den Lauf wieder in die Bäuchkufen zu nehmen.

---

Den Gegenstand der britischen Patentbeschreibung 15 486 AD 1900 von Lishman Haughton, Kirkpatrick und Lishman Proces Bleaching Co. bildet ein Bleichkessel (Fig. 160),

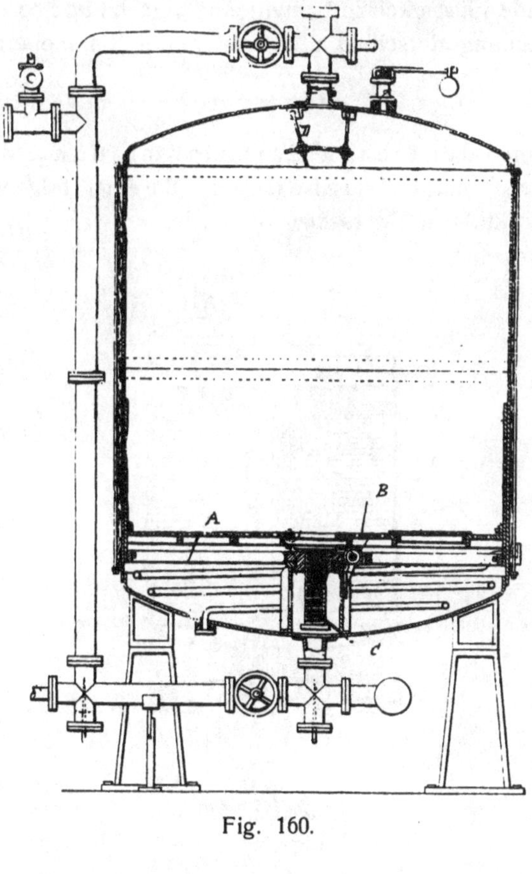


Fig. 160.

welcher ermöglicht, das Arbeitsgut zu kochen, unter Druck zu behandeln, der Wirkung kreisender Flotten in beiden Richtungen auszusetzen, von beiden Seiten gleichzeitig große Dampfmengen auf das Arbeitsgut ohne Kreislauf der Flotte wirken zu lassen und endlich die Bleichflüssigkeit aus dem Kessel in den Vorratsbehälter zurückzutreiben. Das Wesen des Bleichkessels besteht darin, daß über dem die Heizschlange abdeckenden doppelten Boden *A* ein zweiter gelochter Boden *B* vorgesehen ist, welcher das Material trägt und mittelst einer Stellspindel *C* von außen gehoben und gesenkt werden kann, zu dem Zweck, das Arbeitsgut näher an die Heizschlange heran resp. weiter von derselben wegzubringen, gleichzeitig aber auch den Fassungsraum in seiner Höhe verkürzen zu können. Im Deckel des Bleichkessels befindet sich unter dem zentral angeordneten Eintrittsrohr für die Flüssigkeit, den Dampf usw., eine durchlochte Platte *D*, welche pendelnd aufgehängt ist, durch die auf sie auftreffende Flüssigkeit in Schwingung versetzt und so eine gleichmäßige Verteilung derselben über die ganze Warenoberfläche herbeiführt.

---

Nach einer deutschen Patentanmeldung vom Januar 1902 hat die Firma Fr. Gebauer in Berlin folgende Bäuchkessel-Konstruktion in Vorschlag gebracht.

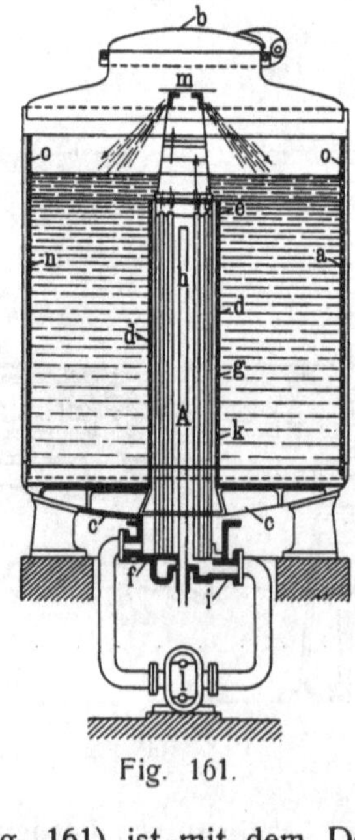


Fig. 161.

Der Kessel *a* (Fig. 161) ist mit dem Deckel *b* versehen. Am Boden *c* ist zur Erwärmung der Lauge Heizkessel *A* befestigt, der aus dem Metallblech *d* und den beiden Stirnwänden *e* und *f* besteht, in denen die Rohre *g* befestigt sind. Durch Rohr *h* strömt der zur Erhitzung erforderliche Dampf ein, füllt den Raum um Rohr *g* aus und verdrängt das sich bildende Kondenswasser durch die ringförmige Oeffnung *i*. Heizkessel *A* ist von einem gelochten Blech *k* umgeben, das einerseits verhindert, daß die zu kochende Ware unmittelbar mit der heißen Mantelfläche des Heizkörpers *d* in Berührung kommt, andererseits zuläßt, daß die zur Pumpe *l* zurückfließende Flüssigkeit vom äußeren Umfang radial abgesaugt und durch die Mantelfläche *d* auf höhere Temperatur gebracht wird. Der Kreislauf der Flüssigkeit wird durch eine Hochdruckpumpe bewirkt derart, daß die Flüssigkeit durch die Rohre *g* getrieben und oberhalb derselben durch den Deckel *a* nach allen Seiten hin gleichmäßig über das Arbeitsgut verteilt wird. Durch den im Kessel angeordneten gelochten Innenmantel *o* wird ermöglicht, daß die Flüssigkeit das Arbeitsgut vollständig umspülen, die Absaugung in radialer Richtung durch das Arbeitsgut erfolgen kann, wodurch dasselbe aufgeschwemmt erhalten bleibt.

---

Der in Fig. 71 vorgeführte Kochkessel mit innerer Zirkulation der Firma C. H. Weisbach in Chemnitz hat in letzter Zeit eine Aenderung erfahren, wie sie aus Fig 162 hervorgeht.

Innerhalb enthält dieser Kessel einen gelochten, aus einer Anzahl Segmenten bestehenden Boden, der im Mittel auf einem ausgesparten Stutzen und mit seinem Umfang auf dem Kesselrand aufsitzt; unterhalb dieses Zwischenbodens liegt eine ungelochte Heizschlange, welche einerseits mit Dampfeingang *A*, andererseits mit Kondenswasserabführungs-Rohr *B* verbunden ist.

Des weiteren ist innen ein Flottensteigrohr mit Injektor und Uebergußhaube angeordnet, welches nach außen mit einem Dampfeingang *C* in Verbindung steht; ferner ist ein Laugenablaßhahn *D* vorhanden.

Der Deckel ist durch eine Anzahl Scharnierbügelmutterschrauben dampfdicht verschließbar und kann mittelst Handkurbel, Schneckenübersetzung und Kette, sowie Leitrollen in einem Führungsbügel hochgehoben und durch Umschlagknaggen in gewisser Höhe festgehalten werden.

An Armatur befinden sich auf dem hochwindbaren Deckel Sicherheitsventil, Manometer und Lufthahn.

---

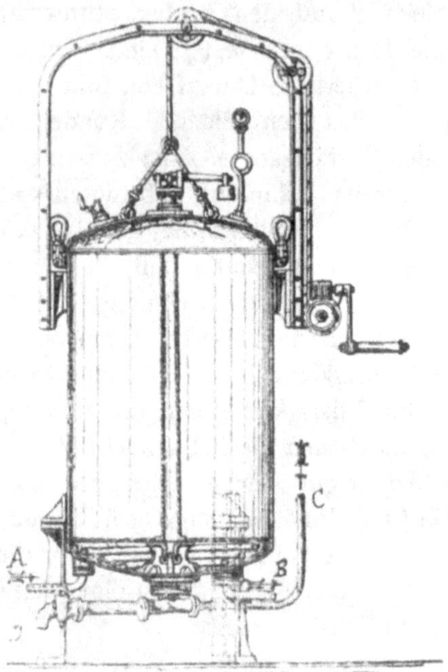


Fig. 162.

Ueber eine Kesselkonstruktion von **John Casper Tyms** sagt die **Deutsche Patentschrift No. 138787** folgendes:

Den Gegenstand der Erfindung bildet eine Bleichvorrichtung, bei welcher das Uebergießen der Ware unterbrochen und möglichst kräftig erfolgen soll. Zu diesem Zwecke ist der Bleichkessel durch eine nahe dem Boden angeordnete Scheidewand geteilt, welche sich nach unten öffnende Ventile enthält, während ein in der Mitte auf der Scheidewand stehendes Steigrohr oben ein durch Senkung sich schließendes Ventil trägt.

Fig. 163 ist ein senkrechter Schnitt durch die Bleichvorrichtung.

Die im Kessel *a* nahe dem Boden vorgesehene Scheidewand *b* ist mit Ventilsitzen $c^1$ ausgestattet, deren Sitzflächen nach unten gerichtet sind, wo mehrere Arme je eine Führung für die Spindeln der Ventile *c* halten, welche sich mit je einer Schraubenfeder auf die Führung stützen, wenn sie nicht durch einen Schwimmer *e* nach oben gegen den Sitz gedrückt werden. Ein Rost *f* im Kessel trägt das zu bleichende Gut. Ueber jedem Ventil hängt ein Schirm $d^1$ an dem Rost, um das Hineinfallen von Fasern in die Ventile zu verhindern. Das Steigrohr *g* trägt oben einen Ventilsitz *h* mit nach unten ragenden Armen $h^1$ und Führung *i* für eine Spindel *j*. Das

Ventil *k* öffnet sich nach oben; seine Spindel *j* trägt unten einen Schwimmer, über welchem noch ein Führungsschlitten angebracht ist. Ueber dem Ventilsitz *h* ist eine Haube *m* mittels dreier Stifte so befestigt, daß sie die Bleichflüssigkeit ringsum ungehindert austreten läßt.

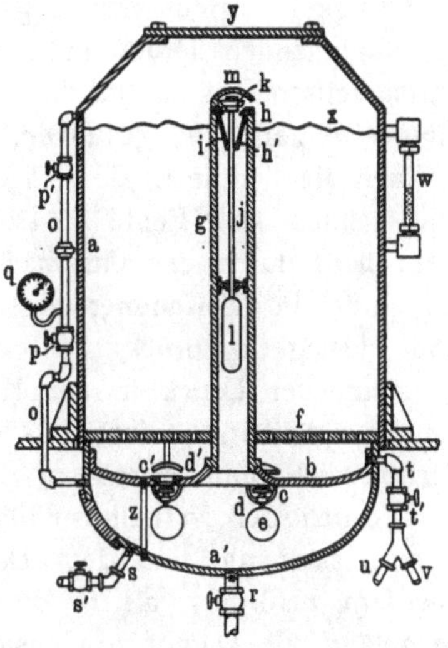


Fig. 163.

An der Kammer $a^1$ sitzt ein Abflußrohr mit Absperrorgan *r* und ein Dampfrohr *s* mit Ventil $s^1$. Dicht über der Scheidewand *b* ist der Kessel durch ein Rohr *t* mit Ventil $t^1$ an zwei Leitungen *u* und *v* angeschlossen, um Wasser oder Bleichflüssigkeit einführen zu können.

Der Kessel wird bis zur Linie *x* mit Bleichgut gefüllt, worauf man den Deckel *y* schließt. So lange noch keine Bleichflüssigkeit eingeführt ist, werden die Ventile *c* durch ihr eigenes Gewicht und das der Schwimmer *e* offen gehalten, während Ventil *k* auf dem Steigrohr unter dem Einfluß des Eigengewichtes und des Schwimmergewichtes geschlossen gehalten wird. Man führt dann durch Rohr *t* oberhalb der Scheidewand *b* die Flüssigkeit ein, welche durch die offenen Ventile *c* in die Kammer $a^1$ fließt, bis dieselbe die Schwimmer *e* hebt und die Ventile *c* schließt, worauf die Flüssigkeit in dem Kesseloberteil etwa bis zu der im Wasserstandsglase *w* angedeuteten Höhe steigt. Das Ventil $t^1$ wird dann geschlossen und $s^1$ geöffnet, so daß Dampf in die Kammer $a^1$ eintritt, in der er durch die geschlossenen Ventile *c* und *k* zurückgehalten wird, bis sein Druck das Oeffnen des Ventils *k* bewirkt. Das wird nicht eher geschehen, bis die Flüssigkeit vollständig erhitzt und zum Kochen gebracht ist. Sobald dies geschehen ist und der Dampfdruck das Ventil *k* geöffnet hat, reißt der nach oben dringende Dampf die infolge des Siedens wallende Flüssigkeit mit sich, die ihrerseits auf den Schwimmer *l* derartig einwirkt, daß infolge dessen Auftriebes ein Offenhalten des Ventils sich ergibt.

Die wallende Flüssigkeit ergießt sich ringsum über die Ware und erzeugt einen zunehmenden Druck in dem oberen Teil des Kessels. Ist der Flüssigkeitsspiegel infolge des stattgehabten Uebergießens in der Kammer $a^1$ genügend gesunken, so sinken auch die Schwimmer *e* und öffnen die Ventile *c*. Da sich nun der Druck oben und unten ausgleicht, schließt sich Ventil *k*. Die auf das Bleichgut gebrachte Flüssigkeit fließt durch das Gut nach unten und durch Rost *f* und Ventile *c* zurück in die Kammer $a^1$.

Wenn genügend Flüssigkeit zurückgeflossen ist, um die Ventile *c* zu schließen, steigt der Druck in der Kammer wie vorher wieder und treibt die Flüssigkeit erneut durch das Steigrohr nach oben. Dieses Spiel wiederholt sich ununterbrochen. Die Bewegung der Bleichflüssigkeit wird durch den verhältnismäßig großen Abstand zwischen dem oberen Kesselende und dem Dampfzuführungsrohr der Kammer $a^1$ insofern befördert, als in dem oberen Teil des Kessels der dorthin gelangende Dampf kondensiert wird und daher Unterdruck herbeizuführen sucht.

Die Schraubenfedern der Ventile *c* sollen nicht dazu dienen, diese Ventile zu schließen, sondern wirken als elastische Zwischenglieder.

---

Ein Kochkessel, bei welchem im Arbeitsgut Verteilungsrohre für die Flüssigkeit angeordnet sind, wurde Max Haas durch das deutsche Patent No. 144768 geschützt. In Fig. 164 und 165 ist der Kessel im Längsschnitt und im Querschnitt dargestellt. Die gelochten, eventuell gebogenen Rohre *y*, welche in auswechselbarer Verbindung mit dem zentral angeordneten Flottenzuführungsrohr *x* stehen, führen die durch Rohr *x* aufsteigende Flotte in die zwischen den Rohren verteilte Ware.

Das Einführen derselben wird in folgender Weise ermöglicht: Das Zuführungsrohr *x*, welches durch Längswände in vier innere Leitungen *a b c d* zerlegt ist, ist an der Außenwandung geschlitzt, so daß die Rohre *y* von oben her in die Schlitze der Wandung eingeführt werden können. Die Rohre sind an den Einführungsenden etwas breit gequetscht und mit Flanschen versehen oder umbördelt, um ein gutes Anliegen an die Wandung des Schlitzes bezw. des

Rohres *x* herbeizuführen. Soll der Kessel gefüllt werden, so wird zunächst auf den gelochten Boden des Kessels Ware gepackt, und,

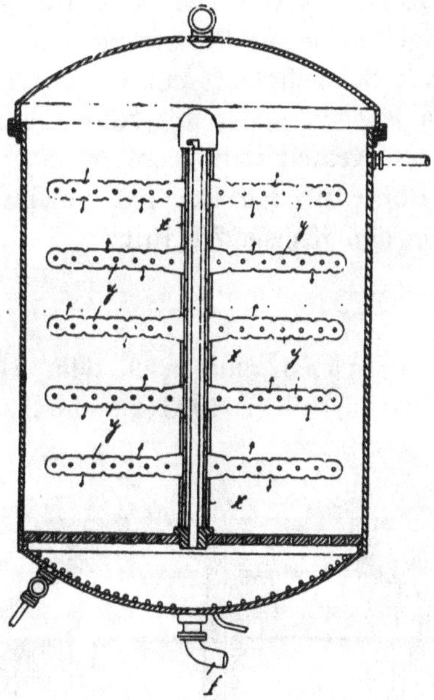

Fig. 164.

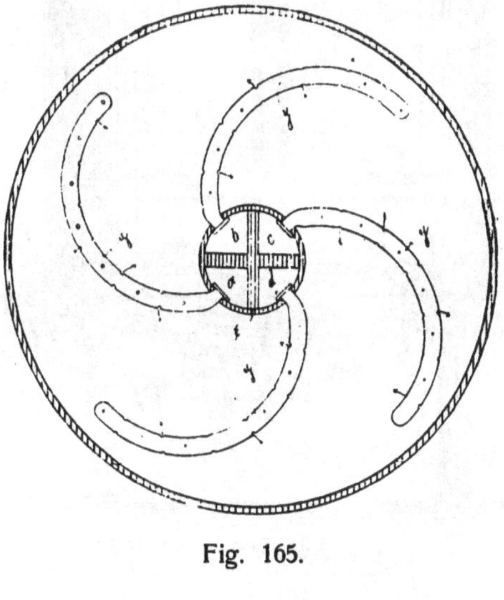

Fig. 165.

nachdem dieselbe eine gewisse Höhe angenommen hat, wird die erste Schicht Verteilungsrohre von oben durch die Schlitze eingeführt, sodann wird wiederum eine größere Schicht Ware, dann wiederum Rohre und so fort bis zur Füllung des Kessels eingebracht. Alsdann wird das zentrale Zuführungsrohr oben mit einer Kappe bedeckt und der Kessel geschlossen. Die durch Rohr *f* nunmehr in den Kessel eingebrachte Flotte verteilt sich mit Hilfe der gelochten Rohre *y* mit Schnelligkeit und Gleichmäßigkeit im ganzen Kessel. Auch beim Kochen findet mit Hilfe dieser Rohre eine lebhafte Zirkulation im Kessel statt insofern, als beim Kochen die Flotte durch die Rohre in das Kochgut hineinsteigt, zurückfließt, und so wiederum in den Kreislauf eintritt.

Von John Brennand rührt nach dem englischen Patent No. 18075 vom Jahre 1903 die durch Fig. 166 und 167

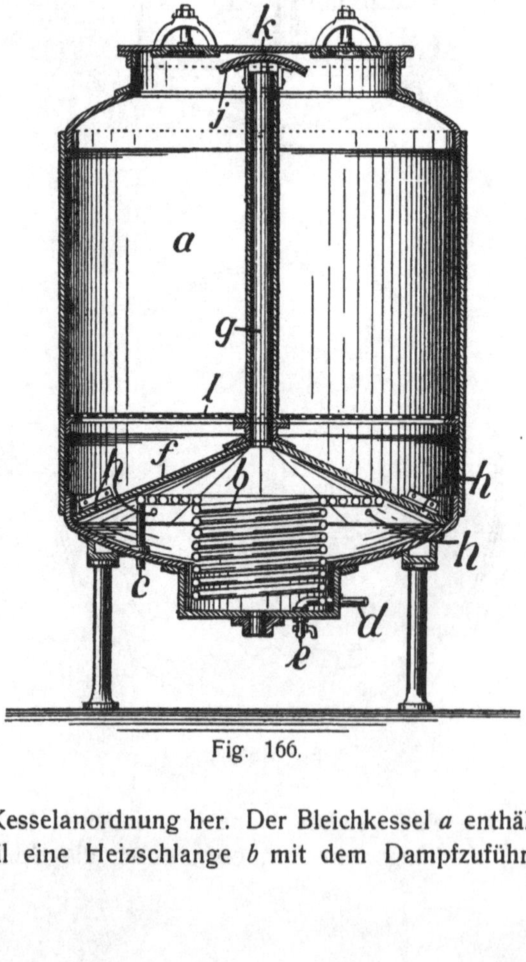


Fig. 166.

illustrierte Kesselanordnung her. Der Bleichkessel *a* enthält in seinem unteren Teil eine Heizschlange *b* mit dem Dampfzuführrohr *c* und dem Dampfablaß *d*; *e* ist ein Ablaßhahn. Um das zentrale Uebergußrohr *g* ist an dessen unterem Ende eine konisch nach unten verlaufende Zwischenwand *f* vorgesehen. Dieselbe ist mit Durchlaßlöchern *h* (Fig. 167) versehen, um der Lauge den Durchgang vom

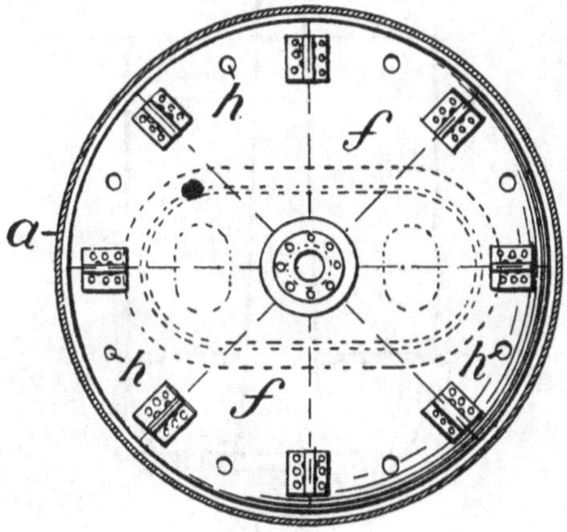


Fig. 167

oberen in den unteren Teil des Kessels zu gewähren. Das Uebergußrohr *g* steht am unteren Ende mit dem durch die Zwischenwand gebildeten kleineren Raume in Verbindung; am oberen Ende ist dasselbe mit Kappe *j* versehen. Die aus dem oberen Teil des Kessels durch die auf Rost *l* ruhende Ware dringende Lauge fließt durch die in der Zwischenwand befindlichen Oeffnungen *h* in den unteren Teil des Kessels, wo sie durch die Heizschlange erhitzt und durch das Uebergußrohr nach oben getrieben wird. Das Verhältnis der in der Zwischenwand enthaltenen Oeffnungen zu dem Durchmesser des Uebergußrohres muß so gewählt sein, daß eine genügende Zirkulation eintritt. Die Oeffnungen der Zwischenwand müssen das Drei- bis Vierfache des Querschnittes des Uebergußrohres betragen, damit keine Gefahr eintritt, daß die Heizschlange mehr Flüssigkeit nach oben treibt, als durch die Ware sickern kann, daß also die unteren Partien des Bleichgutes nicht trocken werden können. Der so konstruierte Kessel kann sowohl als Hoch- wie als Niederdruckkessel benutzt werden.

---

Fig. 168 veranschaulicht einen Bleichkessel von G. B. S a d l e r. Der Kessel *c* ist mit einem falschen perforierten Boden *b* ausgestattet. Ein aufrechtstehendes Uebergußrohr *d*, welches am oberen

Ende in der Kappe *e* ausmündet, an seinem unteren Ende auf dem abgestumpften mit Oeffnungen *a'* versehenen Konus *a* befestigt ist, ist zentral im Kessel gelagert.

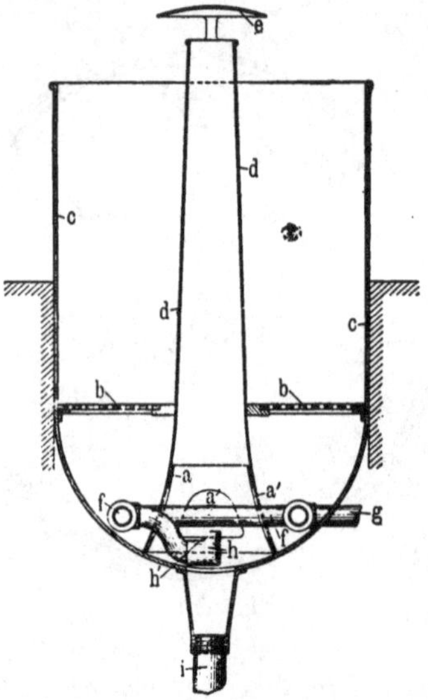


Fig. 168.

Um den Konus *a* läuft Rohr *f*, welches seinerseits mit dem Dampfrohr *g* in Verbindung steht. An Rohr *f* ist weiter das Auspuffrohr *h* angeschlossen, welches unten in der konischen Kammer *a* ausmündet. Um hier das Ausströmen des Dampfes energischer zu gestalten, ist die Ausmündung verengt und nach oben gebogen.

Nachdem die Ware und die Bleichlauge in den Kessel gegeben sind, wird Dampf von geringer Spannung durch Rohr *f* gelassen. Mit steigender Temperatur der Flotte ergießt sich nun die Flüssigkeit bei *e* in bekannter Weise über die Ware. Nach beendetem Kochen wird die Lauge durch Rohr *i* abgelassen.

---

Nach einer deutschen Patentanmeldung vom Jahre 1903 hat die Firma C. G. Haubold jr. in Chemnitz die durch Fig. 169 veranschaulichte Anordnung geschaffen.

Dieselbe bezweckt, unter Umgehung der Aufstellung eines Laugenüberhitzers die Ausnutzung des Dampfes dadurch in ökonomische Bahnen zu leiten, daß die Dampfleitung möglichst direkt an den Kessel angeschlossen wird und durch Ausstrahlung möglichst wenig

Wärme verloren geht. Die Laugenzirkulation ist eine innere, geschieht mittelst Pumpe, die direkt unter den Kessel gesetzt wird, wodurch die Rohrleitungen von und zu dem Kessel kurz ausgeführt werden können. Die Erwärmung der Lauge wird durch eine über dem Kesselboden angebracht Heizschlange bewirkt, wodurch der Dampfverbrauch auf das geringstmöglichste Maß beschränkt wird. Dadurch, daß die Heizschlange aus einem Stücke hergestellt ist, liegen

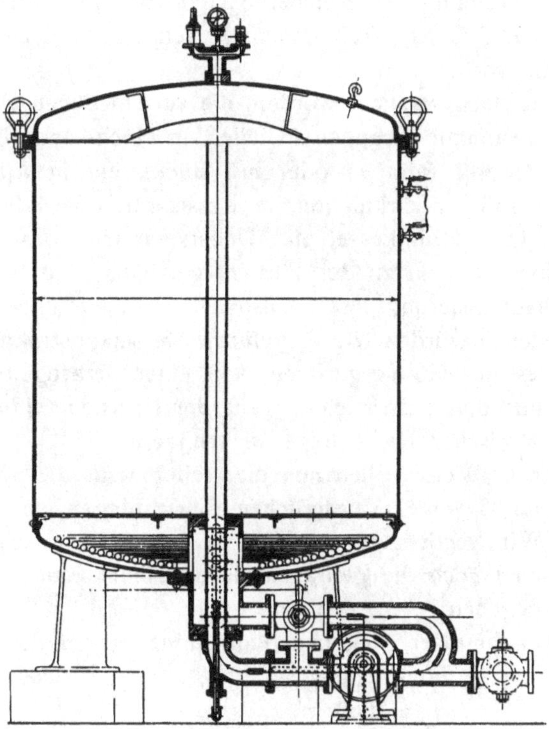

Fig. 169.

im Kessel nur zwei Abdichtungen; der Kessel wird nicht größer im Durchmesser und Höhe für gleiches Füllquantum als bisher, da das Standrohr nur der Pumprohrweite entsprechend stark ist. Es ist dadurch auch das Einpacken des Kochgutes nicht erschwert. Außer der Pumpe ist der Kessel mit Dampfinjektionsrohr versehen, so daß man während der Betriebspausen, in welchen die Pumpe steht, mittelst direkter Dampfeinströmung kochen kann.

*

Hiermit ist die Reihe der hauptsächlichsten in Betracht kommenden Einrichtungen zum Bäuchen baumwollener Gewebe erschöpft. Die Vorrichtungen, welche zum Behandeln der Ware in breitem Zustande konstruiert wurden, sind absichtlich ausgeschaltet worden, wie auch eine Anzahl Patente, welche, auf der Grenze liegend, fast ausschließlich für das Bleichen von Garnen und von losem Material keine Erwähnung gefunden haben. Die Aufnahme dieser Einrichtungen würde die Uebersichtlichkeit weiter beeinträchtigt haben.

Die Beschreibung der Bleicherei baumwollener Materialien, wie lose Baumwolle, Cops, Kreuzspulen, Ketten etc. muß einem besonderen Werk vorbehalten bleiben. —

Es ist vielfach versucht worden, die verschiedenen Bleichkesselsysteme in bestimmte Gruppen zu teilen, in Hoch- und Niederdruckkessel, Kessel mit Pumpen oder mit Injektoren, in Apparate mit innerer und äußerer Zirkulation, in Kessel mit oder ohne Laugenvorwärmer, in Vakuumkessel etc. Uebersieht man das vorliegende Material, so wird man zu der Einsicht gelangen, daß bei Einhalten solcher Schablonisierung fast ebensoviele Gruppen und Unterabteilungen entstehen würden wie vorgeführte Kesselkonstruktionen. Verfasser hat es deshalb vorgezogen, von einer derartigen Einteilung abzusehen und den Entwickelungsgang der Bäucheinrichtungen möglichst in historischer Reihenfolge zu schildern. —

In gleicher Weise sollen nun die weiteren für die Strangbleiche baumwollener Gewebe erforderlichen Einrichtungen zur Darstellung gelangen. Wir wenden uns zunächst zu den Strangwaschmaschinen.

Hier seien noch die gebräuchlichsten Dimensionen von Bäuchkesseln angegeben:

| | | | | | | | | |
|---|---|---|---|---|---|---|---|---|
| 1200 | mm | Durchmesser, | 1500 | mm | Mantelhöhe, | ca. | 1700 | Liter Inhalt, |
| 1200 | „ | „ | 1850 | „ | „ | „ | 2000 | „ „ |
| 1500 | „ | „ | 2000 | „ | „ | „ | 3500 | „ „ |
| 1700 | „ | „ | 2000 | „ | „ | „ | 4500 | „ „ |
| 1700 | „ | „ | 2500 | „ | „ | „ | 5700 | „ „ |
| 2000 | „ | „ | 2200 | „ | „ | „ | 7000 | „ „ |
| 2000 | „ | „ | 2500 | „ | „ | „ | 8000 | „ „ |
| 2000 | „ | „ | 3000 | „ | „ | „ | 9500 | „ „ |
| 2200 | „ | „ | 3300 | „ | „ | „ | 12500 | „ „ |

## Strangwaschmaschinen.

Der Bau von Strangwaschmaschinen für baumwollene und leinene Gewebe setzte in den zwanziger Jahren des neunzehnten Jahrhunderts

Fig. 170.

ein. Nach Grothe*) wurden die Mittel zum Reinigen der Zeuge von den verschiedenen Nationen verschieden gewählt. Von dem

*) Die Waschmaschinen, Monographie von Joseph Dépierre unter Mitwirkung von Dr. Conrad Bötsch, deutsch nach der dritten französischen Ausgabe, Wien, Gerold und Sohn 1884.

Schlagen der Gewebe mit Handschlägeln anfangend ging man für Baumwolle in England bald zum Waschrade über, in Frankreich zur Walzenwaschmaschine, in Deutschland zur Prätschmaschine, in der Schweiz zur Hammerwalke. Im allgemeinen führte man nach 1820 die Clapeaux ein, während daneben die Waschräder, die am wenigsten leistungsfähigsten Waschmaschinen, vereinzelt für besondere Zwecke bis auf unsere Tage in Betrieb blieben. In Fig. 170 ist einer der letzten Repräsentanten derselben von der Firma C. H. Weißbach in Chemnitz ausgeführt wiedergegeben.

Das Waschrad besteht aus einer Trommel von 2 m Durchmesser und 3/4 m Tiefe und wird von einer Transmission in Umdrehung versetzt. Durch zwei unter einem rechten Winkel sich kreuzende durchlöcherte Abteilungen ist die Trommel in vier Teile geteilt. Auf der Vorderseite befinden sich vier Oeffnungen, durch welche die Stücke in die Trommel gebracht werden. In jede Abteilung kommen 2 Stück. Auf der Rückseite der Trommel befindet sich für jedes Abteil ein runder Ausschnitt mit Messingstäben verschlossen, um die Ware vor dem Herausfallen zu schützen, auch im Umkreise sind kleine Oeffnungen angebracht. In das Waschrad fließt fortwährend Wasser, welches unten wieder abläuft. Die Geschwindigkeit des Waschrades muß gut reguliert werden, darf keine zu schnelle, noch zu langsame sein, damit die Ware in demselben fortwährend hin- und hergeworfen wird, was bei 20 Umdrehungen in der Minute erreicht wird.

In Fig. 171 ist eine Hammerwaschmaschine dargestellt,*) welche namentlich in kleineren Betrieben sich noch erhalten hat. In der Hauptsache wird sie heute nur für leinene und halbleinene Stoffe gebraucht.

Schwere hölzerne Hämmer *a*, werden durch Daumen *b* der in langsamer Drehung befindlichen Welle *c* gehoben und fallen durch ihr Gewicht auf das im offenen Waschkasten *d* unregelmäßig zusammengefaltete Gewebe, welchem durch Rohr *e* ein steter Wasserzufluß zugeführt wird. Der Angriff der Hebeldaumen *b*, von denen gewöhnlich zwei für jeden Hammer vorhanden sind, erfolgt an der Hebellatte *f* des abgetreppten Hammerkopfes *g*. Die Lager *h* für die Drehzapfen *i* der Arme *k* befinden sich auf zwei starken Holzböcken *l*, deren Unterlage *m*, gleichwie das Daumenlager *n*, durch starke Ankerschrauben *o* mit dem Fundament verbunden sind.

*) J. Zipser, Apparate, Geräte und Maschinen. Leipzig 1894.

Im allgemeinen sind in Konstruktion und Bau von Kontinue-Strangwaschmaschinen für die Zwecke der Baumwollstoffbleicherei in den letzten Dezennien erhebliche Aenderungen gegen frühere Ausführungen nicht zu verzeichnen; wir begnügen uns mit denjenigen Vorschlägen, welche in den 50er Jahren des vorigen Jahrhunderts bereits in die Praxis übersetzt waren.

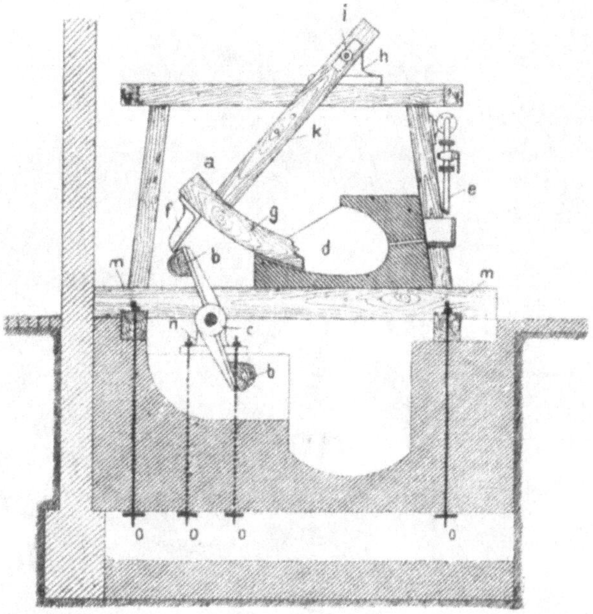


Fig. 171.

Die beiden Haupttypen der Strangwaschmaschinen, welche sich bis heute erhalten haben, sind das Clapeau mit festem und das mit losem Strang.

Zu den Maschinen für die Arbeit in festem Strang älterer Konstruktion gehört die in Fig. 172 dargestellte Maschine von Charles Robert Robinson und Thomas Bowden (engl. Patent No. 11 132 vom Jahre 1846).

Unter den älteren Maschinen welche mit losem Strang arbeiten, gehören die durch Fig. 173 und Fig. 174 vorgeführten englischen Konstruktionen, wovon Fig. 173 William und Colin Mather und Ferdinand Kaselowsky (engl. Patent No. 13 310 A. D. 1850) zum Erfinder hat.

Erfinder der in Fig. 174 dargestellten Maschine ist Henry Thomson (engl. Patent No. 847 vom Jahre 1852).

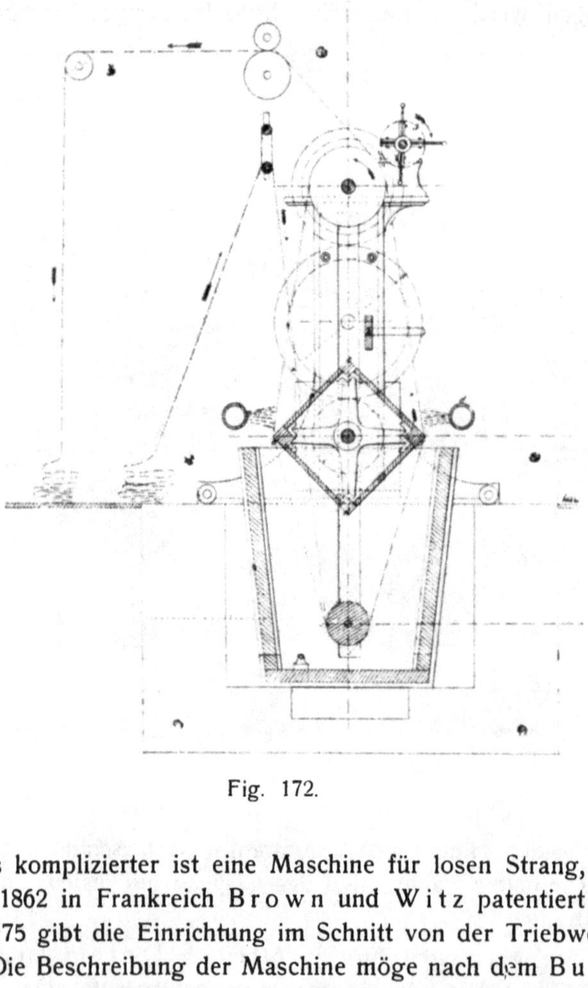

Fig. 172.

Etwas komplizierter ist eine Maschine für losen Strang, welche im Jahre 1862 in Frankreich Brown und Witz patentiert wurde. Fig. 175 gibt die Einrichtung im Schnitt von der Triebwelle aus wieder. Die Beschreibung der Maschine möge nach dem Bulletin de la Société industrielle de Mulhouse 1864 hier folgen:

Die tätigen Teile der Maschine sind die beiden horizontalen Zylinder *Z*, *C*, unter welchen die zu waschenden Stoffe gepreßt werden; ferner ein besonderes Agitator-System *d*, welches die Stoffe schlägt und öffnet und zwischen den Walken *D*, $D^1$ tätig ist.

Das Hauptgestell besteht aus den beiden Seitenwänden *E*, $E^1$, in welchen sich die Lager für die Wellen der Maschine befinden. Die Seitenwände sind durch drei starke eiserne Riegel *e* und durch die

Wellbäume der Preßwalzen *Z*, *C* miteinander verbunden. Die Preßwalzen sind folgendermaßen zusammengesetzt: Um einen starken Wellbaum sind gußeiserne Platten und über diese wieder hölzerne Faßdauben gelegt. Der Wellbaum der unteren Preßwalze *Z* ruht in den Lagern zweier Ständer, welche mit den an den Seitenwänden *E*, $E^1$ befestigten Kniestützen $z^1$ zusammengegossen sind; jene Ständer bilden einen Teil des Hebels *z*, welche an der Spitze der Knie-

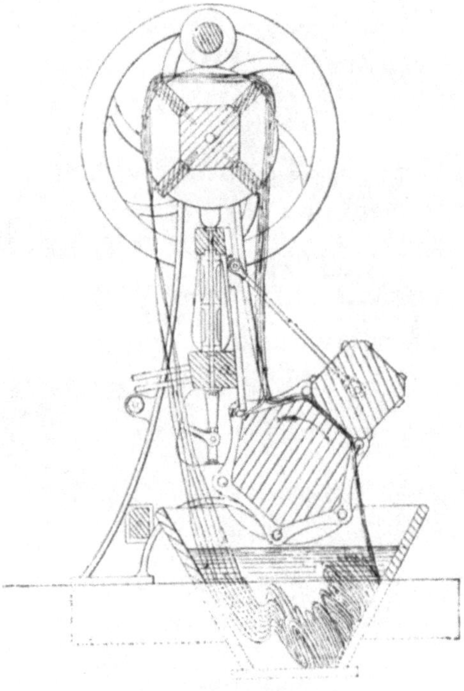

Fig. 173.

stücke $z^1$ im Gelenk gehen. Um den Druck der oberen Preßwalze auf die untere gleichmäßig zu regulieren, dienen die Gegengewichte *c*, welche an den von den Hebelenden herabgehenden Stäben $c^1$ angehängt sind.

Die Bewegung wird durch das Stirnrad *F* bewirkt, welches von dem auf der Hauptwelle $F^1$ festsitzenden Getriebe *F* getrieben wird. Am entgegengesetzten Ende der Hauptwelle $F^1$ sind die Los- und Festscheiben *Q* $Q^1$ angebracht. Auf der inneren Seite der feststehenden Riemenscheibe *Q* ist Getriebe *g* befestigt, welches in Stirnrad *G* am Ende der horizontalen, den Agitator treibenden Welle $G^1$ greift.

*h* ist eine kleine hölzerne Walze, über welche das zu waschende Gewebe fortgeführt wird; diese erhält ihre Bewegung durch die Riemenscheiben *HH,I*, von denen die erstere auf der Hauptwelle *FI* und die letztere auf der Welle der Walze *h* befestigt ist.

Der Agitator *d* besteht aus zwei Metallröhren, welche sich zwischen den Seitenwänden horizontal über die ganze Breite der

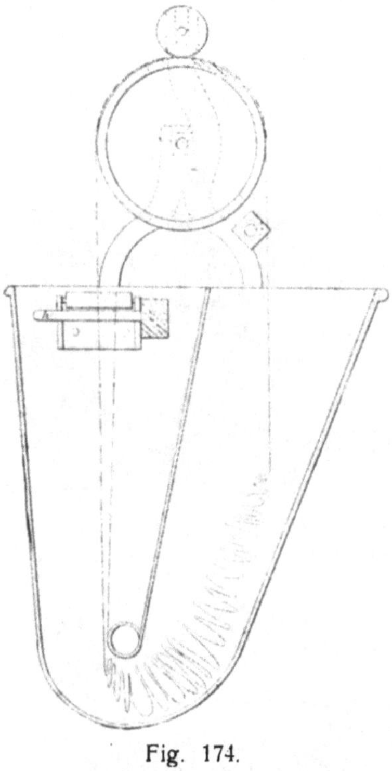

Fig. 174.

Maschine ausdehnen; ihre Verbindung wird am Ende durch die beiden gußeisernen Hebel *I*, *I*¹ bewirkt, welche sich frei an einem durch die Gestellwand gehenden Stützpunkt schwingen. Ihre parallele Schwingung erhalten die beiden Hebel *II*¹ durch die beiden kleinen Daumen *JJI*, welche ihre Bewegung mittelst der Scheibe *GI* von dem Rade *GI* auf der Welle G erhalten, dessen einer Arm und die Scheibe *GI* mit einer Furche versehen ist, in welcher in einer größeren oder geringeren Entfernung vom Mittelpunkt ein Kurbelkopf befestigt ist, an den sich der Kopf des Daumens legt; in dieser Weise läßt sich der Lauf dieses Mechanismus verändern und gestattet dem Agitator eine beliebige Weite zu geben.

Ober- und unterhalb desselben sind die aus je zwei hölzernen Klappen bestehenden Walken an mit Oesen versehenen Eisenstücken befestigt, mittelst welcher sie sich an den Seitenwänden in einer mit der Weite der Agitatoren übereinstimmenden Richtung stellen lassen. Diese Stellung geschieht in der Weise, daß man die Bolzen *dI*, mittelst welcher sie am Gestell festgehalten werden, losschraubt und in die für diesen Zweck vorgesehenen Oeffnungen schiebt.

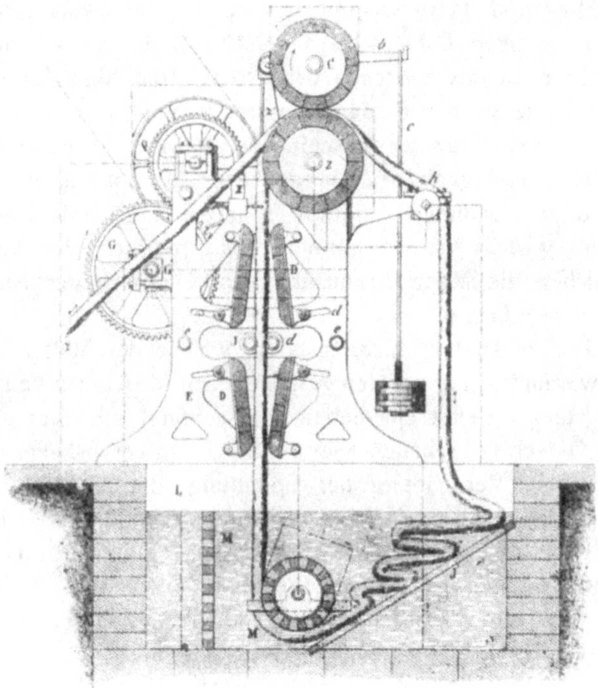

Fig. 175.

Um das Gewebe zu teilen und den Gang desselben zu leiten, ist über den oberen Walzen ein hölzerner Querriegel *X* eingelegt, welcher mit in gleichmäßigen Zwischenräumen aufgestellten Spitzen besetzt ist.

Die Maschine wird über einem Kanal oder Wasserreservoir *L* aufgestellt, in welchem eine aus hölzernen Stäben *LI* gebildete schiefe Ebene, ein Drehhaspel *M* und eine durchbrochene Scheidewand *MI* angebracht sind; letztere hat den Zweck, die Bewegung des Wassers so viel als möglich aufzuhalten.

Die zu waschenden Stücke werden an den äußeren Enden der

Maschine und zwischen den Preßwalzen *C* und *Z* bei *y* in der Richtung der Pfeile eingebracht; durch diese gelangen sie auf die kleine Walze *h*, von welcher sie auf die ein Gitter bildende geneigte Ebene *J1* geleitet werden, wo sie sich auflockern. Nachdem dies geschehen, werden sie von dem sich freidrehenden Haspel aufgenommen, welcher sie, ohne sie auszuspannen, vertikal in der Richtung der Preßwalzen emporführt. Auf diesem Wege gelangen die Stücke zwischen die Rohre des Agitators *d*, welcher durch seine schnelle Hin- und Herbewegung sie rechts und links gegen die Flächen der Walken *D,D1* schlägt. Nachdem die Stücke durch die Walzen und nochmals zwischen den Preßwalzen hindurchgegangen sind, steigen sie wieder in das Bad herab, von dem sie dann am entgegengesetzten Ende der Maschine bei *y1* ihren Ausgang nehmen.

Da die Schnelligkeit des Ganges des Agitators nach Belieben vermehrt oder vermindert, und die Klappen näher oder entfernter voneinander gestellt werden können, ist es möglich, den Grad der Kraft, welchen die Maschine ausüben soll, je nach der Natur der Gewebe zu regulieren.

Drei Punkte sind es hauptsächlich, welche der Waschmaschine von Brown und Witz vor den gewöhnlichen Maschinen den Vorzug geben: Erstens arbeitet sie sieben- bis achtmal schneller als jene, ohne dem Gewebe zu schaden oder die Stücke zu verwickeln; zweitens erlaubt sie, bei Vermeidung der Spannung, die leichtesten Stoffe zu waschen, und drittens bewirkt sie eine vollständigere Reinigung.

Zur Bedienung ist ein Arbeiter und ein Gehilfe erforderlich. In einer Minute können 180 m Gewebe hindurchgelassen werden, und drei oder vier Durchgänge sind genügend, um die stärksten und am schwierigsten zu reinigenden Stoffe zu waschen. —

Aus diesen alten Vorbildern haben sich die modernen Strangwaschmaschinen entwickelt. Wesentliche Neuerungen sind wohl kaum zu verzeichnen. Man hat einem ungleichmäßigen Abnutzen der Walzen durch Führung der einzelnen Warenstränge durch einen changierenden Rechen abzuhelfen gesucht, und ein Aussetzen der Maschine bei Störungen dadurch ermöglicht, daß der Rechen durch etwa folgende Knoten- oder Schlingenbildung im Strange selbsttätig den Stillstand der Maschine veranlaßt.

In alten Bleichereien, die vor 50 oder mehr Jahren gebaut wurden, hatte man, wo die Abfluß- resp. die Terrain-Verhältnisse es erlaubten, darauf gesehen, die Unterwalze der Waschmaschine so zu ordnen, daß ein Wasserstand von 80—100 cm unter derselben blieb. Es wurde dadurch verhindert, daß die im Waschwasser suspendierten schwimmenden Schmutzteilchen sich mit dem Frischwasser zu leicht vermischen oder namentlich nach Betriebspausen sich im Warenstrang festsetzen konnten. —

Die Maschinen der letzten Jahrzehnte haben auf diesen Umstand weniger Rücksicht genommen.

Einer eingehenderen Beschreibung der einzelnen Maschinen, ihrer Vorzüge oder Nachteile glaubt Verfasser sich enthalten zu können.

In Fig. 176 ist eine Konstruktion der Firma Emil Welter in Mülhausen i. E. wiedergegeben für eine Waschmaschine mit festem

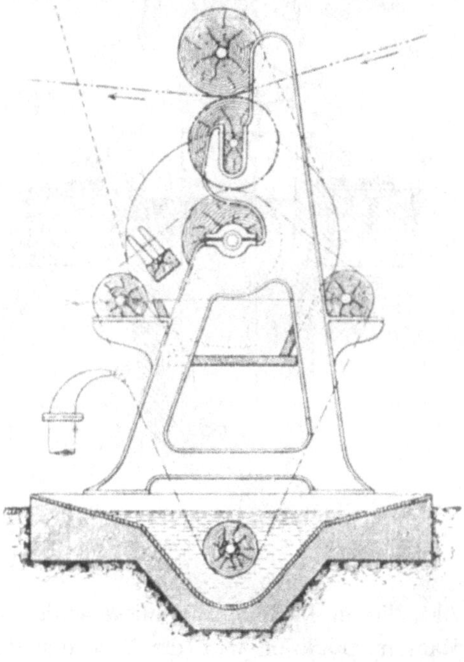

Fig. 176.

Strang, bei welcher ein kleiner unterer Wasserbehälter vorgesehen ist, um einen schnellen Wechsel des Wassers durchzuführen. Ein Gegenstück dazu bildet eine Einrichtung, welche auch vielfach ausgeführt wird, in Fig. 177 nach einer Zeichnung der Firma C. G. Haubold jr. in Chemnitz.

Die Maschinen für festen Strang gebaut, d. h. bei welcher der

Warenstrang nach Verlassen der oberen Waschwalzen auch im unteren Wasserbehälter unter einer festgelagerten drehbaren Walze läuft, bietet gegenüber den Maschinen für losen Strang den Vorteil größerer Betriebssicherheit. Der Strang im gespannten Zustande gibt weniger leicht Veranlassung zum Verwirren und Auflaufen auf die Waschmaschinenwalzen als der lose Strang, andererseits bieten die Maschinen für losen Strang wegen größerer Schonung der Ware, gründlicheren Durchwaschens und damit besseren Ausnutzens des

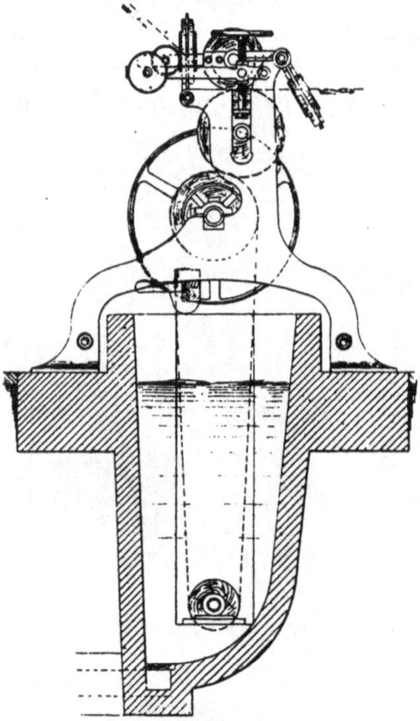

Fig. 177.

Wassers Vorteile, die in kleineren Etablissements gern ausgenutzt werden. Für Massenproduktion wird die Maschine im festen Strang vorgezogen, zumal sie auch mehr in die Länge zieht, ein größeres Uebermaß in der fertigen Ware ergibt, ein Umstand, auf den, bei manchen billigeren Bleichwaren, bedauerlicherweise großes Gewicht gelegt werden muß. Eine Hauptbedingung bei diesen Maschinen ist ein Trog, unter den Walzen angebracht, zur Aufnahme wenigstens eines Teiles des aus den Strängen herausgepreßten unreinen Wassers, so daß solches sich nicht weiter mit dem Wasser im Waschbottich selbst vermischen kann.

In Fig. 178 ist eine weitere Waschmaschinen-Konstruktion für

Fig. 178.

festen Strang der Firma Emil Welter in Mülhausen i. E. vorgeführt.

Fig. 179.

Fig. 179 zeigt eine solche von C. G. Haubold jr. in Chemnitz.

Die in Fig. 180 dargestellte Waschmaschine der Firma Mather & Platt Ltd. in Manchester zeigt in instruktiver Weise eine

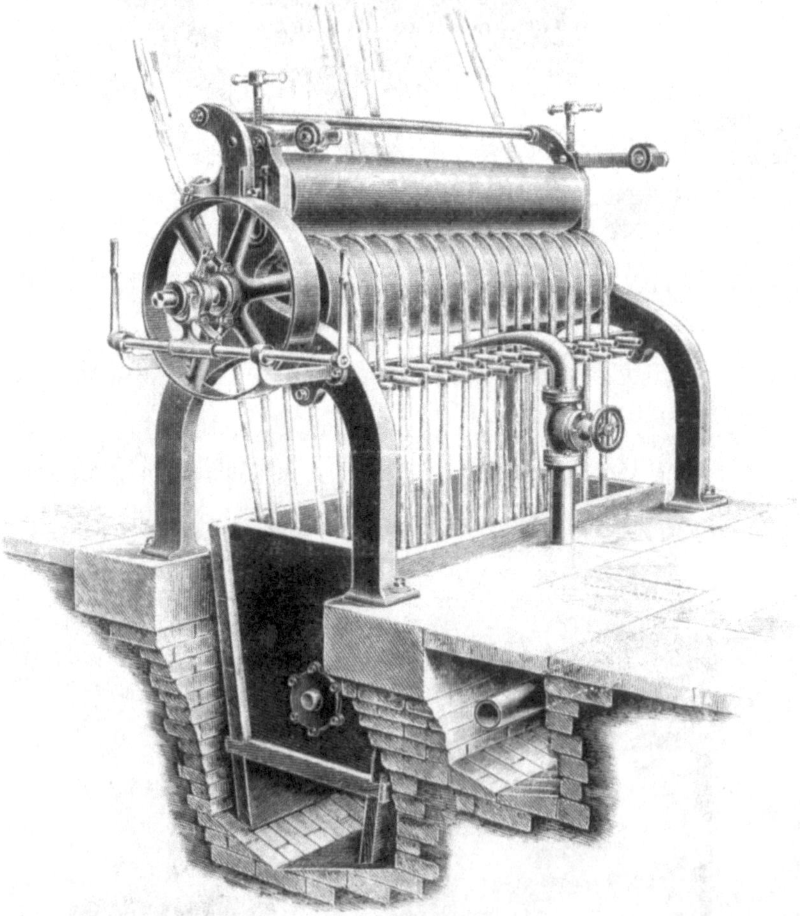

Fig. 180.

vielfach in der Praxis arbeitende Strangwaschmaschine für festen Strang.

Fig. 181 gibt die Ansicht einer solchen Maschine und eines Squeezer der Firma Sir James Farmer and Sons, Ltd. in Manchester wieder.

In Fig. 182 ist eine Strangwaschmaschine der Firma Mather & Platt Ltd. in Manchester wiedergegeben, welche sowohl für festen wie für losen Strang benutzt werden kann. Die punktierte Linie zeigt die Strangführung für die Arbeit mit festem Strang an.

Fig. 181.

Fig. 183 zeigt die Anordnung einer Waschmaschine für losen Strang der Firma C. G. Haubold jr. in Chemnitz.

Von derselben Firma ist die durch Fig. 184 illustrierte Maschine konstruiert worden, welche sowohl für sehr dicke, schwere Gewebe, wie auch für sehr leichte Ware, Gardinenstoffe etc., in die Praxis eingeführt ist. Eine geeignete Anordnung von Scheidewänden im Wasserbehälter dieser Maschine erlaubt das Gegenstrom-Prinzip des Wassers durchzuführen.

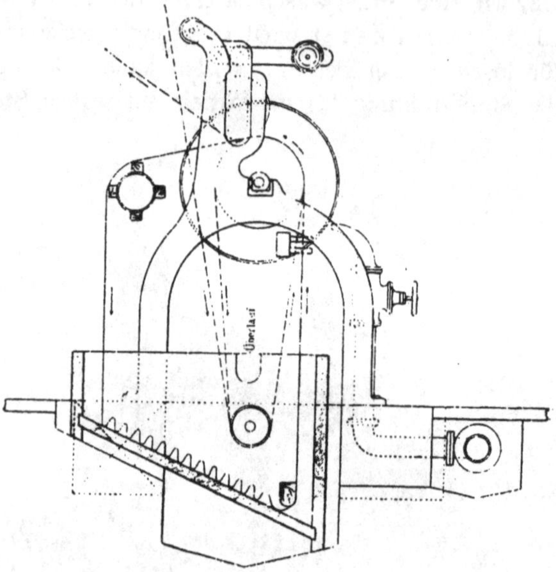

Fig. 182.

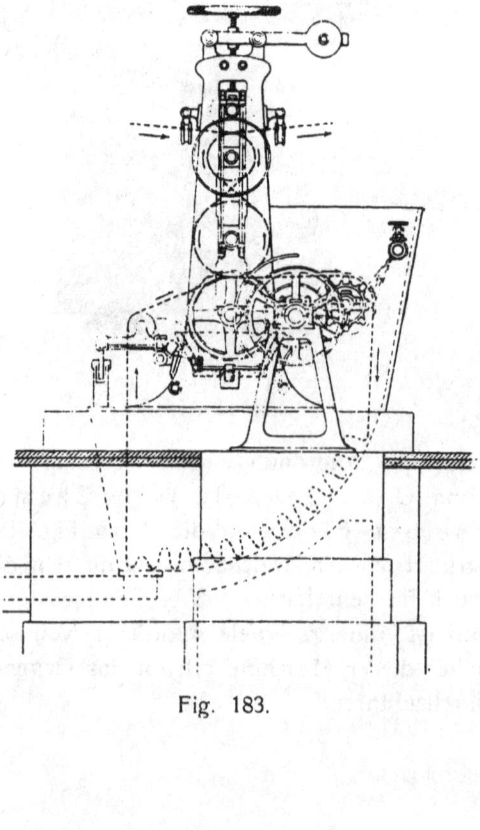

Fig. 183.

Weitere Waschmaschinen für den Kontinue-Betrieb in losem

Fig. 184.

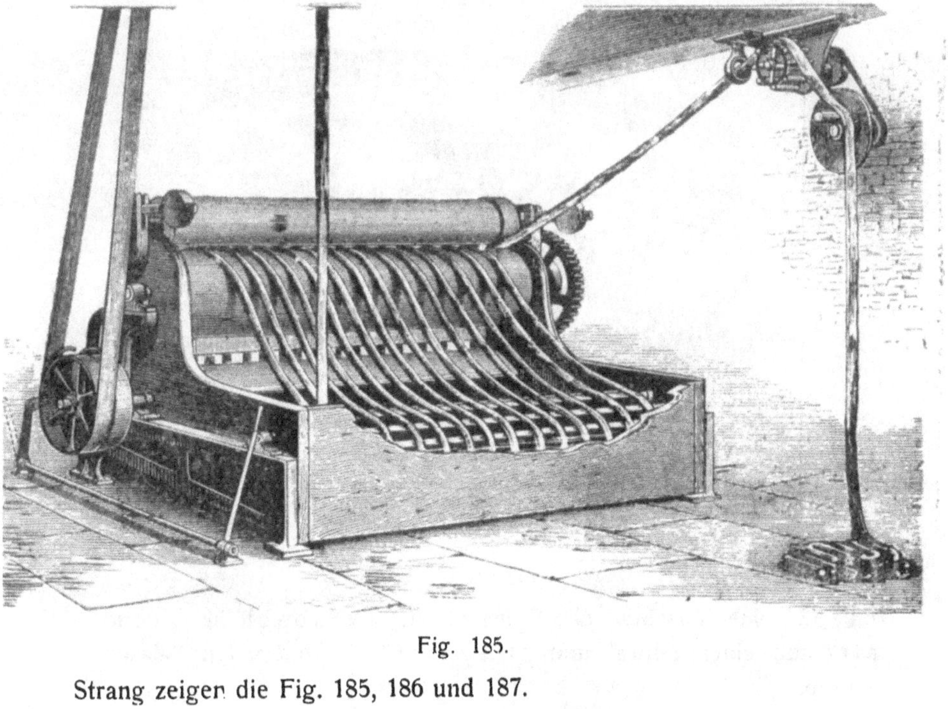

Fig. 185.

Strang zeigen die Fig. 185, 186 und 187.

Fig. 185 ist eine englische Anlage, Fig. 186 eine einem alten englischen Vorbilde von R o b i n s o n entnommene Anordnung und

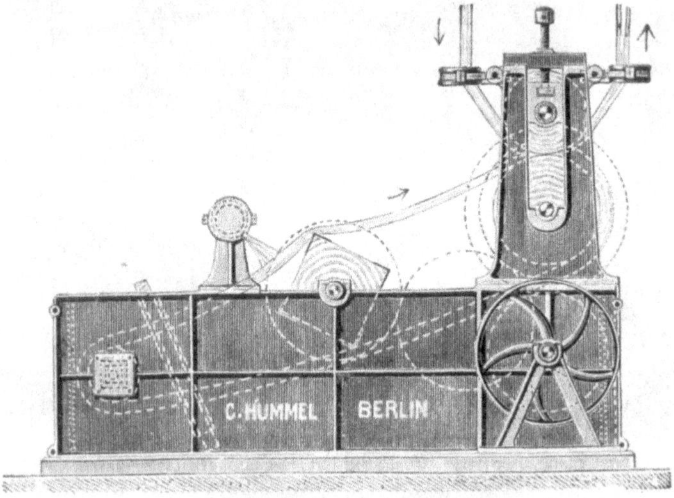


Fig. 186.

Fig. 187.

Fig. 187 eine Maschine der Firma C. H. W e i s b a c h in C h e m - n i t z mit einer zentral und z w e i s e i t l i c h gelagerten Waschwalzen.

Die unteren festliegenden Auspreßwalzen werden durch Riemen- und Expansionsscheibe vom Vorgelege aus angetrieben, so daß also die Warenförderung zwischen Wasch- und Auspreßwalzen genau eingestellt werden kann, während die oberen Walzen durch Gewichts-Hebeldruck auf die Unterwalzen gedrückt werden. Beide Walzensysteme sind gleichzeitig durch Betätigung eines Handrades, welches mit Exzenter, Hebeln und Gestängesystem in Verbindung steht, abhebbar, so daß also ein etwa nötig werdendes Regulieren der Gewebestränge innerhalb der Maschine stets leicht und ohne nennenswerten Zeitverlust vorgenommen werden kann.

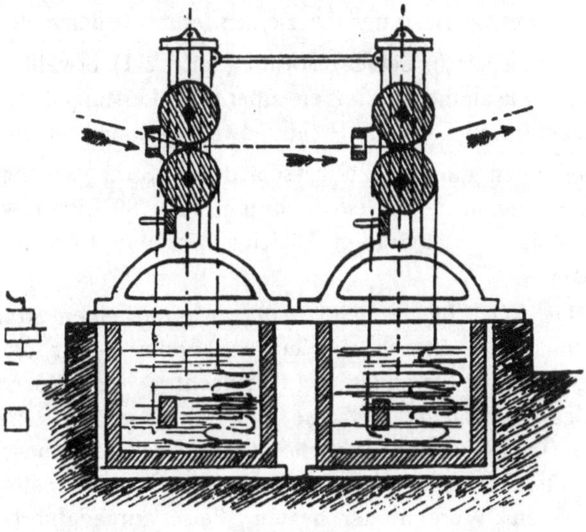

Fig. 188.

Zuweilen werden zwei oder mehrere Strangwaschmaschinen hintereinander gekoppelt; Fig. 188 zeigt eine solche Anordnung. Man richtet die Waschtröge dann so ein, daß das Wasser im Gegenstrom zum Warenlauf geführt wird.

Ueber die Frage, wieviel Wasser Strangwaschmaschinen für baumwollene Stückware benötigen, hat Verfasser im Jahre 1903 einen Aufsatz*) veröffentlicht, der hier Aufnahme finden möge. Verfasser sagte darin:

*) Textil- und Färberei-Zeitung I No. 27 und 28.

Wieviel Wasser benötigen Strangwaschmaschinen für baumwollene Stückware? Eine allgemein gültige Antwort auf diese Frage ist naturgemäß nicht möglich; nach dem Gewicht des Gewebes und dem Gehalt der wegzuwaschenden Chemikalien usw. wird sich das Wasserquantum zu richten haben, und mit dieser Betrachtung ergibt sich schon die einfache Tatsache, daß unsere heutigen Strangwaschmaschinen in bezug auf ökonomische Regulierung des Wasserkonsums sehr verbesserungsbedürftig sind; denn man wird in den meisten Bleichereien die Wahrnehmung machen können, daß die Waschmaschinen fast durchweg gleichmäßig mit Wasser gespeist werden, einerlei nun ob leichte oder mittelschwere Gewebe gewaschen, ob Säure usw. von $1/4^0$ Bé. oder $1^0$ Bé. entfernt werden soll.

Dépierre hat in seinem vorhin (Seite 211) erwähnten Werke tabellarische Zusammenstellungen über die Leistungsfähigkeit und den Wasserverbrauch einer Reihe von Waschmaschinen gemacht.

Es benötigen danach die verschiedenen Strangwaschmaschinen mit losem Strang im Mittel ein Quantum von 180 Litern Wasser für einmalige Wäsche von 100 m Bleichwaren, wie Köper, Cretonne, Calicot usw.

Für eine Maschine, welche man etwa mit einer Strangwaschmaschine für festen Strang vergleichen könnte — für diese selbst sind bei Dépierre Angaben nicht gemacht —, eine Maschine nach Whitacker werden 200 l Wasser pro 100 m Gewebe verlangt, und ein gleiches Quantum (200 l) verlangt eine Breitwaschmaschine von Pierron für 110 m, trotzdem bei derselben das Gegenstromprinzip des Wassers zur Ware in der besten Weise durchgeführt ist.

Besonders auffällig ist bei den Angaben Dépierres über Maschinen mit losem Strang, daß ein

| | |
|---|---|
| 1. Clapeau ohne Spannung | pro Minute für 150 m Gewebe 215 Liter Wasser, |
| 2. Clapeau ohne Spannung, aber mit beweglichem Rechen | pro Minute für 150 m Gewebe 135 Liter Wasser |

benötigen soll.

Durch den beweglichen Rechen wird bekanntlich der Warenstrang während des Ganges der Maschine nach links und rechts verschoben, wodurch eine bessere Erhaltung und Ausnutzung der hölzernen Quetschwalzen erreicht wird. Daß diese kleine Lageveränderung andererseits dem Strang selbst, dem Wascheffekt also, in bescheidenen Grenzen auch zugute kommt, soll nicht bestritten werden; daß aber mit dieser Anordnung ein Rückgang des Wasserverbrauchs von 215 auf 135 Liter, also von 80 Litern, resp. 37% erzielt werden könnte, kann als ausgeschlossen gelten.

Auch die Art der Frischwasserzufuhr in Strangwaschmaschinen heutiger Konstruktion kann eine erheblich bessere Wasserausnutzung nicht herbeiführen.

Umfragen bei verschiedenen großen Maschinenfabriken, die wohl kein Interesse daran haben können, den Wasserverbrauch ihrer Maschinen besonders hoch anzugeben, ergaben Zahlen, die mit den Angaben des Dépierre'schen Werkes nicht in Einklang zu bringen sind, die sich im allgemeinen mit tatsächlichen Verhältnissen, wie sie Verfasser in jahrelanger Praxis in verschiedenen Ländern kennen zu lernen Gelegenheit hatte, nicht decken.

Um an ein bestimmtes Beispiel anzuknüpfen, benötigt ein Baumwollgewebe im Gewicht von

13 kg pro 100 m, mit $\frac{1}{2}^0$ bis $\frac{3}{4}^0$ Bé starker Säure gesäuert, etwa 350 Liter Wasser beim Waschen im festen Strang.

Beim Arbeiten im losen Strang wird das Verhältnis des Wasserverbrauchs günstiger sein; daß es aber 15% überschreiten wird — bei den heute üblichen Maschinen — kann nicht angenommen werden.

Ein Maschinenfabrikant, dessen Maschinen für festen Strang bekannt und vielfach in die Praxis eingeführt sind, gibt die benötigte Wassermenge mit 1000 Litern pro Minute für eine Maschine mit Doppelstrang und 130 m Geschwindigkeit an; also 385 Liter pro 100 m Gewebe.

Eine andere Maschinenfabrik bezeichnete die nötige Wassermenge für Maschinen mit losem Strang mit 500 Litern für 120 m Gewebe.

Zur Kontrolle über diese verschiedenen Angaben dürften Messungen dienen, die Verfasser über den Gesamtwasserverbrauch von Baumwollstückbleichereien und Färbereien angestellt hat.

In einem Falle sind die Zahlen zugrunde gelegt, welche für ein an wasserreichem Fluß gelegenes Etablissement in Rußland gefunden wurden, — wo also keine Veranlassung vorlag, im Wasserverbrauch sich Schranken zu stellen — im anderen Mitteilungen einer deutschen Fabrik, welche ihr Wasser hauptsächlich Brunnenanlagen entnahm. Im ersten Falle setzte sich die Produktion aus etwa zwei Drittel vorgebleichter baumwollener Farbware und ein Drittel Weißware, im zweiten aus etwa zwei Drittel Weißware und ein Drittel zum Teil vorgebleichter Farbware (farbige Futterstoffe und einfache Hemdentuche) zusammen.

Im ersten Falle erforderte die Gesamtproduktion auf 6000 kg Gewebe täglich verrechnet 1400 cbm, im zweiten 1100 cbm Wasser.

Nimmt man an, obige Farbwarenquanten würden durchschnittlich dieselben Wassermengen wie gleich große Bleichposten erfordern, so ergibt sich — wie vorhin auf ein Gewebe von 13 kg pro 100 m bezogen — im ersten Falle ein Wasserquantum von 3000 Litern, im zweiten von 2400 Litern Wasser für 100 m des fertig ausgerüsteten Gewebes von 13 kg an Gewicht.

Da der hier hauptsächlich in Betracht kommende Bleichprozeß sechs Wäschen verlangt:

Kalken.
1 Waschen,
Säuren,
2 Waschen,
Bäuchen,
3 Waschen,
Chloren,
4 Waschen,
Säuren,
5 Waschen,
6 Waschen,

so würden sich für den ersten Fall für 100 m Gewebe und einmalige Wäsche 500 Liter, im anderen Falle 400 Liter Wasser ergeben. Rechnet man von diesen Zahlen die für die übrige Fabrikation, Kesselspeisewasser, Wasser für die Appretur usw. ab, so dürfte man zu Zahlen kommen, die mit den vorhin gemachten Angaben über den Wasserverbrauch der Strangwaschmaschinen übereinstimmen. Verfasser glaubt deshalb, daß man mit einem Minimalquantum von 350 Litern für 100 m Gewebe von duchschnittlich 13 kg rechnen muß, Waschmaschinen heute üblicher Konstruktion vorausgesetzt.

Diese hohe Zahl drängt die Frage auf, ob ein so großes Wasserquantum unbedingt nötig sei:

Angenommen, es handle sich um das Wegwaschen von 1° Bé. starker Salzsäure; das hierzu erforderliche Wasserquantum dürfte für die weitaus meisten Fälle sonstiger Wäschen im Bleichereibetriebe genügen. Erfahrungsgemäß verlassen die Gewebe nach dem Passieren der Bleichmaschinen bei gutem Funktionieren derselben die Maschine mit etwa 100% oder wenig mehr Flüssigkeit beladen. Ein wie vorhin gekennzeichnetes Gewebe von 13 kg pro 100 m wird also etwa 13 Liter Salzsäure von 1° Bé. in die Waschmaschine bringen, oder da eingrädige Salzsäure 4½% Handelssäure von 21° Bé. enthält, etwa rund 600 g Salzsäure von 21° Bé. zuführen. Diese verdünnen sich, wie oben ausgeführt, mit mindestens 350 Litern Wasser, so daß eine über 600fache Verdünnung entsteht und theoretisch in dem Gewebe nach dem Verlassen der Maschine nur der sechshundertste Teil des ursprünglichen Säurequantums, also 1 g pro 100 m verbleiben wird, ein Quantum, welches auch vervielfacht, weder bei langsamem noch schnellem Trocknen schädlich wirken kann.

Es erhellt hieraus, daß die heutigen Strangwaschmaschinen in bezug auf die Wasserausnutzung unökonomisch arbeiten.

Der Hauptfehler liegt daran, daß ein großer Teil des Abwassers sich mit dem frischen Wasser im Wasserbehälter wieder vermischt.

In den letzten Jahren sind nun namentlich zwei Verbesserungen für Strangwaschmaschinen in Vorschlag gebracht worden.

Die erste betrifft eine Waschmaschine von Schlaepfer & Walton in Fratte-di-Salerno, in Deutschland unter No. 113 733 patentiert.

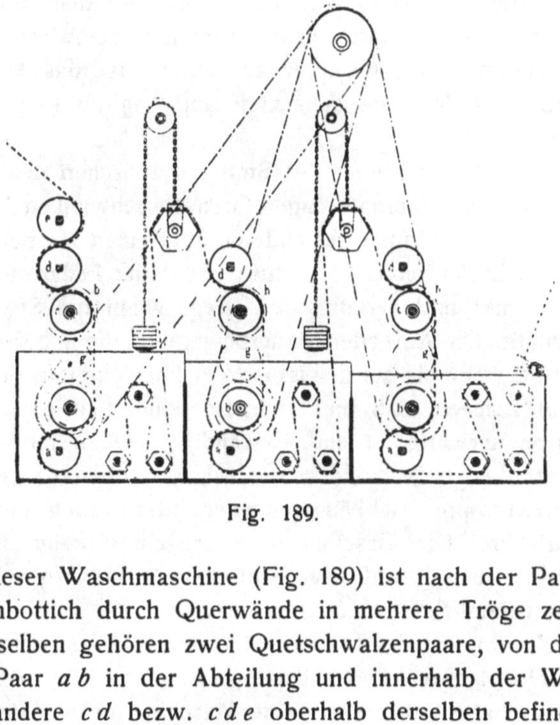

Fig. 189.

Bei dieser Waschmaschine (Fig. 189) ist nach der Patentschrift der Waschbottich durch Querwände in mehrere Tröge zerlegt. Zu jedem derselben gehören zwei Quetschwalzenpaare, von denen sich das eine Paar *a b* in der Abteilung und innerhalb der Waschflotte und das andere *c d* bezw. *c d e* oberhalb derselben befindet. Jede Quetschwalzengruppe wird für sich, also unabhängig von der anderen, durch Riemen von der Hauptwelle aus angetrieben, und zwar geschieht dies bei der gezeichneten Ausführungsform in der Weise, daß die angetriebenen Riemenscheiben auf den oberen Walzen *b* der unteren Quetschwalzenpaare befestigt sind.

Das in der Zeichnung durch punktierte Linien angedeutete Waschgut geht in jeder Abteilung von dem unteren Quetschwalzenpaare nach dem oberen und wird dann nach dem unteren Quetschwalzenpaar der nächsten Abteilung übergeführt. Gibt man sämtlichen

Quetschwalzen gleichen Durchmesser und regelt ihren Antrieb so, daß sie sich auch mit gleicher Winkelgeschwindigkeit drehen, so kann trotzdem die Geschwindigkeit, mit welcher der Strang von den einzelnen Walzen befördert wird, verschieden sein. Die Stofflagen, aus denen der Strang gebildet ist, können sich bei dem Uebergange von einer Quetschwalzengruppe nach der anderen etwas ändern, so daß der Strang in verschiedener Dicke durch die Walze geht. Letzteres kann auch dadurch veranlaßt werden, daß der Strang bald mehr oder weniger Waschflüssigkeit bei jedem Uebergang enthält. Liefert auf diese Weise das obere Quetschwalzenpaar weniger Strang, als das untere zu fördern sucht, so wird der Strang auf dem Wege dahin zu straff gespannt und dadurch für die Aufnahme der Waschflüssigkeit weniger geeignet; auch droht er zu reißen. Ist das Umgekehrte der Fall, so wird der Stoff zu schlaff und beginnt sich zu sacken und zu verschlingen.

Damit nun die Spannung des Stranges zwischen den einzelnen Walzengruppen nur innerhalb enger Grenzen schwanken kann, wird der Strang von einer Gruppe zur anderen über einen Haspel *i* geführt, der unter dem Einfluß eines Gewichtes oder einer Feder stehen kann. Der Haspel sinkt und verkürzt den Weg, wenn die Spannung im Strang nachläßt. Die Auf- oder Niederbewegung, die dabei der Haspel vollführt, gibt, wenn sie ein gewisses Maß überschreitet, dem Wärter zugleich ein Zeichen, daß die Drehgeschwindigkeit einer Quetschwalzengruppe unrichtig ist und abgeändert werden muß.

Um ihm dies zu ermöglichen, wird, wie oben dargelegt, jede Quetschwalzengruppe unabhängig von der andern durch einen Riemenlauf angetrieben. Die Geschwindigkeitsregelung kann durch Verschiebung des Riemens auf einer konischen Antriebstrommel oder in einer anderen ähnlichen Weise geschehen.

Die Uebertragung der Drehung der unteren Walzenpaare auf die oberen geschieht durch Rädersätze *f g h*.

Verfasser hatte Gelegenheit, eine Maschine dieser Art, welche in Deutschland von der Firma Fr. Gebauer in Berlin gebaut wurde und in Fig. 190 veranschaulicht ist, im Betrieb kennen zu lernen: Das Arbeiten im Doppelstrang verursachte so große Schwierigkeiten, daß davon abgesehen werden mußte, und auch im Hause der Erfinder selbst, in Salerno, wird die Maschine nur für einen Strang benutzt. Wie aus Zeichnung und Beschreibung hervorgeht, arbeitet die Maschine nach dem Prinzip des Gegenstromes, wie es bei den meisten Breitwaschmaschinen zur Anwendung kommt. Es wird dadurch eine tatsächliche Wasserersparnis erzielt. Messungen ergaben z. B., daß ein Nesselgewebe von 12,7 kg pro 100 m ($^{16}/_{14}$, $^{20}/_{20}$ er), mit $\frac{1}{2}$°Bé. Salzsäure gesäuert, bei einer minutlichen Geschwindigkeit von 143 m mit 260 Litern Wasser säurefrei gewaschen werden konnte. Demnach würden, umgerechnet, 100 m eines pro 100 m 13 kg schweren Gewebes etwa 190 Liter Wasser benötigen — gegen 350 Liter der gewöhnlichen Strangwaschmaschine mit festem Strang.

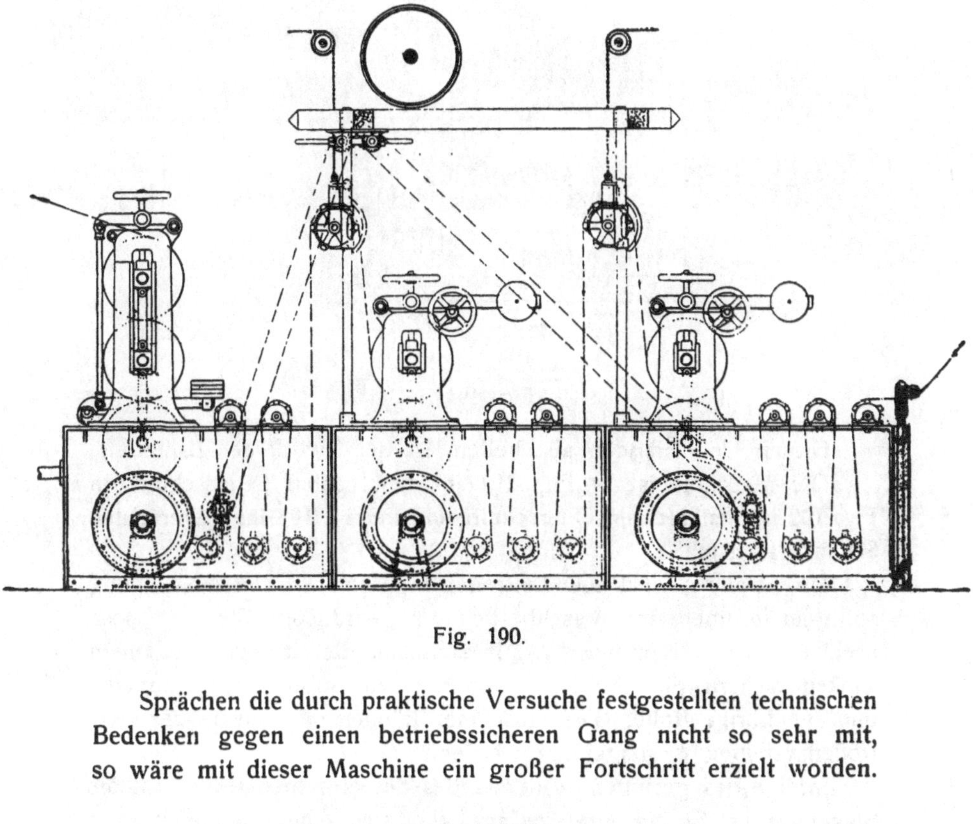

Fig. 190.

Sprächen die durch praktische Versuche festgestellten technischen Bedenken gegen einen betriebssicheren Gang nicht so sehr mit, so wäre mit dieser Maschine ein großer Fortschritt erzielt worden.

Auf andere Weise suchen nach dem deutschen Patent No. 134 324 Eck & Becker in Lodz die Strangwaschmaschine zu verbessern.

Die Patentschrift besagt darüber folgendes:

Man hat bei Strangwaschmaschinen das Verwirren der in schraubengangförmigen Windungen durch den Bottich laufenden Stränge im Waschbottich dadurch zu vermeiden, und die Geschwindigkeit des Durchzugs der Stränge durch die Waschflüssigkeit dadurch zu erhöhen gesucht, daß man im Waschbottich Leitwalzen für die

Stränge anordnete und die Stränge unter Spannung durch die Maschine laufen ließ. Hierbei war es aber, um das Verwirren der Stränge sicher zu verhindern, nötig, den Strängen eine ziemlich große, den Waschprozeß beträchtlich beeinträchtigende und den Gang der Maschine erschwerende Spannung zu geben.

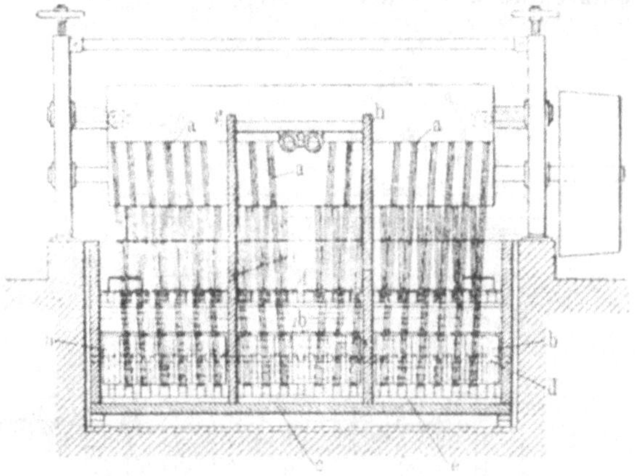

Fig. 191.

Diesen Uebelständen abzuhelfen, ist der Zweck der Erfindung.

Die Maschine ist in Fig. 191 im senkrechten Längsschnitt, in Fig. 192 im senkrechten Querschnitt und in Fig. 193 im wagerechten Schnitt dargestellt.

Der Strang *a* wird über Leitrollen *b* geführt, welche zweckmäßig auf gemeinsamen, im Waschbottich *c* angeordneten Wellen *d* lose drehbar sitzen. Kämme *e f* mit zwischen die Stränge greifenden Zinken sichern das Auflaufen eines jeden Strangganges auf die ihm zugehörige Rolle. Die Maschinen können mit einem oder zwei Rollensystemen *b* ausgeführt werden.

Infolge des geringen Widerstandes der einzelnen Rollen ist die Spannung im Strang eine geringe, wodurch eine erhöhte Waschkraft und ein leichterer Gang der Maschine erreicht werden.

Um an Waschwasser zu sparen, ist die Anordnung getroffen, daß der Waschbottich in mehrere, beispielsweise drei, Abteilungen geteilt ist, deren Scheidewände *g* und *h* den Seitenwänden des Bottichs parallel stehen und in bestimmter Höhe mit Ueberlauflöchern *i* versehen sind. Das frische Wasser tritt in die mittlere Abteilung ein und fließt aus dieser nach den beiden Seitenabteilungen, aus denen es abgelassen wird. D i e s e E i n r i c h t u n g b i l d e t a b e r k e i n e n T e i l d e r v o r l i e g e n d e n E r f i n d u n g. —

Der letzte Teil der Patentbeschreibung, welcher nicht zum Patent selbst gehört, ist für die Praxis zweifellos der wesentlichste, da man es wenigstens einigermaßen in der Hand hat, die Wasser-Zu- und Abfuhr im unteren Behälter im Gegenstromprinzip zu regulieren; an der Tatsache aber, daß, wie bei anderen Strangwaschmaschinen, das von den Waschwalzen ausgepreßte verunreinigte Wasser zum großen Teil wieder in den unteren Trog gelangt, ändert auch diese Neuerung nichts.

Fig. 192.

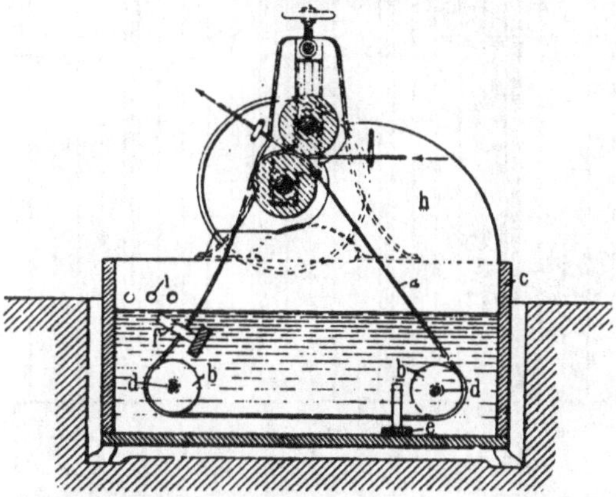


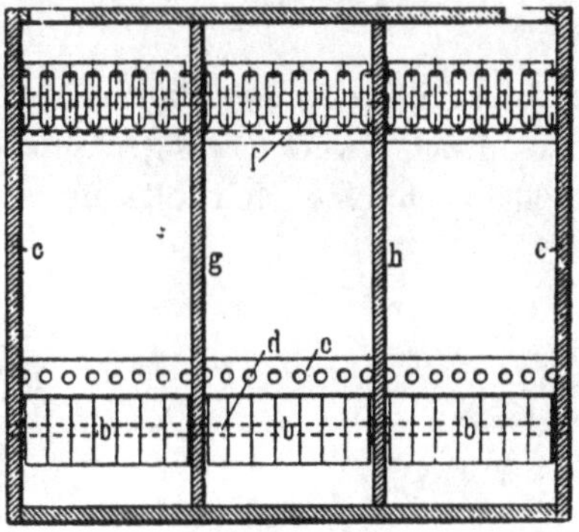


Fig. 193.

Die Tendenz der Konstrukteure der beiden zuletzt beschriebenen Waschmaschinen geht dahin, das Gegenstromprinzip bei Strangwaschmaschinen zur Anwendung zu bringen, durch entsprechende Ueberlaufeinrichtungen also den Warenstrang vom unreinen in reineres und schließlich durch reines Wasser zu führen.

Bei der Schlaepfer-Walton'schen Maschine wurde ausgeführt, daß eine Oekonomie von ungefähr 45% im Wasserverbrauch (190 zu 350 Liter) gegen die gewöhnlichen Strangwaschmaschinen erzielt wurde. Hiernach wird es möglich sein, durch eine noch besser durchgeführte Teilung der Frischwasserzufuhr eine weitere Verminderung des Wasserkonsums zu erreichen.

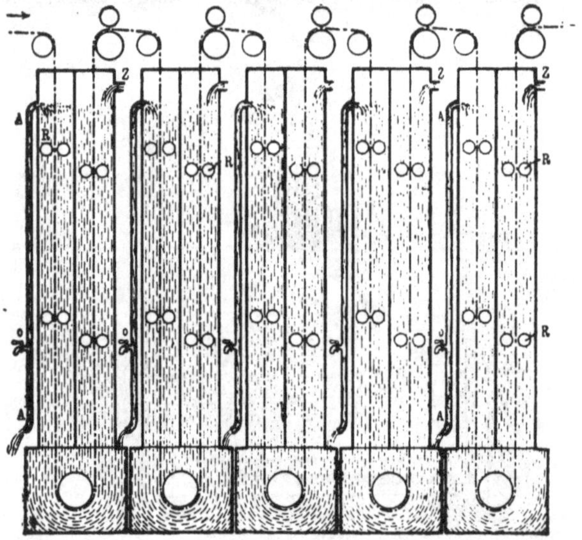

Fig. 194.

Verfasser hat zu dem Zweck eine Waschmaschine in Vorschlag gebracht, welche sowohl den Zweck verfolgen soll, das Wasserquantum zu reduzieren, als auch eine Kontrolle über den Wascheffekt

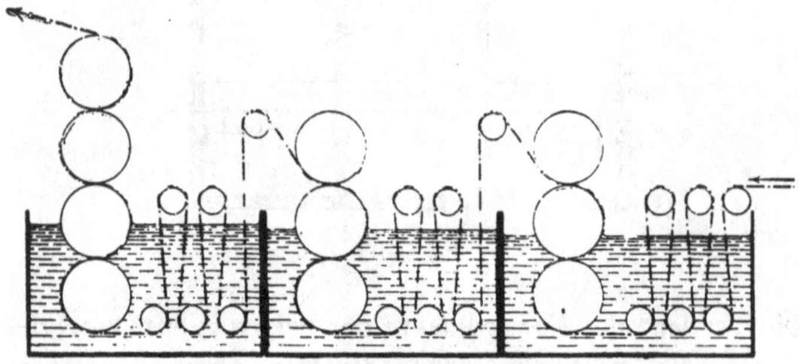

Fig. 195.

durch Entnahme von Abwasserproben während des Ganges der Maschine in jedem Stadium der Wäsche zu ermöglichen.

In Fig. 194 ist die Anordnung einer solchen Maschine im Prinzip wiedergegeben. Zum Vergleich ist die Maschine von Schlaepfer-Walton in entsprechenden Größenabmessungen in Fig. 195 gesetzt worden.

Für die Beurteilung sind drei Gesichtspunkte maßgebend: 1. Die auf ökonomische Regulierung des Wasserquantums erforderliche Einrichtung, 2. die eine leichte Prüfung des Abwassers ermöglichende Konstruktion, und 3. ein betriebssicherer Gang der Maschine.

In den meisten Fällen wird man keinen Grund haben, besonderen Wert auf große Wasserersparnis zu legen, da die meisten Bleichereien in solchen Gegenden angelegt sind oder werden, die mit Wasser genügend versorgt werden können. Diejenigen Bleicher aber, welche bei bestehenden Anlagen mit dem Wasserverbrauch an die Grenze der Leistungsfähigkeit gedrückt sind, werden jede Verbesserung, welche darauf hinzielt, den Wasserkonsum auf das absolut nötige Maß zu reduzieren, würdigen. Wenn die Schlaepfer-Walton'sche Maschine gegenüber den Waschmaschinen mit festem Strang mit ungefähr der Hälfte Wasser eine genügende Wäsche ergab, so ist anzunehmen, daß eine Maschine nach dem Vorschlage, wie sie in Fig. 196 im Prinzip dargestellt ist, nicht ungünstiger arbeiten wird.

Wie aus Fig. 196 ersichtlich, wird der Warenstrang durch eine Anzahl einzelner als aufrechtstehende Doppelschächte ausgebildeter Wasserbehälter gezogen, von denen jeder auf einem für den Doppelschacht gemeinsamen Unterbehälter mit Führungsrolle steht. Im Innern der Schächte sind federnde Rollkasten *R* vorgesehen, durch welche der Strang seinen Weg nimmt und dabei eine mechanische Reibung erfährt; statt dessen kann der Strang auch durch einen Führungsring geleitet werden, welcher durch Antrieb von außen in schnell schiebende Bewegungen von rechts nach links und umgekehrt gesetzt wird, also eine kräftige Schüttelbewegung ausüben muß, die im Gegenstrom zum Wasser erfolgend die Wäsche günstig beeinflußt.

Beim Austritt aus dem Schacht wird der Strang zwischen Quetschwalzen ausgepreßt.

Die Frischwasserzufuhr *Z* erfolgt für jede Schachtabteilung besonders. In die Abflußrohre *A* sind in handlicher Höhe Probehähne *o* eingesetzt, durch welche die Entnahme von Abwässerproben zur Prüfung auf Chlor, Säuren usw. leicht und einfach ermöglicht wird.

Wie aus Fig. 196, welche die Abbildung einer Modellmaschine dieser Art wiedergibt und bei welcher die Schächte vierkantig gedacht sind, zu ersehen ist, sind die Wasserzufuhrrohre *Z* mit Hähnen *h* versehen, welche bei jeder Hahnstellung ein bestimmtes, auf der darunter befindlichen Skala abzulesendes Wasserquantum durchlassen. Man kann so je nach Bedarf dem einen Schacht mehr Wasser geben als dem anderen, oder auch eventuell Schächte ganz ausschalten. Auch können mehrere Schächte unter sich, wenn für bestimmte Zwecke empfehlenswert, durch Rohrverbindungen vereint werden.

Fig. 196.

Was die Konstruktion der Maschine anbetrifft, so werden in der Praxis für die Schächte gußeiserne Rohre von etwa 400 mm Weite genommen. Diese Rohre erhalten am unteren Ende eine angegossene Flansche zur Befestigung auf dem ebenfalls gußeisernen Unterteil. Oben erhält jedes Rohr einen Kragen zur Aufnahme der Lager für die Leit- und Quetschwalzen; Stutzen für Rohranschlüsse, Schüttelvorrichtung und dergleichen können ebenfalls an die Rohre direkt angegossen werden.

Soll die Maschine in einem einstöckigen Gebäude aufgestellt werden, so wird sie mit einer Laufbühne, wie in Fig. 196 dargestellt, versehen. Bei zweistöckigen Gebäuden läßt man zweckmäßig den oberen Teil der Maschine in das zweite Stockwerk in etwa Mannshöhe hineinragen und besorgt die Bedienung von hier aus.

Gegenüber den sonst gebräuchlichen Strangwaschmaschinen hat eine vorhin beschriebener Art den Nachteil, daß mit Doppelstrang kein sicherer Gang zu erreichen sein wird. Die Maschine kann, um gut zu funktionieren, wie die Schlaepfer-Walton'sche Maschine, nur mit einem Strang arbeiten. Wo im Doppelstrang gearbeitet werden muß, muß also ein doppeltes System von Rohren aufgestellt werden.

Dagegen dürften folgende Vorteile, welche die Maschine bietet, zu ihren Gunsten sprechen:

1. Leichte Prüfung des Abwassers auf Säure oder Chlor in jedem Stadium der Wäsche und ohne Unterbrechung des Betriebes.

2. Die Wasserzufuhr kann ganz nach der Stärke der Gewebe, welche gewaschen werden sollen, beziehungsweise nach der Konzentration der wegzuwaschenden Chemikalien reguliert und kontrolliert werden.

3. Die letzte Schachtabteilung kann durch einen darüber gestellten Tropfapparat für Antichlor, Alkali usw. dazu benutzt werden, die letzten Chlor- oder Säurereste usw. zu entfernen, oder eine Heißwasserwäsche zu geben.

4. Der Verschleiß an den kostspieligen schweren Holzwalzen gewöhnlicher Waschmaschinen fällt weg.

Nach dem Verlassen der Waschmaschine muß der Warenstrang in den meisten Fällen noch besonders abgequetscht werden, um einmal einen zu großen Ueberschuß von aus der Waschmaschine mitgeführten Wassers zu entfernen, dann auch, um möglichst gleichmäßig feucht in die folgende Operation eintreten zu können. Zu dem Zwecke hat man an den Waschmaschinen selbst kleine Quetschwalzen angebracht (vergl. Fig. 179, 184, 187), welche der Warenstrang beim Verlassen der Maschine passiert.

In vielen Fällen genügt diese Prozedur, namentlich bei der Schlußwäsche, nicht. Man wendet dann besondere maschinelle Vorrichtungen an, die sogenannten

## Squeezer oder Abquetschmaschinen.

Es sind dies schmale Wasserkalander mit 2 oder 3 Walzen, welche je nach der Ware, welche abgequetscht werden soll, aus Holz und Bronze, Baumwolle, Kokosfaser etc. hergestellt, resp. damit überzogen sind. Diese Squeezer werden sowohl für einen, wie auch für das gleichzeitige Abquetschen von zwei Strängen gebaut. Vielfach wird vor den Squeezer ein kurzer Wasserbehälter gelagert, der mit frischem Wasser gespeist wird. Fig. 197 zeigt eine solche Anordnung der Firma Mather & Platt Ltd. in Manchester.

Fig. 198 zeigt einen zweiwalzigen Squeezer der Firma Fernand Dehaitre in Paris.

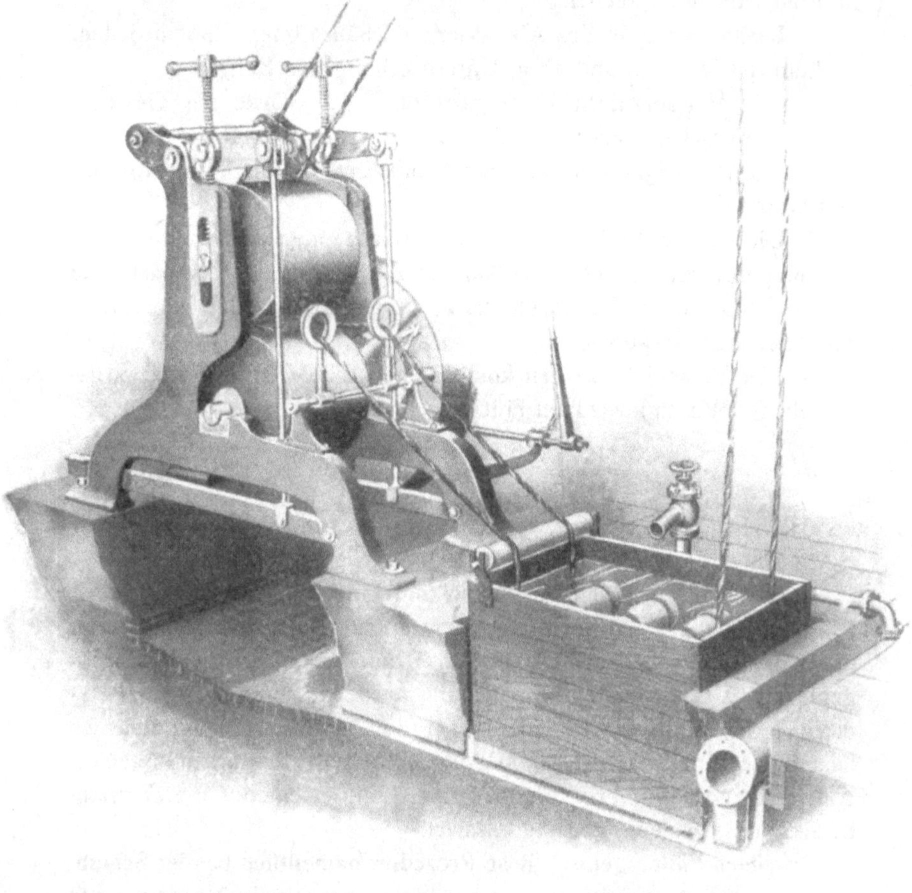

Fig. 197.

Fig. 199 gibt die Abbildung eines zweiwalzigen Squeezers der Zittauer Maschinenfabrik und Eisengießerei A.-G. in Zittau i. S. wieder.

In Fig. 200 ist die Abbildung eines dreiwalzigen Squeezers von Fr. Gebauer, Berlin, veranschaulicht.

Um ein möglichst gleichmäßiges Abquetschen des Stranges zu erzielen, hat William Birch in Manchester 1878 einen Squeezer nach Fig. 201 konstruiert (amerikanisches Patent No. 200 427).

An Stelle der sonst üblichen Walzen passiert bei dem Squeezer von Birch der Warenstrang zwei messingene Scheiben, von welchen die eine rinnenartig ausgebohrt, die andere mit dem der Rinne entsprechenden erhöhten Teil versehen ist, wodurch der Strang ohne beschädigt zu werden stark zusammengepreßt wird und doch gleich-

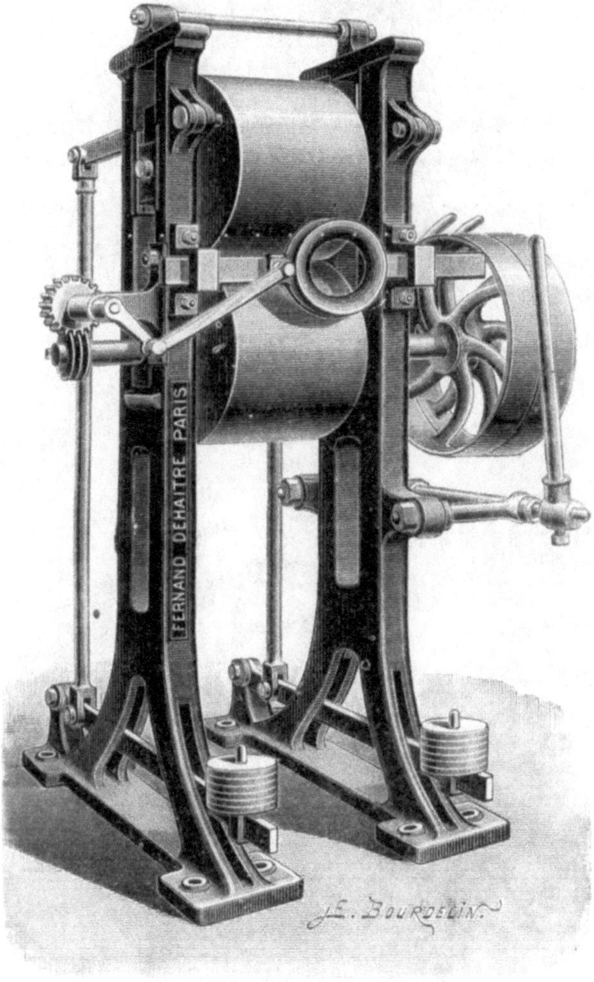


Fig. 198.

mäßig abgequetscht wird. Es wird das durch eine besondere federnde Anordnung erreicht. Gewebe, welche in getrocknetem Zustande 100 kg wiegen, verlassen den Squeezer mit einem Gewicht von 140 kg,

Fig. 199.

Fig. 200.

Fig. 201.

während die sonst gebräuchlichen Abquetschvorrichtungen etwas 80 bis 100 Prozent in der Ware belassen.

# Einrichtungen zum Chloren und Säuren.

Das Bleichen baumwollner Gewebe mit gasförmigem Chlor und mit Chlorwasser konnte als abgetan gelten, nachdem man sich (Vergleiche Seite 43) von der Unzulänglichkeit dieser Bleichmethode vor 1830 bereits genügend unterrichtet hatte.

Trotzdem erstand in E. H. Scharf dieser Bleichart 1866 ein neuer „Erfinder" in dem bereits Seite 65 angezogenen Werk. Scharf hat eine mehr dekorativ wirkende Maschine erfunden (Fig. 202),

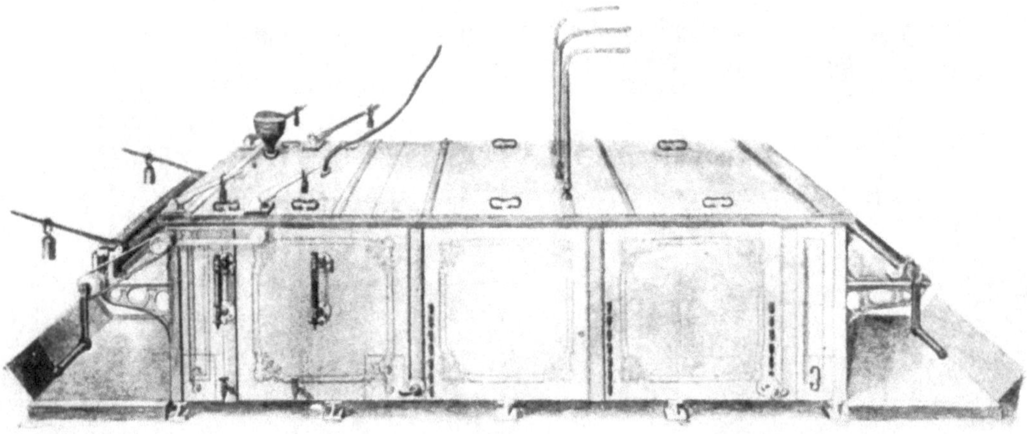

Fig. 202.

in welche Chlorgas eingeleitet wird und durch welche die feuchten Gewebe ihren Lauf nehmen.

Trotz genügender Reklame scheint die Erfindung wenig Anklang gefunden zu haben. —

Von Charles Féron (D. R. P. 12749 1880) rührt eine Einrichtung zum Chloren her, über welche die Patentschrift folgendes ausführt:

Bei der üblichen Chlorbleiche wird das Bad im voraus zusammengesetzt, nach dem jeweiligen Bedarf, durch Mischung von Chlorkalk mit Salz- oder Schwefelsäure. Es entsteht dabei ein beträchtlicher Verlust an Chlor im Moment der Verbindung des Chlorkalks mit der Säure, ein Verlust, welcher um so höher anzuschlagen ist, als das Chlorgas gerade in seiner Entwickelung die energischste Wirkung als Bleichmittel ausübt.

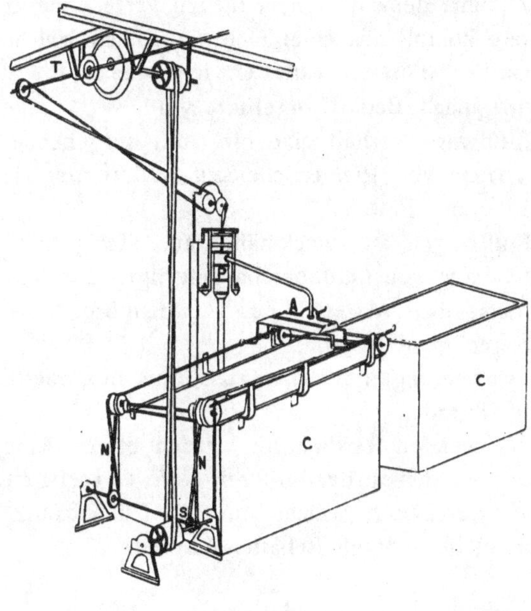


Fig. 203.

Der in Fig. 203 abgebildete Apparat bezweckt daher, das Chlorgas vollständig auszunutzen, indem es bei seiner Entwickelung direkt auf die zu bleichende Faser wirkt.

Weil aber das in großen Mengen entwickelte Chlorgas sehr schädlich auf die Respirationsorgane einwirkt, so ist es unerläßlich, sich maschineller Einrichtungen zur Ausführung des Verfahrens zu bedienen und diese werden in dem mechanischen Chlorbleicheapparat dargeboten.

Die Maschine mit allem Zubehör, ausgenommen die hintere Kufe *C*, ist in einem mit Glasscheiben versehenen Kasten, eingeschlossen, so daß man den Fortgang des Verfahrens leicht beobachten kann, ohne den Chlordämpfen ausgesetzt zu sein.

Die beiden Hauptbestandteile der Maschine sind der Aufgußwagen *A* und die Pumpe *P*.

Der Aufgußwagen *A* hat den Zweck, auf die in der Kufe *C* befindlichen Baumwollstoffe die Bäder von Chlor und Säure in flüssiger Form gleichmäßig und kontinuierlich zu verbreiten. Die Vorderwand dieses Wagens kann zwischen dessen Seitenwänden verschoben werden, um nach Bedarf die Intensität des Aufgusses zu variieren.

Pumpe *P* führt dem Wagen *A* die zu verteilende Bleichflüssigkeit zu; letztere kommt aus einer Oeffnung, nach welcher sie durch ein Rohr aus der hinteren Kufe *C*, in welcher die Chlorlösung präpariert wird, nach Bedarf zugeführt wird.

Der Aufgußwagen erhält eine hin- und hergehende Bewegung durch ein Getriebe von Riemenscheiben, Rädern und Transmission *T* und Ketten ohne Ende *N*.

Der Aufgußwagen ist zweckmäßig aus Hartgummi oder Holz mit einem Ueberzug von Guttapercha gefertigt. Der Pumpenkolben besteht aus demselben Material, der Pumpenkörper aus Glas oder Porzellan von genügender Stärke.

Die Rohrverbindungen bestehen aus Kautschuk oder Guttapercha mit eingelegter Spirale.

Die zu bleichenden Textilstoffe werden in die Kufe *C* gelegt. Die Chlorbäder werden in der hinteren Kufe *C* vorbereitet.

Auch die Säurebäder, welche auf die Chlorlösung einwirken, werden in einem besonderen Behälter bereitet.

---

Gasförmiges Chlor für die Zwecke der Baumwoll-Stückbleicherei ist sonst wohl kaum weiter in der Literatur in Vorschlag gebracht worden. Für die Bleicherei von Jute hat man es anzuwenden versucht (D. R. P. No. 104 504), aber wie es scheint, bisher ohne durchschlagenden Erfolg; ebenso haben auch die Vorschläge von Breinl und Karrer gasförmiges Chlor zum Bleichen von Baumwolle auf Spulen zu verwenden, in der Praxis wenig Anklang gefunden. Neuere Bestrebungen unserer Zeit versuchen gasförmiges Chlor für Bleichzwecke wieder nutzbar zu machen und es ist deshalb nicht uninteressant an einen Versuch von G. Hertel*) zu erinnern, welcher nach dieser Richtung hin gemacht wurde:

*) Leipziger Färberzeitung 1886.

Da sich bei direkter Vermischung des Chlorkalkes mit Schwefelsäure sehr rasch und in bedeutend stärkerem Maßstabe Chlorgas entwickelt als in anderer Weise, so wurde versucht, diese Eigenschaft in angemessenen Verhältnissen zu benutzen. Man füllt mit ausgekochter Baumwolle mehrere leere Säureballons, verbindet deren Halsmündungen luftdicht mit einer anderen leeren Flasche in der Weise, daß die gesamte Kommunikation mittels eines Hähnchens abgeschlossen werden kann.

Die mit Baumwolle gefüllten Ballons werden auf ein Gestell gebracht, mit dem Halse nach unten gesenkt, während die leere Flasche sich unter dem Gestell aufrecht in der Mitte befindet. Nach Einfüllen von Chlorkalk und Schwefelsäure in die leere Flasche wird schnell geschlossen und sodann durch Oeffnen des Hähnchens die entwickelten Gase in die anderen Ballons einströmen gelassen.

Die Bleichung der Baumwolle erfolgte augenblicklich.

Das von unten in die Ballons einströmende Chlorgas durchdrang die Baumwolle völlig und vollzog die Bleichung.

Nach diesem Versuch wurde die Baumwolle ausgewaschen und geseift, um die Bleiche zu vollenden.

Da man annehmen konnte, daß das übriggebliebene Gas noch nutzbar sei, so wurden die noch vorhandenen Gase in andere mit frischer Baumwolle gefüllte Ballons geleitet; aber nicht die geringste Spur von Entfärbung der Baumwolle konnte mehr wahrgenommen werden. Es ergibt sich also, daß nur frisch entwickeltes Chlor geeignet ist, Rohstoffe zu bleichen.

Wenn im Moment der Einströmung des frisch entwickelten Chlorgases in die hermetisch geschlossene Flasche, durch eine nur nadelspitzkleine Oeffnung Luft zutreten kann, so erfolgt die Bleiche nicht vollständig.

Hertel nimmt an, daß das daher kommt, weil die leichteren Gase sofort aus der kleinen Oeffnung entweichen und gerade diese leichteren Gase die energischste Bleichkraft besitzen. Eine vollständige Bleiche geschieht nicht mehr, wenngleich die Rohmaterialien Tage lang den übrig gebliebenen, nicht entflohenen Gasen ausgesetzt sind, während die Bleiche bei Vorhandensein der leichteren Gase eine augenblickliche gewesen ist.

Bei einer solchen trockenen Bleiche genügen nach Hertel 2% Chlorkalk und ½% Schwefelsäure, während bei den gebräuchlichen Verfahren 8 bis 10% erforderlich seien.

Bei Verwendung von 10% werden die Baumwollmaterialien durch die zu starke Bleichgasentwickelung total zerstört. Da aber bei schwächerer Chlorentwickelung die Fasern nicht beschädigt und doch weiß gebleicht werden, so geht daraus eine Bleichstofferspamis hervor.

Eine praktische Bedeutung haben die Versuche von Hertel bis heute nicht erlangt.

In der ersten Reihe der Bleichpräparate steht vielmehr heute noch immer der Chlorkalk, dem indes in den auf elektrolytischem

Fig. 204.

Wege hergestellten Bleichflüssigkeiten, namentlich aus Chlornatrium ein gefährlicher Konkurrent zu erwachsen scheint.

Fig. 205.

Bei der Anwendung des Chlorkalkes ist besonderer Wert auf die Herstellung einer klaren Lösung zu legen.

Man hat hierfür eine Reihe mechanischer Auflöseapparate seit Jahrzehnten im Betrieb. In Fig. 204 ist eine vielfach gebräuchliche

Konstruktion wiedergegeben. Dieselbe besteht aus einem schmiedeeisernen Bassin, in welchem sich eine stark verzinnte oder verbleite perforierte Eisentrommel dreht. Dieselbe ist mit einer Füllöffnung für den Chlorkalk versehen. Im Innern der Trommel befinden sich zum Beschleunigen der Zerreibung und Auflösung desselben einige Kieselsteine.

In den mit Bleiplatten ausgelegten Bottichen befinden sich drehbare vertikale Achsen, an welchen Rechen befestigt sind, welche den Chlorkalkbrei durcheinander rühren, bis eine innige Verteilung des Chlorkalkes herbeigeführt ist.

Eine andere mechanische Vorrichtung zum Auflösen des Chlorkalkes, von der Zittauer Maschinen-Fabrik und Eisengießerei A.-G. ausgeführt, wird durch Fig. 205 dargestellt.

In ähnlicher Weise ist die Anordnung der Einrichtung, wie sie durch Fig. 206 dargestellt ist, getroffen; es dient dieselbe vielfach zur Bereitung von Kalkmilch für den Bäuchprozeß.

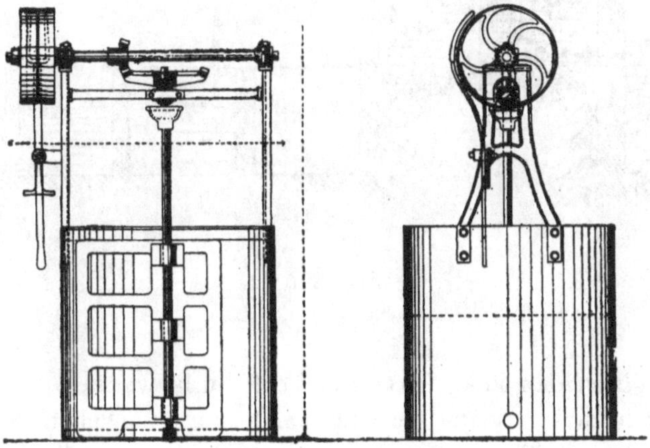

Fig. 206.

An Stelle des Chlorkalkes wird in manchen Bleichereien unterchlorigsaures Natron, sogenannte Chlorsoda, genommen, die in vielen Fällen wegen besserer Löslichkeit und energischerer Bleichwirkung den Vorzug vor dem Chlorkalk hat. Die Darstellung der Chlorsoda geschieht durch Umsetzung von Chlorkalk mit Soda oder Natronlauge oder Natriumsulfat. Zur Fabrikation der Chlorsoda bedient man sich nach Tailfer*) zweckmäßig einer durch Fig. 207

*) L. Tailfer, Traité pratique du Blanchiment, La Chapelle-Montligeon (Orne) 1897.

veranschaulichten Einrichtung. Für die Darstellung von 900—1000 Liter unterchlorigsaurem Natron bringt man 100 kg Chlorkalk in den mit Rührwerk versehenen Behälter *A*. In diesem wird der Chlorkalk mit dem Waschwasser einer früheren Partie aus Bassin *C* durch eine Pumpe zusammengebracht und zwei Stunden verrührt. Im

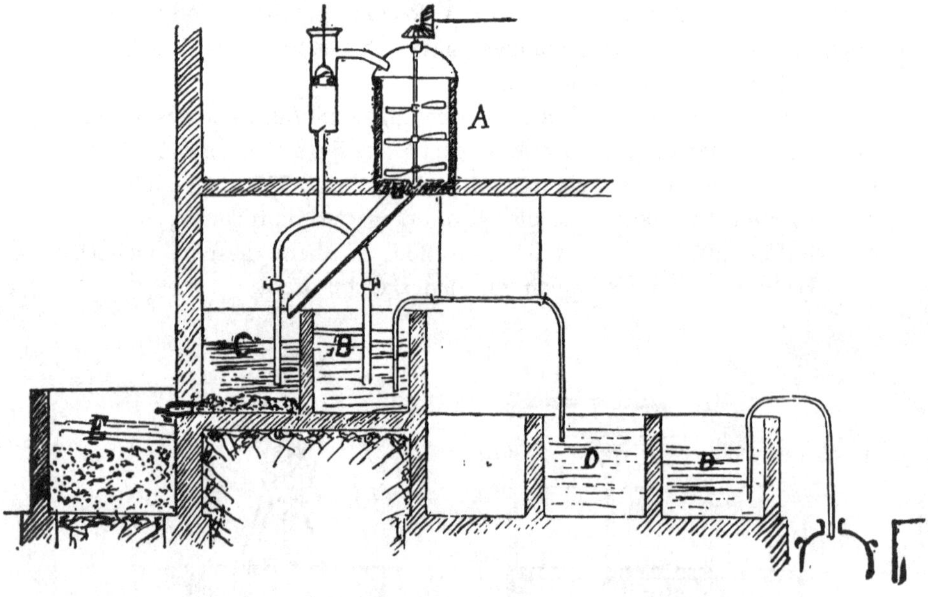


Fig. 207.

Behälter *B* werden 60 kg Solvay-Soda in lauwarmem Wasser gelöst und in diese alsdann die Chlorkalklösung eingeleitet. Man füllt das Bassin mit Waschwasserlaugen aus *C* bis auf 1275 Liter und rührt gut um. Nach 12stündigem Stehen wird durch einen Heber die klare Flüssigkeit nach einem der Bassins *D* geleitet. Man wäscht den Satz in Bassin *B* und benutzt das Waschwasser zum Auflösen von frischem Chlorkalk. Nach nochmaligem Absetzen in Bassin *D* wird die klare Chlorsoda verwendet.

Bei Verwendung von Aetznatron zur Umsetzung des Chlorkalks nimmt man pro 100 kg Chlorkalk ca. 40 kg Aetznatron. Die genauen Verhältniszahlen berechnen sich nach dem Gehalt des Chlorkalks und des Natrons.

Natriumsulfat kommt zur Umsetzung des Chlorkalks des

billigen Preises wegen in Betracht. Die Verunreinigungen des Sulfats gehen mit in die Lösung der Chlorsoda. Das Calciumsulfat setzt sich ferner schlecht ab; um die Ausfällung zu beschleunigen, verwendet man ein Gemisch von Soda und Glaubersalz, wobei Kalkcarbonat das Kalksulfat mit sich reißt. —

---

Bei Besprechung von Auflöseapparaten für Chemikalien der Bleicherei möge hier noch einer Einrichtung zum Lösen von Aetznatron, der sogenannten Trommelsoda gedacht sein, welche bei Witt*) beschrieben ist und durch Fig. 208 illustriert wird.

Fig. 208.

*A* ist ein eingemauerter eiserner Kessel mit Auslaufrohr und Hahn. Ueber demselben liegen zwei Schienen *B*, auf welche die Sodatrommel *C* aufrecht gestellt ist. Das Fülloch der Trommel wird, nach Entfernung des Deckels, genau über die Oeffnung des Dampfrohres *D* gebracht. Man öffnet nun Ventil *E* und läßt Dampf gegen das in der Trommel enthaltende Aetznatron strömen. Das-

*) Chemische Technologie der Gespinstfasern von Dr. Otto N. Witt. Braunschweig 1891. pag. 195.

selbe löst sich in dem Dampf, welchen es auf sich kondensiert, und die entstehende Lauge tropft in den Kessel hinab. Sie ist so konzentriert, daß sie beim Erkalten alsbald zu einem Block kristallwasserhaltigen Natriumhydrates erstarren würde. Man füllt deshalb den Kessel vor Beginn der Operation zur Hälfte mit kaltem Wasser. Sobald die Trommel leer ist, was nach zwei bis drei Stunden der Fall ist, läßt man die Lauge im Kessel erkalten und stellt durch Zusatz von kaltem Wasser auf die gewünschte Konzentration.

*

Zum Chloren wie zum Säuren der Ware werden drei verschiedene maschinelle Methoden angewendet.

I. Man imprägniert die Ware auf Maschinen mit den betreffenden Lösungen und legt sie in besonderen Ablegeräumen ab, um den Lösungen Zeit zur vollen Einwirkung auf die Zeuge zu lassen.

II. Die Ware wird in die betreffende Lösung selbst eingelegt und darin belassen, bis der erforderliche Grad der Einwirkung erreicht ist oder

III. die Ware wird in geschlossenen kesselartigen Behältern unter Druck mit Chlorlösung, Säure, Waschwasser etc. behandelt, sogenannte Vakuumapparate.

I.

Die für die Arbeit nach der erstgenannten Art erforderlichen Ablegeräume müssen sich in bezug auf Größe dem Warenquantum anpassen, in bezug auf das zu verwendende Material den Angriffen von Chlor und Säure genügend widerstehen. Die Räume für gechlorte und für gesäuerte Ware sollen besondere, örtlich getrennte sein. Gewöhnlich erstellt man die Ablegeräume aus mit Zement verputztem Mauerwerk, welches eine Einlage von hölzernen Lattenrosten enthält.

Der Boden wird da, wo solches zu haben ist, mit Geröll aus Granitsteinen belegt, welche sowohl den Säure- wie Chlorlösungen widerstehen. Man bedeckt dieselben mit reinem ausgekochten Sacktuch vor dem Einbringen der Ware. In neuerer Zeit hat man zum Auslegen von Chlor- und Säurebassins sogenannte Filtriersteine von W. Schüler in Isny eingeführt. Fig. 209 zeigt die äußere Form dieser säure- und laugenfesten siebartig konisch perforierten Filtersteine, über welche von B u n t e und B u n t r o c k 1903 auf Grund von Versuchen ein Gutachten gegeben wurde, in welchem es heißt:

Fig. 209.

Die Filtersteine zeichnen sich durch große Widerstandsfähigkeit gegen verdünnte Säuren, Alkalien und gegen chlorhaltige Flüssigkeiten aus; sie können infolgedessen zweckmäßig Verwendung in der Textilindustrie finden z. B. in Bleichereien als Ersatz der von Chlor und Lauge zerstörten Holzleisten, für die Zusammensetzung von Siebböden und Siebwänden, in Färbereien und Druckereien in allen Fällen, in denen die Textilmaterialien, noch von sauren, alka-

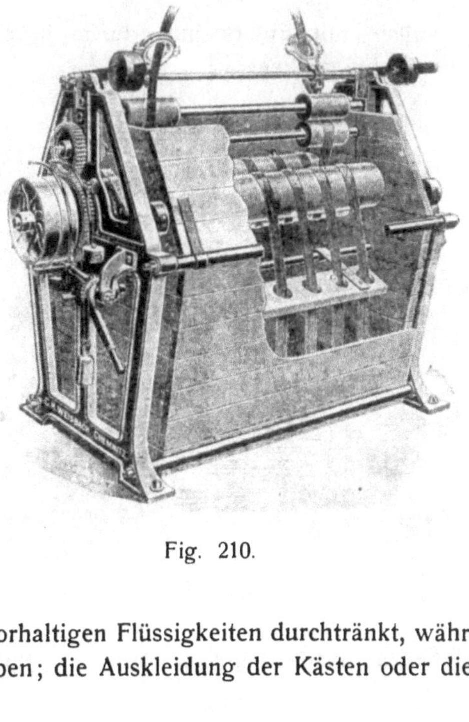

Fig. 210.

lischen oder chlorhaltigen Flüssigkeiten durchtränkt, während längerer Zeit liegen bleiben; die Auskleidung der Kästen oder die Abdeckung des Fußbodens der Fabrikräume, die zur Aufnahme der Textilmate-

Fig. 211.

rialien dienen sollen, mit Filtersteinen dürfte in allen Fällen ein sauberes Arbeiten ermöglichen. —

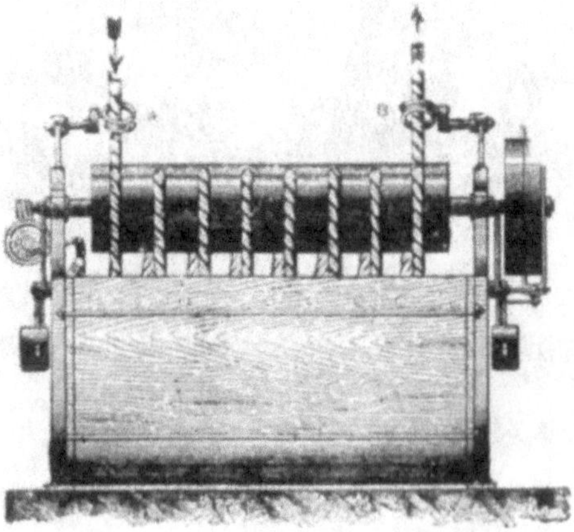

Fig. 212.

Die maschinellen Einrichtungen zum Chloren und Säuren lehnen sich eng an die Konstruktionen der Waschmaschinen an. Fig. 210 zeigt eine Chlor- und Säuremaschine der Firma C. H. Weisbach in Chemnitz.

Fig. 213.

In Fig. 211 ist eine den gleichen Zwecken dienende Maschine von C. G. Haubold jr. in Chemnitz wiedergegeben.

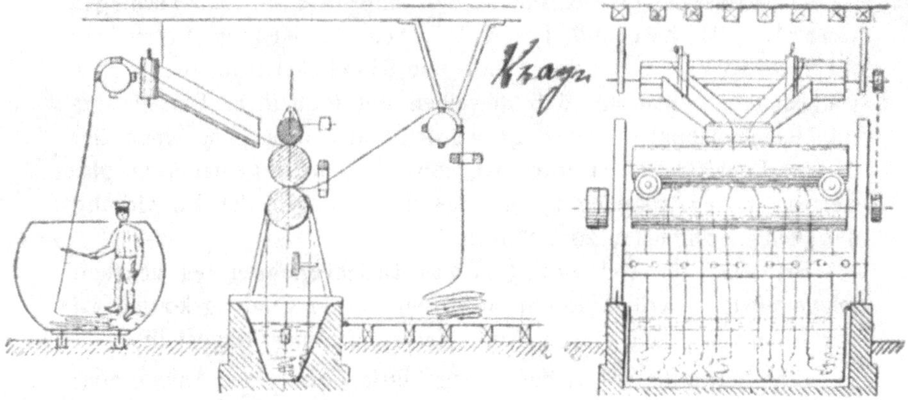

Fig. 214.

Fig. 212 und 213 zeigt eine Maschine derselben Firma, welche ebenfalls zum Chloren und Säuren, vielfach auch zum Imprägnieren der Ware mit Kalkmilch benutzt wird.

In Fig. 214 ist eine Imprägnier-Einrichtung von Mather & Platt veranschaulicht, wie sie zum Imprägnieren der Ware mit Lauge beim Bäuchverfahren von dieser Firma vorgeschlagen ist.

## II.

Statt die Zeuge mit den Bleichlösungen zu imprägnieren und in diesem Zustande längere Zeit liegen zu lassen, ist die ältere und bessere Art der Behandlung, auf welche man vielfach wieder zurückkommt, wo es die Verhältnisse gestatten, die Stoffe in die Lösungen selbst einzulegen.

Die Behälter für die Chlor-Lösungen werden in der Regel aus gutem Zementmauerwerk mit Zementverputz hergestellt. Man benutzt auch Holzfässer, aus starken Dauben hergestellt, in welche in Abständen von ca. 15 cm schmiedeeiserne Nägel mit starken Köpfen eingeschlagen werden. Das Faßinnere wird dann mit langsam bindendem Zement ausgekleidet. Die Nägel vermitteln den Halt der Zementschicht. Verfasser sah solcherart hergestellte Chlorbehälter in einem großen Etablissement der Schweiz. Die Behälter waren schon 15 Jahre in Benutzung und noch völlig intakt.

Nach einem englischen Patent vom Jahre 1878 (No. 5225) schlugen Charles Weber und Jean Martin Bickel im Verein mit Alliot und Vanlohe vor, Chlor- und Säurebehälter dadurch widerstandsfähig zu machen, daß dieselben mit in heißem Paraffin getränkten Holzbohlen ausgelegt werden, oder dieselben, wenn der äußere Behälter ein eiserner ist, mit in Zement gemauerten glasierten Steinen auszulegen, um das Eisen gegen die Einwirkung der Bleichflüssigkeiten zu schützen.

Bei dem Thies-Herzig'schen Bleichverfahren, bei welchem schwach angesäuerte Chlornatron-Lösung zur Anwendung kommt, ist das Chlorbassin aus Kacheln mit Zementdichtung hergestellt.

Eine bekannte und vielfach ausgeführte Form einer Anlage zum Chloren und Säuren bringt Fig. 215 zur Anschauung.

Man hat sich bemüht, die mechanischen Einrichtungen zum Chloren und Säuren zu verbessern. So zeigt Fig. 216 eine Konstruktion, welche Joseph Morris unter No. 18685 (1882) in Deutschland patentiert wurde. (Die gleiche Einrichtung bildet ein englisches Patent No. 66 A. D. 1880 an Charles Edward Benn e t t erteilt.) Ueber die Erfindung besagt die deutsche Patentschrift:

Fig. 215.

Der Bleichapparat ermöglicht es, die verschiedenen Behandlungen der Stoffe behufs Bleichens in einem und demselben Bottich vorzunehmen.

In Fig. 216 stellt *a a* den offenen Bottich aus Holz oder anderem passenden Material dar. Derselbe ist mit dem durchbrochenen Boden *b b* versehen, unter welchem in der Mitte des Bodens des Bottichs ein Rohr *c* mit den beiden Zweigrohren *e e* und dem Ablaßhahn *d* angebracht ist.

Das eine Zweigrohr *e* führt zu dem Behälter *f f* mit der Bleichlösung und zugleich zu dem Behälter *g g* mit der Säurelösung, während das andere Zweigrohr zu dem geschlossenen Behälter *hh* mit dem

Dampfstrahlapparat *k m* führt. Jedes dieser Zweigrohre hat am Ende einen Hahn $i\,i^1$.

In den Behälter *h h* führt unten das Dampfrohr *k k*, welches mit Hahn *l* versehen ist. Dieses Dampfrohr endet unter- und innerhalb des umgekehrten Trichters *m*, welcher sich als Rohr außerhalb des

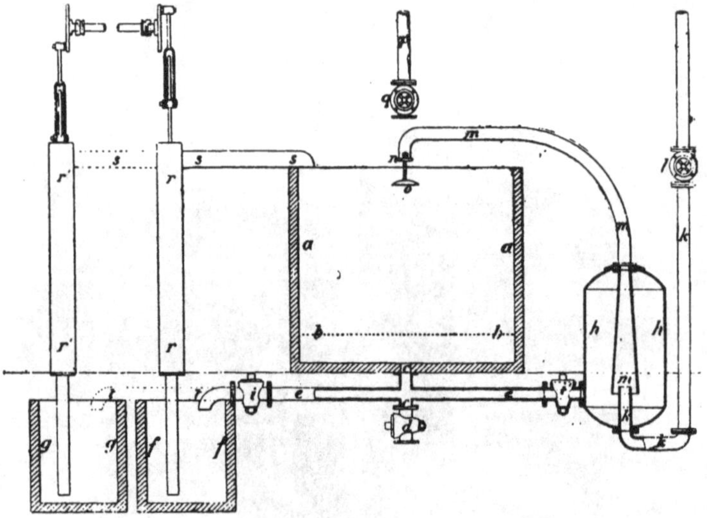

Fig. 216.

Behälters *h h* fortsetzt und bei *n* über der Mitte des Bottichs mündet. Unterhalb dieser Mündung hängt der Verteiler *o* in Gestalt einer Scheibe, welche die durch das Rohr *m* zugeführte Flüssigkeit über die Oberfläche der zu bleichenden Stoffe ausbreitet.

Außerdem befindet sich das Wasserrohr *p* mit Ablaßhahn *q* über dem Bottich.

In den Behältern *f* und *g* für Bleichlösung und Säure stehen die Pumpen $r\,r^1$, von denen Holzrinnen *s s* nach dem Bottich *a a* führen.

Man kann für jeden der Behälter *f* und *g* ein besonderes Rohr *e* mit Hahn *i* anbringen.

Der Bleichapparat wird auf folgende Weise angewendet:

Alle Hähne sind geschlossen und das Bleichgut wird in den Bottich gebracht. Man öffnet jetzt Hahn *q* und füllt den Bottich bis zur gewünschten Höhe mit Wasser. Nachdem *q* wieder geschlossen, setzt man das Bäuchmittel zu.

Alsdann wird Dampfhahn $l$, sowie Hahn $i^1$ geöffnet.

Die den Behälter $h\,h$ nun anfüllende Bäuchlösung wird durch den bei $k$ im Trichter $m$ ausströmenden Dampf mit fortgerissen und durch das Rohr $m$ und die Mündung $n$, sowie Verteiler $o$ über das im Bottich lagernde Bleichgut ausgespritzt. So lange Hahn $i^1$ geöffnet bleibt, findet ein beständiger Zufluß der Lauge über die Stoffe im Bottich statt.

Ist der Prozeß des Bäuchens weit genug vorgeschritten, so werden Hähne $l$ und $i^1$ wieder geschlossen, dagegen der Ablaßhahn $d$ geöffnet, wodurch die Bäuchlösung aus dem Bottich abläuft.

Nun wird Wasserhahn $q$ geöffnet und das Bleichgut mit Wasser gewaschen, worauf Hähne $q$ und $d$ geschlossen und Hahn $i$ in dem zum Behälter $f\,f$ führenden Zweigrohr $e$ geöffnet wird. Hierauf wird Pumpe $r\,r$ in Betrieb gesetzt, welche aus Behälter $f\,f$ die Bleichlösung in ununterbrochenem Strom über das Bleichgut und zurück in den Behälter $f\,f$ laufen läßt.

Ist dies lange genug geschehen, so läßt man die Lösung aus dem Bottich durch Hahn $i$ wieder in den Behälter $f\,f$ abfließen, worauf Hahn $i$ geschlossen wird. Nun werden Hähne $d$ und $q$ geöffnet und das Bleichgut gewaschen.

Es werden nun alle Hähne, mit Ausnahme desjenigen, welcher das Zweigrohr $e$ mit dem Säurebehälter $g\,g$ verbindet, geschlossen und die Pumpe $rr^1$ in Betrieb gesetzt. Dieselbe fördert die Säurelösung auf das Bleichgut. Nachdem dies genügend lange stattgefunden, wird die Pumpe außer Gang gesetzt und der Inhalt des Bottichs in den Säurebehälter $g\,g$ zurücklaufen gelassen.

Alsdann wird Hahn $i$ geschlossen und die Ware wiederum durch Hahn $q$ gewaschen; nach Schließen desselben läßt man das im Bleichgut enthaltene Wasser ablaufen.

Man schließt nun den Ablaßhahn $d$ und füllt den Bottich wieder mit Wasser.

Ist ein nochmaliges Bleichen nötig, so wird die Behandlung wiederholt.

Durch Anwendung eines getrennten Behälters $h\,h$ für den Dampfstrahlapparat $k\,m$ hat man den Vorteil, einen inwendig ganz freien Bottich ohne Rohre verwenden zu können. Es ist dieser Behälter $h\,h$ jedoch nicht unbedingt nötig, indem man den Dampfstrahlapparat in den Bottich selbst legen kann.

Die Bäuchflüssigkeit wird in diesem Falle von dem durchlöcherten Boden *bb* des Bottichs aus in die Mündung eines umgekehrten Trichters durcn den in demselben ausströmenden Dampfstrahl in die Höhe geworfen. Das in den Bottich eintretende Dampfrohr, sowie der Trichter müssen entweder von Blei sein oder durch eine Holzverkleidung gegen die Einwirkung der Bleichlösung und Säuren geschützt sein.

Fig. 217.

In England hat die Firma Voss & Delius in Manchester diese Einrichtung auf den Markt gebracht. Fig. 217 zeigt die erste

Anordnung, welche derselben gegeben war. Später wurde die Einrichtung abgeändert und hat heute die Form, wie sie Fig. 218 wiedergibt.

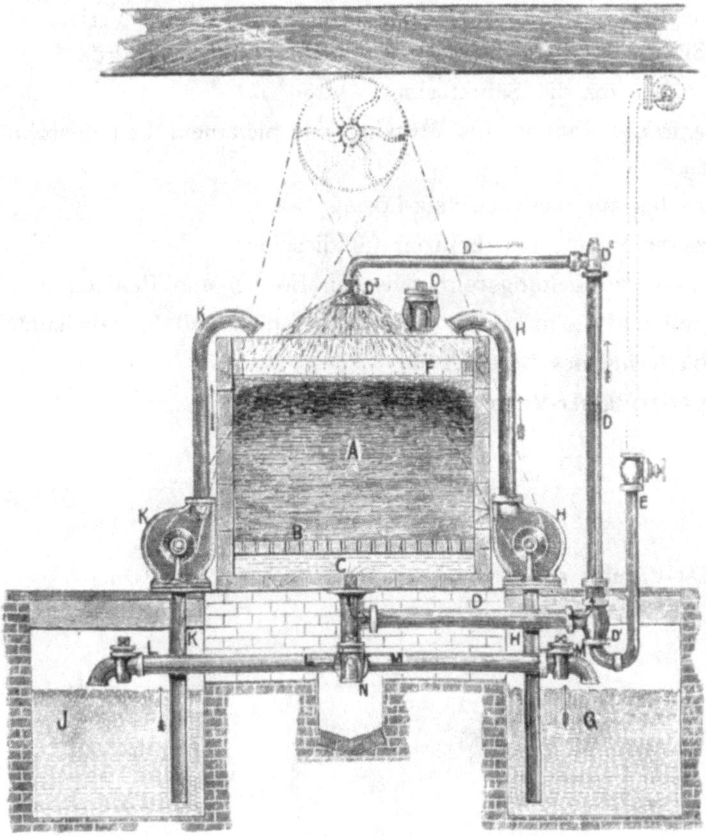


Fig. 218.

Bei den in Fig. 218 eingezeichneten Buchstaben bedeutet:

*A* Ein hölzerner viereckiger Bottich.

*B* Ein durchlöcherter falscher Boden.

*C* Abflußöffnung, welche sowohl in Verbindung mit dem Injektor und den Zirkulationsröhren, als auch mit den Bleichflüssigkeits-Behältern *G* und *J* steht.

*D* Zirkulations-Kochrohre.

$D^1$ Injektions-Apparat für die Zirkulation der Sodalauge.

$D^2$ Ventil mit Schwingarm, der zum Beiseitedrehen eingerichtet ist.

$D^3$ Verteilungsbrause am Schwingarm.

*E* Dampfventil mit Zuleitungsrohr für den Injektions-Apparat zum Kochen.

*F* Einsatz mit siebartigem Boden von Zinkblech zur Verteilung der Bleichflüssigkeit, der beim Kochen abgenommen wird.

*G* Behälter für die Säurelösung.

*H* Zentrifugal-Pumpe aus Messing mit bleiernem Leitungsrohr für dieselbe.

*J* Behälter für die Chlorkalk-Lösung.

*K* Eiserne Pumpe und Leitrohr für dieselbe.

*L* Ventil und Leitungsrohr zwischen Bottich und Behälter *J*.

*M* Ventil und Leitungsrohr zwischen Bottich und Säurebehälter *G*.

*N* Ablaßventil des Bottichs.

*O* Speise-Wasser-Ventil.

Die Firma Fr. Gebauer in Berlin hat die für Bäuchkessel ein-

Fig. 219.

geführte sogenannte Sektions-Einrichtung (vergl. S. 152) auch auf Bleichkufen zum Säuren und Chloren angewendet. Fig. 219 zeigt eine Abbildung derselben. Diese Kufen sind mit Bleimantel versehen und haben außerdem einen inneren perforierten Holzmantel mit Sektionseinrichtung und in der Mitte ein freistehendes perforiertes Bleirohr, so daß, wie in dem Sektions-Kochkessel, eine horizontale Zirkulation der Flotte vermittelst einer Zentrifugalpumpe ermöglicht werden soll. Das in die Kufe eingelegte Bleichgut wird in steter Reihenfolge, ohne weiter umgepackt zu werden, unmittelbar nacheinander der Wirkung von Chlor- und Säurelösung unterzogen und dazwischen, sowie am Schlusse einer Spülung unterworfen. Der Wechsel der einzelnen Manipulationen erfolgt durch Umstellung von Hähnen, die in die betreffende Saugleitung eingeschaltet werden.

## III.

Die dritte Art des Chlorens und Säurens ist die in geschlossenen Kesseln unter Anwendung eines Vakuums.

Der Zweck dieser Bleichart ist, den Geweben eine schonendere Behandlung zu geben, als dies bei der allgemein üblichen Strangbleiche möglich ist. Ganz besonders ist dieses Bleichverfahren für leichte durchbrochene Gewebe, aber auch für die stärksten Qualitäten, als einfach und doppelseitig gerauhte Piqués usw. geeignet, da es eine bekannte Tatsache ist, daß gerade die leichtesten und schwersten Warengattungen am meisten in der Strangbleiche leiden, während mittelschwere Gewebe diese Bleiche anstandslos passieren. — Durch das Herumführen des Gewebes von einer Maschine zur anderen und die Führung von der Docke über Häspel, durch Ringe und Rollenkästen leiden die Gewebe, so daß Breitenverluste durch die Spannungen eintreten. — Diese Uebelstände beseitigt die Vakuumbleiche. Das Gewebe wird in der üblichen Weise im Strang gebäucht, dann gewaschen und bleibt nun während der Chloreinwirkung, der Säureeinwirkung und der beiden Manipulationen nachfolgenden Wäsche unberührt liegen. Es macht diese vier Operationen, zu denen sonst vier Maschinenpassagen nötig sind, in Ruhelage durch, man spart bei den Geweben die Passagen ganz.

Der Vakuumkessel erfordert nicht mehr Platz, als ein Kochfaß benötigt, braucht also weniger Platz, als die bei der Strangbleiche notwendigen Chlor- und Säure-Clapots mit ihren Ablegekästen; auch wird an Wasser gespart, da zu dem im Vakuumkessel nötigen Spülen weniger Wasser erforderlich ist, als man bei Strangwaschmaschinen benötigt. Das unvermeidliche Waschen des Gewebes nach Herauslaufen aus dem Vakuumkessel geschieht auf einer Spezialwaschmaschine, auf welcher das Gewebe ohne Spannung läuft und deren Walzen je nach Bedarf ent- oder belastet werden können.

Bedingung bei diesen Vakuumapparaten ist eine Chlor- und säurebeständige Ausfütterung. Dieselbe bietet immerhin einige Schwierigkeiten, die zu beheben Gegenstand mehrerer Patente geworden sind.

So schlägt Sam Mason nach dem englischen Patent Nro. 1722 vom Jahre 1871 folgende Konstruktion für Vakuumkessel vor. Da das Aufbringen des Bleibelages auf das Kesselblech im Innern des Kiers durch Nieten auf die Dauer nicht hält, und die verschiedenartige Ausdehnung der Metalle in der Wärme zu Undichtigkeiten der Nietlöcher Veranlassung gibt, wodurch das Eindringen von

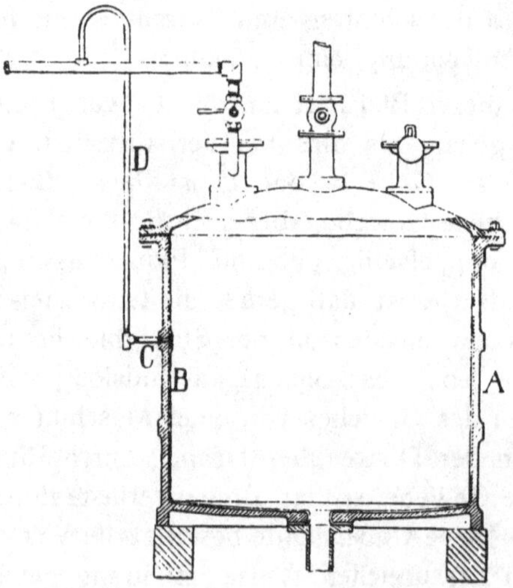


Fig. 220.

Bleichflüssigkeit zwischen die Kesselwandung und die Bleiausfütterung schließlich möglich ist, wird letztere aus einem Stück ohne Vernietung hergestellt. Das Bleiblech wird auf die Eisenwandung gelegt und durch Umbördelung gehalten. Auf diese Weise entsteht keine dichte Verbindung zwischen Eisen und Blei, es bleibt vielmehr ein größerer oder kleinerer Luftraum zwischen beiden Metallschichten, der bei der Erwärmung zu Ausbeulungen des Bleies Veranlassung geben könnte. Um dies zu verhindern, wird, wie in Fig. 220 dargestellt, der Zwischenraum zwischen dem Kesselblech *A* und dem Belag *B* mit der Luftpumpe, welche das Evakuieren des Kessels besorgt, durch die Rohrleitung *CD* in Verbindung gebracht. Auf diese Weise wird der Zwischenraum zwischen der Kesselwandung und der Bleiplatte ebenfalls evakuiert und der Ausbeulung auf diese Weise vorgebeugt.

---

In entgegengesetzter Weise verfahren nach dem englischen Patent Nro. 1937 (1881) Charles Theodore Jakoby und

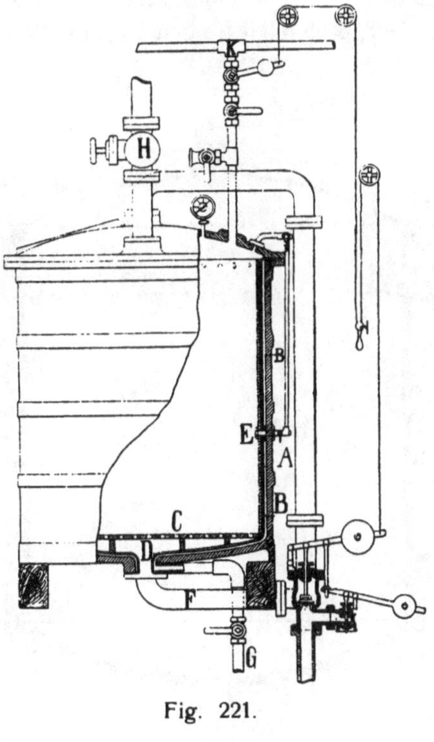


Fig. 221.

William Jennings, um den Bleimantel bei Vakuumkesseln vor Beschädigungen zu schützen. In Fig. 221 ist die Konstruktion dargestellt.

*A* ist der äußere Kesselmantel, *D* die Bleieinlage und *B* der zwischen beiden befindliche Hohlraum. Auf dem Bleimantel im Innern des Kessels ist zur Schonung des ersteren eine Holzverkleidung *E* angebracht, die mit einem perforierten hölzernen Boden *C* abschließt. Tritt im Laufe der Bleichoperation Bleichflüssigkeit durch äußere nicht kontrollierbare Umstände in den Hohlraum *B* ein, so kann dieselbe durch Rohr *G* abgelassen werden. Durch eine besondere in der Zeichnung nicht dargestellte Vorrichtung läßt sich der Hohlraum *B* auch ausspülen, das Spülwasser entweicht dann ebenfalls durch Rohr *G*. Rohr *F* führt zu den Chlor- bezw. Säurebehältern, Rohr *H* zur Wasserleitung und Rohr *K* zur Vakuumpumpe.

In der deutschen Patentschrift Nro. 37413 (1886) führen L. Kessler & Sohn folgendes aus:

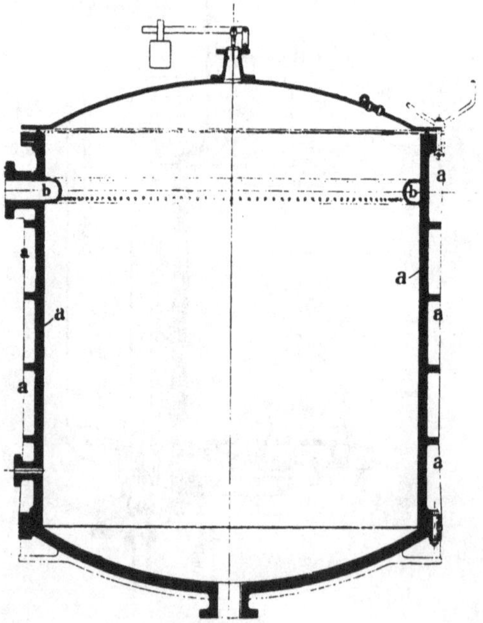


Fig. 222.

Die bisher zum Bleichen verwendeten Vakuum-Apparate sind aus Gußeisen hergestellt und ihre Innenwände mit Blei ausgefüttert.

Diese Apparate sind jedoch fortwährenden Reparaturen unterworfen und liefern außerdem kein reines Bleichprodukt. Die Gründe für diese Unvollkommenheiten sind folgende:

Die an der Gußeisenwand sitzende Bleischicht wird durch die Wirkung des äußeren Luftdruckes, welcher durch die Gußeisenwand Eingang findet, an einzelnen Stellen losgelöst, und findet dann sofort eine Oxydation des Gußeisens statt, wodurch die Bleichprodukte unbrauchbar werden. Derartige Stellen sind oft unbedeutend und deshalb schwierig zu entdecken. Ebenso wie der Mantel des Vakuumkessels gibt auch das eingesetzte Bewässerungsrohr oft Veranlassung zu Reparaturen.

Durch die in Fig. 222 dargestellte Vakuum - Konstruktion sollen die erwähnten Unvollkommenheiten beseitigt werden.

Fig. 223.

Der Vakuum - Mantel ist aus massivem Blei hergestellt und zum Zwecke der Festigkeit mit Rippen *a* abgesteift. Das Bewässerungsrohr *b* ist hierbei als Kanal gebildet, welcher sich im oberen Teile des Mantels befindet, zu welchem Zwecke letzterer entsprechend ausgewulstet ist.

Durch derartige Konstruktion des Vakuum-Apparates ist jedwede Oxydation vollständig ausgeschlossen, so daß ein fehlerhaftes Bleichen unmöglich wird.

In Fig. 223 ist ein Vakuumkessel der Firma C. G. Haubold jr. in Chemnitz dargestellt.

Derselbe besteht im wesentlichen aus einem schmiedeeisernen Mantel, gußeisernem angeschraubten Boden und gußeisernem, in Scharnieren beweglichem Deckel. Dieser ist mittelst einer Kette und einer in bequemer Höhe an der Wand angebrachten Hand-Winde in seiner ganzen Größe zu öffnen. Zum Befestigen des Deckels auf dem Mantel dient eine Anzahl Klappschrauben. Das Innere des Kessels ist mit starkem Blei ausgeschlagen und außerdem noch mit einem Holzfutter versehen. Ueber dem Boden ist ein hölzerner Siebboden angebracht. Sowohl am Boden als auch am obersten Teil des Kesselmantels ist je ein Stutzen angebracht; an jedem derselben mündet eine Hartrohrbleileitung, von denen jede zwei innen verbleite und mit Gummiklappen versehene Ventile trägt. Letztere sind mit Handgriffen und Schildern versehen und dienen zum Durchlassen der Chlor- und Säurelösung, weshalb jedes mit einem bis in die unter dem Kessel befindlichen Bassins reichenden Bleirohr versehen ist. Zum Ablassen der im Kessel befindlichen Flotte dient ein Ventil in der gleichen Ausführung wie die vorerwähnten, während zum Anschluß an die Wasserleitung ein Bleihahn am oberen Stutzen vorgesehen ist. Der Kessel ist mit Vakuummeter und Wasserstandszeiger versehen.

Die Ventile sind so angeordnet, daß dieselben von einem Punkte aus bequem bedient werden können.

---

Die Firma U. Pornitz & Co. in Chemnitz bringt den in Fig. 224 vorgeführten Vakuum-Apparat in den Handel. Auch bei dieser Anlage besteht die Apparatur aus Vakuumkessel und Luftpumpe, welche durch direkten Dampf betrieben, dem Kessel die Luft entzieht und damit gleichzeitig die Bleichflüssigkeiten oder das Spülwasser aus den unterhalb des Apparates liegenden Zysternen hebt.

Man bringt das zu bleichende Material in den Vakuumkessel, welcher aus einem eisernen Zylinder besteht; derselbe ist im Innern mit einem starken Bleiüberzug versehen und dieser letztere wird seinerseits wieder durch eine Holzbekleidung vor mechanischen Eindrücken und Beschädigungen bewahrt.

Ueber dem eigentlichen Boden des Apparates befindet sich ein zweiter, durchlöcherter Boden, welcher das Ablaufen der Flotte ermöglicht.

Nach stattgefundener Füllung tritt die seitlich angebrachte Luftpumpe in Funktion, um die Luft aus dem Zylinder zu saugen; die Luftleere, welche erzeugt werden kann, steigt bis auf 60 c/m Quecksilber-Säule, und erkennt man den Grad der Luftentziehung an dem angebrachten Vakuummeter.

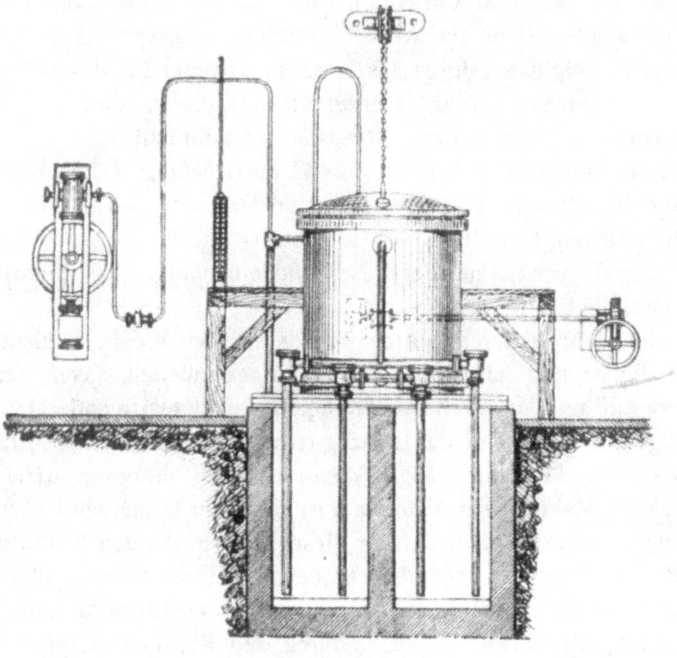

Fig. 224.

Durch die Ventile wird abwechselnd Chlor, dann Spülwasser, Säure und wieder Wasser usw. aus den Zisternen gehoben und von oben gleichmäßig über das zu bleichende Material verteilt; durch ein unten angebrachtes Rohr mit einem dazu bestimmten Ventil wird die Bleichflotte wieder in die betreffende Zisterne zurückgeleitet, während das Spülwasser aus demselben Rohr, aber durch ein anderes, an dessen Ende befindliches Ventil in den Kanal abläuft.

Durch öfteres Einsaugen und Wieder-Ablassen der Bleichflüssigkeiten wird ein Kreislauf derselben aus den Zisternen durch das Vakuum hervorgebracht.

---

Nach dem deutschen Patent No. 150 087 (1904) von Gustav Steinberger drückt man die im Bleichprozeß benötigten Flüssigkeiten, Wasser, Lauge, Säure, Chlorkalk, nachdem sie durch Kochen luftleer gemacht sind, in einem luftdicht verschließbaren Kessel, in dem das Bleichgut lagert, von unten ein, läßt sie durch das Bleichgut aufsteigen und durch ein Durchgangsventil oben wieder austreten, um sie nach Entfernung der aus der Ware aufgenommenen Luft wiederum in den Kessel eintreten zu lassen. Beim Durchgang der Flüssigkeiten durch das Material wird der Inhalt des Kessels mittels des Durchgangsventils unter einen höheren atmosphärischen Druck von etwa zwei bis drei Atmosphären gebracht.

Durch die von außen mittels Ueberrieselung erfolgende Abkühlung des Kessels wird in diesem ein Vakuum von $^1/_4$ bis $^1/_2$ Atmosphäre erzeugt, welches ein intensives Entweichen der Luft in Form von Gasperlen aus der Faser und ein energisches Eindringen der Flüssigkeiten in dieselbe verursacht.

Unter dem höheren Druck der darauf wieder in Umlauf gesetzten Flüssigkeit wird die aus der aufgequollenen Faser frei gewordene Luft mit der durch das Durchgangsventil austretenden Flüssigkeit abgeführt, während das Bleichgut in luftfreiem Zustande bleibt. Die während des Durchganges der Flüssigkeit hervorgerufene abwechselnde Wirkung von höherem und niederem Druck wird nach Bedarf wiederholt. Bei dem sich an diesen vorbereitenden Entlüftungsprozeß anschließenden eigentlichen Bleichverfahren werden Bleichgut wie die dasselbe bedeckende Flüssigkeit, welche, teils kalt, teils heiß, aber stets luftleer gemacht, durch den Kessel von unten nach oben hindurchgedrückt wird, den Kessel gefüllt halten und ständig mittels des Durchgangsventils unter höherem Druck stehen.

Da das Bleichgut während des Kochens, Chlorens, Säurens und Auswaschens mit Flüssigkeit bedeckt ist und durch das Durchgangsventil ständig unter einem höheren Druck als dem atmosphärischen steht, so kann es weder zwischen den einzelnen Arbeiten noch während derselben mit atmosphärischer Luft in Berührung kommen.

Durch diesen Luftausschluß während der Vorbereitung der Faser und der Dauer des Bleichverfahrens wird eine gleichmäßige Einwirkung der Bleichflüssigkeiten bewirkt. Gleichzeitig zwingt der

Druckwiderstand die Flüssigkeiten, über die ganze Breite des Kessels durch das Bleichgut aufzusteigen.

Die Durchführung des Verfahrens verläuft in folgender Weise. Das Bleichgut wird in den Kessel *a*, Fig. 225, fest eingesetzt,

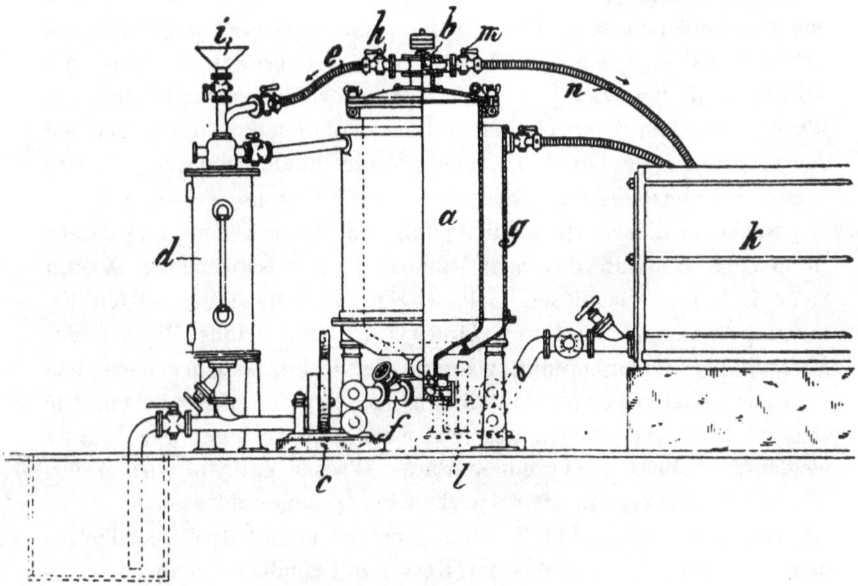


Fig. 225.

der Deckel luftdicht verschraubt und Durchgangsventil *b* mit einer Scheibe schwach belastet. Hierauf wird durch ein Pumpwerk *c* angewärmtes Wasser aus dem dem Kessel *a* vorgesetzten, mit Heizschlange versehenen Heizbehälter *d* von unten eingeführt. Dieses von unten einströmende Wasser treibt bereits den größeren Teil der in dem Bleichgut eingeschlossenen Luft vor sich her, welche, sobald der Druck im Gefäß *a* so stark geworden ist, daß das Durchgangsventil *b* gehoben wird, durch dasselbe ausströmt. Sobald nun das nachströmende Wasser ebendort austritt, wird dieses mittels Rohrschlauch *e* nach dem Heizbehälter *d* geführt, von neuem erwärmt, um dann wiederum mittels Pumpwerk *c* durch den Kessel geführt zu werden. Während dieses Kreislaufes wird je nach der Art des Bleichgutes das Wasser, dem zweckentsprechende Zusätze gemacht werden können, erhitzt und dabei das Durchgangsventil *b* mehr und mehr belastet, bis der Kessel selbst unter einem Druck von 2 Atm. und höher steht und das Wasser während dieses Druckes durch den Kessel gepreßt wird.

Nachdem heißes Wasser im Kessel *a* ist, wird die Pumpe abgestellt und das im Zuleitungsrohr eingeschaltete Absperrventil *f* geschlossen, womit der Kessel luftdicht abgeschlossen ist. Derselbe enthält nun heißes, luftfreies Wasser unter Wasserdruck und wird nun von außen mittels Mantel *g* durch kaltes Wasser abgekühlt, bis sich ein Vakuum eingestellt hat. Ist dieses erfolgt, so wird das Absperrventil *f* wieder geöffnet und bei Kochtemperatur befindliches Wasser aus dem Heizbehälter *d* durch Pumpwerk *c* durch den auf den ursprünglichen Druck steigenden Kessel hindurchgeführt, bis sich wieder im Heizbehälter *d* ausgekochtes Wasser im Kessel befindet.

Nachdem diese Arbeit durchgeführt ist, deren Beendigung daraus zu ersehen ist, daß das aus Abflußventil *h* ausströmende Wasser keine Luft und Gasblasen mehr abgibt, wird nach der letzten Erzeugung eines verminderten Druckes frisches heißes Wasser aus Heizbehälter *d* eingepumpt, während der Rohrschlauch *e* nach dem Abwasserkanal gelegt ist, so daß nun, nachdem der vorher bestandene Druck wieder erreicht ist, das jetzt meist sehr verunreinigte Wasser wegläuft. Sobald vollkommen klares Wasser eintritt, wird Rohrschlauch *e* wieder an den Heizbehälter *d* angeschlossen.

Bei dem sich an den Entlüftungsprozeß unmittelbar anschließenden Bleichprozeß wird das im Kessel *a* befindliche heiße Wasser durch Pumpe *c* in Kreislauf gesetzt, und währenddessen die erforderliche Menge Aetznatron, Soda usw. durch Trichter *i* im Heizbehälter *d* auf die kreisende Flüssigkeitsmenge verteilt. Hiermit ist der Kochprozeß eingeleitet. Während desselben wird die Lauge durch Anwärmen im Heizbehälter *d* auf hoher Temperatur erhalten.

Das Chloren erfolgt in dem immer unter einem Druck von 2 Atm. und höher stehenden Kessel in ähnlicher Weise wie das Erhitzen, indem der Kreislauf von dem Chlorbottich *k* aus mittels Pumpe *l* durch Kessel *a*, Durchgangsventil *b* bezw. Ausfluß *m*, Rohrschlauch *n* zurück nach *k* geschieht.

Sobald das Chloren vollendet ist, wird reines Wasser aus einem Wasserbottich mittels Pumpe *l* durch den Kessel nach dem Abwasserkanal geführt, um das Bleichgut von der Chlorflüssigkeit auszuwaschen.

Wie der Erfinder in ein und demselben Kessel bäuchen, chloren und säuren will, verschweigt er nach der Patentschrift vorsichtig. Und darin hat er recht.

# Ozonbleiche.

Anfang der neunziger Jahre des vorigen Jahrhunderts wurden aussichtsvoll erscheinende Versuche angestellt mit künstlich erzeugtem Ozon Bleichwirkungen zu erreichen, die vor allem die Rasenbleiche für Leinen in Wegfall bringen sollten. Es mögen in Kürze die damaligen Beobachtungen und Einrichtungen besprochen sein,*) da auch in neuester Zeit wieder Bestrebungen zutage treten, die seiner Zeit ausschließlich auf Leinen vorgenommenen und für diese verhältnismäßig schwer zu bleichende Faser als unökonomisch erkannten Versuche selbst auf Baumwolle auszudehnen.

Die Firma Siemens & Halske in Berlin und die Greifenberger Bleich- und Appreturanstalt (Keferstein) führten die zuerst im Laboratorium ersterer Firma im kleinen ausprobierte Methode praktisch aus. Im Verlauf der Versuche hatte sich herausgestellt, daß die beste Anwendung des Ozons darin besteht, in der üblichen Kombination von Chlorkalk- und Rasenbleiche die letztere durch Ozonbleiche zu ersetzen und den übrigen Teil des Verfahrens beizubehalten; es kam also wesentlich darauf an, die Ozonbleiche so zu gestalten, daß sie die Rasenbleiche ersetzt, und außerdem die nötigen Modifikationen der übrigen Behandlung zu finden.

Die schließlichen Ergebnisse, wie sie in der Praxis angewendet wurden, waren die folgenden:

Die Behandlung des Garnes vor der ersten Ozonisierung ist dieselbe wie vor der Rasenbleiche; nur tritt nach dem letzten Auswaschen eine gewisse Vorbehandlung hinzu, welche zur Vorbereitung der Wirkung des Ozons dient. Diese Vorbehandlung besteht entweder in Behandlung mit schwacher Salzsäure (D. R. P. No. 78839) oder mit Terpentinöl und verwandten Stoffen (D. R. P. No. 77117).

Das Ozon muß möglichst rein und die in dem zu ozonisierenden Garn enthaltene Wassermenge eine bestimmte sein; die hierfür im

---

*) Nach Leipziger Färberzeitung, 1895 No. 32; Vergl. auch Theis, Breitbleiche, S. 223—231.

Betrieb zu beobachtenden Vorsichtsmaßregeln sind indessen einfach und leicht auszuführen.

Zur Erzielung von $^3/_4$-Bleiche genügt, statt der Rasenbleiche, eine einmalige Ozonisierung von etwa 7 Stunden. Um Vollbleiche zu erreichen, sind zwei bis drei solche Ozonisierungen, unterbrochen durch gewisse Zwischenbehandlungen, erforderlich.

Eine Einwirkung des Sonnenlichtes während der Ozonisierung ist vorhanden; dieselbe ist indessen viel geringer als bei der Rasenbleiche, so daß es mittels Ozon auch möglich ist, nachts zu bleichen, und der Einfluß des Wetters, welcher bei der Rasenbleiche so wichtig ist, bei der Ozonbleiche fortfällt.

Die Behandlung des Garnes nach der Ozonisierung besteht, wie bisher nach der Rasenbleiche, im wesentlichen in der Anwendung von Chlorkalk; derselbe wird indessen schwächer genommen als nach der Rasenbleiche.

Das Ozon wird nicht aus Sauerstoff, sondern aus Luft hergestellt.

Die Einrichtung der Greiffenberger Ozon-Bleichanlage unterscheidet sich von den gewöhnlichen Bleichereien nur durch die Hinzufügung einer Anlage, in welcher Ozon erzeugt wird, und einer Ozonkammer, in welcher das Garn ozonisiert wird.

Die Ozon-Erzeugungsanlage, welche in den Fig. 226 und 227 abgebildet ist, besteht aus folgenden Apparaten: einer Luft-

Fig. 226.

pumpe oder einem Ventilator, welcher Luft durch die Ozon-Erzeugungsanlage in die Ozonkammer treibt, einem Apparat zum Trocknen der Luft, dem Ozon-Erzeugungsapparat, bestehend aus 60 sogenannten Ozonglimmerröhren, von denen je 10 zu einem „Rohrgitter“ vereinigt sind, den elektrischen Maschinen, d. h. einer besonders für Ozonerzeugung konstruierten Wechselstrommaschine, einer zur Magnetisierung der letzteren dienenden Dynamomaschine, einem Transformator und den nötigen Meßinstrumenten, und endlich der Dampfmaschine. Fig. 226 zeigt die Maschinenanlage, Fig. 227 die Ozonapparate.

Diese Anlage verbraucht etwa drei Pferdestärken.

Zur Beaufsichtigung derselben genügt ein Maschinist, welcher außer für die Schmierung der Maschinen dafür zu sorgen hat, daß die elektrische Spannung, welche an den Ozonröhren herrscht,

Fig. 227.

einigermaßen konstant bleibt; zu diesem Zwecke beobachtet er einen elektrischen Spannungsmesser und reguliert eventuell an der Dampfmaschine und den elektrischen Apparaten.

Die Ozonkammer zeigt die Fig. 228. Jede Trockenkammer läßt sich hierzu benutzen; die Wände werden weiß tapeziert und am Boden ein kammförmiges System von mit Löchern versehenen eisernen Gasröhren angelegt, durch welche das Ozon eintritt. Auch die Rohrleitung, welche das Ozon von dem Maschinenraum nach der Ozonkammer bringt, besteht aus eisernem Gasrohr, alle Rohre sind innen mit einer Schutzmasse, welche vom Ozon nicht angegriffen wird, bekleidet.

Zum Ozonisieren wird das feuchte Garn in der Ozonkammer aufgehängt, die Kammer geschlossen und Ozon eingeleitet; nach vollzogener Ozonisierung wird die Kammer geöffnet und das Garn entfernt.

Wird das Ozon in die leere Kammer eingeleitet, so ist der Geruch so penetrant, daß man es nicht lange darin aushält; ist dagegen das Garn in der Kammer aufgehängt, so absorbiert dasselbe das Ozon so stark, daß man ohne Beschwerde in der Kammer sich aufhalten kann; man kann daher auch während der Ozonisierung die Kammer betreten und den Fortschritt des Bleichens beobachteten.

Fig. 228.

Um die Maschinenanlage möglichst auszunutzen, empfiehlt es sich, zwei Ozonkammern einzurichten und dieselben abwechselnd, z. B. in halbstündigem Wechsel, zu ozonisieren; während die eine Kammer frisches Ozon erhält, wird alsdann in der andern Kammer das vorhandene Ozon vollständig absorbiert.

In G r e i f f e n b e r g ist nur e i n e Ozonkammer eingerichtet, weil dieselbe für die zu verarbeitende Garnmenge, ca. 550 Kilogramm oder eine Partie täglich, genügt. Durch Einrichtung von zwei Ozonkammern und Ausdehnung der Arbeitszeit auf 10 bis 12 Stunden läßt sich die täglich zu ozonisierende Garnmenge, mit derselben Maschinenanlage, auf zwei Partien steigern.

Sollen leinene Zeuge gebleicht werden, so sind die Ozonkammern und die Aufhängevorrichtungen entsprechend zu verändern.

Der bei der Ozonbleiche erlangte Grad und Glanz der Bleiche ist derselbe, wie bei der Rasenbleiche; über die Festigkeit der Faser sind eingehende Versuche angestellt worden und haben teils ähnliche, teils größere Festigkeit ergeben, als bei der Rasenbleiche.

In bezug auf die Betriebskosten stellt sich die Ozonbleiche nicht billiger als die Rasenbleiche; allerdings fallen die Kosten des Auslegens auf dem Rasen und des Abholens weg, es treten jedoch die Kosten des Maschinisten, des Schmiermaterials usw. hinzu.

Die Bleichzeit dagegen ist bei der Ozonbleiche erheblich geringer als bei der Rasenbleiche, da bei günstigstem Wetter, etwa drei Tage Rasenbleiche einem Tage Ozonisierung entsprechen; im Winter, bei ungünstigem Wetter, sind wohl 14 Tage Rasenbleiche einem Tag Ozonisierung gleichwertig zu rechnen.

Die wichtigsten Vorzüge der Ozonbleiche bestehen darin, daß die Wiesen wegfallen, daß der ganze Bleichprozeß im Hause vorgenommen werden kann, daß die Bleichzeit erheblich abgekürzt und das ganze Verfahren vom Wetter unabhängig gemacht wird.

Versuche von A. und P. Buisine*) ergaben, daß weder der Sauerstoff der Luft noch reiner Sauerstoff noch Ozon das Bleichen bewirken, sondern dazu außer diesen gleichzeitig die Anwesenheit des Lichtes, und zwar am besten die Anwesenheit der direkten Sonnenstrahlen erforderlich ist. Damit sich das Bleichen rasch vollzieht, muß unbedingt Sauerstoff der Luft und direktes Sonnenlicht gleichzeitig einwirken. Das Bleichen geht indes auch, allerdings viel langsamer, im luftleeren Raum oder in einer Atmosphäre von Kohlensäure oder Stickstoff, allein durch die Wirkung des direkten Sonnenlichtes vor sich.

---

*) Compt. rend. 112 pag. 738.

# Hilfsmaschinen im Bleicherei-Betrieb.

Neben den bisher besprochenen Einrichtungen zum Bäuchen, Waschen, Chloren und Säuren sind im Bleicherei-Betriebe noch eine Anzahl Hilfsmaschinen erforderlich, welche in ähnlicher Weise wie die bisher besprochenen Maschinen beschrieben werden sollen. Es sind dies Einrichtungen und Maschinen zum

Stempeln und Bezeichnen der Stücke,
Heften und Nähen der Ware,
Sengen,
Scheeren und Bürsten,
Strangablegen,
Strangöffnen,
Breitstrecken der gebleichten Ware.

## I.

## Stempeln.

Dasselbe wird in den einzelnen Etablissements verschieden besorgt und läuft darauf hinaus, die einzelnen Stücke nach dem Bleichen wieder zu erkennen. In kleineren Betrieben behilft man sich mit einfachem Lochen der Stückenden, links, rechts oder in der Mitte; größere Fabriken zeichnen die Stücke durch Buchdrucker-Lettern mit bleichbeständigen Farbstoffen, Steinkohlenteer, Anilinschwarz usw. So vorbereitet werden die Stücke zusammengenäht.

Bei feineren Geweben werden die Enden der Stücke durch Einnähen bestimmter Buchstaben und Zeichen kenntlich gemacht. Früher geschah dies von Hand, heute ist auch diese Manipulation durch die Maschine ersetzt worden, welche in kurzer Zeit die Schriftzeichen einnäht.

Fig. 229 zeigt eine solche Kurbel-Stickmaschine, auch Tambourier-Maschine genannt, welche u. A. die Firma Josef Prasse in Warnsdorf liefert. Im Prinzip einer Nähmaschine gleich, für Fußbetrieb eingerichtet, wirkt die Einrichtung durch Drehen einer unter der Tischplatte des Oberteils befindlichen Kurbel, wodurch ein kreisförmig ausgeführter Transporteur, in diesem Falle zugleich Presserfuß, den Stoff in der durch die Kurbel bestimmten Richtung

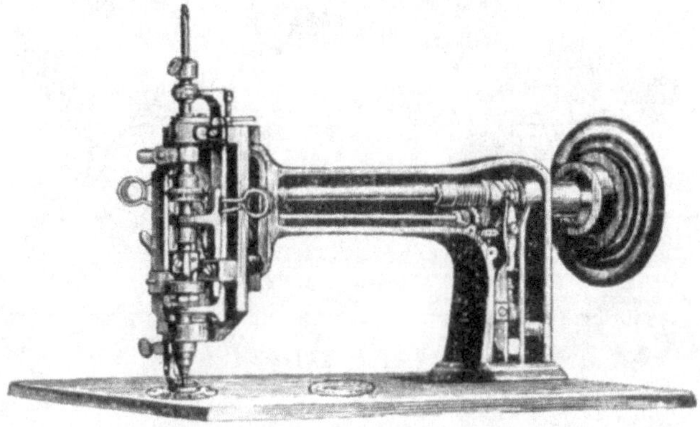

Fig. 229.

weiterführt, wodurch in einfacher Weise die Stickerei zustande kommt. Das Arbeiten auf dieser Maschine kann in kurzer Zeit erlernt werden.

## II.

## Heften und Nähen.

Nachdem die einzelnen Stücke durch Stempelaufdruck bezeichnet sind, werden sie zu einem, je nach der Größe der Bleichpost sich richtenden Ballen zusammengeheftet oder zusammengenäht. Das Heften genügt für den vollen Durchgang durch die Bleich-Operationen für gewöhnlich nicht. Man benutzt die Heftmaschine, Fig. 230 zeigt eine Abbildung derselben, meistens nur für Behandlungen von kürzerer Dauer.

Zwei ineinandergreifende Stirnräder sind in der Mitte zur Aufnahme einer Heftnadel genutet und an einem gußeisernen Arm montiert, der gleichzeitig zur Aufnahme einer Druckfeder dient. Die beiden Gewebeenden werden der Nadel des Apparates zugeführt und durch Drehen einer Handkurbel zusammengeheftet.

Nähmaschinen für Bleichereizwecke sind in Fig. 231 und 232 dargestellt. Fig. 231 zeigt eine Maschine der Firma Wheatley Kirk,

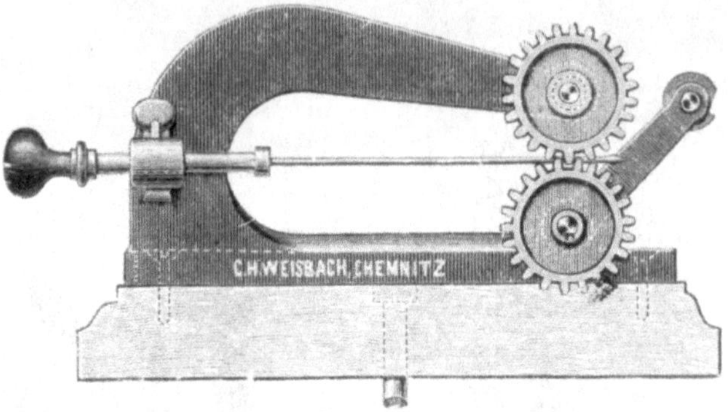


Fig. 230.

Price & Comp. in Manchester, wie selbe in Bleichereien, Färbereien und Druckereien, zum Zusammennähen der Stücke, verwendet wird.

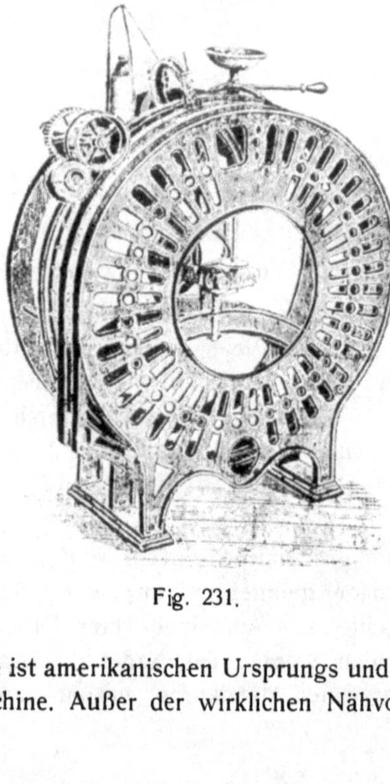

Fig. 231.

Die Maschine ist amerikanischen Ursprungs und nennt sich Rayer und Lincoln-Maschine. Außer der wirklichen Nähvorrichtung ist auf dem Gestell noch ein Typendruckapparat angebracht, der die Ware mit beliebiger Buchstaben- oder Ziffernbezeichnung signieren kann. Das Nähen der Enden und Aufstempeln von Zeichen, Maßen usw. vollzieht sich, mit Ausnahme einiger weniger Handgriffe, automatisch.

Fig. 232.

In Fig 232 ist eine Nähmaschine abgebildet, welche die Firma G. Josephys Erben in Bielitz liefert. Auch diese Maschine ist amerikanischen Ursprungs, wird in ihrem Heimatland und in England allgemein, neuerlich auch auf dem Kontinent verwendet.

Sie ist leicht fahrbar, leicht mit einem Fuße in Bewegung zu setzen und näht oder heftet die Stücke sowohl der Länge, wie der Breite nach schnell und fest zusammen.

Es wird damit an Zeit beim Zusammenheften gespart, weil das Nähen in kürzerer Zeit als bei anderen Maschinen ausgeführt werden soll. Das Einreißen der Ware wird vermieden und das Auseinanderlösen derselben geschieht durch einfaches Herausziehen des mit Kettenstich genähten Fadens.

Die deutsche Nähmaschinen-Industrie hat den früheren Vorsprung der amerikanischen eingeholt und liefert für alle technischen Zwecke Maschinen von gleicher Güte.

## III.

## Sengen.

Dasselbe hat den Zweck, die Oberfläche des Gewebes von den hervorstehenden Härchen, dem Flaum zu befreien und dem Stoff ein glattes Aussehen zu geben. Man bedient sich dazu der Sengmaschinen, deren hauptsächlich drei verschiedene Arten im Gebrauch sind.

### A. Plattensenge.

Für das Beseitigen der Fasern hat man in frühester Zeit schon glühende Metallkörper angewendet, welche in primitiver Weise über das Gewebe gestrichen wurden, oder man führte umgekehrt das Gewebe über die Metallkörper.

Später entstand die sogenannte Plattensengerei, welche sich bis auf den heutigen Tag erhalten hat. Bei dieser werden Kupfer- oder Eisenplatten durch einen darunter befindlichen Ofen glühend gemacht und das Gewebe mit Hilfe von Aufwickel- und Abwickelvorrichtungen über dieselben gezogen.

Etwa 800 mm über dem Fußboden erhebt sich ein geschlossenes Mauerwerk (Fig. 233), welches als obere Abdeckung eine Kupferoder Eisenplatte trägt, unter dieser in gewisser Entfernung (für Holz-, Torf-, Kohlen- oder Naphthafeuerung) ist der Rost eingemauert. Derselbe ist 700 mm lang und 450 mm breit und reicht bis an die sich stark zusammenziehende Feuerbrücke, über welche die Feuergase unter der Platte durch einen Kanal fortgeführt werden. Zur Ofengarnitur gehören noch Feuertür und Feuerplatte, sowie eine Tür zum Aschenfall. Das Mauerwerk des Ofens ist wegen der bedeutenden Hitze, welche nötig ist, um die Platte zum Glühen zu bringen, durch Längen- und Queranker zusammengehalten.

Die beiden Stirnwände des Mauerwerkes sind ca. 500 mm über der Platte fortgeführt und tragen rechts und links in Scharnieren drehbar angeordnet je einen Leitstab in Hebeln gelagert.

An beiden Seiten in besonderen Gestellen montiert liegen die Auf- resp. Abwickelwalzen, welche entweder mit kleinem Dampfmotor oder mit Riemenvorgelege angetrieben werden. Um anhaftende Funken zu entfernen, ist eine eiserne Streichschiene, die auch gleichzeitig zur Führung der Ware dient, angebracht.

Zwischen der Streichschiene und Sengplatte liegen Leitstäbe, welche mit Hebeln verbunden sind und wodurch man die Ware von der Sengplatte abheben kann, wenn eine Störung im Betriebe vorkommt.

Ueber der Sengplatte ist ein eisernes Dach angebracht, welches durch Ketten und Hebel abzuheben ist und den Zweck hat, die strahlende Hitze zusammen zu halten und bei Beginn des Feuerns das Glühendmachen zu beschleunigen.

Wird die Ware in feuchtem Zustande gesengt, so entwickelt sich lebhaft Wasserdampf und zu dessen Abzug ist über der Platte ein stark ziehender Rauch- und Dunstfang vorgesehen.

Zur Vergrößerung der Leistungsfähigkeit der Plattensengen werden, ähnlich wie bei den Gassengen, mehrere Oefen hintereinander angeordnet, welche sämtlich bei einem Zuge vom Gewebe bestrichen werden.

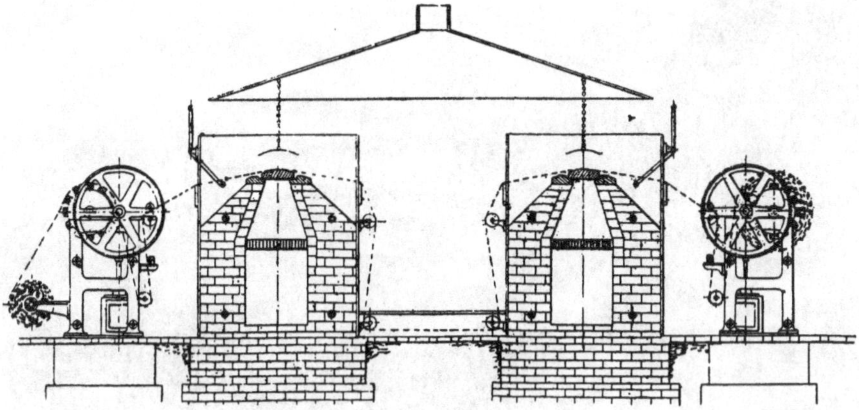

Fig. 233.

Die in Fig 233 dargestellte Anordnung rührt von der Firma C. G. Hauboldt jr. in Chemnitz her.

In ähnlicher Weise sind die durch Fig. 234, 235, 236 dargestellten Plattensengmaschinen konstruiert.

Fig 234 zeigt eine solche mit zwei Sengplatten der Firma Mather & Platt Ltd. in Manchester.

Fig 235 gibt eine Sengmaschine mit einer Platte von Esser & Scheider in Reichenberg i. B. wieder und Fig. 236 eine solche der Zittauer Maschinenfabrik und Eisengießerei A.-G. in Zittau i. S.

Statt durch eine Streichschiene die Funken zum Verlöschen zu bringen, läßt man die von der Platte kommende Ware auch über eine in einem Wasserkasten rotierende Walze gehen oder man führt sie durch einen mit Dampf gefüllten Behälter.

In bezug auf Oekonomie stellt es sich fast gleich, ob man mit kupfernen oder gußeisernen Platten arbeitet. Erstere können nach längerem Gebrauch durch Hämmern wieder gerichtet werden und halten also für lange Zeit, während die billigeren gußeisernen Platten, nachdem sie einmal verbogen oder blasig geworden, nicht weiter verwendet werden können. —

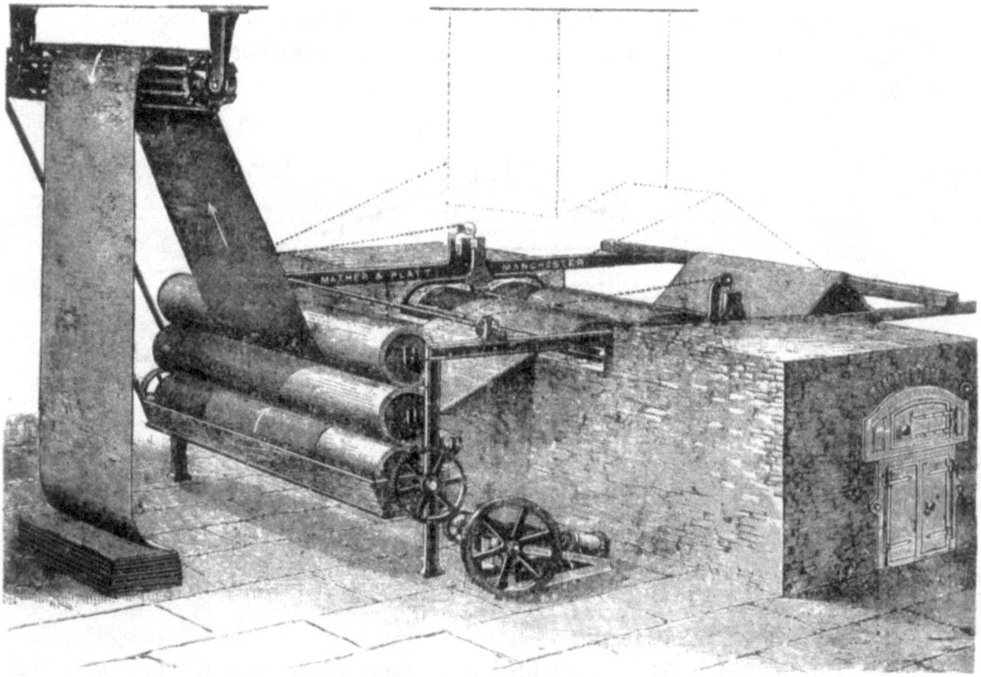


Fig. 234.

Nach dem deutschen Patent No. 110759 (1900) sucht Jacob Leontieff die Platten zu verbessern. Es heißt in der Patentschrift:

Die allgemein benutzten Sengmaschinen, abgesehen von Gassengmaschinen, bestehen im wesentlichen aus einer oder mehreren metallischen Flächen, die durch Kohlen-, Naphtha- oder Holzfeuerung zum Glühen gebracht werden, und über welche die zu sengende Ware behufs des Abbrennens der losen Härchen geleitet wird.

Diese glühenden metallischen Flächen können mehr oder weniger halbzylindrische Form haben und fest über der Feuerung eingemauert sein, so daß die Flamme bezw. die Heizgase dieselben von unten bestreichen. Derart eingerichtet sind die „Plattensengmaschinen.“

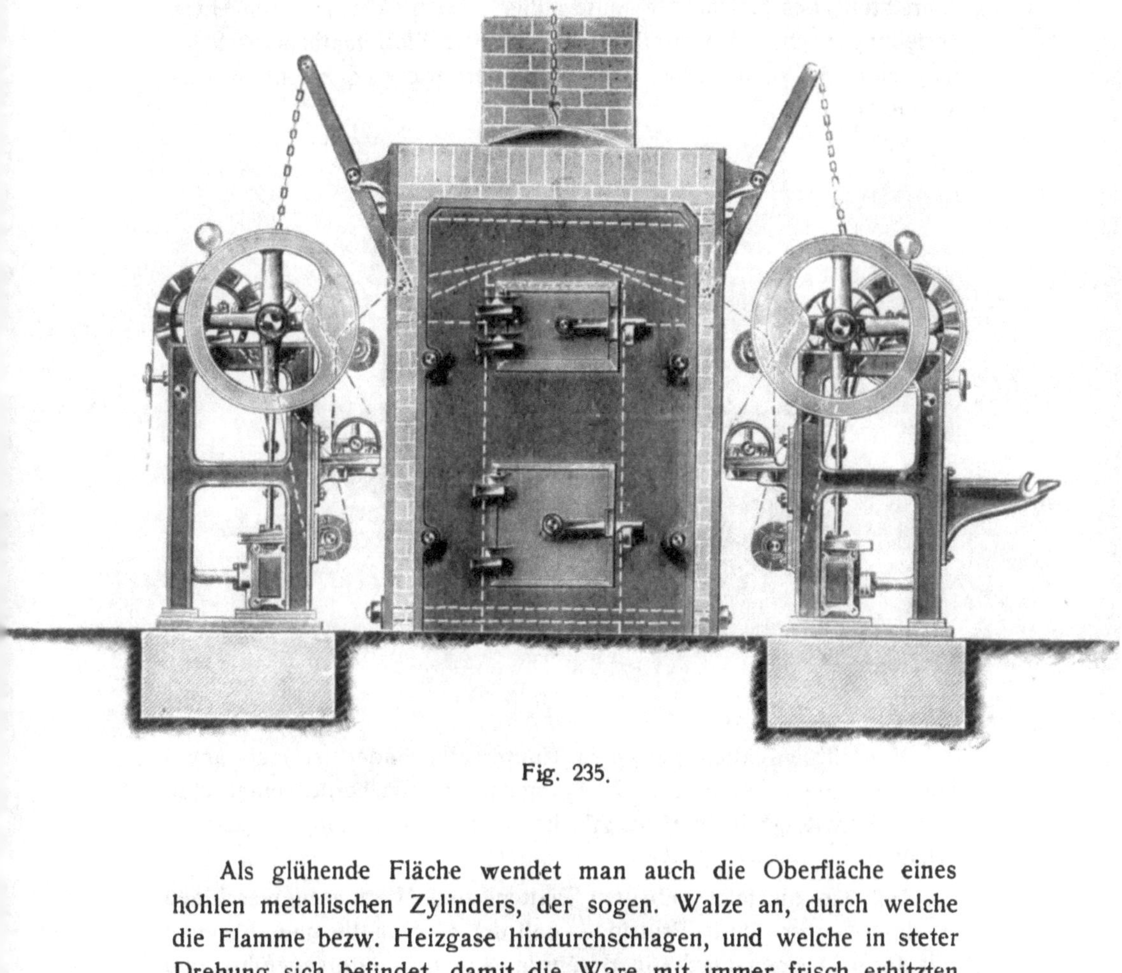

Fig. 235.

Als glühende Fläche wendet man auch die Oberfläche eines hohlen metallischen Zylinders, der sogen. Walze an, durch welche die Flamme bezw. Heizgase hindurchschlagen, und welche in steter Drehung sich befindet, damit die Ware mit immer frisch erhitzten Stellen in Berührung kommt. Dies sind „Walzensengmaschinen.“

Die Sengfläche der ersteren Art wird im folgenden kurzweg als „Platte“, die der zweiten als „Walze“ bezeichnet.

Der oben erwähnte Vorteil der Walzensengmaschinen — Berührung der Ware mit immer frisch erhitzten Stellen — wird auf Plattensengmaschinen dadurch erreicht, daß man die Leitrollen, die die Ware führen, so einrichtet, daß sie selbsttätig ihre Lage gegenüber der Platte ändern.

Die jetzt verwendeten Sengflächen, sowohl Platten als Walzen, haben eine einförmig glatte Oberfläche. Im Anfang des vorigen Jahrhunderts verwendete man auch mit radialen Rippen versehene halbzylindrische Glühflächen. Diese verbesserte Form der mangelhaften Einrichtung des Heizherdes sollte außer einer gleichmäßigeren Hitzeverteilung noch den Vorteil haben, daß der Stoff mathematisch genau mit der glühenden Fläche in Berührung gebracht werden konnte.*)

Fig. 236.

Von diesem alten gerippten Kupferhalbzylinder ist man abgekommen, denn bei einem richtig gebauten Heizherde findet man keine Schwierigkeit, die Sengfläche stets in der nötigen Glut zu erhalten.

Bei den bis jetzt gebauten Platten- und Walzensengmaschinen ist das oben erwähnte Prinzip — daß der Stoff mathematisch genau mit der glühenden Fläche in Berührung kommt — durchgeführt, und es spielt sich das Sengen unter Luftabschluß ab.

Den Gegenstand der Erfindung bildet nun eine Sengplatte oder Sengwalze, bei welchen zu den Härchen der zu sengenden Ware in dem Augenblicke, wo dieselben die Entzündungstemperatur erreicht haben, Luft zugeleitet und auf diese Weise eine erhöhte Leistung erreicht wird.

*) Grothe, die Appretur der Gewebe, Berlin 1882. pag. 103.

Die Oberfläche der neuen Glühkörper wird so gestaltet, daß die darüber gleitende Ware dieselbe nur stellenweise berührt, wesentlich aber in einer gewissen (½ bis 5 mm großen) Entfernung von derselben bleibt. Der Verbrennungsvorgang der Härchen spielt sich, durch die strahlende Wärme des Glühkörpers veranlaßt, zum größten Teile an diesen, als Sengstellen im folgenden bezeichneten, Oberflächen des Glühkörpers ab. Um den Luftzutritt zu den Sengstellen zu ermöglichen, wird die Glühfläche außerdem mit Vertiefungen, die als Luftkanäle bezeichnet werden, versehen, welche mit den Sengstellen in Verbindung stehen.

Auf diese Weise stellt sich die Oberfläche der neuen Glühkörper, im Gegensatze zu den einförmig glatten, als mit Unebenheiten versehen dar, und es können die Art, Richtung und Größe dieser Unebenheiten sehr mannigfaltig sein, wobei der Zweck immer der bleibt, einerseits das Sengen hauptsächlich in einem kleinen Abstande von der Glühkörperoberfläche vorzunehmen, andererseits zu den Sengstellen die Luftzufuhr zu ermöglichen.. Der Unterschied zwischen dem alten gerippten Kupferhalbzylinder und der Erfindung liegt in folgendem. Bei den neuen Sengflächen liegt das Wesentliche darin, daß die Ware stellenweise in einer kleinen Entfernung von der Glühkörperoberfläche gleitet, in welcher Entfernung die strahlende Wärme zur Geltung kommt; bei dem alten gerippten Kupferhalbzylinder dagegen steht die Ware mit den Rippenrücken desselben in vollständiger Berührung, während an den Ausschnittstellen zwischen der Ware und dem Glühkörper eine zu große (zirka 50 mm) Entfernung sich vorfindet, und daher die strahlende Wärme in bezug auf das Sengen irgend eine Rolle nicht spielen kann.

Beispiele der Profile der neuen Glühflächen sind in Fig. 239 und 240 gegeben. Die Ware ist mit *w* bezeichnet, die Berührungsstellen mit *b*, Sengstellen mit *s* und Luftkanäle mit *k*.

Fig. 237 stellt im Querschnitt einen Teil einer mit prismatischen Erhöhungen — Rippen — versehenen Glühfläche dar. Die Rippen sind abwechselnd von größerer oder kleinerer Höhe, wobei die Rücken der höheren Rippen als Berührungsstellen, die der niedrigeren als Sengnstellen dienen. Die Zwischenräume zwischen den Rippen bilden die Luftkanäle. Fig. 238 stellt im Querschnitt einen Teil der Glühfläche anderer Art dar. Hier sind die Berührungsstellen wesentlich kleiner als die Sengstellen. Fig. 239 stellt im Querschnitt einen Teil einer wellenartigen Glühfläche dar. Hier ist der Uebergang von den Berührungsstellen ein ganz allmählicher, ohne scharfe Grenzen. Fig. 240 stellt eine Verbindung von Form 237 mit der Form 239 dar.

Fig. 237.

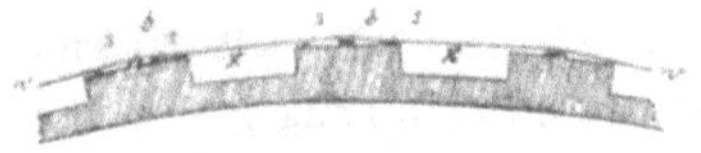

Fig. 238.

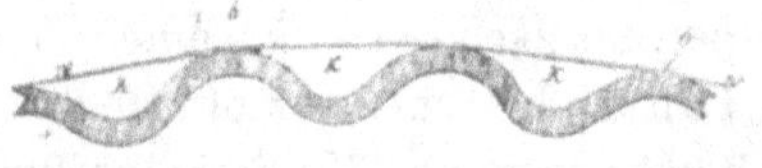

Fig. 239.

Fig. 240.

Diese Beispiele sind Glühflächen mit rippenartigen Erhöhungen, welche quer zur Gleitrichtung der Ware auf der Glühfläche gehen.

Es ist vorteilhaft, den Glühflächen eine möglichst einfache Form zu geben behufs der leichteren Herstellung. Außerdem kommt die nötige Elastizität der Glühfläche in Betracht, damit dieselbe beim Ausdehnen und Zusammenziehen durch Temperaturänderungen nicht leidet.

Die Glühflächen können auch auf der inneren Seite mit entsprechenden Unebenheiten versehen sein, damit die Wärmeleitung leichter stattfindet (s. Fig. 239).

Die Erhöhungen der Glühfläche, welche als Berührungsstellen mit der Ware dienen, können sogar ganz wegfallen und durch besondere, zweckmäßig angebrachte Leitstäbe oder Leitrollen, welche somit nicht ein Stück mit dem Glühkörper bilden, ersetzt werden. Dadurch ändert sich der Vorgang des Sengens nicht, d. h. es gleitet die Ware in einem kleinen Abstande von der Sengfläche, wo die strahlende Wärme derselben und die Luftzufuhr zur Geltung kommen und das Sengen bewirken. Doch ist eine solche Einrichtung nicht so vorteilhaft, weil die Ware durch Leitstäbe u. dergl. nicht vorgewärmt wird, wie es durch die Teile der glühenden Sengfläche geschieht.

Die Luftzufuhr in die als Luftkanäle bezeichneten Vertiefungen der Glühfläche kann nötigenfalls vermittels mechanischer Einblasevorrichtung bewerkstelligt werden.

Angesichts der Mitwirkung der beiden zur Verbrennung nötigen Faktoren — Entzündungstemperatur und Sauerstoffgegenwart — verläuft das Sengen auf den neuen Glühflächen vollständiger und rascher, als auf den alten, wo die Ware mit dem Glühkörper in Berührung steht, und wo eigentlich keine Verbrennung, sondern eine trockene Destillation der auf der Ware befindlichen Härchen vor sich geht.

### B. Walzensenge.

Bei derselben ist die Platte durch eine sich drehende hohle Walze aus Gußeisen ersetzt, welche auf der einen Seite mit einer Feuerung, auf der anderen mit einem Schornstein in Verbindung steht. Wie bei der Plattensenge die Platte, wird hier die Walze zur Rotglut erhitzt. Die Ware geht in der der Drehung der Walze entgegengesetzten Richtung über dieselbe. Diese Senge arbeitet gleichmäßiger und in bezug auf Feuerungsmaterial ökonomischer als die Plattensenge. Wie bei dieser wird das Gewebe nach Passieren des Sengkörpers durch Wasser gezogen.

Fig. 241 zeigt die Abbildung einer Walzensengmaschine.

### C. Gassengmaschine.

In jeder Weise rationeller vollzieht sich das Sengen auf der Gassengmaschine.

Als Brennmaterial benutzte man bei den früher in Anwendung gebrachten Sengapparaten Weingeist oder Alkohol, später die Dämpfe dieser Materialien. Die Flammen hatten aber den Nachteil, daß sie rußten, und die Ware dadurch unegal und streifig ausfiel.

Nach Entstehung der Steinkohlengasfabrikation wandte man sich bald der Verwendung des Steinkohlengases zum Sengen der Gewebe zu und erhielt wesentlich günstigere Resultate als früher, indem man dieses Gas mit atmosphärischer Luft mischte, wodurch nicht nur eine intensivere, sondern auch eine vollständig rußfreie Flamme gewonnen wurde. Man wendet, wo kein Steinkohlengas vorhanden, Gase aus Petroleum, Terpentin und anderen Oelen mit Vorteil an,

Fig. 241.

die dann an Ort und Stelle mittels sogenannter Gasolinapparate hergestellt werden. (vergl. Seite 304.)

In der richtigen Mischung von Gas und Luft, in der Konstruktion der die Luftkompression, die Mischung der komprimierten Luft mit dem Gase bewirkenden Apparate, und den Brennern selbst liegt das Wesentliche für ein gutes Sengen. Diese Teile müssen bei der Gassengmaschine nicht nur gestatten, Gas und Luft auf das innigste miteinander zu mischen, dem Gemenge je nach Erfordernis einen höheren oder geringeren Druck zu geben, sondern auch die Mischung unter gleichmäßigem Druck am Verbrennungsorte zur Ausströmung kommen zu lassen, ohne dabei eine besondere Aufmerksamkeit und Intelligenz des die Maschine bedienenden Arbeiters vorauszusetzen.

Bei normal verlaufendem Sengen werden Baumwollgewebe nicht geschwächt. Der Gewichtsverlust durch dasselbe übersteigt nach Abzug der Feuchtigkeit zwei Prozent nicht.

Grosseteste*) bestimmte die Temperatur, welche das Gewebe beim Sengen annimmt, durch direkte Experimente, indem er dasselbe mit einer Mischung für Anilinschwarz folgender Zusammensetzung imprägnierte und dann durch eine Sengmaschine gehen ließ:

| | | |
|---|---|---|
| 1250 | Teile | Wasser, |
| 90 | „ | kristallisierte Weinsteinsäure, |
| 43 | „ | chlorsaures Kali, |
| 150 | „ | Anilin, |
| 53 | „ | Fericyankalium. |

Diese Zusammensetzung gibt bei 80° eine grüne Farbe, welche das Emeraldin, unvollkommenes Anilinschwarz, ist; bei 100° gibt sie Schwarz; bei 120—130° wird sie braungelb und das Gewebe ist geschwächt.

In einer Blanche-Maschine mit drei Reihen Flammen erhält man eine von jedem Rot freie schwarze Farbe. EineTulpin-Maschine mit vier Flammenreihen brachte eine kaum merkbare grünliche Färbung hervor.

Auch durch Albert Scheurer's Arbeiten (loco cit.) ist erwiesen, daß die Baumwolle ohne Veränderung die Einwirkung einer verlängerten, trockenen oder feuchten Hitze von 150° aushält. Bei 160° erreicht man den kritischen Punkt, wo das Gewebe eine Aenderung erleidet. Wenn trotzdem nach dem Sengen eine Schwächung der Faser beobachtet wird, so ist dies meistens durch metallische oder ätzende Bestandteile verursacht, welche absichtlich oder zufällig vor dem Weben der Schlichte für die Ketten oder nachher der Appretur für die rohen Stücke zugesetzt werden. So ist z. B. die Einwirkung der Kupfersalze eine schwächende, daß die Wärme des Sengens genügt, um sie so zu zersetzen, daß das Gewebe verschlechtert ist.

Salzsaure und schwefelsaure Salze von Zink und Magnesium führen ebenfalls eine Schwächung der Faser herbei.

Die Art und Weise, wie bei Gassengmaschinen die Flamme auf und in das Gewebe wirkt, ist von großem Einfluß auf das schließliche Sengresultat. Bevor einzelne Sengmaschinen zur Darstellung kommen, möge hier ein sehr instruktiver Aufsatz über Sengerei von Lévy-Spira**) folgen:

Die seit etwa 30 Jahren in der Industrie benutzten Gassengmaschinen lassen sich in zwei große Klassen einteilen:

---

*) Bull. de la Soc. ind. de Mulhouse, Jan. 1883.

**) Zeitschrift für Farben- und Textilchemie, 1902, I, 144 nach Bull. de la Soc. ind. de Mulhouse, 1901, pag. 197—258.

1. Diejenigen, welche — wie die Maschine von Tulpin — das Gas unter dem gewöhnlichen Drucke der Gasfabrik verbrennen;

2. diejenigen, welche — wie die von Descat-Leleux vervollkommnete Blanche-Maschine — unter künstlich erhöhtem Drucke arbeiten.

Letztere haben sich in den Bleichereien eingebürgert und haben erstere verdrängt; sie geben höhere Temperaturen, vollkommenere Verbrennung und liefern infolgedessen bessere Arbeit. In allen diesen Maschinen aber streift die Flamme das zu sengende Gewebe und arbeitet sozusagen der Fläche desselben parallel. Man hatte wohl schon früher Versuche angestellt (Hall 1816), bei welchen die Flamme durch das Gewebe hindurchgesogen wurde, aber diese Arbeitsweise war verlassen worden, weil sie das Gewebe ärmer *) machte. Binder hat die Versuche wieder aufgenommen und indem er die Flammenintensität und die Geschwindigkeit des Gewebes verändert, kommt er unter Umgehung obiger Mängel zu einer bedeutenden Gas- und Arbeitsersparnis.

Lévy-Spira hat in der Firma Scheurer Lauth & Co. (Bitschweiler-Thann) das Binder'sche System einer Prüfung unterzogen; die von ihm erhaltenen Resultate sind im folgenden zusammengefaßt:

Zu den Versuchen diente eine Scheurer-Lauth'sche Gassengmaschine mit zwei Gebläserampen, nach dem System Binder (von Mather & Platt, Manchester, Inhaber des Patentes Binder) umgebaut. In Fig. 243 ist ein Descat-Leleux-Brenner von etwa 12 Liter Kapazität dargestellt. Der Brennschlitz hat eine Breite von 0,5 mm auf 1040 mm Länge; letztere kann vermittelst zweier Schieber verändert werden. Wie gewöhnlich sind die Brenner um ihre Achse drehbar und ein Hebelsystem erlaubt, dieselben nötigenfalls vom Gewebe zu entfernen. Die Gas- und Druckluftzufuhr geschieht vermittelst biegsamer Rohre. Um die Flammenintensität je nach der Gewebegattung regulieren zu können, ist die Hahnbüchse mit Teilkreis und der Hahnschlüssel mit Zeiger versehen.

Fig. 244 zeigt das Saugrohr; dasselbe nimmt unmittelbar die Verbrennungsgase auf. Es besitzt einen Wasserkühlmantel und ist mit dem neben der Maschine stehenden Saugventilator verbunden. An beiden Enden trägt es die Schieber *R'* zur gleichzeitigen Regulierung der Saug- und Brenneröffnung; dieselben sind

*) d. h. durch Verbrennen auch des in den Maschen des Gewebes befindlichen Flaumes erhielt der Stoff einen weniger vollen Griff, was sich besonders in der Appretur unangenehm bemerkbar machte.

durch die Stellvorrichtung *V* (Stellrad und Zahnstange) beweglich. Ferner trägt das Saugrohr noch die Rolle *R* zur Entfernung des Gewebes von den Brennern.

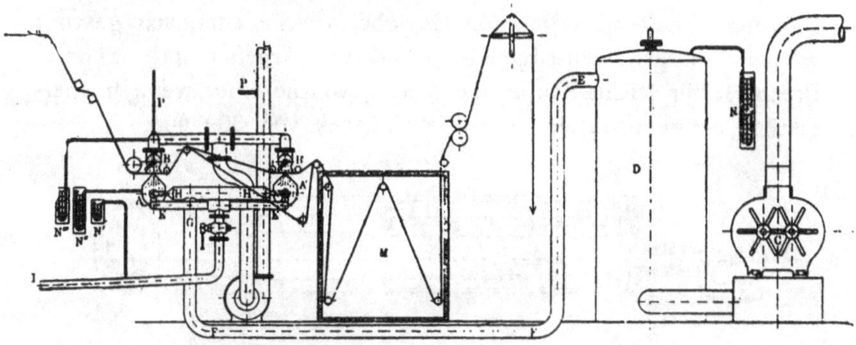

Fig. 242.

Fig. 242 zeigt die Abbildung einer Gassengmaschine von Scheurer, Lauth & Co. mit zwei Gebläsebrennern, welche in eine Sengmaschine mit zwei Descat-Leleux-Brennern mit Saugvorrichtung nach System F. Binder umgebaut ist:

*A* und *A'* Descat-Leleux-Brenner.
*B* und *B'* Saugrohre System Binder.
*C* Roots Gebläse, die komprimierte Luft liefernd.
*D* Windkessel mit Druckregulator.
*E F G H* Druckluftleitung zur Brennerspeisung.
*I K* Gasleitung zur Brennerspeisung.
*L* Saugventilator.
*M* Dampfkasten.
*N* Wassermanometer, gibt den Druck des Windkessels *D* an.
*N'* Wassermanometer, gibt den Gasdruck an.
*N''* Wassermanometer, gibt den Druck des Gas-Luftgemisches an.
*N'''* Wassermanometer, gibt das Vacuum im Saugrohre an.
*P* Stickstoffthermometer, zur Temperaturnahme des Verbrennungsgases.
*P'* Gas-Quecksilberthermometer, zur Temperaturnahme beim Austritt der Verbrennungsgase aus dem Saugventilator.
*a* Eintritt des kalten Wassers.
*G* Austritt der Verbrennungsgase.
*R* Rolle zum Variieren der Entfernung des Stoffes vom Brenner.
*R'* Schieber mit Zahnstange.
*V* Stellrad.

Bei den Versuchen ist nur einseitig gesengt worden; jedesmal wurde ein Parallelversuch mit der gleichen Ware auf einer gewöhnlichen Zweibrennersengmaschine gemacht. Die Leistungsfähigkeit der Maschine bezw. die Geschwindigkeit des Stoffes war 90 m in der Minute. Der Gasdruck schwankte zwischen 40 bis 50 mm Wasserhöhe.

Nach den Versuchen wurden folgende Punkte festgestellt:

1. Druck der Preßluft im Windkessel. Ein Druck von 600 bis 630 mm Wasserhöhe gab für Gewebe, welche energisch gesengt werden müssen, befriedigende Resultate (Arbeiten mit einem Brenner); für leichte Stoffe und solche, welche einer weniger energischen Senge bedürfen, genügt ein Druck von 300 mm.

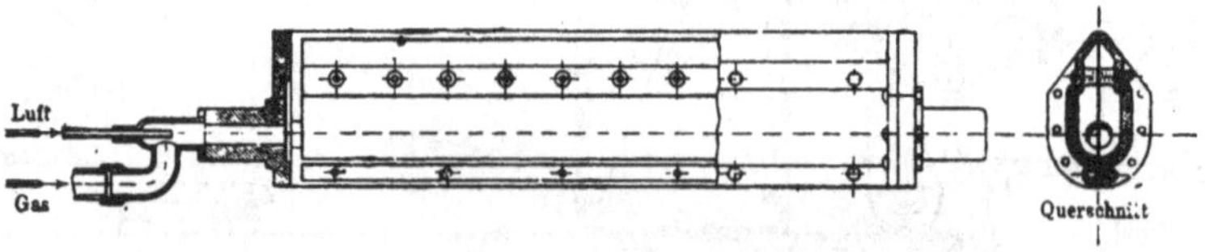


Fig. 243.

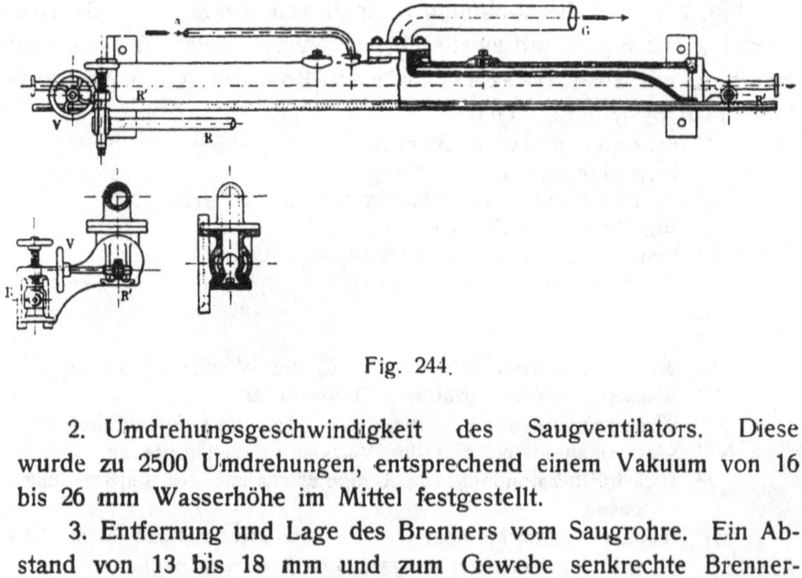


Fig. 244.

2. Umdrehungsgeschwindigkeit des Saugventilators. Diese wurde zu 2500 Umdrehungen, entsprechend einem Vakuum von 16 bis 26 mm Wasserhöhe im Mittel festgestellt.

3. Entfernung und Lage des Brenners vom Saugrohre. Ein Abstand von 13 bis 18 mm und zum Gewebe senkrechte Brenner- resp. Flammenlage gab die besten Resultate in Hinsicht auf die Güte der gesengten Ware und des Gasverbrauches. Weitere Annäherung (8 mm) ergibt schlechteres Sengen, größere Entfernung (21, 27,5 mm) ist zwecklos.

4. Einfluß vorherigen Trocknens der Ware auf die Qualität der gesengten Ware und den Gasverbrauch.

Aus Tabelle I ergibt sich der Einfluß vorhergehenden Trocknens aus vier Versuchen mit Kaliko 75/26.

5. Einfluß der Wasserkühlung im Saugrohre. Ohne Kühlung kann sich das Saugrohr bei lang andauernden Arbeiten allmählich bis zur Dunkelrotglut erwärmen; zugleich nimmt die Saugwirkung graduell ab, die Flamme gerät in Schwankungen, wobei das Gewebe mit horizontalen ungleichmäßig gesengten Streifen gezeichnet wird. — Der geringe Gasverbrauch ist das Hauptmerkmal dieses Sengverfahrens, zumal für die schwereren Stoffe. Es lassen sich die Gewebe je nach den Fabrikationsanforderungen in zwei Klassen einteilen:

a) Gewebe, welche mit 630 mm Wasserdruck im Windkessel gesengt werden;

Gewebe mit 600 bis 630 mm Druck gesengt.

| Gewebeart | Gasverbrauch in Litern pro 100 m | | Mit Saugwirkung Differenz in Prozenten |
|---|---|---|---|
| | ohne Saugwirkung | mit Saugwirkung | |
| Kaliko 75/26 . . . . | 210,3 | 121,5 | 41,77 weniger |
| Satinette . . . . . | 223,7 | 119,9 | 46,40 „ |
| Kaliko 20/20 . . . . | 192,5 | 109 | 43,16 „ |
| Piqués . . . . . . | 235,4 | 123,4 | 47,57 „ |
| Reps . . . . . . . | 239,5 | 119 | 50,31 „ |
| Piqué long. . . . . | 259 | 127,3 | 50,84 „ |
| Percale . . . . . . | 237 | 121,8 | 48,60 „ |
| Summa | 1597,4 | 841,9 | 328,65 weniger |
| im Mittel | 228,2 | 130,3 | 46,95 „ |

b) Gewebe, welche mit 300 mm Wasserdruck im Windkessel gesengt werden.

Gewebe mit 300 mm Druck gesengt.

| Gewebeart | Gasverbrauch in Litern pro 100 m | | Mit Saugwirkung Differenz in Prozenten |
|---|---|---|---|
| | ohne Saugwirkung | mit Saugwirkung | |
| Organdis . . . . . | 36,1 | 22,3 | 38,22 weniger |
| Jaconas (fein) . . . . | 48,2 | 53 | 10 mehr |
| Baumwollflanell . . . | 84,9 | 73,3 | 13,66 weniger |
| Batist 25/25 . . . . | 72,1 | 75,3 | 4,44 mehr |
| Wollmusselin . . . . | 36,5 | 26,7 | 26,9 weniger |
| Seidensatin . . . . | 83,1 | 83,1 | — |
| Satin (Seidenkette) . . | 81,9 | 72 | 12,08 weniger |
| Summa | 442,8 | 405,7 | 76,42 weniger |
| im Mittel | 63,25 | 57,95 | 10,92 „ |

Aus den folgenden zwei Tabellen läßt sich der Gasverbrauch bezw. die Gasersparnis auf 100 m Gewebe beim Arbeiten mit und ohne Saugvorrichtung ersehen. Es wurde mit einem Descat-Leleux-Brenner gearbeitet und das gleiche Resultat wie mit zwei Gebläsebrennern erhalten.

Tabelle I.

| | 1. | 2. | 3. | 4. |
|---|---|---|---|---|
| | Es wurde gesengt | | | |
| | mit Saugwirkung und ohne Trocknen 1 Brenner D L[1]) | ohne Saugwirkung und ohne Trocknen 2 Brenner D L[1]) | mit Saugwirkung und mit Trocknen 1 Brenner D L[1]) | ohne Saugwirkung mit Trocknen 2 Brenner D L[1]) |
| Gasverbrauch pro 100 m | 120 Liter | 221,3 Liter | 100,6 Liter | 165,7 Liter |
| Sengresultat . . . . | schlechter als 4, besser als 2 | am schlechtesten gesengt | am besten gesengt | schlechter als 3, besser als 2 |

Wie ersichtlich, beträgt bei schweren Stoffen die Gasersparnis 41,77 bis 50,84 Proz., bei leichteren hingegen ist dieselbe nur gering. Sehr leichte Stoffe können ebenfalls mit Saugwirkung gesengt werden, da es aber unpraktisch ist, die Geschwindigkeit von 90 m pro Minute zu überschreiten, so ist man auf das Verringern der Flammenintensität angewiesen; diese wird nach Art, Durchlässigkeit, Gewicht usw. des Stoffes geregelt. Solche leichten Stoffe sind sogar doppelseitig gesengt. Der Flaum der gerauhten Ware wird durch dieses Sengsystem nicht in Mitleidenschaft gezogen und bleibt unverändert.

Alle Sengsysteme bräunen mehr oder weniger die Stoffe, aber diese braune Färbung hat keine nachteilige Wirkung auf die Festigkeit der Gewebe. Nach den Versuchen von Lévy-Spira können die verschiedenartig gesengten Gewebe folgendermaßen eingeteilt werden:

1. Am wenigsten gebräunt sind die ohne Saugwirkung mit vorheriger Trocknung gesengten Stoffe.

2. Diejenigen Stoffe gesengt mit Saugwirkung und mit Trocknen.

3. Diejenigen Stoffe gesengt ohne Saugwirkung und ohne Trocknen.

---

[1]) D L = Descat-Leleux.

4. Am meisten gebräunt werden mit Saugwirkung ohne vorheriges Trocknen gesengte Stoffe.

Die Festigkeitsversuche wurden vor dem Sengen (im rohen Zustande), nach dem Sengen und nach der Bleiche gemacht; es folgt aus den erhaltenen Zahlen, daß keine dieser Operationen (Sengen mit oder ohne Saugwirkung, sowie die Bleiche) das Gewebe angreift. Z. B wurden als Mittel für Kaliko 75/26 bei vier verschiedenen Sengverfahren folgende Zahlen gefunden:

| | |
|---|---|
| Festigkeit (Rohstoff) | 33,51 |
| Nach dem Sengen | 32,83 |
| Nach der Bleiche (ohne Berechnung des Eingehens) | 36,45 |
| Nach der Bleiche (unter Berechnung des Eingehens) | 33,11 |

Tabelle II.

| Verschiedene Gassengmaschinen-Systeme | Gasverbrauch pro 100 m | | | | | |
|---|---|---|---|---|---|---|
| | Kaliko 75/26 | | Jaconas | | Percals | |
| | Gas pro 100 m Liter | Produktionsfähigkeit pro Minute m | Gas pro 100 m Liter | Produktionsfähigkeit pro Minute m | Gas pro 100 m Liter | Produktionsfähigkeit pro Minute m |
| Tulpin-Maschine . . . | 148 | 58/59 | 127 | 58/59 | 133 | 36 |
| Maschine mit zwei Reihen Bunsenbrennern . . . | 138 | 65 | — | — | — | — |
| Maschine mit zwei Gebläsebrennern . . . . | 358 | 90 | — | — | — | — |
| Maschine mit Descat-Leleux-Brenner ohne Saugwirkung . . . . | 222 | 90 | 55 | 90 | 237 | 90 |
| Maschine mit Descat-Leleux-Brenner mit Saugwirkung, System Binder . . . . . | 123 | 90 | 50 | 90 | 121 | 90 |

In Tabelle II sind die Verbesserungen der Sengmaschinen in bezug auf Gasverbrauch und Produktionsfähigkeit dargestellt, woraus der Vorzug der Saugwirkung ersichtlich ist.

Eine Reihe von Patentschriften beschäftigte sich mit Verbesserungen an Gassengmaschinen, die die Warenführung, die Brennerkonstruktion usw zum Gegenstande haben. Es seien nur einige neuere hervorgehoben:

Nach dem deutschen Patent No. 119929 bringt C. Scharrer über ein- und derselben Flamme eine Reihe von innen mit Wasser gekühlten Führkörpern an, wodurch die Sengflamme in. der Längsrichtung des Gewebes ausgebreitet und ihr Kontakt mit demselben in diesem Sinne vergrößert wird. Bei einmaligem

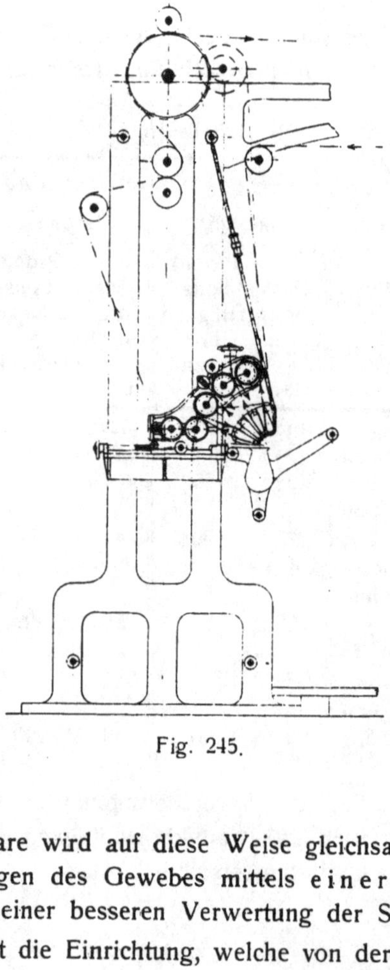

Fig. 245.

Passieren der Ware wird auf diese Weise gleichsam ein drei- oder mehrmaliges Sengen des Gewebes mittels einer Flamme hervorgerufen, was zu einer besseren Verwertung der Sengflamme führt

Fig 245 zeigt die Einrichtung, welche von der Maschinenfabrik C. G. Haubold jr. in Chemnitz ausgeführt wird.

Nach dem deutschen Patent No. 126 415 bringt F r. G e b a u e r in B e r l i n eine Einrichtung, mit der man in der Lage ist, mittels

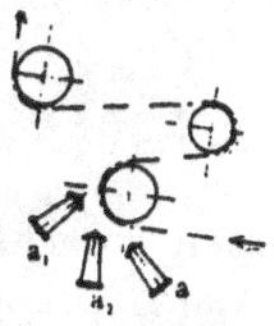

Fig. 246.

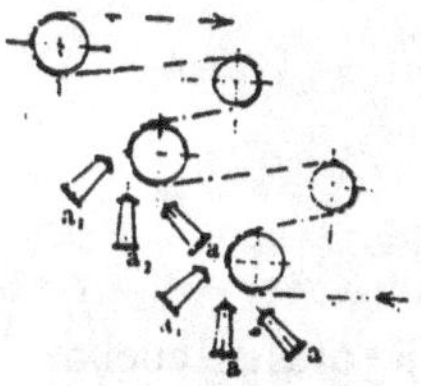

Fig. 247.

eines Brenners, je nach Stellung desselben, entweder mit der Flamme tangential oder senkrecht oder auch gleichzeitig tangential und senkrecht auf die Gewebe einwirken zu können. Um die Wirkung der Maschine zu erhöhen, werden mehrere Brenner angeordnet, an denen die Gewebe vorbeigeführt werden.

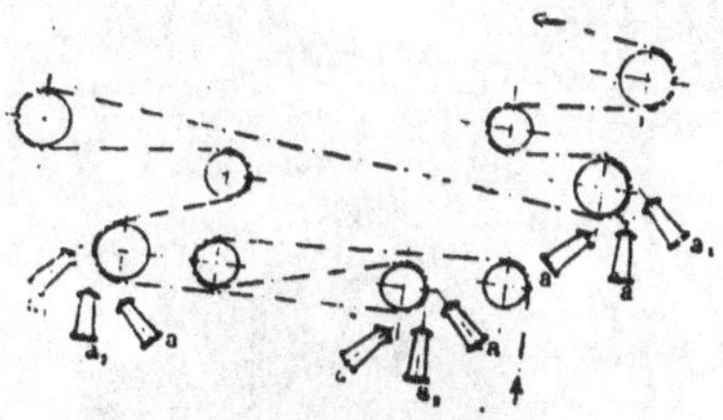

Fig. 248.

Fig 246 stellt eine einmalige, Fig. 247 eine zweimalige, Fig. 248 eine dreimalige einseitige Berührung des Gewebes mit der Sengflamme dar, während bei Fig. 249 zweimal die gleiche und einmal

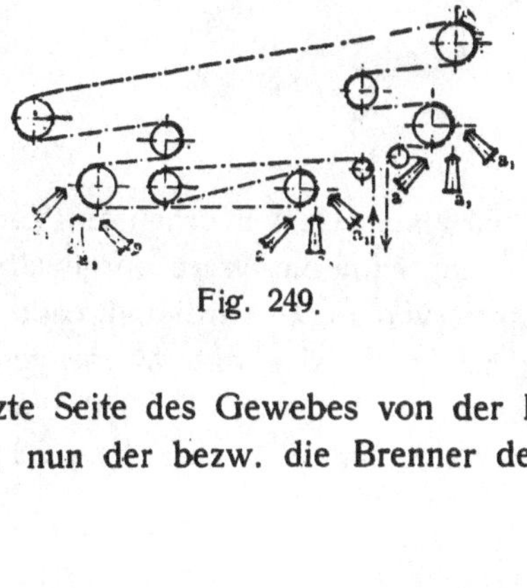

Fig. 249.

die entgegengesetzte Seite des Gewebes von der Flamme getroffen wird. Je nachdem nun der bezw. die Brenner der Maschine nach

$a$ gestellt sind, wird eine tangentiale, nach $a_1$ eine geringe tangentiale und lange senkrechte und nach $a_2$ eine gleiche tangentiale und lange senkrechte Berührung der Gewebe mit der Sengflamme ermöglicht.

Die Rohware enthält stets einen gewissen Feuchtigkeitsgehalt. Kommt nun diese feuchte Ware auf die Seng-Maschine, so wird der erste Brenner nicht sengend, sondern trocknend in Funktion treten, was aus dem aufsteigenden Wasserdampf zu ersehen ist. Um nun den ersten Brenner nicht zum Trocknen, sondern zum Sengen zu benutzen, und mithin die Leistungsfähigkeit der Maschine

Fig. 250.

zu erhöhen, wird auf einem Gestellvorbau ein Vortrockenzylinder angeordnet. Auf diesem wird die Ware vorgewärmt, indem die vorhandene Feuchtigkeit verdampft wird und dadurch die Fasern des Gewebes sich aufrichten, so daß das Wegsengen derselben leichter und gleichmäßiger vor sich geht. Fig. 250 zeigt diese Anordnung an einer Maschine von C. H. Weisbach in Chemnitz.

Mit der Gassengmaschine wird zuweilen eine Annetz- und Säuremaschine kombiniert, und dient dieselbe dem Zweck, die Ware für das Auskochen vorzubereiten.

Um die noch brennenden Härchen vollständig auszudrücken, werden Quetschwalzen angeordnet, durch welche die Ware von den Abzugswalzen gezogen wird, um dann einen Bürstapparat zu passieren und von dem sich auf beiden Seiten befindlichen Sengstaub gereinigt zu werden.

Fig. 251 zeigt eine solche Sengmaschine der Firma C. G. Haubold jr. in Chemnitz.

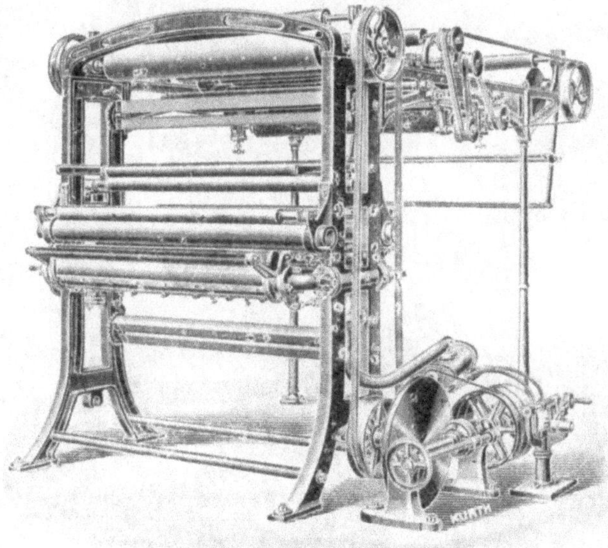

Fig. 251.

Aehnliche Konstruktionen zeigen die Figuren 252 der Zittauer Maschinenfabrik und Eisengießerei A. G. in Zittau, Fig. 253 von Wagner & Hamburger in Görlitz, Fig. 254 von Moritz Jahr in Gera.

In Fig 255 ist eine Gassengmaschine wiedergegeben, welche nach langen Versuchen im Hause Schäffer & Co. in Mülhausen i. E. entstanden ist. Die Maschine wird von Sir James Farmer & Sons, Ltd. in Manchester gebaut. Die Produktion dieser Maschine wird auf 450 Stück à 100 Meter pro Tag an-

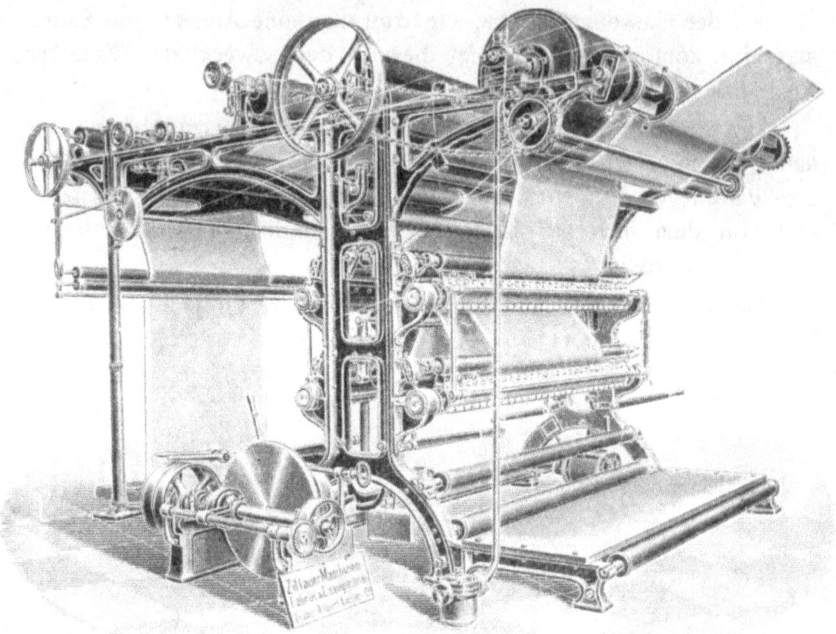

Fig. 252.

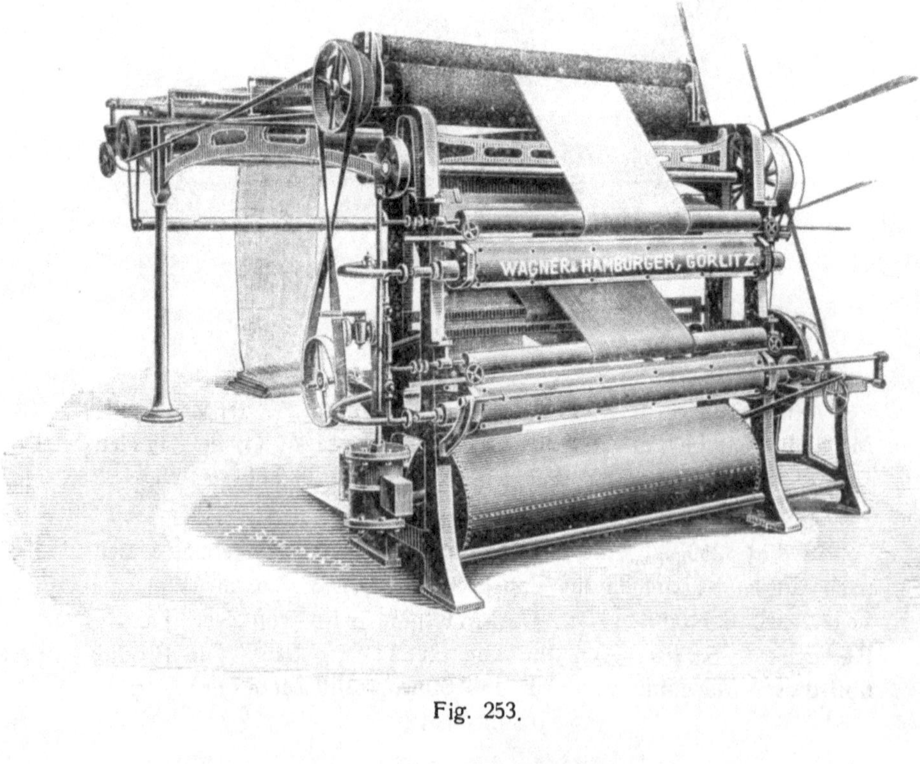


Fig. 253.

Fig. 254.

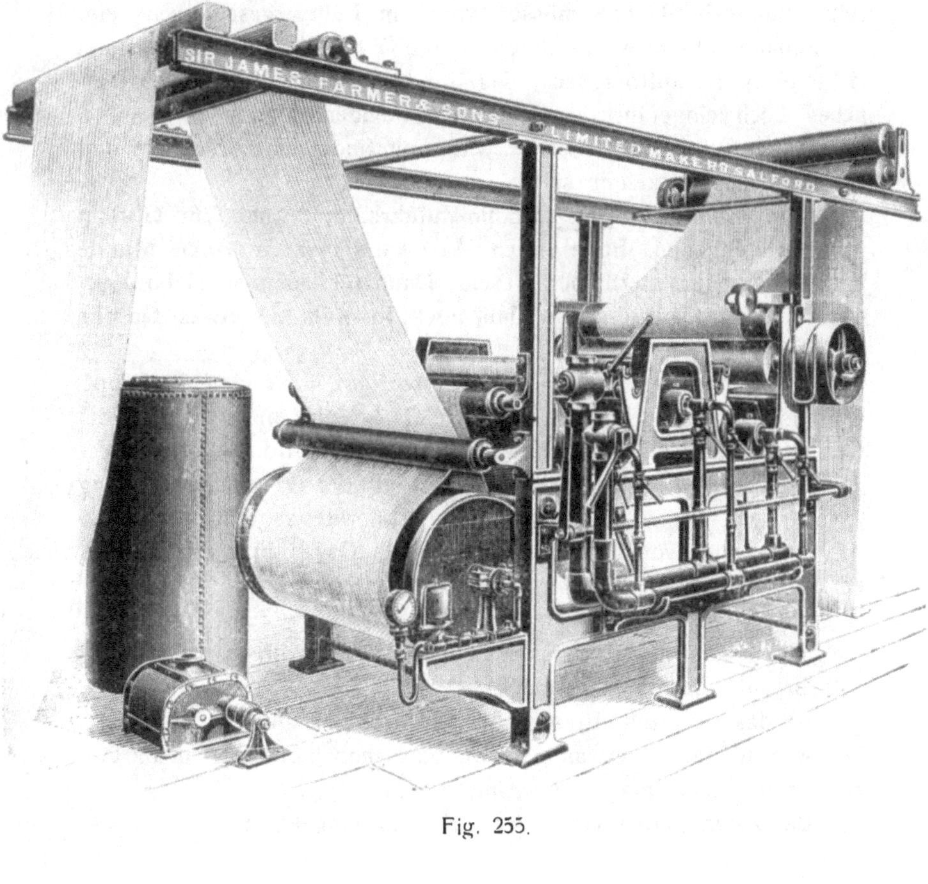


Fig. 255.

gegeben. Bei einfacher Breite benötigte sie 9 Kubikfuß Steinkohlengas pro Stunde.

-⁎-

In Fabriken, wo für den Betrieb der Gassengmaschinen Steinkohlen- oder Oelgas nicht vorhanden ist, bedient man sich zweckmäßig der sogen. Gasolin-Apparat; Fig. 256 zeigt die Abbildung eines solchen Apparates der Zittauer Maschinenfabrik und Eisengießerei A. G. in Zittau. Die Inbetriebsetzung geschieht auf folgende Weise:

Die Kapsel *a* wird losgeschraubt und der obere Behälter mit Gasolin gefüllt, bis dasselbe im Stand-Glas verschwindet. Nach dem wird *a* geschlossen. Die Füllung soll bei Tage stattfinden. Muß ein Füllen bei Licht vorgenommen werden, so muß das Licht in gut geschlossener Laterne und wenigstens 3 m vom Apparate entfernt sein. Sämtliche Hähne müssen vor dem Füllen geschlossen sein.

Sodann füllt man die äußere Zarge *h* mit Wasser, welches mit Hilfe eines Dampfröhrchens, das durch ein an der Decke befindliches Loch eingeführt ist, mit einströmendem Dampf stets warm zu erhalten ist. Durch diese Erwärmung findet eine schnellere und bessere Gasentwickelung statt.

Man öffnet nun den Gasolin-Zuführhahn *b* und läßt Gasolin nach unten fließen. Beim ersten Male kann man zirka eine Minute lang Gasolin herunterfließen lassen. Dann schließt man Hahn *b*, jedoch nicht vollständig, so daß noch fortwährend etwas Gasolin nachfließt.

Es werden nun die Hähne *c* Luftzuführhahn und *d* Gashaupthahn gleichzeitig geöffnet. Der Lufthahn *c* wird nie ganz geöffnet werden dürfen, weil sonst zu viel Luft zugeführt wird.

Vor dem Oeffnen dieser Hähne muß der Ventilator in Gang gesetzt sein, damit sofort Luft dem Apparate zugeführt wird.

Auch muß vor der Einströmung des Gases in die Maschine, ebenso wie bei Steinkohlengas, noch Luft nach Bedarf dem Gase beigemischt werden.

Man zündet nun das Gas an, und beobachtet, ob es zu fett, d. h. gelb brennt, oder ob es zu mager ist.

Ist das Gas zu fett, so läßt man weniger Gasolin zuströmen, indem man Hahn *b* etwas schließt, oder man läßt etwas mehr Luft zuströmen, indem man Hahn *c* mehr öffnet.

Bei zu magerem Gase verfährt man umgekehrt.

Die Hähne *e* und *ee* sind Gasolin-Ablaßhähne; diese haben einen losnehmbaren Schlüssel, welcher n i e m a l s am Apparat stecken bleiben darf, weil sonst von unberufener Hand dieser Hahn geöffnet werden könnte.

Sollte es vorkommen, daß einmal durch Unaufmerksamkeit des die Maschine und den Apparat bedienenden Arbeiters zu viel Gasolin heruntergelassen wird, so wird solches durch *ee* abgelassen und bei *a* wieder aufgefüllt.

Fig. 256.

*f* ist ein Wasserhahn. *a* sitzt genau über *b* und kann man bei etwa vorkommender Verstopfung des Hahnes *b* mit einem Draht von oben Luft schaffen.

Die Behandlung des Apparates ist eine einfache und bequeme,

und es bedarf nur kurzer Zeit, bis der mit der Bedienung beauftragte Arbeiter mit den nötigen Handgriffen bekannt ist.

Gasolin ist ein Petroleum-Destillat von spez. Gewicht 0,6 bis 0,65. —

Die anfangs der achtziger Jahre des vorigen Jahrhunderts in Vorschlag gekommenen Vorrichtungen zum Sengen der Textilstoffe auf elektrischem Wege, d. h. die letzteren über durch Elektrizität glühend gemachte Metalldrähte oder Stäbe zu führen, haben eine praktische Bedeutung nicht erlangt.

## IV.

## Scheren und Bürsten.

Während durch das Sengen nur der feine Flaum weggebracht wird, werden stärkere Unebenheiten des Gewebes, Knoten und Fasern auf diese Weise nicht entfernt. Dieselben müssen vielmehr auf mechanischem Wege mit Schneidewerkzeugen entfernt werden. Früher scherte man die Zeuge mit Scheren; später wurde von Courlier die Schermaschine erfunden, die im Laufe der Zeit mancherlei Verbesserungen erfahren hat, im Prinzip aber noch besteht. Man unterscheidet zwei verschiedene Systeme von Schermaschinen,

die Quer- (Transversal-) Schermaschine und
die Längs- (Longitudinal-) Schermaschine.

Bei der Quer-Schermaschine bewegt sich das Schneidzeug über das festgespannte Gewebe in der Richtung des Schußfadens und es kann also jeweils nur so viel geschoren werden, als der Länge des Schneidzeuges entspricht. Nach Rückgang des Schneidzeuges wird das Gewebe um diese Länge in der Maschine weiter geführt und bleibt festgespannt stillstehen, bis das Schneidzeug die betreffende Fläche wieder bearbeitet hat.

Diese Maschine wurde in der Tuchbranche gebraucht, um Gewebe mit starken Sahl-Leisten zu scheren, und ist heute nur selten im Gebrauch, da die seitlich verstellbaren Tische neuerer Tuchschermaschinen gestatten, die dickeren Leisten neben dem Tische zu führen, wodurch das Schneidzeug fest auf das am Tische aufliegende Tuch (ohne Leisten) gestellt werden kann.

Die geringe Produktion der Quer-Schermaschinen führte zur

Konstruktion der Längs-Schermaschinen, die heute allgemein im Gebrauche sind, und bei welchen das zu scherende Gewebe unter dem bezw. unter den festgelagerten Schneidzeugen in kontinuierlichem Laufe durchgeführt wird.

Fig. 257.

Die Schneidzeuge der Schermaschinen bestehen aus Zylindern, welche je nach dem Spezialzweck, zu welchem die Maschine bestimmt ist, mit Spiralmessern in verschiedener Zahl, von sechs bis zwölf Stück besetzt sind. Die Spiralmesser können eine mehr oder weniger gewundene Form haben. Gewöhnlich werden zwei Schneidzeuge auf der Maschine angeordnet.

Die Gewebe nehmen beim Scheren ihren Lauf zwischen dem Zylinder und einem Untermesser, welches vom Zylinder selbst genau eingeschliffen ist, hindurch. Bei der älteren englischen Konstruktion wurde das Gewebe über den Zylinder geführt; das Untermesser lag dann über dem Zylinder. Bei den modernen Schermaschinen wird das Tuch unter dem Schneidzeug hergeführt, der Zylinder liegt über dem Untermesser. Es ermöglicht diese Ausführung eine bessere Uebersicht der Arbeitsweise der Schneidzeuge.

Um die Fäserchen aufzurichten, schnittfertig zu stellen, ist vor jedem Zylinder eine kleine rotierende Bürstwalze gelagert. Die neuesten Schermaschinen sind weiter mit Schutzvorrichtungen versehen, welche so konstruiert sind, daß der Arbeiter die Maschine nur in Gang setzen kann, wenn die Schutzvorrichtung über den Schneidezeugen geschlossen ist. Fig. 257 zeigt eine Schermaschine der Maschinenfabrik A. Monforts in M.-Gladbach.

Die gebleichten und geschorenen Baumwollgewebe bedürfen in vielen Fällen noch einer weiteren Reinigung, welche den Zweck hat, dieselben von den anhaftenden mechanischen Verunreinigungen, Staub, Flocken und Fäserchen zu befreien. Es geschieht dies zweckmäßig

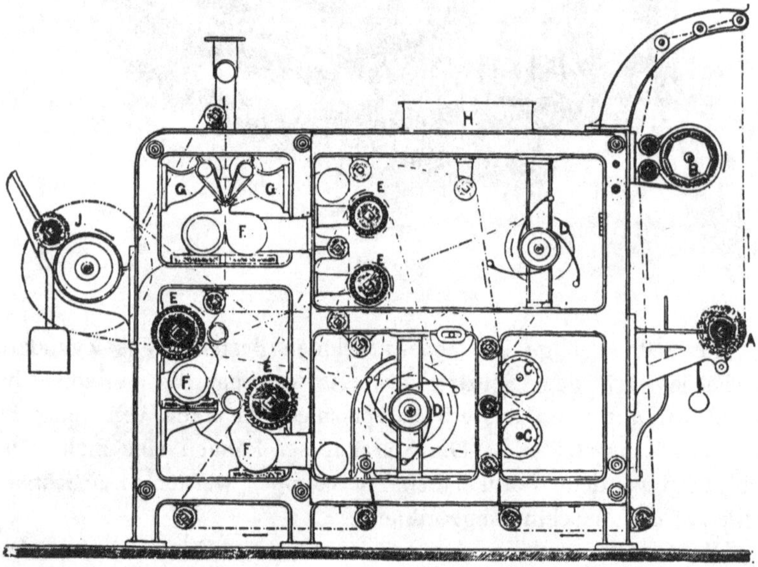


Fig. 258.

durch Klopfen und Bürsten auf besonders konstruierten Maschinen. Eine solche Klopf-, Bürst- und Reinigungsmaschine wird nach den deutschen Patenten No. 75 007 und No. 76 338 von Carl Scharrer von der Elsässischen Maschinenbau-Gesellschaft in Mülhausen i. E. gebaut. Fig. 258 zeigt diese Maschine im Querschnitt. Die einzelnen Teile sind:

*A.* Abrollvorrichtung.
*B.* Spannwalze.
*C.* Messerwalzen. (Werden nur für ungebleichte Ware gebraucht; für gebleichte Stoffe sind dieselben durch rotierende Bürsten ersetzt.)
*D.* Rotierende Schläger.
*E.* Rotierende Bürstenwalzen.
*F.* Staubkästen.
*G.* Bläser mittels Rootsventilatoren angetrieben.
*H.* Saugöffnung des großen Staubkastens in Verbindung mit den kleinen Staubkästen. Das Ansaugen wird mittels eines Blackmann-Ventilators bewirkt.
*I.* Aufrollvorrichtung des gereinigten Stückes.

Die Leistung dieser Maschine in 10 Stunden effektiver Arbeit beträgt ca 45 000 Meter. Der nötige Kraftbedarf der Maschine mit den beiden Ventilatoren beträgt 2½ PS.

Fig. 259.

Fig. 259 zeigt die äußere Form dieser Bürstmaschine.

Der abgebürstete und abgeblasene Staub wird sofort, ehe er sich zu einer Masse ansammeln kann, durch Staubfangkästen abgefangen und den Abzugsröhren zugeführt, das Mitreißen der Flocken oder Staubfasern, welche bei anderen Maschinen durch die Rundbürsten nach rückwärts wieder auf den bereits geputzten Teil der Ware aufgeworfen werden, ist wegen den am Ausgange der Maschine angebrachten, sich gegenüberstehenden und die Ware zwischen sich durchlassenden Schlitzgebläsen, ausgeschlossen.

Die Maschine ist handlich und leicht zugänglich gebaut und beansprucht nur einen kleinen Raum zur Aufstellung.

## V.

## Strangableger.

Beim Einschichten des in Strangform von der Waschmaschine oder der Imprägniermaschine kommenden Gewebes in die Bäuchapparate läßt sich die Handarbeit nicht umgehen, schon weil die

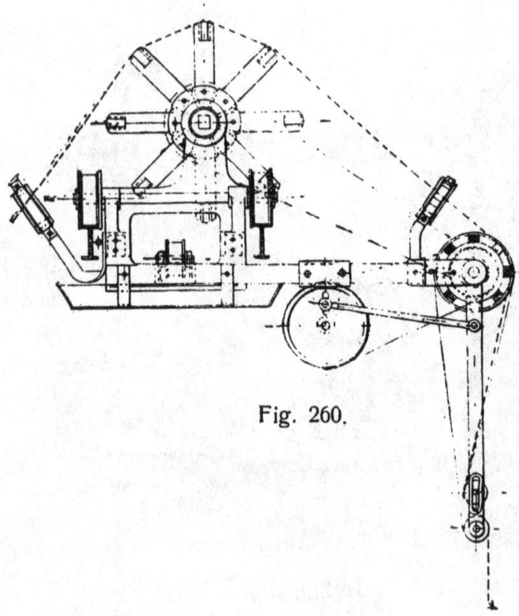

Fig. 260.

runde Form ein exaktes Anpassen nötig macht. Für das Ablegen des Stranges indes in die Lagerräume, in welchen die Ware längere Zeit verbleibt, hat man gesucht mechanische Ablegeapparate einzuführen, um die Handarbeit auszuschalten.

Die Figuren 260, 261 und 262 zeigen einen solchen Strangableger der Firma C. G. Haubold jr. in Chemnitz.

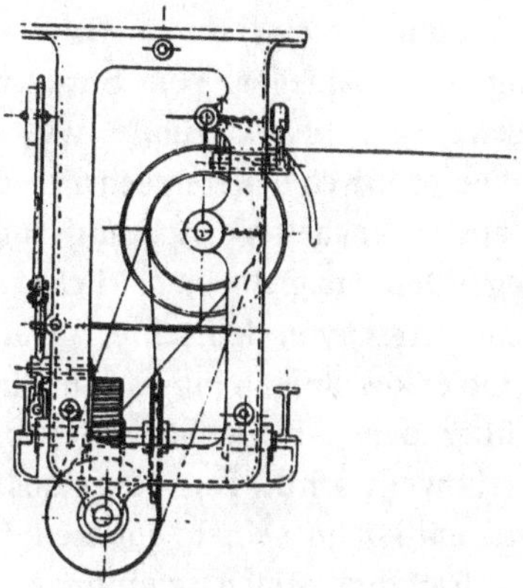

Fig. 261.

Derselbe wird über den Ablegekästen plaziert und besteht aus einem auf zwei an der Decke befestigten Laufschienen befindlichen Laufwagen. Derselbe ist mit einer großen angetriebenen Zughaspel, einem Porzellanring zur Führung des einlaufenden Stranges

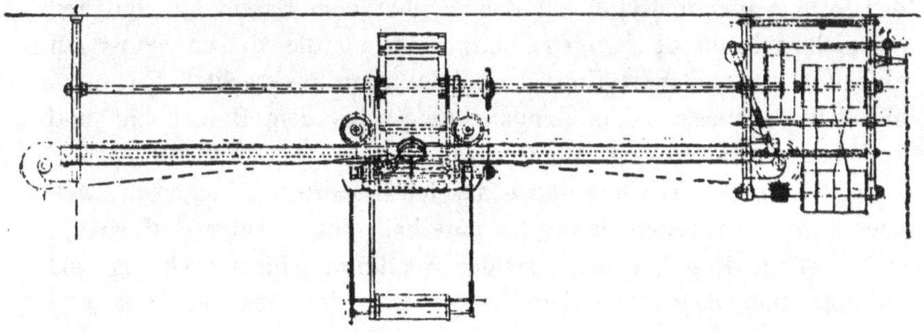

Fig. 262.

und einem ebenfalls angetriebenen Haspelableger versehen. Der Wagen wird durch Riemenbetrieb selbsttätig auf den Laufschienen hin- und herbewegt. Die Länge der Laufschienen entspricht der Länge der darunter befindlichen Ablegeräume, so daß der Strang auf alle Teile des Ablegeraumes gleichmäßig verteilt wird.

Zur Vermeidung von Tropfflecken ist der Wagen an seinem unteren Teile mit einer Auffangrinne ausgestattet. —

In ähnlicher Weise arbeitet eine durch D. R. P. No. 55 267 (1891) E. Lurati geschützte Maschine zum selbsttätigen Strangablegen. Neueren Datums ist eine durch D. R. P. No. 145 583 geschützte Vorrichtung zum Ablegen von Strangware von Walter Mathesius, welche sowohl für runde wie für eckige Ablegeplätze bestimmt. Die deutsche Patentschrift führt über die Einrichtung folgendes aus: Die der Vorrichtung zugeführte Ware wird durch einen hochliegenden Haspel einem dicht unter demselben befindlichen Trichter zugeleitet; von demselben gelangt sie in ein mittels eines kardanischen Gelenkes aufgehängtes Abfallrohr, dessen unteres Ende durch einen über dem Ablegeplatz oder Bottich angebrachten Antrieb hin- und herbewegt wird. Das Rohr selbst ist als Teleskoprohr ausgebildet und endigt an seinem unteren Ende in eine Kugel, die in senkrechter Richtung einen zylindrischen Ansatz hat, in welchem sie nach Art eines Kugelgelenkes beweglich ist.

In Fig. 263 und 264 ist eine Ausführungsform für eckige Ablegeplätze oder Bottiche und in Fig. 265 und 266 für runde Ablegeplätze dargestellt.

Wesentlich ist in allen Fällen, daß durch die Vereinigung zweier Bewegungen das untere Ende des Ablegerohres nach jedem beliebigen Punkte des Ablegeplatzes hin bewegt werden kann. Bei dem Antriebe für einen vierkantigen Bottich oder Ablegeplatz gleitet die das Rohr tragende Kugel auf Balken über dem Bassin hin und her, beispielsweise in der Querrichtung, während die Balken selbst auf einem Wagen gelagert sind, der in der dazu senkrechten Richtung, also beispielsweise in der Längsrichtung, über dem Bottich hin- und herbewegt werden kann.

Es ist *a* der Trichter und *b* das teleskopartige Ablegerohr, welches nach allen Seiten beweglich unterhalb des Trichters aufgehängt ist. *c* ist die Kugel, welche bei der Ausführungsform nach Fig. 263 auf den Balken $d\ d^1$ in der Querrichtung des Behälters hin- und herbeweglich ist, während die beiden Balken $d\ d^1$ auf Wagen $e\ e^1$ in der Längsrichtung des Ablegebehälters fahrbar sind. Es wird also die Kugel *c* und mit ihr die aus derselben austretende Ware nach jedem Punkt des Ablegebottichs gerichtet werden.

In den Fig. 265 und 266 ist eine Ausführungsform dargestellt, wie sie für die Benutzung eines runden Bottichs in Frage kommt; hier gleitet die das Ablegerohr tragende Kugel event. mit veränderlicher Geschwindigkeit radial auf zwei Balken, welche im Kreise bewegt werden. In der Figur sind die Balken mit $d^2$ bezeichnet und es liegt die Achse *f*, vermittels welcher die Balken im Kreise gedreht werden, in einer zentralen Aussparung *g* des runden Ablegegefäßes. Der Trichter *a* in der Einrichtung kann doppelwandig ausgeführt sein, um zwischen diese doppelte Wandung mittels einer Pumpe Flüssigkeiten einführen zu können, welche dann durch am unteren

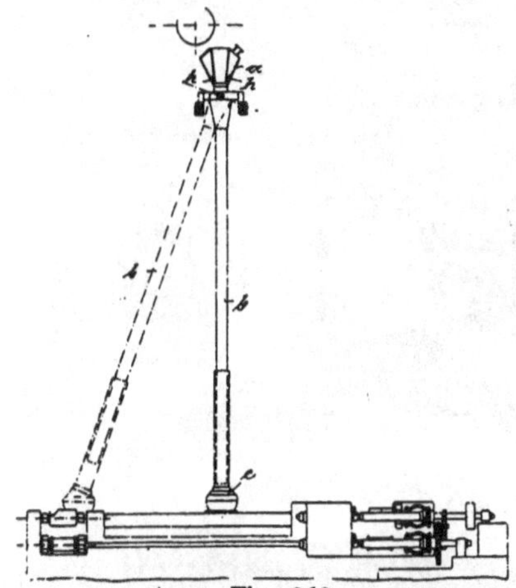

Fig. 263.

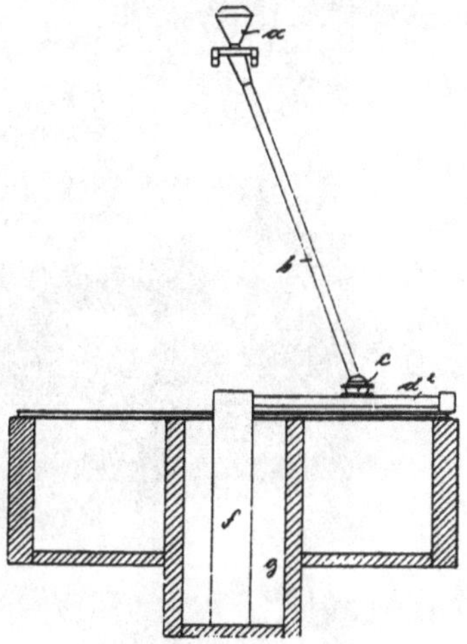

Fig. 265.

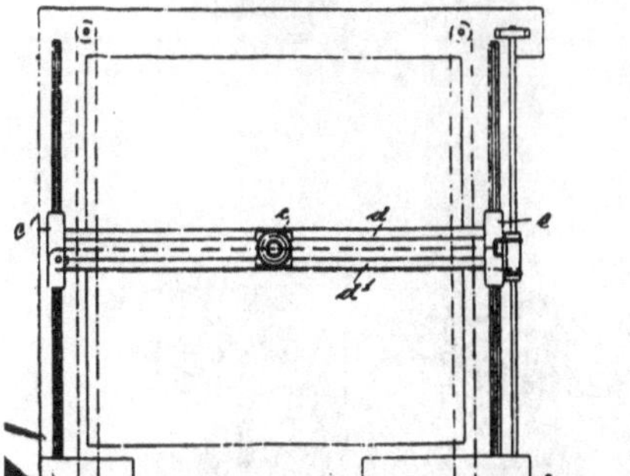

Fig. 264.

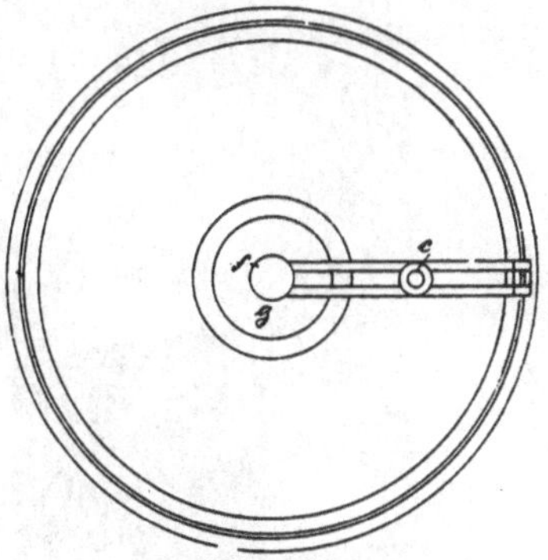

Fig. 266.

Fig. 263—266.

Ende des Trichters angebrachte Düsenöffnungen *h* mit einer die Fallgeschwindigkeit der Ware übersteigenden Geschwindigkeit auf diese gespritzt wird, um den Fall derselben zu beschleunigen und um gleichzeitig mit ihr in chemische Wirkung zu treten. —

Die Strangableger sind nur vereinzelt und nur in großen Betrieben eingeführt worden.

## VI.

## Strangöffner.

Das während der Bleichoperation im Strang behandelte Gewebe

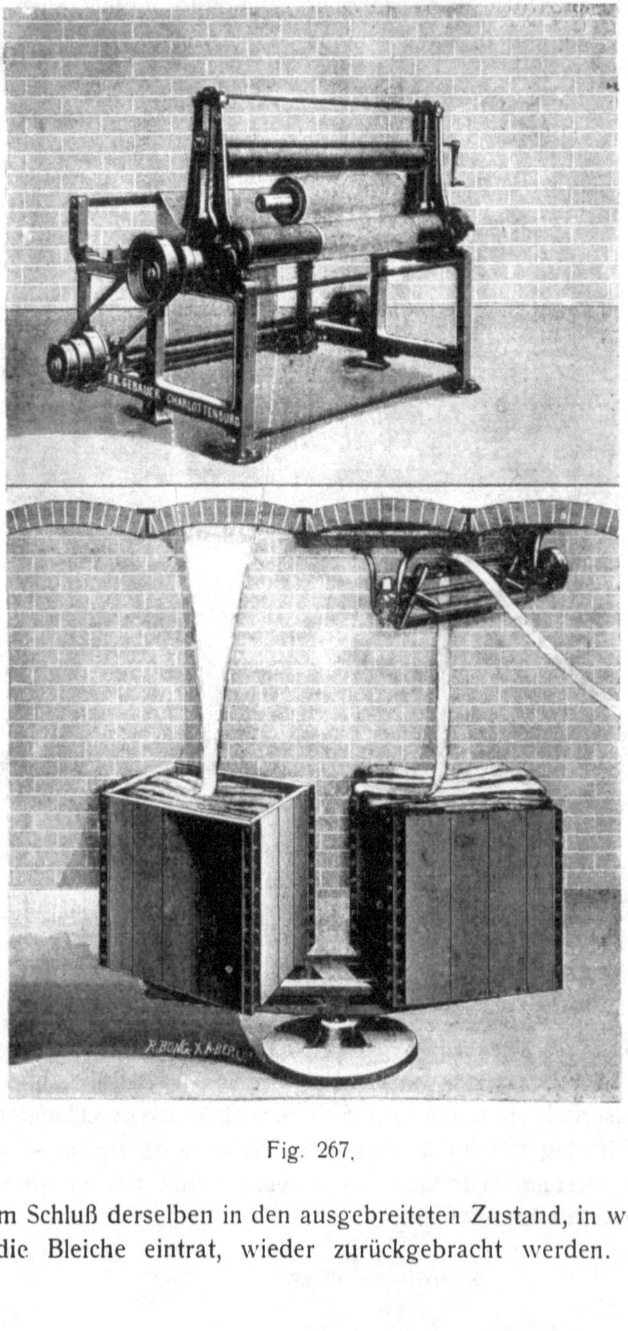


Fig. 267.

muß zum Schluß derselben in den ausgebreiteten Zustand, in welchem es in die Bleiche eintrat, wieder zurückgebracht werden.

Ursprünglich wurde auch diese Manipulation von Hand aus besorgt und in kleinen Betrieben findet man auch heute noch diese Methode, die nach und nach durch Maschinenarbeit ersetzt wurde. Ein Vorläufer derselben ist die in Fig. 267 dargestellte, früher zum Ausbreiten des Stranges dienende Anordnung. Dieselbe besteht aus zwei Teilen, von welchen ersterer den Zweck hat, den mehr oder

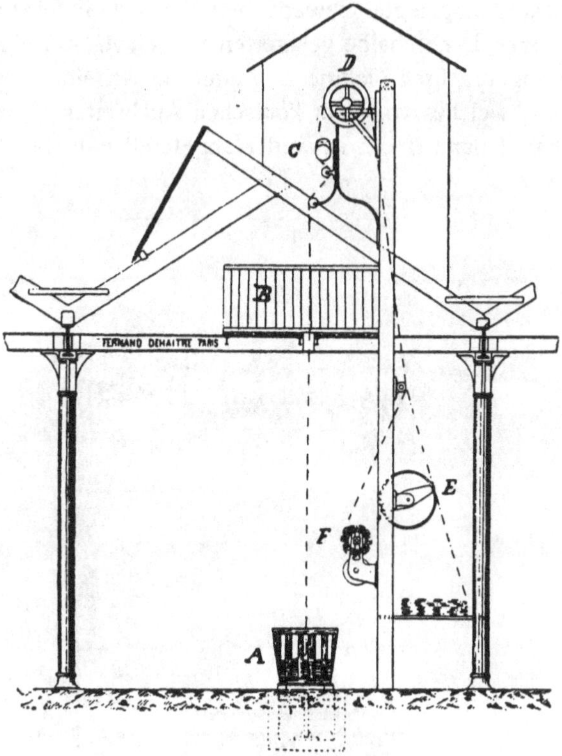


Fig. 268.

weniger verdrehten Strang aufzudrehen, während der zweite Teil das Faltenlosmachen und Aufrollen vermittelt. Zum eigentlichen Strangausbreiten oder Aufdrehen sind zwei in einer Drehscheibe verstellbare Holzkästen vorgesehen, welchen je nach der Drehrichtung des Stranges im einen oder anderen Sinne die Drehbewegung von Hand aus erteilt wird. Der so aufgedrehte Strang gelangt über Falten-Ausstreicher und Einlaßvorrichtung zu der das Aufrollen oder Ablegen bewerkstelligenden Maschine. Während sich auf diese Weise der eine Kasten entleert, wird der andere mit Strang gefüllt und so durch Auswechseln der Kästen respektive Herumdrehen des Gestelles ein kontinuierliches Arbeiten ermöglicht. Die Anordnung der Maschine kann so getroffen werden, daß der Aufdreh-Apparat entweder neben, oder in einem Stockwerk unter der Aufroll- und Ablegevorrichtung plaziert werden kann.

Für feinere diffizile Gewebe schlägt die Firma Fernand Dehaitre in Paris eine durch Fig. 268 illustrierte Einrichtung vor. Das im Strang abgelegte Gewebe befindet sich in einem auf einer leicht gehenden Drehscheibe gelagerten Wagen *A*. Auf einer oberhalb derselben angebrachten Galerie *B* breitet ein Arbeiter von Hand das Gewebe aus, welches von dem konischen Ausbreiter *C* zur Zugwalze *D* gelangt und dann bei *E* entweder abgetafelt oder bei *F* aufgerollt wird.

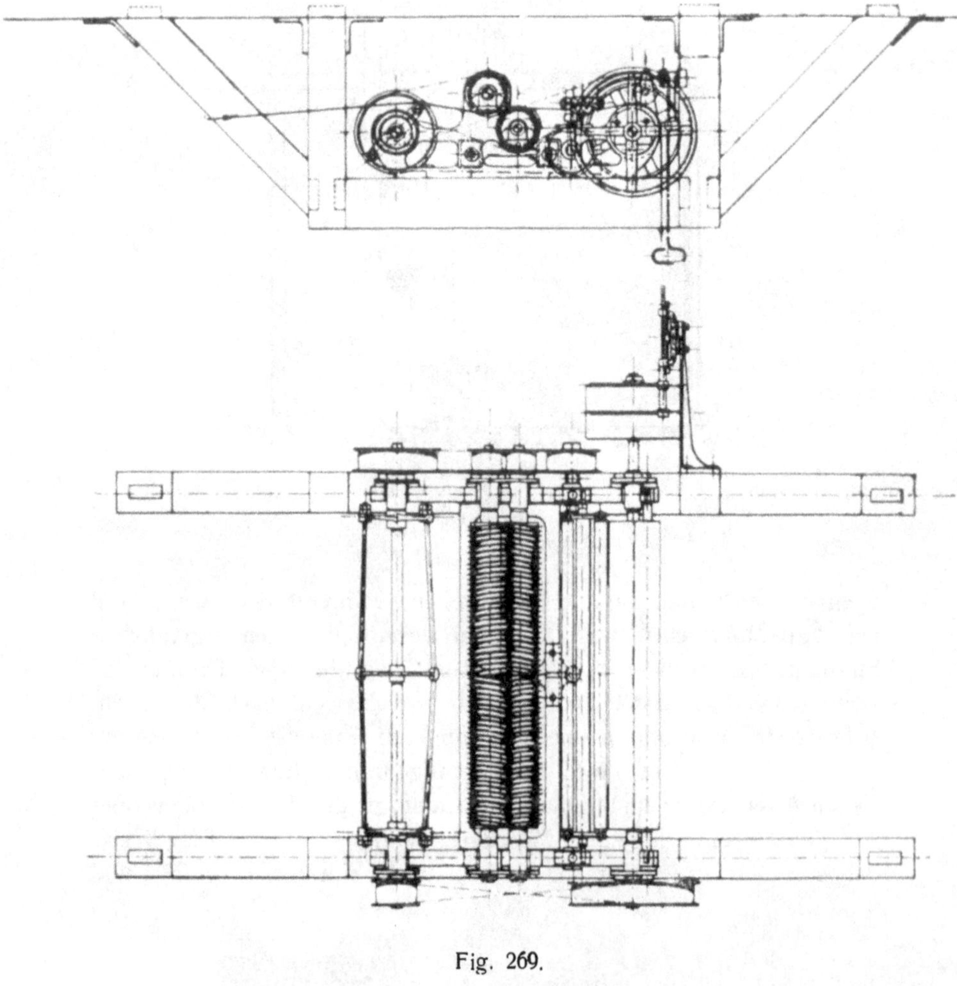

Fig. 269.

Diese etwas unvollkommene Art des Strangöffnens, soweit sie nicht durch die Gewebeart bedingt ist, fand durch die Konstruktionen von William Birch, die in den britischen Patenten No. 2610 (1870), No. 4243 (1873) und No. 84 (1877) beschrieben sind, eine wesentliche Verbesserung. Während sich England und Irland diese Neuerungen frühzeitig zu gute machten und dieselben dort in den großen Betrieben Einführung fanden, kam auf dem europäischen Kontinent verhältnismäßig spät die Birsch'sche Idee zur Ausführung. Heute ist dieselbe Gemeingut und wird mit unwesentlichen Modifikationen auch in kleineren Bleichereien angewandt.

Fig. 270.

In Deutschland fanden zuerst die Strangöffner der Firma C. G. Haubold jr. vielen Anklang und ausgedehnte Verbreitung. Fig. 269 gibt eine Konstruktionszeichnung eines Haubold'schen Strangöffners wieder.

Auf einem gußeisernen Rahmen sind ein oder zwei Schläger, zwei Breithalter, ein Ausgleichsmechanismus und eine Abzugsvorrichtung gelagert. Der Warenstrang wird durch einen Rollenkasten dem Ausbreiteapparat zugeführt und infolge der durch denselben ausgeführten Schüttelbewegung geöffnet zu den Breithaltern gebracht, von welchen die nun ausgebreitete Ware den weiteren Arbeitsmaschinen zugeleitet wird.

Fig. 270 zeigt die Abbildung eines solchen Apparates der Zittauer Maschinenfabrik u. Eisengießerei A.-G. in Zittau i. S., aus welcher der Arbeitsgang leicht zu ersehen ist.

Fig. 271.

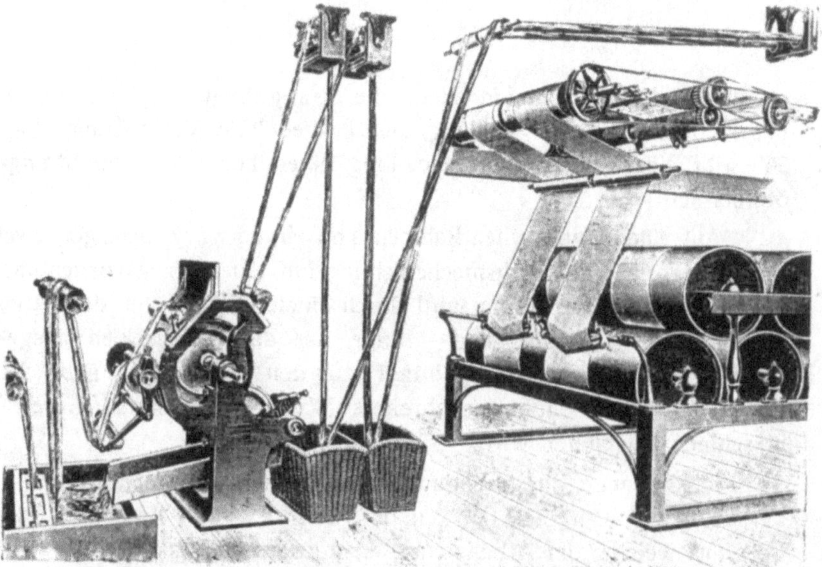

Fig. 272.

Die folgende Fig. 271 veranschaulicht eine Einrichtung, bei welcher der Strangöffner mit einer Abtafelvorrichtung kombiniert

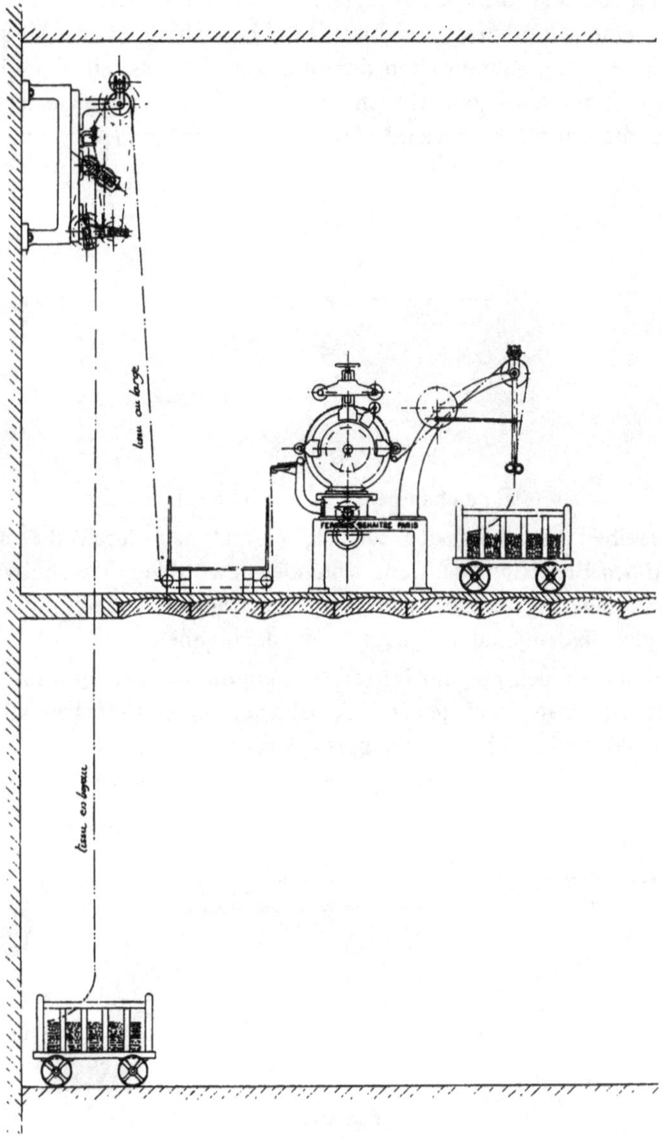

Fig. 273.

ist. Diese Konstruktion rührt von der amerikanischen Firma James Hunter Machine Co. North Adams, Mass., her.

Die Strangausbreiter werden in Verbindung mit den verschiedenartigsten Arbeitsmaschinen gebracht; so zeigt Fig. 272 eine solche Kombination, bei welcher die Ware vom Squeezer direkt zum Strangausbreiter und von diesem zur Zylindertrockenmaschine geführt wird. Dies ist eine Anordnung der Firma W. Birch in Manchester. Fig. 273 zeigt die Kombination des Strangausbreiters mit einer Breitstreckmaschine, der sogen. Palmer-Maschine, eine Einrichtung, wie sie die Firma Fernand Dehaitre in Paris liefert.

## VII.

## Breitstreckmaschinen.

Dieselben verfolgen den Zweck, einmal das durch die Manipulation des Bleichens im Strang schmaler gewordene Gewebe wieder auf die annähernd ursprüngliche Breite zu bringen, andererseits demselben den fadengeraden Zustand wiederzugeben.

Handelt es sich nur um letztere Bedingung, so genügen meistens einfache Apparate, welche den Arbeitsmaschinen, Trockenzylinder, Appretur-Maschine etc. vorgelagert werden.

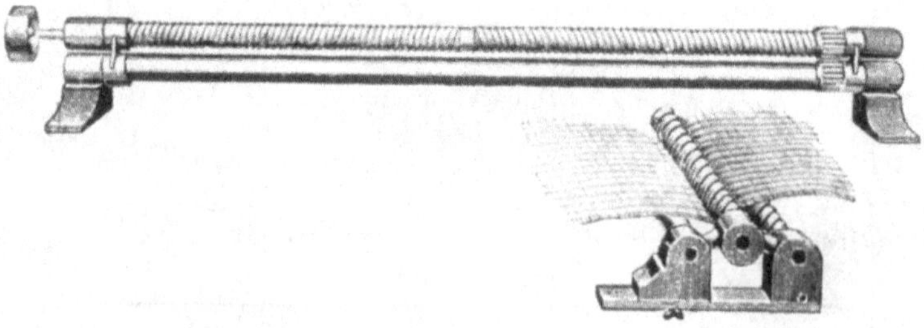

Fig. 274.

Einfache und gebräuchliche Formen solcher Apparate sind in den Figuren 274, 275 und 276 zur Darstellung gebracht.

In Fig. 274 ist ein Streckapparat der Firma Chas. A. Luther & Co. Pawtucket, R. J., wiedergegeben, bei welchem das Gewebe, wie aus der Zeichnung ersichtlich, seinen Weg zwischen zwei unteren und einer dazwischenliegenden oberen schraubenartig gerillten glatten Röhre nimmt.

Fig. 275.

In Fig. 275 ist eine ähnliche Einrichtung mit winklig zueinander versetzten Rillenkörpern in Kombination mit einem Trockenzylinder veranschaulicht, eine Konstruktion von William Birch in Manchester.

Fig. 276 zeigt eine neue Anordnung eines Breitstreckers derselben Firma. Bei derselben kommen auf gekrümmten Achsen frei drehbare Rollen zur Anwendung. Die Achsen sind an ihren Enden in Rahmen gelagert, welche einander genähert oder voneinander entfernt werden können, um die Krümmung den verschiedenen Gewebearten entsprechend verändern zu können. —

Auf einem ähnlichen Prinzip beruht ein Ausbreiter der Firma Wm. Mycock & Co. in Manchester.

Energischer verläuft der Prozeß des Breitstreckens der Gewebe, wenn die Kanten desselben mechanisch gefaßt und in diesem Zustande das Gewebe beim Durchlauf durch die Maschine in die Breite gezogen wird. In den Figuren 277, 278, 279 und 280 sind einige Typen solcher Maschinen dargestellt.

So zeigt Fig. 277 eine solche Maschine der Zittauer Maschinenfabrik und Eisengießerei A.-G. in Zittau; die-

Fig. 276.

Fig. 277.

selbe ist nach älteren englischen Vorbildern von Poole resp. Mather & Platt gebaut und besteht aus zwei großen schräg zur Achse stehenden und lose aufsitzenden Scheiben. An diese schließt sich ein Riemen, welcher die Ware beim Eingang, bei der kleinsten Entfernung der Ware, erfaßt und im Punkt der größten Entfernung wieder losläßt. Diese Maschine ist in der Hauptsache für das Strecken bereits getrockneter Gewebe bestimmt.

Für nasse Ware benutzt man vielfach eine Breitstreckmaschine, deren Erfinder Palmer in Middleton war, und welche nach ihm kurz den Namen Palmer oder Palmermaschine erhalten hat.

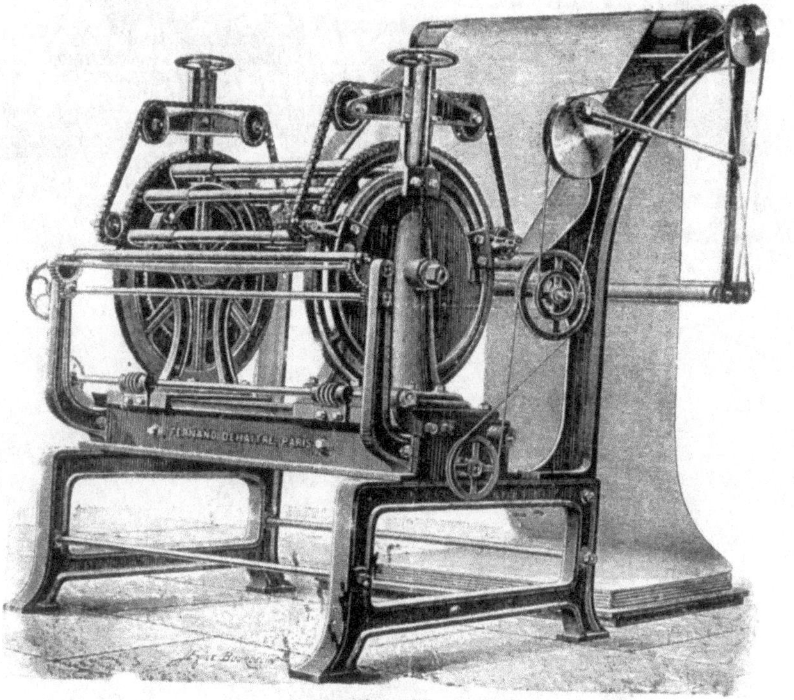

Fig. 278.

Fig. 278 zeigt eine solche von Fernand Dehaitre in Paris ausgeführte Maschine. Die Kombination, wie dieselbe zweckmäßig in der Bleicherei angewendet wird, wurde bereits durch Fig. 273 S. 319 veranschaulicht. Während bei der durch Fig. 277 dargestellten Maschine exzentrische Scheiben zur Anwendung kommen, führt die Palmermaschine senkrecht zur Achse stehende Scheiben, oberhalb welchen eine gegen die Drehungsrichtung der Scheibe diagonal gestellte Kette angebracht ist. Die Ketten entfernen sich voneinander, so lange sie mit der Fläche des Ausbreiters in Berührung sind, um sich dann wieder zu nähern. Für Bleichereizwecke kommen gewöhnlich vernickelte Stahlketten in Anwendung.

Die in Fig. 279 und 280 abgebildeten Maschinen bringen Kluppen zur Anwendung, um die Gewebekanten zu fassen und auseinanderzuziehen.

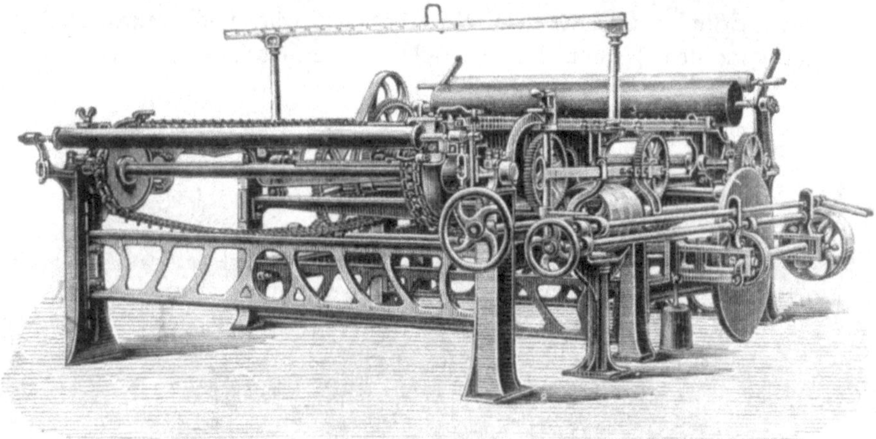

Fig. 279.

Fig. 280.

Fig. 279 zeigt eine Ausbreitmaschine nach dem Spannrahm-System der Zittauer Maschinen-Fabrik und Eisengießerei A.-G. in Zittau, bei welcher das Gewebe in zwei endlosen Kluppenketten, welche $1\frac{1}{2}$ m divergierend und 3—4 m parallel laufen, geführt wird.

Fig. 280 gibt eine vielfach in die Praxis eingeführte Maschine wieder, welche zum Strecken von nasser wie trockener Ware benutzt wird. Die Abbildung entstammt der Maschinenfabrik G. A. Gruschwitz in Olbersdorf bei Zittau. Die Maschine besteht in der Hauptsache aus zwei großen, beliebig schräg und weit zueinander stellbaren angetriebenen Ausbreiträdern mit aufgeschraubten Kluppen, durch welche die Ware beim Eingang gefaßt und beim Ausgang selbsttätig losgelassen wird.

# Ausgeführte Bleicherei-Anlagen.

Die besonders im Bleichereibetriebe in Betracht kommenden Hilfsmaschinen sind hiermit vorgeführt. Aus der Anordnung derselben untereinander und in Verbindung mit den Einrichtungen zum Bäuchen, Waschen, Chloren und Säuren ergibt sich das Gesamtbild der Strangbleicherei.

Schon frühzeitig war das Bestreben dahin gerichtet, die einzelnen Operationen so miteinander zu kombinieren, daß wenig Handarbeit benötigt, daß die Arbeit möglichst durch maschinelle Einrichtungen bewerkstelligt wurde.

Ein englisches Patent (Nro. 5620) an David Bently erteilt gab bereits 1828 ein anschauliches Bild einer Kontinue-Stückbleicherei, welches durch James Slater (engl. Patent Nro. 6669) 1834 vervollständigt wurde. So hat sich allmählich der Arbeitsgang der Strangbleicherei herausgebildet, sehr langsam, sehr schleppend bis auf unsere Tage, ohne daß irgend eine einschneidende Erfindung oder Verbesserung einen frischen Zug in die alten Ueberlieferungen gebracht hätte.

Anfang der 60er Jahre des vorigen Jahrhunderts arbeitete man bereits so wie heute noch gearbeitet wird.

Dr. A. Spirk*) z. B. macht über den Arbeitsgang der in Fig. 281 und 282 abgebildeten Bleichanlage folgende Angaben. Zugrunde gelegt ist eine Bleichpost von 700 Stück à 50 m. Gewichtsangabe darüber fehlt.

Die Gewebe werden folgenden Operationen unterworfen:

1. die rohen Baumwollgewebe werden zusammengenäht; dann

2. gesengt.

3. Man wäscht sie auf der Waschmaschine 2 (Fig. 281);

4. werden die Stücke im Hochdruckapparate *A* (Fig. 281) einem fünfstündigen Kochen in Kalkmilch unterworfen. Man verwendet

*) Dingler's Polytechnisches Journal. Bd. 190 (1868).

für obige Bleichpost 70—80 kg Aetzkalk; die mit demselben dargestellte Kalkmilch wird im Kessel *B* zum Kochen gebracht, um dann auf die im Siedekessel *A* befindliche Ware getrieben zu werden.

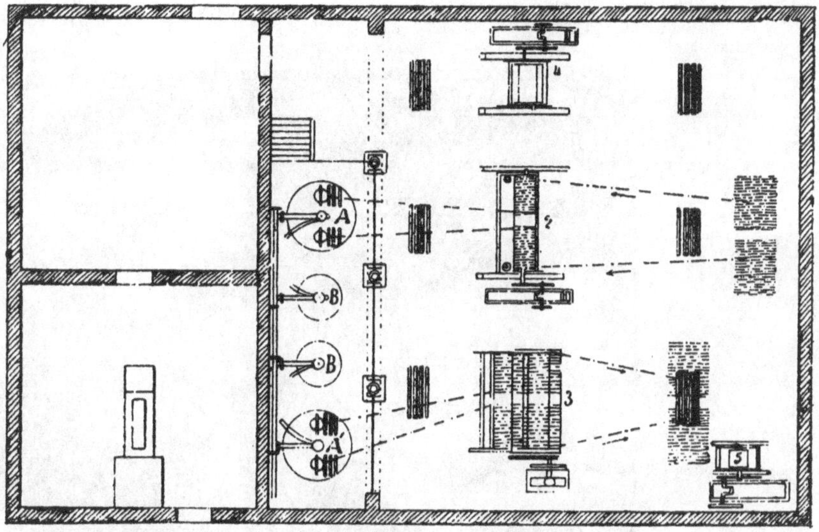

Fig. 281.

5. Nach dem Kochen in Kalkmilch und erfolgter Abkühlung werden die Stücke mit Waschmaschine 2 aus dem Kochkessel heraus gewaschen.

6. Die Stücke werden nun auf dem Clapeau (4) durch 2⁰ Bé. starke Salzsäure gezogen und während vier Stunden aufgehäuft liegen gelassen. Ein Stück von 50 m Länge bleibt ungefähr 20 Min. in der Maschine. Die Maschine wird von einem Salzsäure-Reservoir gespeist, um die Säure in der benötigten Stärke zu erhalten. Die Behandlung der Ware mit Salzsäure wird in einigen Fabriken noch in runden Holzbottichen vorgenommen. Der Holzbottich wird mit der Ware angefüllt, und hierauf die Säure aus einem unter Druck stehenden Reservoir mittels einer Pumpvorrichtung auf die Ware gebracht. Nach Verlauf von 1—1½ Stunden wird die Säure abgelassen, um abermals auf die Stücke gepumpt zu werden. Diese Operation wird während eines Zeitraumes von 8 Stunden 5—6 mal wiederholt und das Salzsäurebad für jede nachfolgende Bleichpost entsprechend aufgebessert.

7. Man wäscht die Stücke nun zweimal auf der Maschine 3. Es ist von Belang, daß die Ware gehörig gewaschen wird, bevor man sie der folgenden Operation unterzieht.

8. Die Stücke werden 5 Stunden lang im Hochdruckkessel *A* (Fig. 281) mit einer Harzseifenlösung ausgekocht. Die Harzseifenlösung wird durch mehrstündiges Kochen von 110 kg kalzinierter

Fi

Soda und 70 kg Kolophonium mit der erforderlichen Wassermenge dargestellt.

9. Nach erfolgtem Kochen wird die Harzseife abgelassen und die Stücke im Kessel, ohne vorher gewaschen worden zu sein, mit einer Lösung von 200 kg kristallisierter Soda 4 Stunden lang ausgekocht und alsdann

10. auf Maschine 3 gewaschen, wonach sie

11. auf Clapeau 4 durch Chlorkalklösung von 1,0025 spec. Gewicht gezogen werden und 5 Stunden lang aufgehäuft liegen bleiben.

12. Die Stücke werden auf Maschine 3 gewaschen und

13. auf Maschine 4 durch ein 2° Bé. starkes Salzsäurebad genommen, und hierauf wieder 5 Stunden aufgehäuft liegen gelassen.

14. Die Stücke werden auf Maschine 3 gewaschen und dann
15. mittels der Quetsch- und Wringmaschine 5 ausgepreßt, um
16. auf Trockenmaschine 6 getrocknet zu werden.

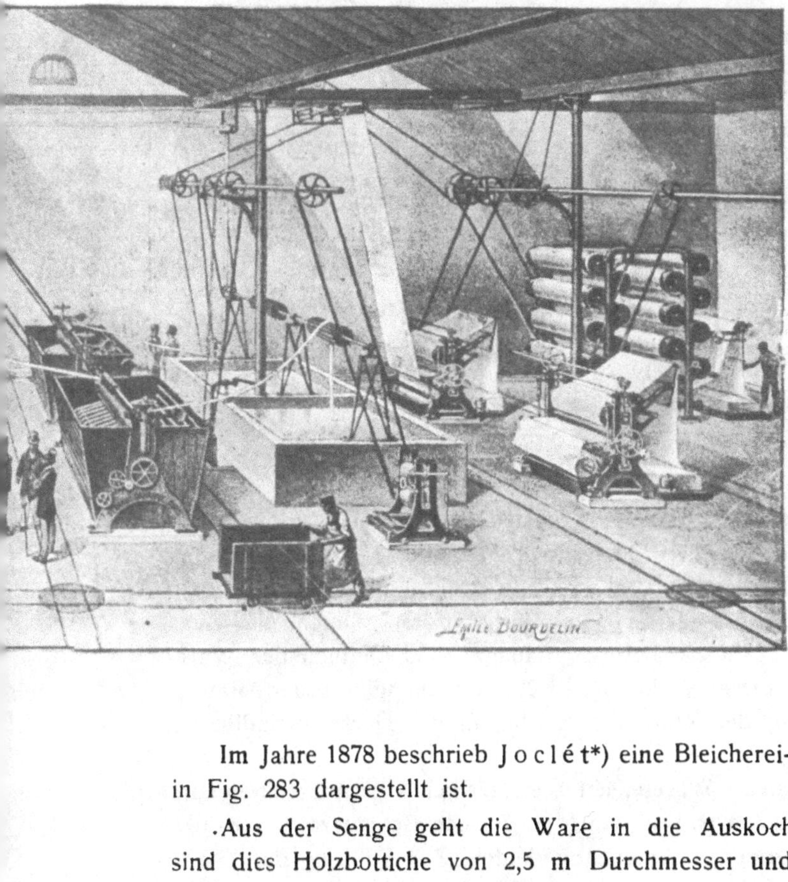

Im Jahre 1878 beschrieb Joclét*) eine Bleicherei-Anlage, welche in Fig. 283 dargestellt ist.

Aus der Senge geht die Ware in die Auskochgefäße *A*. Es sind dies Holzbottiche von 2,5 m Durchmesser und 2,5 m Höhe, die etwas erhöht über dem Fußboden auf Unterlagen stehen; um die Bottiche herum befindet sich ein Gerüst *k*. Die Kufen haben einen doppelten Boden, von denen der obere durchlöchert ist; zur Seite oder im unteren Boden ist ein Ablaßhahn angebracht.

Ein Dampfrohr mündet unten ein und durch den in der Mitte

*) Victor Joclét, Vollständiges Handbuch der Bleichkunst, Wien, Hartleben's Verlag. 1878.

oder an der Seite befindlichen Wolf steigt die Flüssigkeit auf und wird durch einen Schirm über die Ware verbreitet.

Nachdem die Ware ausgekocht ist, wird dieselbe gewaschen; man bedient sich dazu der Robinsonschen Waschmaschinen. *E* ist

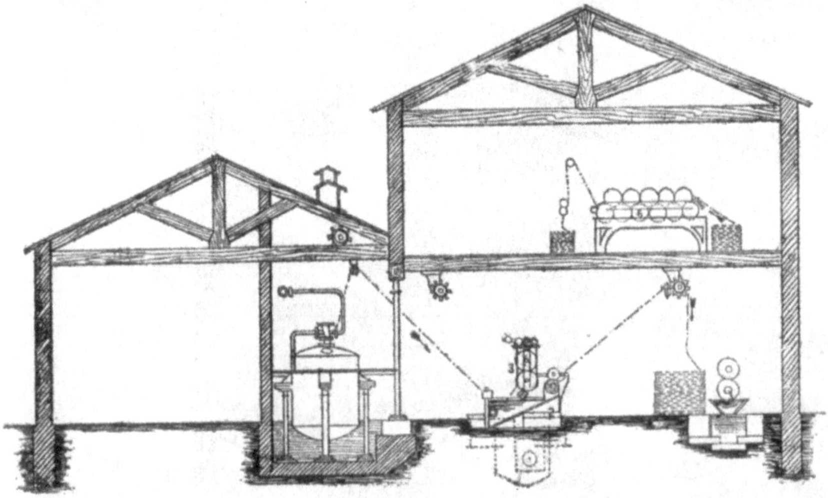

Fig. 282.

ein Fundamentstein, *F* der Wasserkasten, *d d* viereckige Holzwellen von 46 cm Seite, *f* eine Quetschwalze, *h* und *g* Hebel und Gewicht, letztere anzudrücken, *e* ein Wasserrohr, durch welches fortwährend frisches Wasser auf die Ware strömt. Durch die viereckigen Walzen wird ein heftiges Schlagen und Oeffnen der Ware hervorgebracht; die Maschine macht 90 Umdrehungen in der Minute.

Zur Führung der Ware dienen die an der Decke befindlichen Haspel 1 bis 8.

Der Weg, den die Ware macht, wenn sie zur Waschmaschine geht, ist mit punktierten, wenn sie von der Waschmaschine zu den Kufen geht, mit ausgezogenen Linien angedeutet. Zur Führung der Ware bedient man sich der Porzellanringe, welche in Bohlstücken aus zwei Hälften bestehend, eingesetzt, und durch Strebehölzer an der Decke befestigt sind, wie bei *a a a* etc. gezeichnet.

Die Gewebe werden, nachdem sie einmal ausgekocht sind, gewaschen, dann, falls es nötig ist, leiten die Haspel die Ware zum zweiten Mal in die Auskochgefäße, die Stücke werden wieder ausgewaschen, und gehen nun vermittelst der Haspel 4, 5, 6 und 7 in die Bleichkufen *B B*, unter diesen befinden sich die Behälter *C C*, von denen der eine Chlorkalkflüssigkeit, der andere verdünnte Salzsäure enthält, es wird nun abwechselnd mittelst der Bleipumpen *c c* erst Chlorkalk, dann verdünnte Salzsäure über die Ware gepumpt; damit sich die Flüssigkeit besser verteilt, sind eingesetzte Holzkästen *i i* mit durchlöcherten Böden vorgesehen. Nachdem die Flüssigkeit hinreichende Zeit über der Ware gestanden, wird sie unten abgelassen.

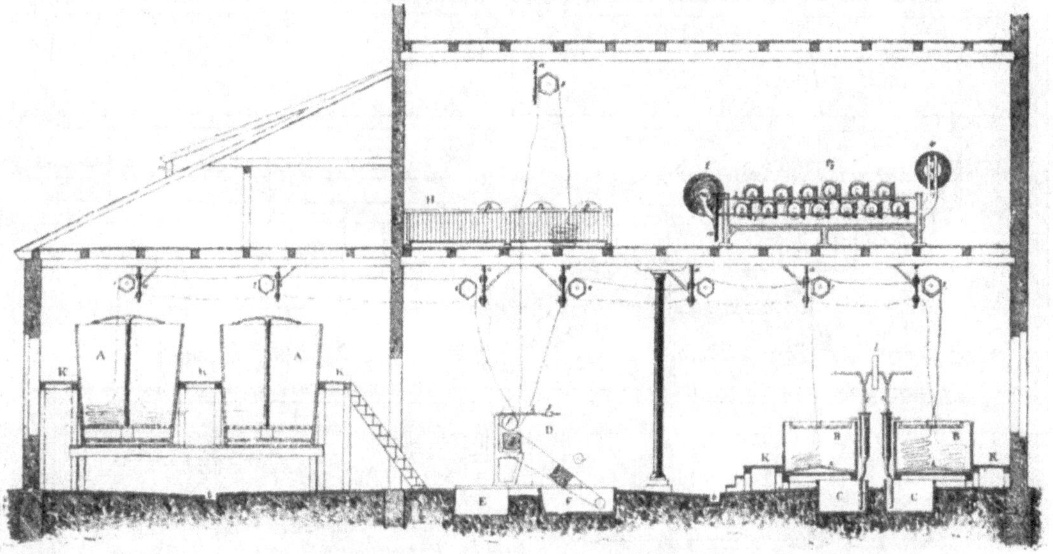

Fig. 283.

Die Bleichflüssigkeit fließt aus den Kufen *B* nach den Kufen *C* zurück und kann immer wieder benutzt werden. *b b* sind Rinnsteine.

Ist die Ware gebleicht, so kommt sie wieder zur Waschmaschine, wird hier gut gereinigt und durch den in der oberen Etage befindlichen Haspel 8 vor dem Gitter *H* niedergelegt. Auf dem Gitter sind halbkreisförmig Bohlstücke *p p p* angebracht, welche dazu dienen, die Ware aufzuziehen. Das Ende der Ware wird über diese Bohlstücke *p* geworfen und auf der anderen Seite aufgetafelt.

Von hier aus kann man die Zeuge durch eine Vorstärkmaschine gehen lassen, oder auf die Trockenmaschine *G* bringen; bei *t* tritt die Ware ein, bei *u* verläßt sie dieselbe.

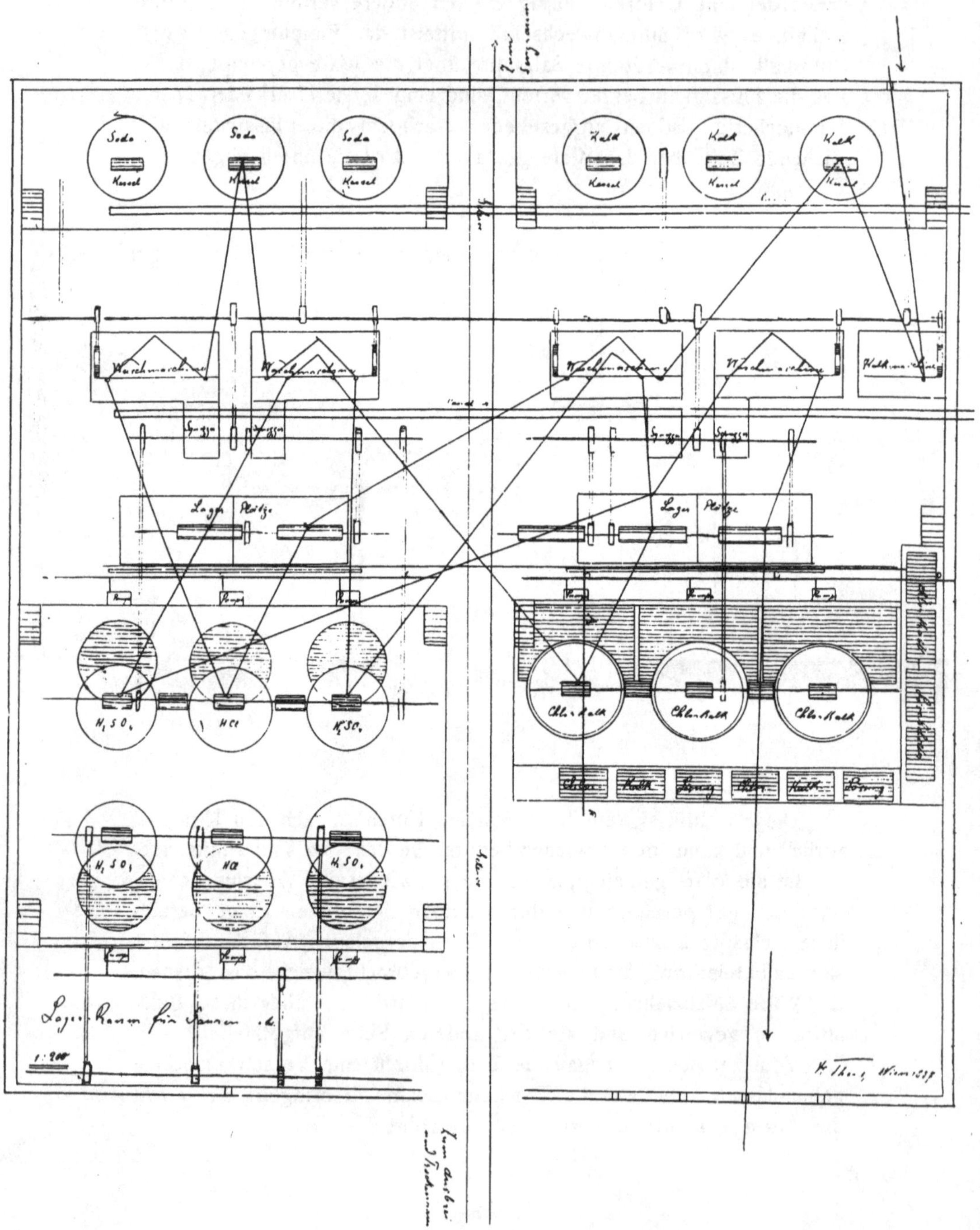
Soda
Kessel
Soda
Kessel
Soda
Kessel
Kalk
Kessel
Kalk
Kessel
Kalk
Kessel
Lager Plätze
Lager Plätze
Chlorkalk
Chlorkalk
Chlorkalk
Pumpe
Pumpe
Pumpe
Pumpe
Pumpe
Pumpe
Pumpe
Pumpe
Pumpe
Lager-Raum für Säuren etc.
1:200

Fig. 284.

Die in Fig. 284 und 285 wiedergegebene Bleicherei-Anlage ist nach einer Handskizze des Verfassers aufgenommen worden.

Die Auflöse-Behälter für Soda, 1,8 m lang, 1,4 m breit und 1,7 m tief, einem Inhalt von 4000 Litern entsprechend, befinden sich oberhalb des Holzverschlages. Von dort aus geht eine Rohrleitung zu jedem Sodakochkessel. Diese Kessel von 2,1 m Durchmesser und 2,5 m Höhe werden bei 3—4 Atm. Ueberdruck benutzt.

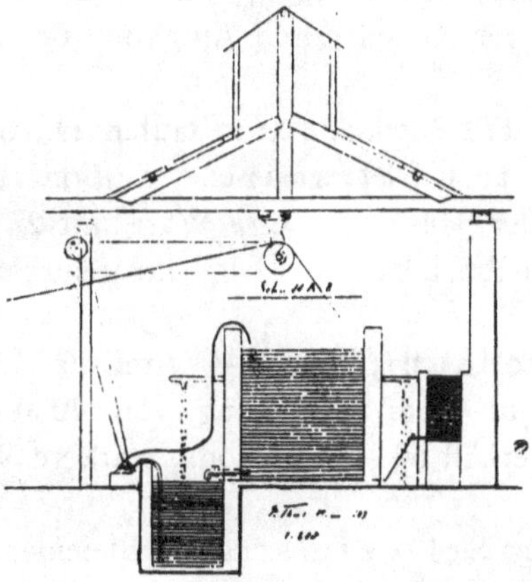

Fig. 285.

Die Säureständer sind aus 70 mm starkem Holz in folgenden Dimensionen gebaut: 2,1 m Tiefe im Lichten, 15 cm über dem Boden liegt ein Lattenrost. Der Durchmesser beträgt 2,6 m. In einer Höhe von 1 m vom oberen Rand ab gerechnet sind diese Ständer mit einem Holzboden umgeben, so daß man dieselben von dort aus bedient. An jeder der vier Ecken führt eine Treppe zu dem Boden.

Die Säurefässer ruhen auf Unterbehältern, welche einen Meter tief in den Boden eingelassen sind. Dieselben sind ebenfalls aus 70 mm starkem Holz hergestellt. Ihr Durchmesser beträgt 2,8 m bei einer Tiefe von 1,4 m. Die Einrichtung zum Chloren ist in gleicher Weise konstruiert; die Unterbehälter sind indes aus Zement-Mauerwerk hergestellt.

Das Ueberpumpen wird durch Zentrifugalpumpen besorgt. (Vergl. Fig. 5.)

Ein wesentlicher Umstand reine, fleckenlose Ware zu erzielen, besteht in dem richtigen Einsetzen der Stücke in die Chlor- und

Säureständer, so daß die Lösungen vollständig und gleichmäßig durch alle Teile der Ware dringen können.

Man beschickt die Kochkessel mit 1500 bis 1600 kg Gewebe. Dies entspricht im Mittel (für die hier in Betracht kommende Ware) 170 Stück à 120 m.

Der Bleichprozeß ist folgender:

1. Kalkabkochung bei 3—4 Atm. 6 Stunden lang. Auf jede Post werden 50 kg Aetzkalk gerechnet. Die Ware wird auf der Kalkmaschine gleichmäßig imprägniert. Nach erfolgtem Kochen wird der Kessel durch Aufgabe von kaltem Wasser abgekühlt.
2. Waschen. 170 Stück à 120 m laufen $1^3/_4$ Stunden.
3. Absäuern mit Salzsäure. Chiffon und Shirting mit $1^1/_2{}^0$ Bé. starker Säure. Stärkere Ware mit $2^0$ Bé. starker Säure. Die Ware bleibt über Nacht im Säureständer.
4. Waschen.
5. Soda-Abkochung bei 3—4 Atm. 6 Stunden lang. Für jede Post wird eine Sodalösung von 4000 Litern angesetzt; leichte Ware erhält 60—70 kg Soda, stärkere Ware 100 kg Soda.
6. Waschen.
7. Säuren mit Schwefelsäure. Bleichware wird mit Säure von $1^1/_2{}^0$ Bé., Farbware mit Säure von $2^0$ Bé. drei bis vier Stunden behandelt.
8. Waschen.
9. Chloren 6 Stunden lang, oder nach Erfordernis.
   Schwache Ware erhält eine Lösung von $^1/_2{}^0$ Bé.
   Stärkere „ „ „ „ „ $^3/_4{}^0$ Bé.
   Starke „ „ „ „ „ $1^0$ Bé.
10. Waschen.
11. Säuren mit Schwefelsäure $1^1/_2{}^0$ Bé., 3 Stunden.
12. Waschen.

---

Der Aufwand an Materialien und Arbeitskräften stellte sich für eine wöchentliche Leistung von 20 000 kg Gewebe wie folgt:

600 kg Aetzkalk,
1200 kg Soda calc.,
1680 kg Salzsäure,
420 kg Schwefelsäure,
300 kg Chlorkalk.

An Arbeiterpersonal war erforderlich:

| | |
|---|---|
| Rohwarenlager und Senge | 5 Personen |
| Bleiche | 10 „ |
| Water-Calander und Transport | 6 „ |
| Trockenmaschine | 2 „ |
| Bleichmeister | 1 Person |
| Lagermeister | 1 „ |

Die in Fig. 286 gegebene Abbildung zeigt in instruktiver Weise eine von der Firma Fernand Dehaitre in Paris ausgeführte Baumwollbleicherei-Anlage für Stück und Garn.

In den Abbildungen Fig. 287, 288 und 289 ist eine Mather-Plattsche Bleicherei-Anlage*) der Firma de Angeli & Co. in Mailand wiedergegeben:

Fig. 287 zeigt die Anlage im Grundriß mit den Apparaten, welche etwa 50—60 000 kg Baumwolle in der Woche zu bleichen imstande sind.

Die Apparate sind folgende:

*F* Dampfkochkessel,

*C'* Zentrifugalpumpe,

*f g h* Zisternen für Natronlauge,

*P q* Plattform und Schienen für die Waggons,

*V* Waggons für die in die Kessel einzuführende Ware,

*U* Zisternen für die Stücke,

*NM* gewöhnliche Kochkessel mit Injektoren, welche im alten Verfahren zum Kochen der Ware mit Kalk oder Soda dienten und im neuen Prozeß zum Erwärmen von Wasser bestimmt sind,

*E* Rollenwaschmaschine für die Natronlauge,

*D* Ausquetschmaschine (Squeezer),

*C* Waschmaschine (auch als Säuremaschine benutzt),

*) Aus Antonio Sansone, der Zeugdruck, Berlin, 1890, Springer, nach der italienischen Zeitschrift „L'Industria."

*X* Auswindemaschine (Zentrifuge),
*A* Waschmaschine,
*G* Chlorbottich,
*B* Säuremaschine,
*H* Waschmaschine (Clapot),
*L* Auswindemaschine,
*PQRS* Zisternen für die Stücke.

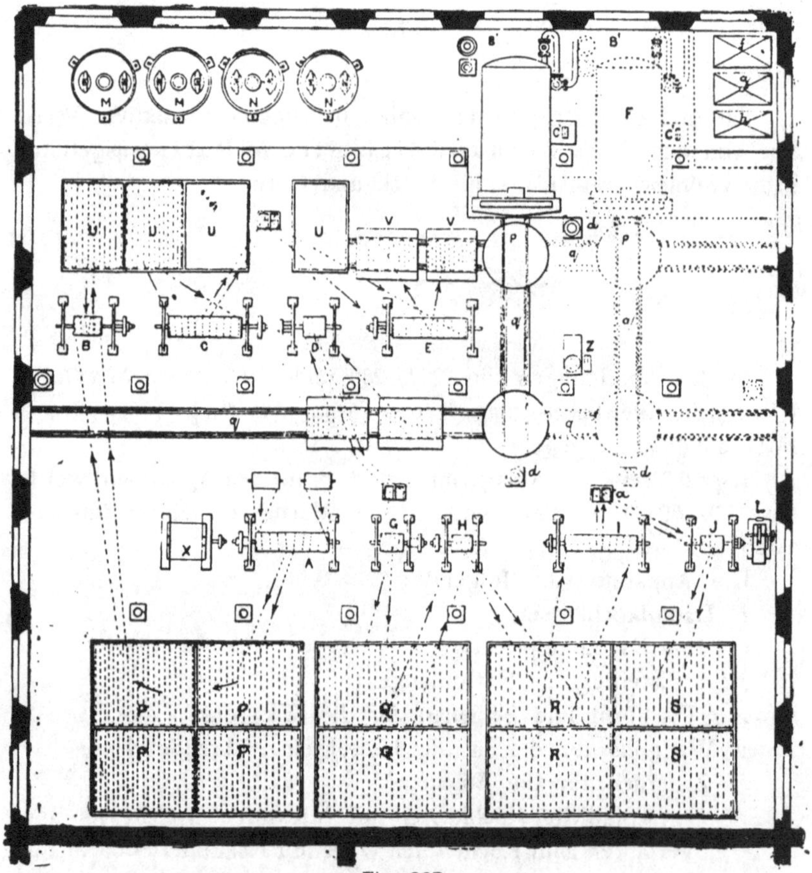


Fig. 287.

Die Bleichoperationen in der Fabrik der Herren de Angeli & Co. werden in folgender Reihe vorgenommen:

1. Waschen auf der Maschine *A*.
2. Lagern der Stücke in Zisterne *P*.
3. Säuren mit Schwefelsäure von $2^1/_2{}^0$ Bé. auf Maschine *B*.

4. Lagern der gesäuerten Stücke in den Zisternen *U*.

5. Waschen auf Maschine *C*.

6. Imprägnieren mit Natronlauge von 1½° Bé. in Maschine *E*.

7. Laden der Ware in die Waggons *V* zum Einführen in den Mather'schen Kessel.

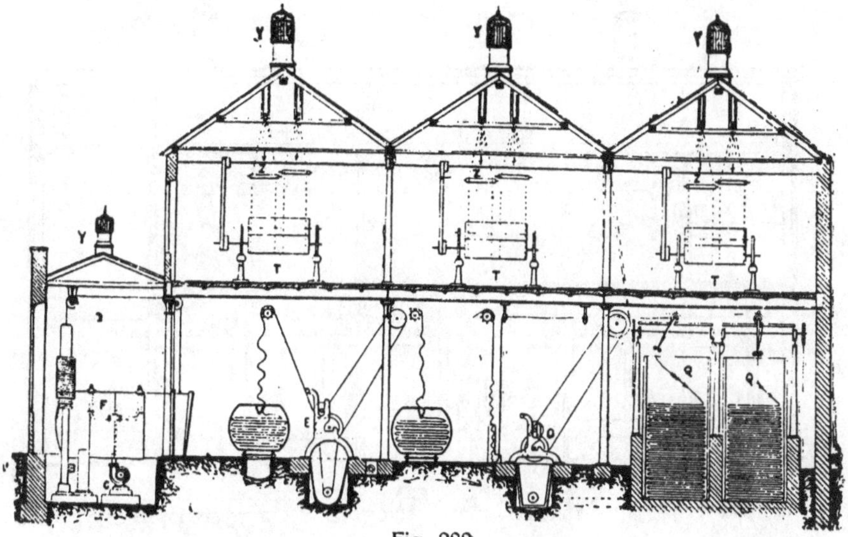

Fig. 288.

8. Erstes Kochen im Dampfkocher während sechs Stunden mit Kolophoniumseife und Natronlauge bei einem Dampfdruck von ⅔ Atmosphären. Für 2500 kg trockener Baumwollstoffe werden genommen

40 kg Aetznatron,
20 kg Kolophonium,
2000 l Wasser.

9. Zweites Kochen mit kalzinierter Soda während zwei Stunden, bei einem Druck von ½ Atmosphäre.

Für 2500 kg Ware werden genommen:

30 kg kalzinierte Soda,
1400 l Wasser.

10. Waschen der im Kessel befindlichen Ware mit heißem Wasser während ¾ Stunden.

11. Waschen mit kaltem Wasser; die Waggons werden aus dem Kessel genommen.

12. Ausquetschen der Ware auf dem Squeezer *D*.

13. Chloren mit einer ¼° Bé. starken Chlorkalklösung in *G*.

14. Einlagern während drei Stunden in Zisterne *Q*.

15. Durchnehmen durch 2½° Bé. starke Schwefelsäure in *H*.

16. Einlagern der gesäuerten Ware während zwei bis drei Stunden in der Zisterne *R*.

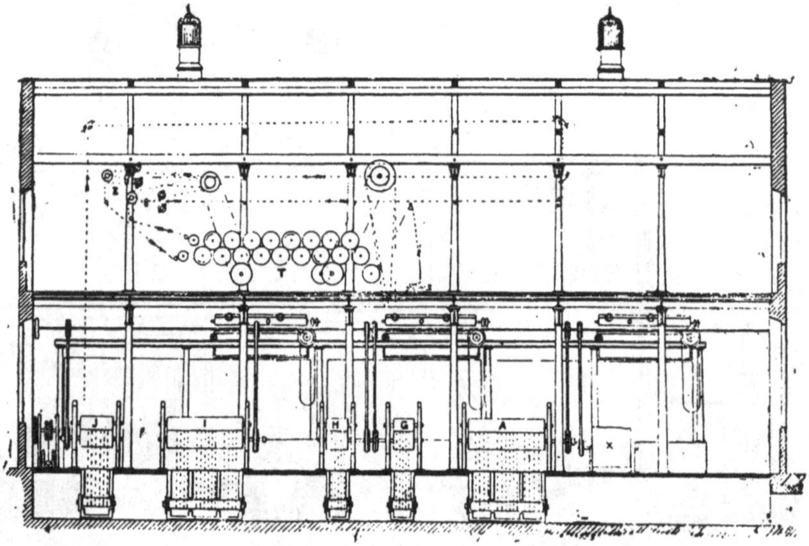

Fig. 289.

17. Waschen in Maschine *I*.

18 Ausquetschen in *J* oder *L*.

19. Einlagern der gebleichten Stücke in den Zisternen *S*.

20. Ausbreiten und Trocknen der Ware auf der Zylindertrockenmaschine.

Die letztere Operation geschieht auf einer Reihe von Zylindern *T*, welche in Fig. 288 (Durchschnitt) und in Fig. 289 (Längsschnitt) ersichtlich sind.

Verfasser hat der Inbetriebnahme einer der ersten Matherschen Bleichanlagen vorbeschriebener Art beigewohnt und es mögen hier die aus dem Jahre 1888 stammenden Aufzeichnungen an Hand der Figuren 290 und 291 folgen:

Die Ware passiert zunächst eine Waschmaschine, auf welcher sie mit heißem (Kondensations-) Wasser gewaschen wird, um

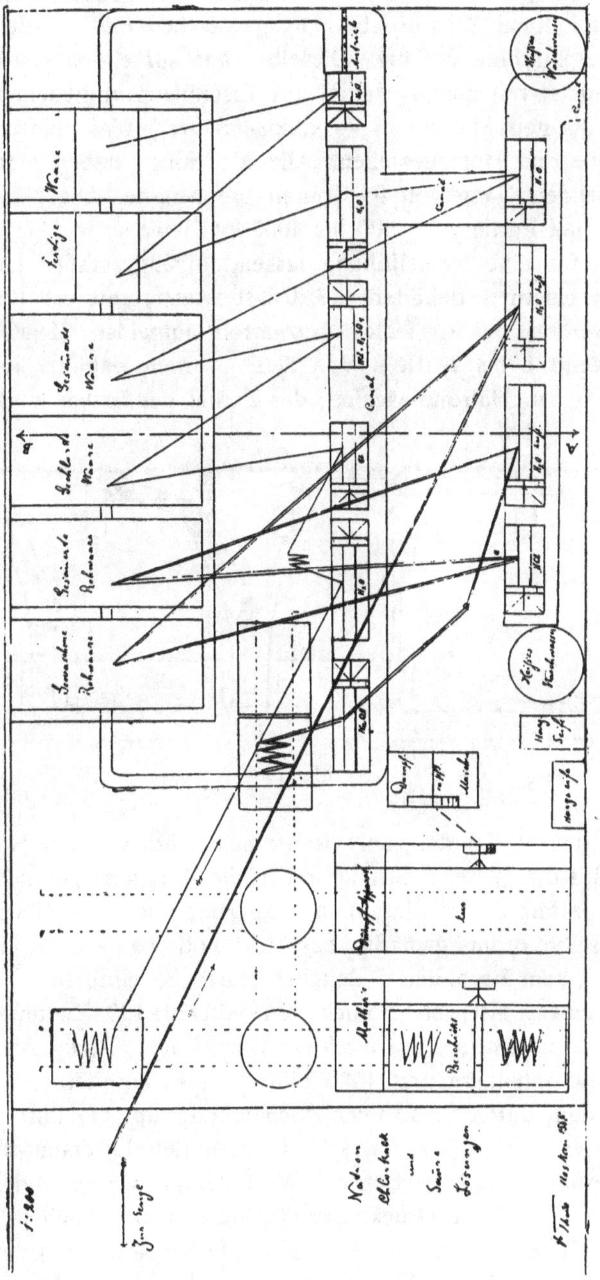

Fig. 290.

dann 12 Stunden oder länger auf dem dazu bestimmten Lagerraum zu verbleiben. Hierauf werden die Stücke auf einer Säuremaschine mit Salzsäure gesäuert und wiederum für mindestens 12 Stunden abgelegt, dann mit heißem Wasser abermals gewaschen und in die Natronimprägniermaschine geführt. Dieselbe ruht auf einem eisernen Behälter und ist mit einem Mantel aus Eisenblech umgeben, während bei den übrigen Maschinen — Chlor-, Säure-, Waschmaschinen — diese Teile aus Holz bestehen. Alle Maschinen haben einen übereinstimmenden Gang von 95 Touren pro Minute. Die Natronlauge wird für eine Partie von 3500 bis 4000 kg Gewebe, wie sie zwei der Waggons für eine Kesselfüllung fassen, folgendermaßen zubereitet. In einem eisernen Behälter (1,7×0,8×1 Meter) mit ca. 1300 Liter Inhalt werden 62 kg festes Aetznatron aufgelöst. (Die erkaltete Lösung zeigt 6 bis 7° Bé.) Von dem eisernen Behälter führt eine Rohrleitung zur Natronmaschine; der Zufluß der Lauge wird nun so

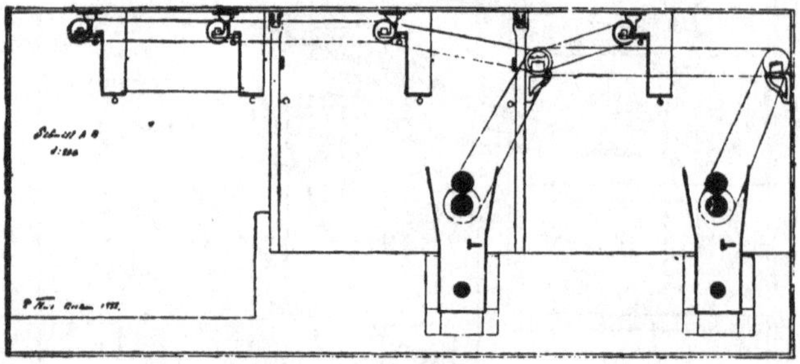

Fig. 291.

reguliert, daß sie für die ganze Partie ausreicht. Von der Natronmaschine wird die Ware in Strangform in die Waggons gebracht, ziemlich fest gestampft und darauf in den Dämpfapparat geführt. Nachdem derselbe ordnungsmäßig beschickt und verschlossen ist, läßt man aus einem besonderen Behälter Harzseife einfließen. Dieselbe wird in einem eisernen Bottich von 90×180×120 Zentimeter Abmessung durch Kochen mit direktem Dampf aus 32½ kg Aetznatron, 24½ kg Kolophonium und 1500 Liter Wasser bereitet.

Nachdem durch Einströmenlassen von Dampf die Luft aus dem Dämpfapparat vertrieben ist, schließt man den Lufthahn und setzt die Zentrifugalpumpe in Betrieb. Man dämpft während der ersten Stunde bei 10 Pfund Druck, dann weitere neun Stunden lang bei 15 Pfund Druck. Hierauf wird der Dampf abgelassen und der Kessel ungefähr ⅔ voll kaltes Wasser gelassen. Durch Lauge und Ware erwärmt sich dasselbe auf 75 bis 90° C. Man pumpt damit eine Stunde lang, läßt die Flüssigkeit darauf weglaufen und füllt den Kier noch-

mals $^{2}/_{3}$ mit kaltem Wasser, welches sich auch jetzt noch auf ca.

$60^0$ C erwärmt. Eine dritte Aufgabe von kaltem Wasser beschließt die Kesselwäsche.

Die Waggons werden nun aus dem Apparat herausgezogen und die Ware einer Waschmaschine und von dieser der Chlormaschine zugeführt. Mit $\frac{1}{4}^0$ Bé. starker klarer Chlorkalklösung imprägniert, bleiben die Zeuge nun vier Stunden liegen.

Es wird alsdann mit Säure von $\frac{1}{4}$ bis $\frac{1}{8}^0$ Bé. gesäuert, wieder für vier Stunden abgelegt und schließlich dreimal auf der Waschmaschine gewaschen, abgequetscht und getrocknet.

An Materialien und Arbeitskräften war für eine wöchentliche Bleichproduktion von 63,000 kg Ware erforderlich:

1950 kg Aetznatron,
900 kg Chlorkalk,
320 kg Kolophonium,
690 kg Salzsäure,
2900 kg Schwefelsäure.

An Arbeitspersonal war erforderlich:

| | | |
|---|---|---|
| Rohwarenlager und Senge | 10 | Personen, |
| Bleiche | 22 | „ |
| Trockenmaschine | 6 | „ |
| Bleichmeister | 1 | Person, |
| Lagermeister | 1 | „ |

Fig. 292 zeigt das Innere einer Bleicherei mit der Mather-Platt'schen Waggon-Einrichtung.

Drei weitere Bleicherei-Pläne finden sich in dem Werk von Herzfeld, Bleicherei, Wäscherei und Carbonisation (Berlin 1890, Krayn), welche von der Firma C. G. Haubold jr. in Chemnitz praktisch ausgeführt wurden. Fig. 293, 294 und 295 veranschaulichen den ersten Plan einer Bleicherei und Appretur für Leinen- und Baumwoll-Garne, sowie für Leinen- und Baumwollgewebe.

Im Grundriß des Erdgeschosses.

*a* Bäuchkessel,
*o* Treppenaufgang,
*p* Rohwarenlager,
*l* Aufzug für Garne,
*k* Rundwaschmaschine für Garne,
*e* Garnwaschmaschine,
*d* Garnquetschmaschine,
*i* Pritsche,
*f* Zentrifuge,
*g* Chlor- und Säurebassins für Garn,
*a* Rollerei für Leinengarn,
*b* Bassin für Chlorlösungen,
*c* Chlorkalkauflöser,

Fig. 293.

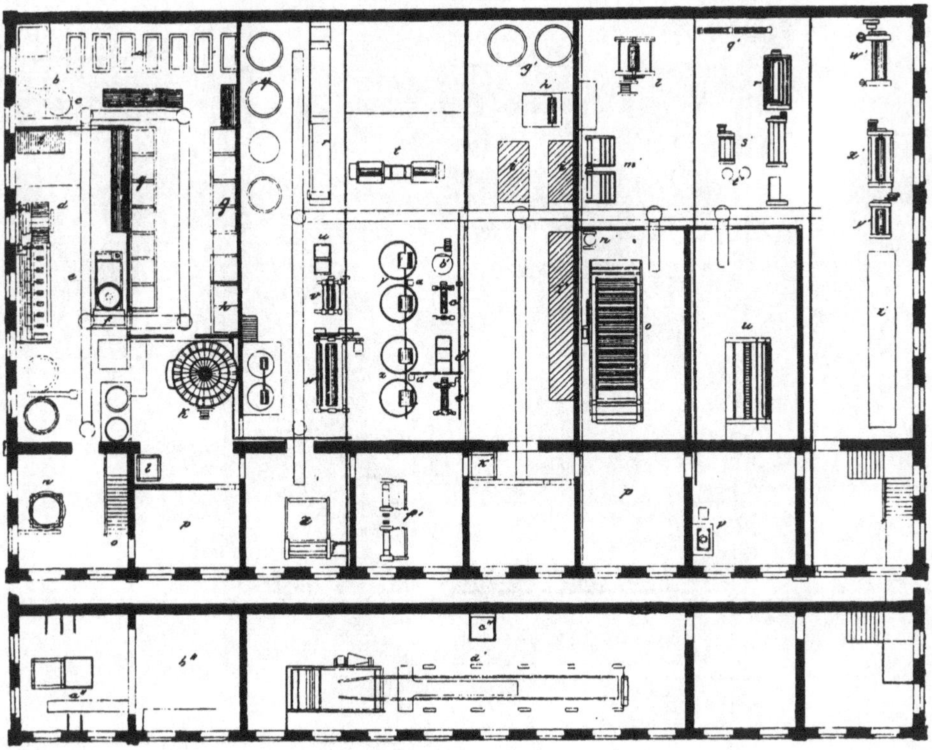

Fig. 294.

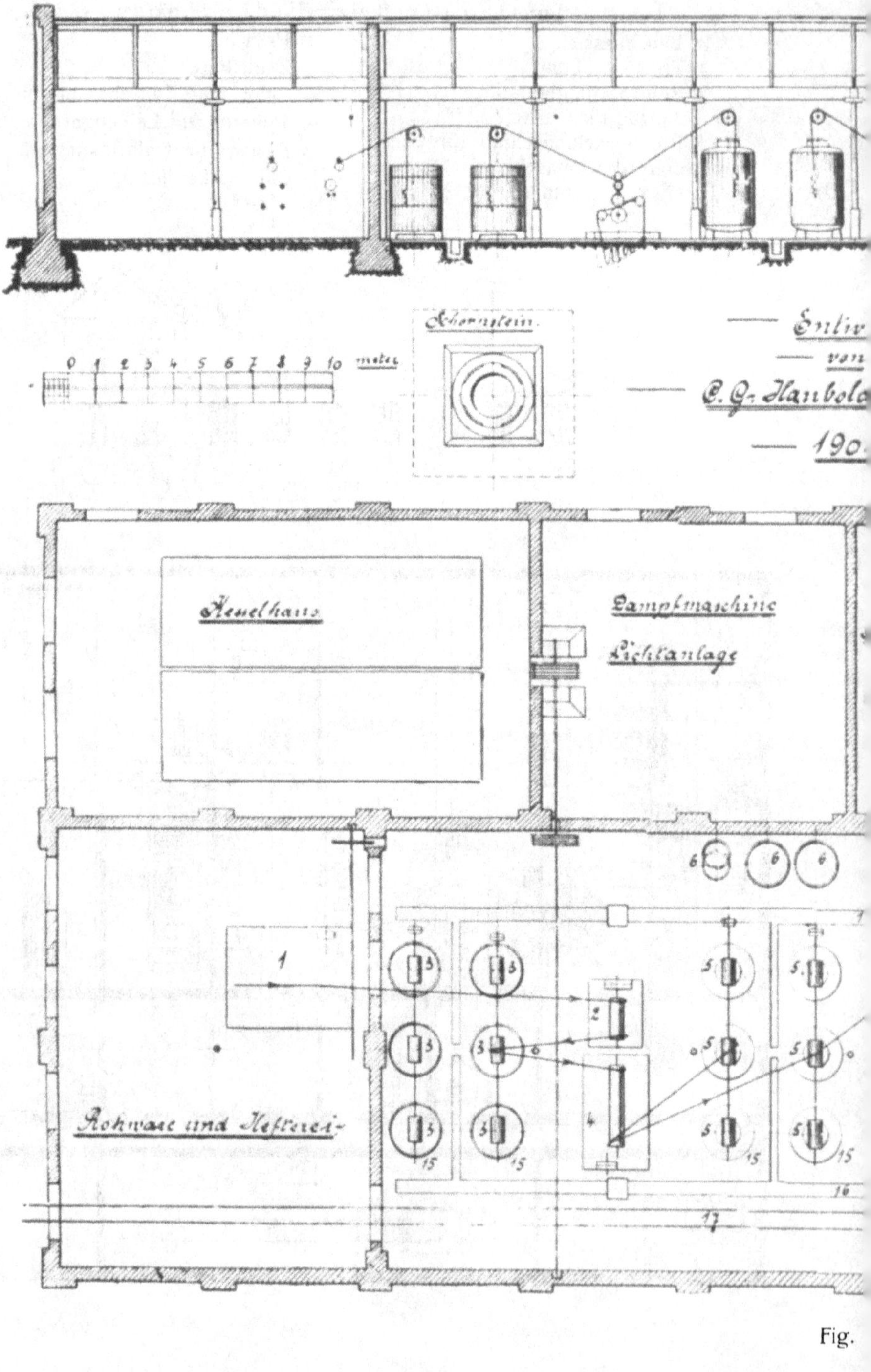
Schornstein.
0 1 2 3 4 5 6 7 8 9 10 meter
Entw
von
C. G. Haubold
190
Kesselhaus
Dampfmaschine
Lichtanlage
Rohware und Hefterei-

Fig.

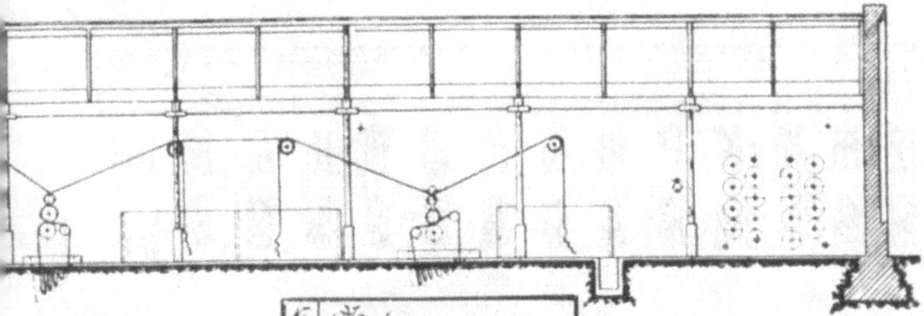

| Nr. | Maschine |
|---|---|
| 1 | Gasenge |
| 2 | Säure-Clapot |
| 3 | Einweichkästen |
| 4 | Strangwaschmaschine |
| 5 | Kochkessel |
| 6 | Laugenkocher |
| 7 | Chlor-Clapot |
| 8 | Chlor-Ablage |
| 9 | Säure-Clapot |
| 10 | Säure-Ablage |
| 11 | Strangquetsche |
| 12 | Strangausbreiter |
| 13 | Wasser-Calander |
| 14 | Zylindertrocken-Maschine |
| 15 | Dockenhaspeln |
| 10 | Abflusskanäle |
| 17 | Schienengleis |

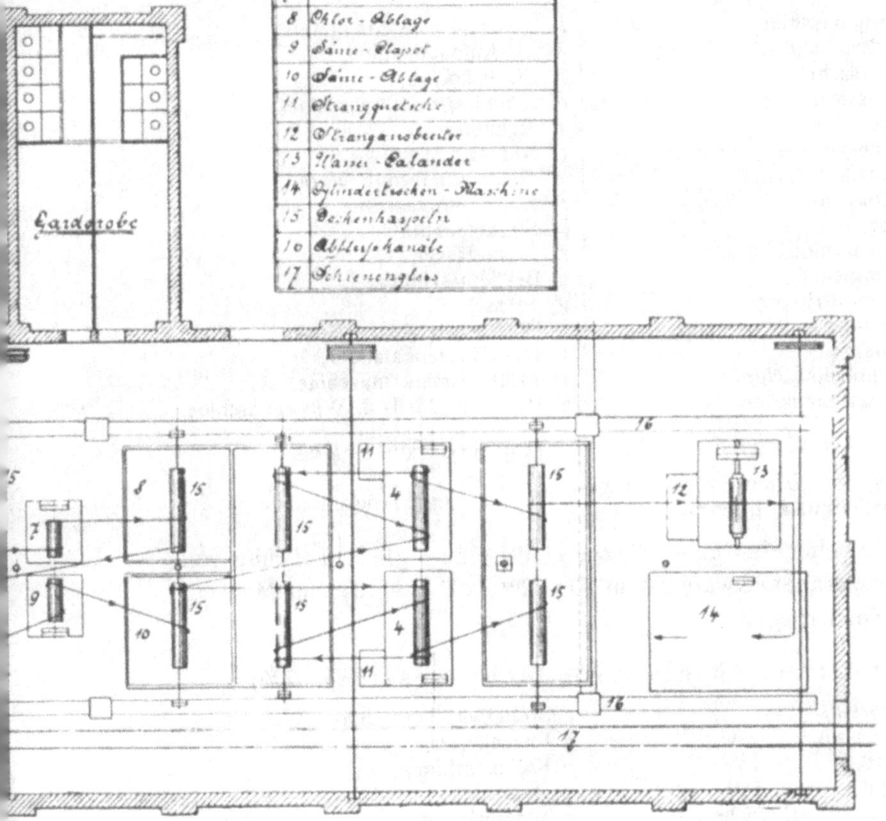

Fig. 295.

Im Grundriß des ersten Stockwerkes

*a''* Garntrockenmaschine,

*b''* Raum für Garnstärk- und Bürstmaschine.

Die übrigen Räumlichkeiten enthalten die Stückbleicherei.

*x* Gassengmaschine,
*q* Einweich- und Kochfässer,
*r* Kanalwäsche,
*u* Kalkbassins,
*v* Kalkmaschine,
*w* Waschmaschine,
*y* Chlorkalkbassins,
*z* Säurebassins,
*a'* Pumpe,
*c'* Säuremaschine,
*e'* Chlormaschine,
*i, i, i* Waren-Pritschen,
*g'* Säurefässer,
*h'* Kalkmaschine,
*t* Seifenhobelmaschine,
*s* Tuchwaschhaus,
*l'* Hydraulische Mangel,
*m', q'* Aufbäumstühle,
*n'* Stärkekocher,
*o'* Zylindertrockenmaschine,
*f'* Rauherei,
*k'* Aufzug,
*p''* Raum für fertige Ware,
*r'* Einsprengmaschine,
*s'* Stärkemaschine,
*t'* Stärkefässer,
*u'* Beetlemaschine,
*v'* Presse,
*w'* Wasserkalander,
*x'* Drei-Walzenkalander,
*y'* Friktionsstärkemaschine,
*z'* Raum für Meß- u. Wickelmaschine.

Im Grundriß des ersten Stockwerkes

*c''* Aufzug (im Grundriß des Erdgeschosses mit *k'* bezeichnet),

*d''* Spann- und Trockenrahme.

Der zweite Plan einer Bleicherei für eine tägliche Leistung von 12,000 Metern Stückware ist in Fig. 296, 297 und 298 im Maßstab 1 : 175 wiedergegeben.

Im Grundriß des Erdgeschosses (Fig. 296)

*h* Chlorbassin,
*i, i* Säurebassin,
*e* Chlorfaß,
*d* Säurefaß,
*g* Säurefaß für schwache Säure,
*b* Chlorkalkauflöser,
*a* Dampfmaschine,
*c* Strangwaschmaschine,
*q* Bäuchkessel,
*n* Kalkmaschine,
*p* Pumpe,
*m* Wasserleitung,
*b'* Bottiche für Soda,
*i, k* Ablegeraum.

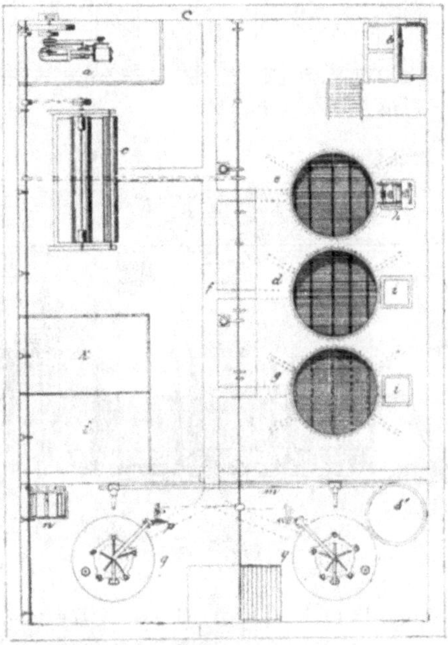

Fig. 296.

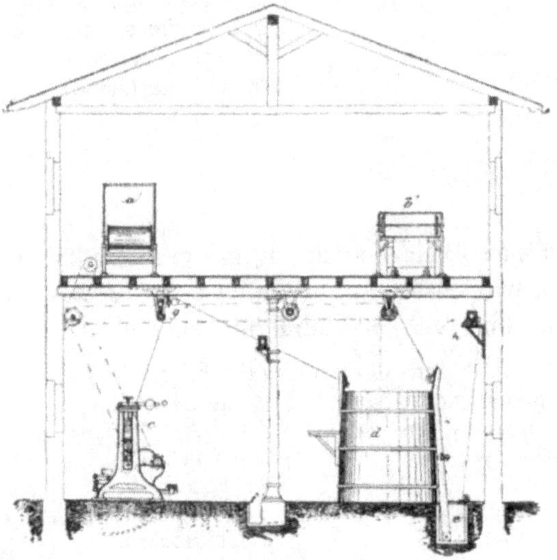

Fig. 297.

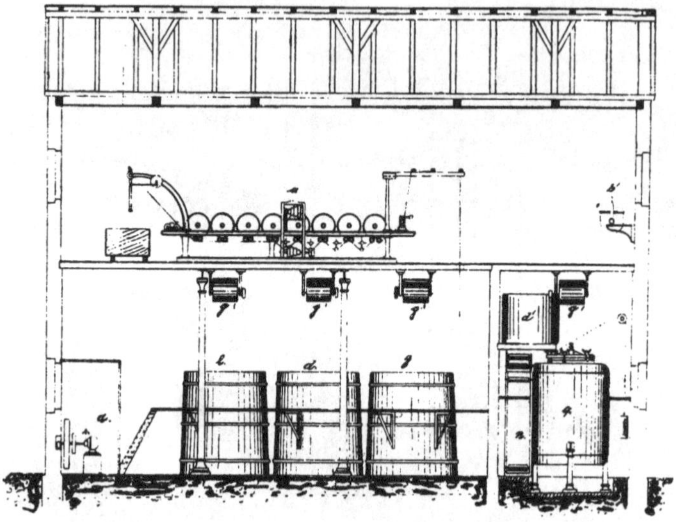

Fig. 298.

Im Aufriß (Fig. 297)

| | |
|---|---|
| *d* Säurefaß, | *b'* Spannrahmen, |
| *e'* Säurebassin, | *h* vom Bäuchkessel, |
| *c* Strangwaschmaschine, | *g'* Quetschwalzen, |
| *a'* Trockenmaschine, | *f* Abflußkanal. |

Im Längsschnitt (Fig. 298)

| | |
|---|---|
| *q* Bäuchkessel, | *d, g* Säurefaß, |
| *n* Kalkmaschine, | *a* Dampfmaschine, |
| *d'* Bottich für Soda, | *a'* Trockenmaschine, |
| *g' g' g'* Quetschwalzen, | *b'* Stärkekocher. |
| *e* Chlorfaß, | |

Ein Plan einer Bleicheinrichtung mit H a u b o l d'schem Waggon-Kesselsystem, wie solches schon vorher Seite 122 bis 127 beschrieben wurde, ist in Fig. 299, 300 und 301 abgebildet.

Im Grundriß (Fig. 299)

| | |
|---|---|
| *I* Bottich für gebrauchte Lauge, | *r* Säuremaschine, |
| *II* Bottich für warmes Wasser, | *s, t, x, h, k* Haspel, |
| *a* Waggonkochkessel, | *w y* Quetschen, |
| *b* Drehscheiben, | *v z* Strangöffner, |
| *c, e, g, t* Imprägniermaschinen, | *u z'* Aufbäumstuhl, |
| *d f* Waschmaschine, | *l* Chlorbassin, |
| *n p* Waschmaschine, | *D* Dampfmaschine, |
| *o q* Quetschmaschine, | *G* Gassengmaschine, |
| *m* Chlormaschine, | *K* Rohwarenlager. |

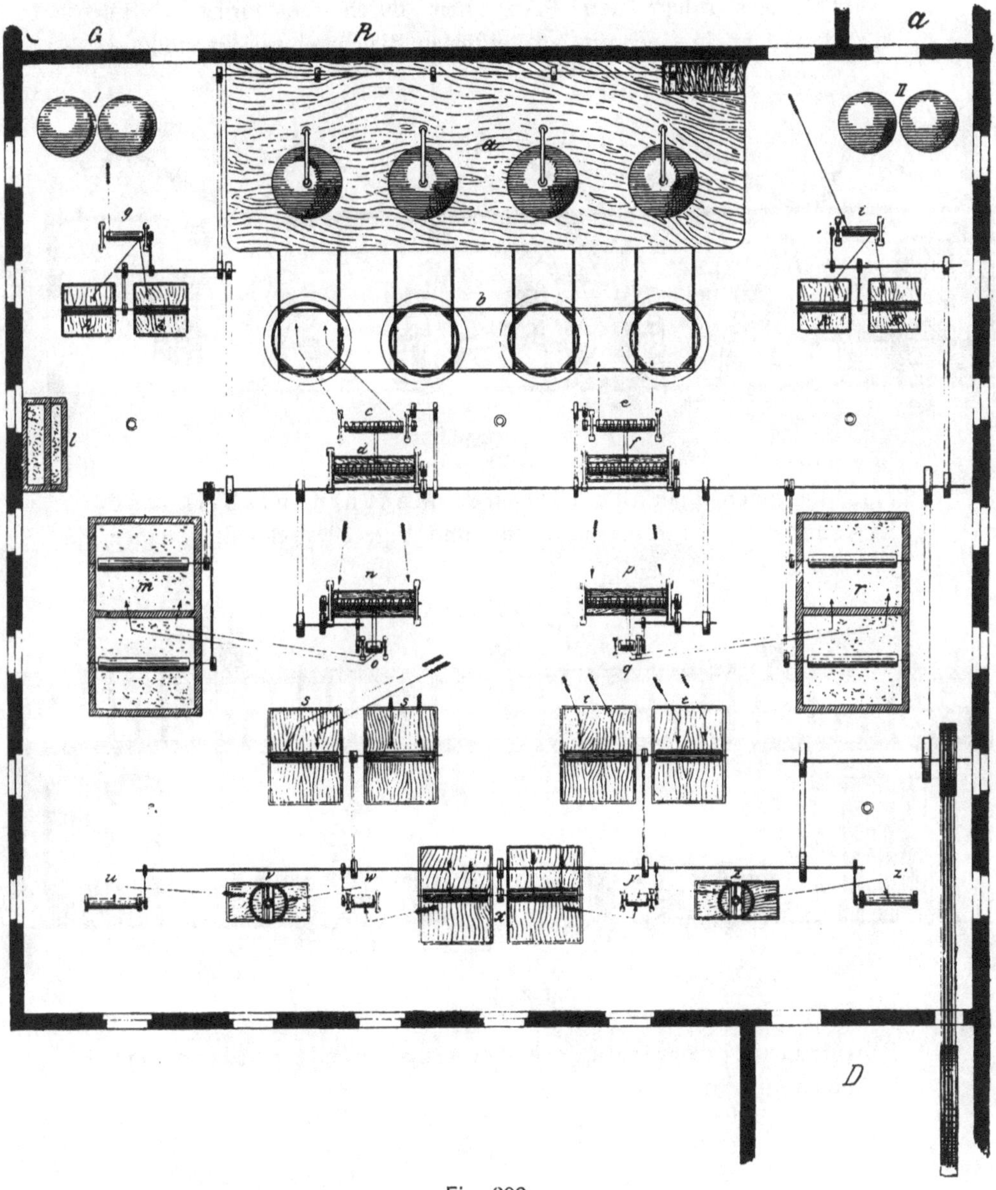

Fig. 299.

In Fig. 302 ist eine Bleiche nach System Thies-Herzig wiedergegeben, entworfen von der Firma Emil Welter in Mülhausen i. E. Die Wirkungsweise des Thies'schen Kessels und die Arbeitsweise ist bereits Seite 146—151 besprochen worden.

Fig. 303 bringt den Plan einer durch die Firma C. G. Haubold jr. in Chemnitz ausgeführten Bleicherei zur Darstellung,

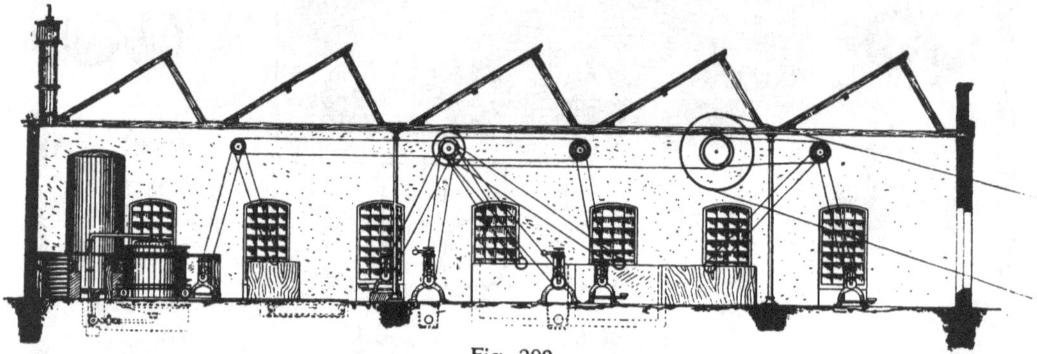

Fig. 300.

Fig. 304 einen Plan der Zittauer Maschinenfabrik und Eisengießerei A.-G. in Zittau und Fig. 305 schließlich einen

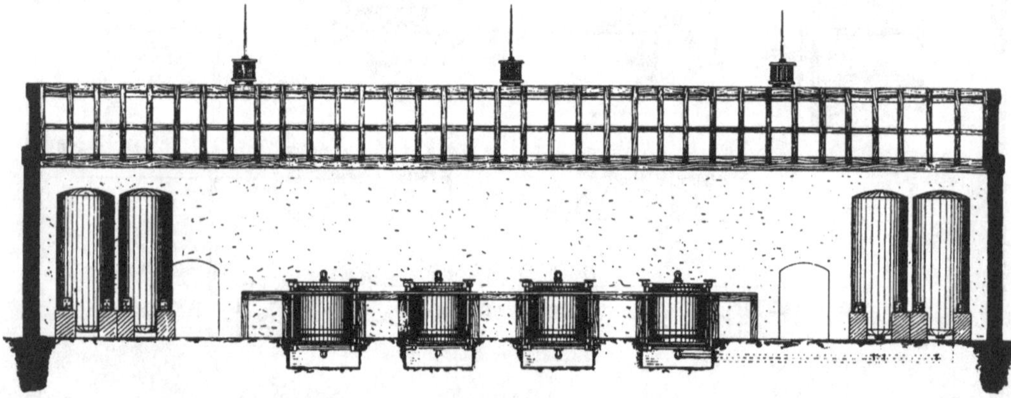

Fig. 301.

Entwurf der Elsässischen Maschinenbau-Gesellschaft in Mülhausen i. E.

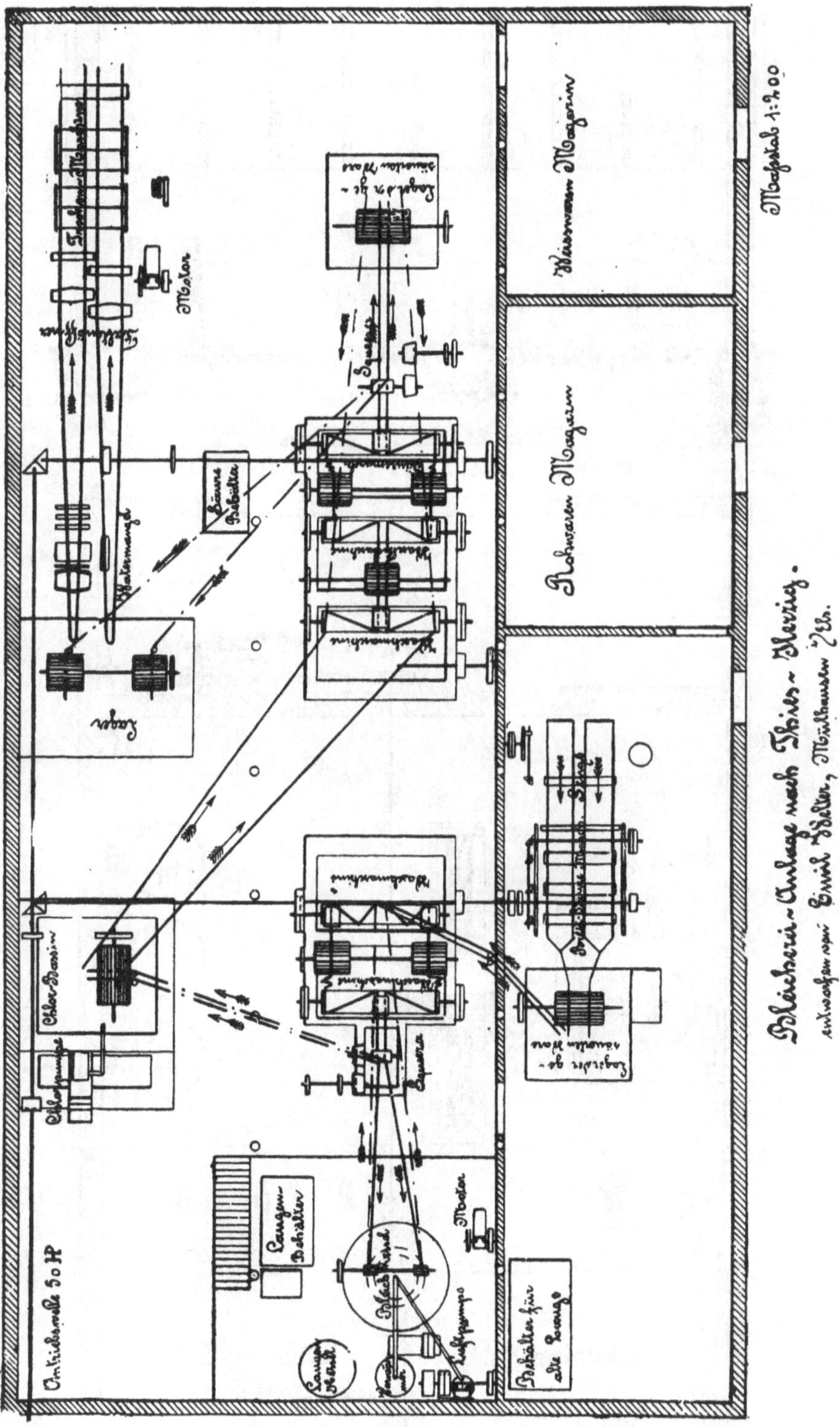
Bleicherei-Anlage nach Thies-Herzig.
Maßstab 1:200
Weisswaren Magazin
Rohwaren Magazin
Laugen Behälter
Motor

Fig. 302.

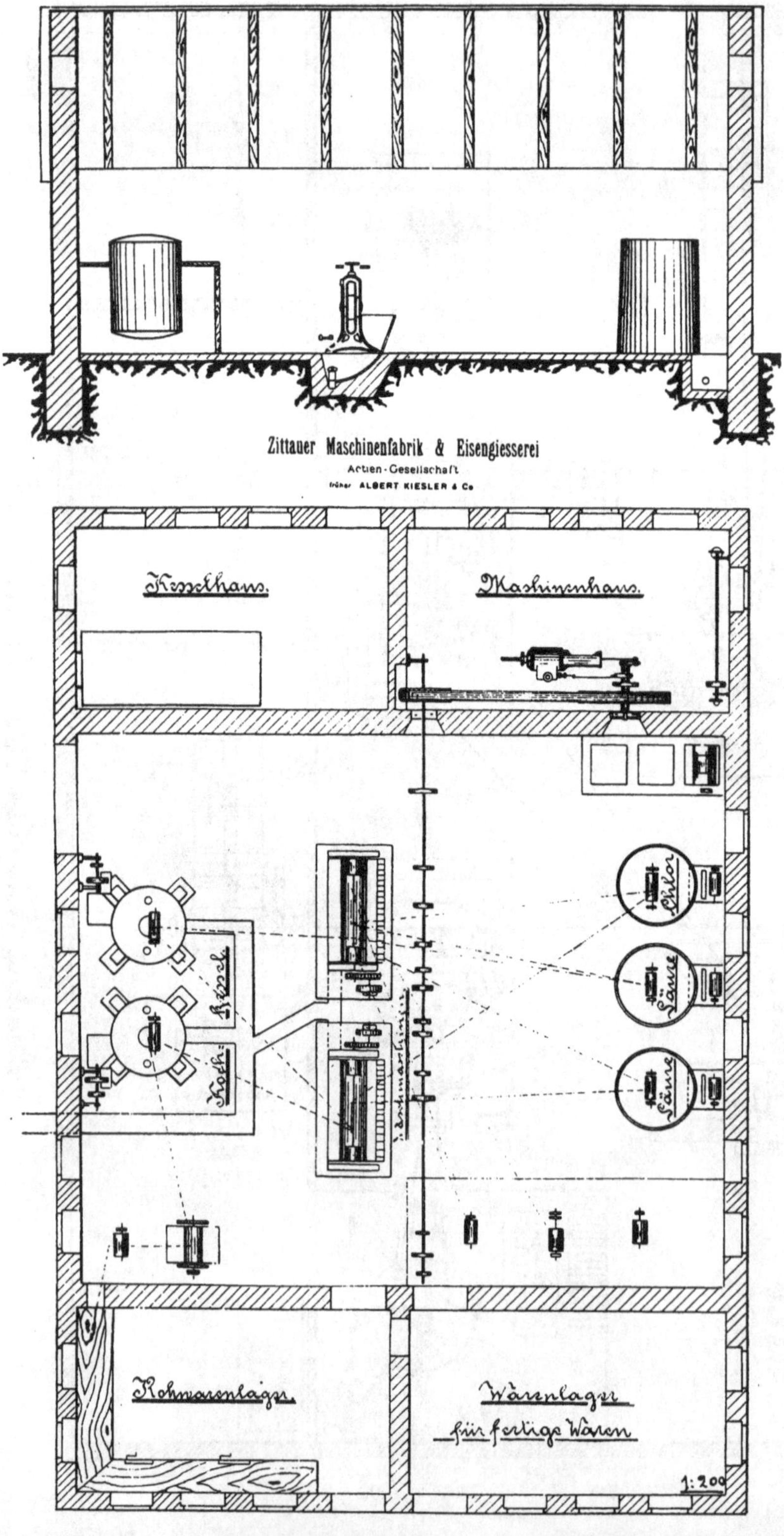
Zittauer Maschinenfabrik & Eisengiesserei
Actien-Gesellschaft
früher ALBERT KIESLER & Co
Kesselhaus.
Maschinenhaus.
Kochkessel
Chlor
Säure
Säure
Rohwarenlager
Warenlager
für fertige Waren
1:200

Fig. 304.

1 Röhrenkessel
2 Condenswasser-Behälter
3 Pumpe
4 Vacuumkessel
5 Bäuchkessel
6 Strangwaschmaschine
7 Faltenöffner
8 Waarendepot
9 Nähmaschine
10 Breitwaschmaschine
11 Wasser-Calander
12 Laugenclapot
13 Säureclapot
14 Chlorpumpe
15 Chlorbassin
16 Cylindertrockenmaschine

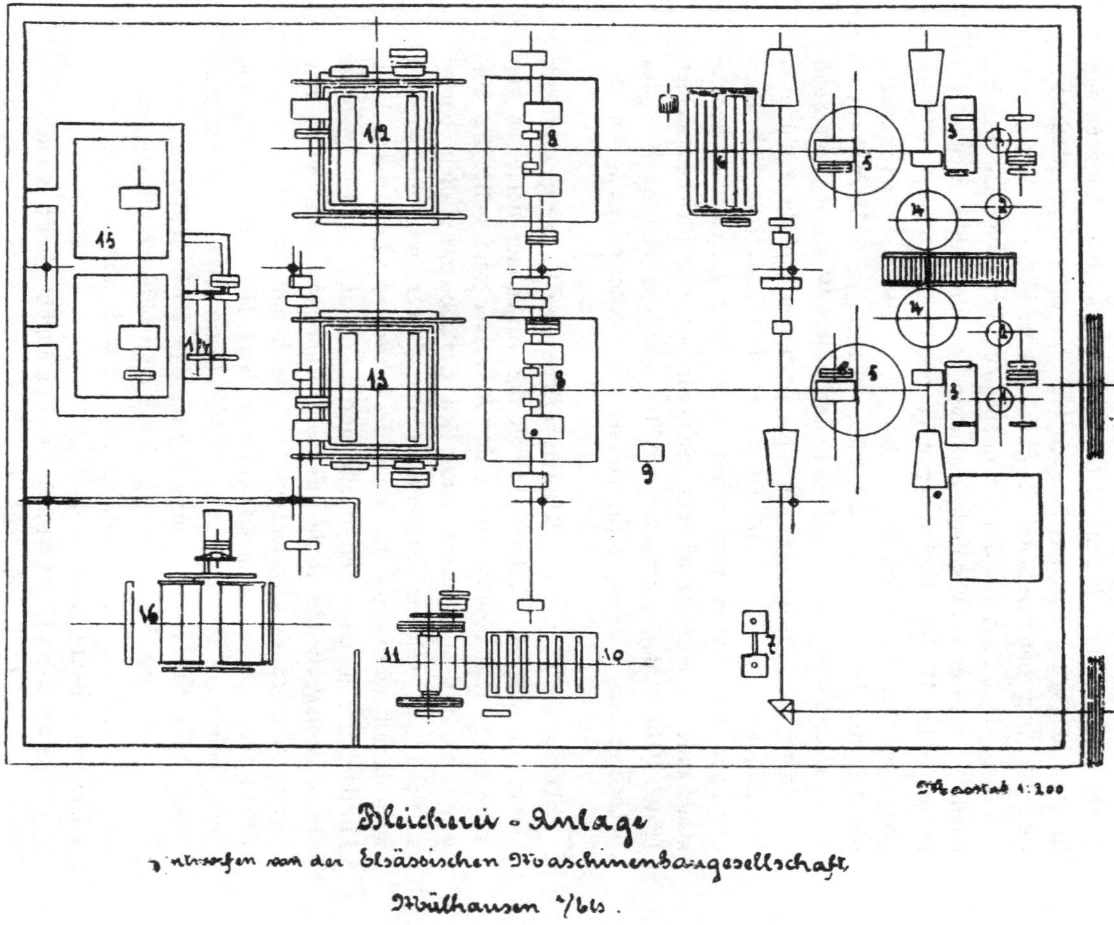


Fig. 305.

In großen Zügen geben die bis hierhin gemachten Angaben den Entwickelungsgang der maschinellen und der chemischen Methoden zum Bleichen baumwollener Gewebe wieder.

Erste Bedingung für das Gelingen einer Bleiche ist das Wasser; qualitativ muß es einwandfrei, quantitativ in genügender Menge vorhanden sein: Beide Bedingungen gleichzeitig mit der günstigsten geographischen Lage vereint finden sich selten; es ist deshalb die Aufgabe des Bleichers, sich auch schwierigen äußeren Verhältnissen anzupassen, das für seinen Bedarf nötige Wasser entsprechend zu sammeln und zu reinigen. In alten Betrieben sind diese Faktoren bekannt, vom Großvater auf den Enkel als selbstverständlich übergegangen und haben zum Schutz und Trutz gegen die hervorschießende Konkurrenz gedient. Schlecht beratene Bleichen, in den letzten Jahrzehnten entstanden, wußten sich das tägliche Brot des Betriebes, das Wasser, nicht zu sichern, wenn es auch vor der Türe lag.

Die große Menge von Wasser, welche eine Bleicherei erfordert, hat naturgemäß die Aufmerksamkeit der Anwohner derselben von jeher erregt und eine Kontrolle der Abwässer veranlaßt; die Aufmerksamkeit des Bleichers hatte sich deshalb nicht allein darauf zu richten, in welchem Zustande er das Wasser entnehme, sondern auch darauf, wie es aus der Bleicherei wieder abgeführt wird; kurz, für den Betrieb derselben spielte und spielt die Wasserfrage stets die ausschlaggebende Rolle. Es sind Ammenmärchen, wenn man behaupten hört, diese oder jene Bleiche könne ein schönes Weiß liefern, weil sie an einem kristallklaren Bach läge; es sind Mythen, wenn behauptet wird, nur mit klarem Brunnenwasser könne man bleichen; Irrtümer, wenn man angibt, daß Bach- und Flußwasser, welche doch nie klar sind, für die Baumwollbleicherei ungeeignet seien. Wären sie es, so würden doppelt und dreifach hohe Bleichlöhne auch heute noch bezahlt.

Was die Qualität des Wassers angeht, so ist es um so geeigneter für die Zwecke der Bleicherei, je weicher es ist, d. h. je weniger Kalk- und Magnesiasalze es enthält. Eisenhaltiges Wasser ist unter allen Umständen für Bleichereizwecke zu verwerfen. Bach- und Flußwasser bedürfen in den meisten Fällen einer mechanischen Reinigung, namentlich in Regenperioden. Für den Großbetrieb kommen hier vor allem Stauweiher in Betracht, aus welchen das Wasser zuerst durch Faschinen in Koaks- oder Sandfilter geleitet wird, bevor es zur Betriebsstelle gelangt. Die Anwendung solcher Anlagen muß sich naturgemäß den örtlichen Verhältnissen anpassen; es können deshalb allgemein gültige Angaben darüber nicht gemacht werden. In kleineren Betrieben werden mit Erfolg mechanische Klär- und Filter-Anlagen, deren Konstruktion verschiedene Maschinenfabriken ausführen, angewendet, sowohl um hartes Wasser weich zu machen, als auch um mechanische Reinigungen vorzunehmen.

Ueber die Mengen an Wasser, welche eine Bleicherei benötigt, hat Verfasser bereits Seite 228 und folg. berichtet. —

Für die Zulässigkeit der Abgänge benutzten Wassers aus Bleichereien sind örtliche Verhältnisse wieder ausschlaggebend.

Nach älterem Gesetz waren in einzelnen Ländern, z. B. im Königreich Preußen, Färbereien, die doch in besonderem Maße durch ihre Abwässer die Flußläufe verunreinigen, nicht konzessionspflichtig, während Bleichereien — sogenannte Schnellbleichen*) — hier heutzutage noch der behördlichen Konzession bedürfen.

Die Abwässer der Bleichereien enthalten in der Hauptsache Kochsalz oder Glaubersalz, aus den Waschwässern der Bäuch- und Säureoperationen herrührend, ferner die aus dem Einweichprozeß stammenden gärungsfähigen Produkte und vielleicht noch schwache Abgänge wirksamen Chlors, welche beim Zusammentreffen mit den vorigen verbraucht, unwirksam werden.

Die Gesamtsumme der Abgangsprodukte aus einer Baumwollbleicherei ist in Anbetracht der großen Verdünnung, welche sie durch das Waschwasser erfahren, nicht so bedeutend, daß von einer ernstlichen Belästigung durch dieselben geredet werden könnte. Wo, wie in den meisten Fällen wohl, die Bleicherei mit einer Färberei verbunden ist, kompliziert sich die Reinigungsmethode der Abwässer insofern, als ein Auffangen und Absitzenlassen in besonderen Behältern oder Teichen nicht genügt; es müssen hier Zusätze zum Abwasser gemacht werden — meist genügt Kalkmilch — um die Farbstoffe mit auszufällen.

Die geeignetste Bauart für die eigentliche Bleicherei, d. h. für diejenige Lokalität, in welcher die Ware der Bleichoperation bis zum Trocknen oder Appretieren behandelt wird, ist der Hochbau, welcher, wie z. B. aus den Figuren 282, 283, 288 und 289 ersichtlich, dann so ausgebildet ist, daß über dem eigentlichen Bleichraume die Trocken- und Appretur-Maschinen aufgestellt werden.

Der Shedbau, wie er z. B. in Fig. 286 illustriert wurde, ist für das eigentliche Bleichlokal aus zweierlei Gründen nicht zu empfehlen: Einmal ist die Beleuchtung von oben eine zu intensive und grelle für die mit Säuren und namentlich mit Chlorlösungen imprägnierten

*) Es stammt der Ausdruck noch aus alten Zeiten, in welchen die Rasenbleiche durch die Chlorbleiche ersetzt wurde.

nierte Ware, dann auch bildet die durch die Dachkonstruktion bedingte große Abkühlungsfläche zu viel Gelegenheit zur Tropfenbildung und macht deshalb häufigen Anstrich, namentlich der eisernen Konstruktionsteile, nötig; in einem heißen Klima bedingt also das Licht allein schon von der Shedkonstruktion abzusehen, im kalten Klima die Rücksicht auf Vermeidung von Tropfflecken.

Die sich an das Bleichhaus angliedernden Gebäulichkeiten können naturgemäß in beliebiger Art aufgeführt werden, wobei natürlich dafür Sorge zu tragen ist, daß nicht direkte Sonnenstrahlen die Ware treffen.

Wo, wie z. B. in Rußland, durch behördliche Vorschriften über dem Raume, in welchem die Hochdruckkessel untergebracht, Arbeitsstätten unzulässig sind, wähle man zweckmäßig einen Anbau, wie er in Fig. 283 (Seite 331) dargestellt ist.

Das beste Material für den Boden eines Bleichhauses ist zweifellos der Asphalt. Es soll der Boden ein genügend großes Gefälle nach einer oder zwei Seiten haben, welche zu einem Abflußkanal führen und es ermöglichen, durch Abspritzen in kurzer Zeit den ganzen Bleichraum zu säubern.

Ein eventuell durch Milchglas gedämpftes Licht ist für das Bleichhaus besser als das direkte. —

Es erübrigt mit kurzen Strichen den Chemismus der Bleicherei zu skizzieren, die Einwirkungsart der in der Baumwollbleicherei hauptsächlich in Anwendung kommenden Chemikalien, soweit unsere Kenntnisse heute reichen, zu erläutern.

Während auf anderen Gebieten den Fortschritten der exakten Wissenschaft die technische Ausnutzung derselben unmittelbar auf dem Fuße gefolgt, vielfach sogar die Praxis die Wegweiserin der wissenschaftlichen Theorie geworden ist, hat das Bleichereigewerbe aus der gewaltigen Erweiterung theoretischer Erkenntnis auf dem Gebiete der Chemie kaum nennenswerten Nutzen gezogen. Die chemischen Vorgänge bei den Manipulationen des Bleichers sind vielfach noch in Dunkel gehüllt, die wissenschaftliche Erkenntnis derselben fehlt; daher mußte auch der Erfindungsgeist, abgesehen von wenigen rühmlichen Ausnahmen, versagen. Es trägt allerdings ein Umstand daran die Schuld mit, daß mit so verhältnismäßig geringem Erfolge die Bleicherei vorwärts streben konnte: Versuche im kleinen ausgeführt, wie sie im Färberei- und Druckerei-Gewerbe fast stets zu ausschlaggebenden Resultaten für den Großbetrieb führten, versagen, auf das Gebiet der Baumwollbleicherei übertragen, meistens, und für das Risiko zu durchgreifenden Versuchen im großen fehlte es an Männern in der Textil-Industrie, weil eben der Charlatan das Feld bereits beackert und nach seiner Art befruchtet hatte. Wo man Neuerungen versuchte, gingen sie meist nicht aus einer vertieften Erkenntnis des Bleichprozesses, sondern aus dem Streben nach Geldverdienst hervor.

# Die in der Baumwollbleicherei gebrauchten Chemikalien.

## I.

### Die Alkalien.

Wie schon Eingangs dieser Schrift erwähnt, bediente man sich in alten Zeiten zum Auskochen, Bäuchen, der Gewebe der Holzaschen, welche in der Hauptsache aus kohlensauren Alkalien bestehen. Die unseren Vorfahren wohlbekannte Eigenschaft dieser Holzaschenlaugen, die Wäschestücke — die Hauswäsche besonders — gründlich zu reinigen und klar weiß zu machen, hat in einzelnen Distrikten, z. B. im Elsaß, bis auf den heutigen Tag ein Hausrecht bewahrt: noch heute kochen elsässische Hausfrauen die Wäsche mit Auszügen von Holzasche an Stelle der sonst allgemein eingeführten Soda und rühmen die Vorzüge der ersteren. Möglich, daß die beim Verkohlen des Holzes in der Asche sich bildenden Silikate eine Unterstützung der Alkali-Einwirkung herbeiführen.

Der Großbetrieb mit seinen enormen Anforderungen hat natürlich die Aschen längst verdrängt und arbeitet ausschließlich mit den im großen hergestellten Produkten: Aetzkalk, Aetznatron und Soda.

Wie Seite 41 ausgeführt, spielt der A e t z k a l k im Bleichgewerbe seit langen Jahrzehnten eine wichtige Rolle. Seine Wirkung auf die Baumwolle ist von der des Aetznatrons und der Soda in zweifacher Weise verschieden. Einmal kann der Aetzkalk, nicht richtig angewendet, leicht die Zerstörung der vegetabilischen Faser herbeiführen, unter Umständen, wo Soda- oder Natronlauge direkten Schaden noch nicht bringen. Dann auch wirkt der Aetzkalk auf die Fremdkörper der Baumwolle anders ein als Natron — nicht in dem Sinne der Seite 145 von T h i e s aufgestellten Behauptung — er spaltet, wie dies Natronlauge unter gleichen Druck- und Temperaturverhältnissen im Kochkessel auch tut, die Fette in Fettsäuren und Glycerin, welch letzteres in Wasser löslich ist, während die Kalkseifen in leicht durch Säuren zersetzbarer Form am Bleichmaterial haften bleiben. Während aber die

Natronlauge, abgesehen vom höheren Preise, durch die leichte Löslichkeit in Wasser eine zu starke Einwirkung auf die Faser herbeiführen kann, bildet die begrenzte Löslichkeit des Aetzkalkes ein natürliches Hindernis, einen Ueberschuß auf das Bleichmaterial wirken zu lassen. Mit anderen Worten: man kann ohne Nachteil Kalk auf die Baumwollfaser unter Verhältnissen einwirken lassen, wo die Verwendung von Natronlauge schon Schaden bringt, allerdings muß die Lufteinwirkung während der Kalkbehandlung vollständig ausgeschlossen werden. Schon im Jahre 1837 hat Ed. Schwarz*) auf diese Notwendigkeit hingewiesen; der Umstand, daß mit Kalk gebäuchte Ware häufig angegriffen, „verbrannt" war, gab genanntem Forscher Anlaß, diesen Umstand zu untersuchen und aufzuklären.

Der zum Kalkkochen zu verwendende Kalk muß frisch gebrannt sein, an einem trockenen Orte aufbewahrt werden und darf nicht länger als 24 Stunden vor dem Gebrauche gelöscht sein.

Die im Kalk vorkommenden Unreinigkeiten sind Kieselsäure, Steine, Kohlenstaub und Eisenoxyd. Die letztere Verunreinigung ist nicht nachteilig, wenn sie nur in ganz geringen Mengen und fein verteilt darin vorkommt, größere Stücke von Eisenoxyd verursachen Flecken und schwächen die Fasern des Stoffes. Kieselsäure und Kohlenstaub bewirken aber größere mechanische Störungen dadurch, daß sie in den Maschinen stecken bleiben, und wenn die Teilchen einigermaßen groß sind, kann der durch die Maschine passierende Stoff bei jeder Umdrehung der Walze der Maschine zerschnitten werden, ehe dieselben entdeckt werden. Deshalb soll man den Kalk vor dem Einschütten in die Maschine durch ein feines Metallsieb gehen lassen.

Auch heute noch spielt der Kalk in der Baumwollstückbleicherei eine wichtige Rolle, da vor allem, wo es sich um eine tadellose Vollbleiche handelt. Es setzt indeß das Bäuchen mit Kalk ein zweites Abkochen mit Soda oder Natronlauge voraus, um durch nachfolgendes Säuren und Chloren ein Vollweiß zu erzeugen. Dieser Umstand ist es besonders, welcher bei manchen Bleicharten dafür ausschlaggebend wurde, den Kalk zu verlassen und durch einmaliges Bäuchen mit Natronlauge — eventuell unter Zuhilfenahme von Seifen usw. zum Ziel zu kommen.

Es sind also in erster Linie kalkulatorische Erwägungen maßgebend gewesen, die bessere alte Bleichmethode, da wo es eben möglich erschien, aufzugeben. Die Massenproduktion von Bleichwaren, die Konzentrierung des Verkaufs in verhältnismäßig wenige

*) Bull. de la Soc. ind. de Mulhouse V, 1837.

Hände, die die Bleichpreise nun vorschrieben und noch vorschreiben, haben dem Bleicher längst die Möglichkeit genommen, in einem Rahmen zu arbeiten, welcher der Ware die größtmöglichste Schonung zuteil werden lassen könnte. —

Soda und Natronlauge sind daher bei billigen Geweben teilweise ganz an die Stelle von Aetzkalk getreten. Ihre Wirkung auf die Baumwolle vollzieht sich in ähnlicher Weise und mit ähnlichem Endresultat wie bei diesem. Während aber der Kalk zunächst vorbereitend für die schließliche Entfernung der Fremdkörper der Baumwolle sorgt, haben Soda und Natronlauge, oder beide zusammen, ev. unter Zusatz von Seifen die Aufgabe in einer Kochung bei stärkerer Konzentration das zu leisten, was eine Vorbehandlung mit Kalk in zwei Kochungen zustande bringt.

Diese Aufgabe stellte neue Anforderungen und zeigte schon in den fünfziger Jahren des vorigen Jahrhunderts den Weg an, auf welchem dies Ziel zu erreichen sei; die Einwirkung der Natronlauge im entlüfteten Kessel vor sich gehen zu lassen. Man hatte erkannt, daß man auf diese Weise mit stärkeren Laugen, ohne erhebliche Faserschwächung aufkommen zu lassen, arbeiten konnte. —

Fast vier Jahrzehnte später haben andere Erfinder, besonders H. Thies, diese Gedanken weiter verfolgt und einige durch Patente geschützte Neuerungen angegliedert:

Durch einen geringen Niederschlag von Erdalkali vor dem Bäuchen mit starker Natronlauge soll z. B. der ganze Kesselinhalt in einen stark reduzierenden Zustand versetzt, die Faser vor Schrumpfung und Mercerisation geschützt werden. Und dies soll erreicht werden, indem man 50 g Chlormagnesium von 25% auf 1000 Liter Wasser anwendet oder bei hartem Gebrauchswasser auch ohne diesen Zustand arbeitet. Nach Thies ist die Reduktionskraft im Kessel so groß, daß die hartnäckigsten Farben abgebleicht werden.

Das Wahrscheinliche ist, daß die Farben, wenn überhaupt, durch Auslaugen zerstört werden.

Die in der Bleicherei benützte Soda ist die kalzinierte; für Natronlauge verwendet man das feste Aetznatron, die sog. Trommelsoda, welche zweckmäßig nach der Seite 251 beschriebenen Art aufgelöst wird. —

In Ländern, wo das Aetznatron des Handels zu teuer ist, wird die Natronlauge auch wohl in den Bleichereien selbst aus Soda und Kalk hergestellt. Man bringt die Soda in einem Siebbehälter in ein darunter befindliches Bassin mit kochendem Wasser, windet den Siebkasten dann heraus und beschickt ihn mit der berechneten Menge Aetzkalk, worauf derselbe in die siedende Sodalösung gelassen wird. Der sich bildende kohlensaure Kalk scheidet sich auf diese Weise in körniger, leicht absetzbarer Form ab. —

Neben Soda und Aetznatron sind im Laufe der Jahrzehnte wiederholt alte alkalische Hilfsmittel aufgetaucht, die zeitweilig in Vergessenheit geraten, dann jeweils als „Neuheit" wieder in Aufnahme kamen. Seite 17 sahen wir, daß bereits vor hundert Jahren Higgins und Kirwan Schwefelkalk und Schwefelleber beim Bäuchen benutzten — heute kehrt diese Methode wieder und segelt unter der Bezeichnung „Stockholmer Bleichverfahren" einher, ohne daß jemand nachweisen kann, daß dieser Zusatz, 1 kg Schwefel auf 50 kg Aetznatron, irgend welchen Einfluß auf das Schlußresultat der Bleiche hat. Auch Natronwasserglas wurde als Neuheit empfohlen. Es sei deshalb darauf hingewiesen, daß bereits Richard Meyer*) 1878 auf die Bedeutung von Wasserglas beim Bäuchen hinwies.

Die rohe Ware wurde, ohne sie vorher zu netzen, durch einen mit Quetschwalzen versehenen Kasten, welcher eine Lösung von 1 Liter Natronwasserglas von 20° Bé auf 120 Liter Wasser enthält, genommen, ins Bäuchfaß gegeben, mit der gleichen Lösung bedeckt und 2 Stunden mit offenem Dampf gekocht. Die braun gefärbte Lauge wurde dann abgelassen, worauf man kochendes Wasser in das Faß leitete und mit demselben eine Stunde kochen ließ. Dies wurde nochmals wiederholt. Nach diesem Verfahren wurde eine speziell für die Küpenfärberei sehr reine Ware erzielt. Sie unterschied sich von solcher, die auf andere Weise gebleicht war, durch auffallende Weichheit und Geschmeidigkeit.

## II.

## Die Seifen.

Zur Unterstützung der Wirkung der Alkalien oder Aetzerd-Alkalien werden im Bleichereibetriebe vielfach Seifen verwendet. Es haben diese die Eigenschaft die freigemachten Fremdkörper des Baumwollgewebes zu emulgieren und die Entfernung derselben zu erleichtern.

Vor der Operation des Chlorens wendet man gewöhnlich Harzseife (Kolophoniumseife) an, welche seit alten Zeiten im Haushalt gebräuchlich, durch ein Patent vom Jahre 1827 an eine Witwe

---

*) Dingler's Polytechnisches Journal, Band 227. (1878).

Bruckbaeck der Technik empfohlen und im Jahre 1836 von Heinzelmann in die Praxis der Bleicherei eingeführt wurde.*)

Die Harzseife nimmt auch heute noch die erste Stelle unter den Seifen der Bleicherei ein. Die Kolophoniumseife wird bereitet durch Zusammenschmelzen von

100 Teilen Kolophonium,
25 Teilen festem Aetznatron,
1000 Teilen Wasser.

Man erwärmt das Gemisch durch indirekten Dampf zum Sieden und unterhält die Masse 4 bis 5 Stunden lang bei gelindem Kochen. Beim Einbringen in ein Probeglas muß die Seife homogen und ohne körnige Beimischung erscheinen. Die Bereitung der Harzseife ist mit größter Aufmerksamkeit zu verfolgen, da die Seife sonst unbedingt Veranlassung zu Fleckenbildung gibt.

Es besitzt die Harzseife die Fähigkeit, die in der Baumwolle enthaltenen natürlichen Harze, welche der Alkaliwirkung sonst widerstehen, aufzulösen. Tribelhorn und Bolley**) nehmen an, daß die Harzseife als Reduktionsmittel, ähnlich dem von ihnen vorgeschlagenen Zinnoxyd, wirkt.

Nach diesen Forschern läßt sich das Kochen mit Lauge umgehen, wenn man die vorher entschlichtete Ware in einer Lauge, welche man durch Absättigen von Zinnchlorid mit kohlensaurem Natron erhält und mit der 3½fachen Menge von Natronlauge von 40° Bé. — das ganze auf 1° Bé. verdünnt — zwei Stunden einweicht.

Es erinnert dieses alte Verfahren an ein anderes von Bilderbeck-Gommes***), welcher beim Bäuchen mit kaustischem Natron Zinkstaub zusetzt; auch hierbei werden Reduktionsprozesse für das Entfärben der Faser in Betracht kommen. Praktische Bedeutung haben diese Vorschläge nicht erlangt.

Nach Grandmougin****) wirkt eine aus Türkischrotöl und Kolophonium dargestellte Harzseife lösend auf Mineralölflecke ein. Man bereitet diese Seife auf folgende Weise:

120 kg Natriumsulforicinat 40%
90 kg Kolophonium

werden auf dem Wasserbade bis zur vollständigen Lösung erwärmt und dann mit 12 kg Natronlauge 40° Bé und Wasser auf 220 kg eingestellt.

---

*) Ad. Wurtz, Dictionaire de Chimie, Paris 1874, pag. 621.

**) Dingler's polytechnisches Journal, Bd. 134 (1854).

***) Dingler's Polytechnisches Journal, Bd. 295 (1895), D. R. P. No. 78051

****) Nach freundlicher Mitteilung von Dr. E. Grandmougin.

Man gibt pro Kessel

1600 Liter Wasser,
30 kg festes Aetznatron,
40 kg kalz. Soda,
30—50 kg obiger Harzseife.

Durch diese Zusammensetzung der Bäuchlauge wird ein günstiges Resultat allerdings nur bei frischen und schwachen Mineralölflecken erzielt. Wo es sich um alte oxydierte Flecken handelt, versagen alle bekannten Zusätze, oder es müßte deren Menge so erhöht werden, daß eine praktische Verwendung derselben ausgeschlossen wäre. Solche fleckigen Stellen können nur durch lokale Behandlung vor dem Bäuchen beseitigt werden. —

Während die Harzseife auf die Harze der Baumwolle lösend einwirkt, emulgieren die eigentlichen Seifen (die Verbindungen der Fettsäuren mit den Alkalien) die in der Baumwolle enthaltenen Fette. Für Färberei und Zeugdruck ist die Harzseife von großer Bedeutung, da man mit keinem Ersatzprodukt so billig und sicher eine für diese Zwecke genügende Vorbleiche erhält.

Die Fettseifen sind im allgemeinen für die Verwendung in der Stückbleicherei zu teuer und können deshalb nur in beschränktem Maße Verwendung finden. Ein geringer Zusatz dieser Seifen zu den Bäuchlaugen befördert deren Wirkung zweifellos, indem beim Schäumen der Seifen die zum Teil durch die Alkaliwirkung löslich gemachten Substanzen in schlüpfrige Form gebracht und bei der mechanischen Bearbeitung in der Wäsche leichter entfernt werden können. Man wendet diese Seifen bei der letzten Bäuchung an und benutzt entweder eine billigere, aber auch weniger empfehlenswerte Oleïnseife, oder Marseillerseife — pro 100 Kilo Gewebe 0,5 bis 1 Kilo Seife.

Auf die vielen in Zeitschriften angepriesenen Bleichseifen einzugehen, ist überflüssig. Beachtung verdient indes ein Vorschlag von Hertel (D. R. P. 75 435), wonach schwer zu bleichende Macco-Baumwolle durch einen Zusatz von Türkischrotöl zur Lauge gute Resultate gibt. —

Auch bei der Kalkbäuche ist Türkischrotöl in Verbindung mit Natriumsulfit in Vorschlag gebracht worden. Zu dem vorher gelöschten Kalk, zu welchem sein gleiches Gewicht Türkischrotöl und die nötige Menge Wasser zugesetzt worden ist, fügt man seine gleiche Gewichtsmenge Natriumbisulfit (doppelschwefligsaures Natron) von 30° Bé. hinzu. Die Flüssigkeit ist milchartig und setzt sich nur langsam ab. Die Stücke werden bei 50 bis 60° C. eingelegt und netzen sich leicht. Die vom Kalk-Clapot übrig gebliebene Lauge wird aufgegeben und die Ware dann unter dem üblichen Druck gebäucht.

Nach der Laugenbehandlung wäscht man in heißem Wasser, passiert in verdünnter Salzsäure und läßt dann in Haufen zugedeckt liegen. Hierauf wird gewaschen, leicht gechlort und wieder gewaschen.

Bei dieser Bleichmethode, welche aber eine praktische Bedeutung nicht erlangt hat, kommt hauptsächlich die Wirkung der schwefligen Säure als Entfärbungsmittel der Faser zur Geltung. —

Es sei hier auf eine von Tailfer*) gemachte Beobachtung aufmerksam gemacht, wonach geseifte Gewebe die Neigung haben, auf Lager nachzugilben.

Aus anderen Fabrikationsmethoden scheint ebenfalls hervorzugehen, daß das Nachgilben auf einer alkalischen resp. fettalkalischen Behandlung des gebleichten Stoffes beruht. Es erscheint hiernach nicht ausgeschlossen, daß mancher Fehler, welcher dem Bleicher zur Last gelegt wurde, den Appreteur treffen mußte.

Jedenfalls ist die Frage, worin die Ursache des Nachgilbens gebleichter Baumwolle auf Lager beruht, noch nicht geklärt; vorsichtige Bleicher benutzen zum letzten Säurebad eisenfreie Salzsäure oder Schwefelsäure.

Es ist dem praktischen Bleicher bekannt, daß eine Alkalipassage in der gebleichten Ware einen gelblichen Schimmer hinterläßt; deshalb wird auch bei dem sog. Thies'schen Verfahren die im Chlorbassin behandelte Ware, nachdem sie zum Neutralisieren des Chlores ein 60° C. heißes schwaches Sodabad durchlaufen hat, sofort nochmals durch ein allerdings sehr schwaches, angesäuertes Chlorbad passiert, um den gelblichen Schein wieder wegzubringen.

Da die Schlußoperation bei den meisten Bleichverfahren in einem Säurebad mit darauffolgender Wäsche besteht — auch bei Verwendung der sog. „elektrischen" Bleichflüssigkeit tut man gut, zum Schluß zu säuern — so sind Alkalireste in der Ware nicht denkbar, und man könnte die Vermutung aussprechen, daß eine fettalkalische Appretur Schuld an dem Umstande des Nachgilbens sei. Aber auch dieses ist von der Hand zu weisen, da sowohl appretierte wie unappretierte Bleichwaren zuweilen nachgilben. Nach des Verfassers Beobachtung giebt eine der Natronbäuche vorhergegangene Kalkabkochung auch keine Erklärung für das Nachgilben; es

*) L. Tailfer, Traité pratique du Blanchiment, 1897. pag. 132.

wurde festgestellt, daß sowohl gekalkte wie nicht gekalkte Ware zuweilen nachgilbt, und die in Zeitschriften auftauchende Behauptung, elektrolytisch hergestellte Bleichlauge sei besser in dieser Beziehung als Chlorkalklauge oder umgekehrt, verdient keine nähere Betrachtung; sie entstammt dem Reklamebedürfnis der einen oder anderen Seite. Freilich, wenn die Chlorierung zu weit getrieben, wenn eine Oxydation der Zellulose eingeleitet ist, kann es nicht Wunder nehmen, wenn gelbliche Ware auf dem Lager gefunden wird. Es hat dann auch die Festigkeit derselben gelitten.

Das Studium der Ursachen des Nachgilbens ist somit eine der dankbarsten und zugleich dringendsten Aufgaben der Bleicherei vegetabilischer Fasern überhaupt. —

Auch andere als die bereits besprochenen Alkalien und alkalische Erden sind für den Bäuchprozeß vorgeschlagen worden (vergl. Seite 195), jedoch ohne praktischen Erfolg.*) Der Einführung von Baryt- und Strontianlaugen steht der verhältnismäßig hohe Preis im Wege. Dasselbe gilt für die von John Pullman (englisches Patent No. 12 946, 1899) vorgeschlagene Magnesialauge.

---

## III.
## Die Säuren.

In alten Zeiten bediente man sich nach Tavernier in Indien zum Einweichen der Baumwollzeuge des Zitronensaftes oder angesäuerter Büffelmilch. In Holland und England wurde (vergl. Seite 43), ebenfalls angesäuerte Milch zur Fermentation benutzt, bis später Home Schwefelsäure an deren Stelle vorschlug und einführte.

Organische Säuren kommen seit dieser Zeit im Bleichprozeß nicht mehr in Betracht. Schwefelsäure und namentlich die Salzsäure haben deren Stelle vollständig eingenommen. Letztere, 1834 von Gréau vorgeschlagen, wurde von Aug. Scheurer-Rott als die geeignetere Säure nach der Kalkbäuche erkannt, da sie den Kalk in der leichter löslichen Form des Chlorcalciums im Gegensatz zu dem durch Schwefelsäure sich bildenden Gips besser durch die folgende Wäsche entfernen läßt. In Ländern, wo man aus ökonomischen Gründen mit Schwefelsäure arbeitet, z. B. früher in Rußland, hat die Praxis gelehrt, daß eine richtig geleitete Waschoperation mit viel Wasser auch ohne Bedenken das Säuren mit Schwefelsäure zuläßt und den schwefelsauren Kalk in genügender Weise entfernt. —

*) Zeitschrift für Farben- und Textil-Industrie III pag. 48.

Wo mit Salzsäure gearbeitet wird, empfiehlt es sich, derselben etwa 10% Schwefelsäure zuzusetzen, um die bleiernen Rohre, verbleite Bassins usw. vor der Korrosion durch die Salzsäure zu schützen. Es bildet der Zusatz von Schwefelsäure auf diese Weise mit der Zeit eine Schicht von Bleisulfat, welche sich auf dem Blei ablagert und den Angriff der Salzsäure auf dasselbe verhindert.

In früheren Jahren, als die kalzinierte Soda aus der Fabrikation häufig Schwefelalkali enthielt, kamen beim Arbeiten mit Salzsäure, welche Blei gelöst hatte, zuweilen schwarze Bleiflecke vor, entstanden durch die Einwirkung jener Sulfite auf die Bleilösung.

Die Säuren werden gewöhnlich kalt und in der Stärke von $^1/_4{}^0$ bis $2^0$ Bé. angewendet. Ihre Wirkung ist kräftiger, aber auch umständlicher bei erhöhter Temperatur.

So hat Camille Koechlin als Schlußpassage nach dem Chloren vorgeschlagen, bei $80^0$ C. mit Schwefelsäure von $^1/_2$ bis 1 g Säure im Liter zu arbeiten.

H. Thies hat das heiße Säuren, welches bei schweren und namentlich bei minderwertigen Baumwollstoffen gute Dienste leistet, nachträglich auch empfohlen und dabei die Vorschrift gegeben, (vergl. Seite 147), beim heißen Entschlichten mit Säure (10 g Schwefelsäure 60% pro 1 Liter Wasser) $^1/_2$ Gramm Flußsäure zuzusetzen, um die Kieselsäure des Gewebes (Seite 133) aufzuschließen. Verfasser hat sich der Mühe unterzogen, diesen patentierten Vorschlag an ca. 1000 Stück Baumwollgeweben nachzuprüfen, und kam zu der Ueberzeugung, nachdem die so behandelten Waren teils glatt gefärbt, teils auch bedruckt und als Weißware fertiggestellt waren, daß sie auch nicht den geringsten Unterschied von nicht „geflußsäuerter" Ware zeigten. Tatsache ist, daß man in den von Thies nach seinem Verfahren eingerichteten Bleichen eine Flußsäurezugabe meidet: Wenn auch die analytisch festzustellenden kleinen Mengen von Kieselsäure — in welcher Form sie in der Baumwolle enthalten sind, ist unbekannt — durch eine Flußsäurepassage theoretisch zu entfernen wären, so wäre ihre Entfernung wohl kaum von Belang, da sie farbige Verbindungen im gewöhnlichen Bleichprozeß, d. h. ohne die unnötige Zutat von Flußsäure, zweifelsohne nicht hinterlassen, auf eventl. vorhandenes kieselsaures Eisen unter den gegebenen Verhältnissen von Konzentration und Zeitdauer nicht reagieren würden.*)

Beim Arbeiten mit Salzsäure empfiehlt es sich, namentlich da wo direkte Sonnenstrahlen die Ware treffen können, dieselbe mit

*) Vergl. auch Leipziger Monatsschrift für Textil-Industrie 1891 pag. 293.

reinen Sacktüchern abzudecken und dadurch von der Einwirkung des Lichtes abzuschließen, eine Vorsichtsmaßregel, die auch beim Chloren unter allen Umständen geboten ist. Da während des Bleichprozesses dem Säuren selbst eine Alkalipassage folgt, so kann ein etwa vorkommendes nicht ganz zureichendes Waschen nach dem jeweiligen Säuren keinen direkten Schaden für das Gewebe bringen. Umsomehr muß aber bei der Schlußwäsche auf vollständiges Entfernen der letzten Säurereste gesehen werden. Man prüft zweckmäßig einen Abschnitt der gewaschenen Ware in einer Schale mit Wasser, welches mit blauer Lackmustinktur schwach angefärbt wurde. Rötet sich das Wasser, so muß vor dem Trocknen unbedingt ein zweites Mal gewaschen werden.

Wo wenig Wasser zur Verfügung steht, — in der trockenen Jahreszeit etc. — stellt man auch wohl einen Tropfbehälter mit Ammoniak über den Spülkasten des Squeezers (z. B. Fig. 192) auf, aus welchem tropfenweise dem letzten Spülwasser Ammoniak zur Neutralisation der letzten Säurereste zugeführt wird.

Bei Weißwaren, welche breit oder im Strang mit Ultramarin gebläut werden, verrät sich die ungenügend gewaschene, also Säure enthaltende Ware durch Streifigwerden und einen gelblichen, statt bläulichen Schein sofort. —

Beim Säuren wird entweder so verfahren, daß die Säure in einem besonderen Behälter mit Wasser verdünnt und von hier aus in die Säuremaschine oder Säurekufe geleitet wird, oder indem man die Säure in konzentrierter Form durch einen Heber in dünnem Strahl direkt aus dem Säureballon zufließen läßt. Während des Laufes der Gewebe durch die Säuremaschine ist fortlaufend auf den Gehalt an freier Säure zu prüfen. Diese Arbeit kann mit dem Aräometer n i c h t sorgfältig und zuverlässig genug ausgeführt werden. Eine einfache Methode der Prüfung besteht darin, daß man eine mit Lakmus angefärbte Laugenlösung als Indikator benutzt; eine Lauge von $3^0$ Bé. mit Lakmus angefärbt, muß $1\frac{1}{2}$—2 Teile Säure für rohe Ware, $2\frac{1}{2}$ Teile der Säure für gechlorte Ware entfärben, resp. neutralisieren.

---

## IV.

## Die eigentlichen Bleich- oder Entfärbungsmittel.

Die durch Bäuchen, Waschen und Säuren behandelte Baumwolle bedarf, um das reine Weiß der Zellulose zu ergeben, noch einer weiteren Behandlung, bis die durch die vorhergehenden Operationen nicht zerstörten Farbstoffe entfernt sind und damit die Bleiche vollendet ist.

Die Mittel dazu können zweierlei Art sein; es kann das Bleichen durch Oxydationsmittel, dies ist die Regel, oder durch Reduktionsmittel herbeigeführt werden. Während letztere, deren Hauptrepräsentant die schweflige Säure ist, nur in untergeordneter Weise für vegetabilische Stoffe, ausschlaggebend aber für animalische in Betracht kommen, sind die Oxydationsmittel typisch für die Bleiche der Pflanzenfasern. — Handelt es sich um das Bleichen gemischter Gewebe aus Baumwolle mit Wolle oder mit Seide, so wendet man am zweckmäßigsten Ozon in Form von Wasserstoffsuperoxyd, Natriumsuperoxyd etc. an. —

So bleicht man nach einer Mitteilung von E. Grandmougin an den Verfasser Baumwollgewebe mit seidenen Effektfäden zweckmäßig nach einer Methode von H. Köchlin. Es werden für 2000 kg Gewebe gebraucht:

3000 Liter Wasser,
400 Liter Wasserstoffsuperoxyd (12 Vol.),
200 kg gebrannte Magnesia,
50 kg Seife.

Man arbeitet auf der Haspelkufe kochend, wäscht, säuert und wäscht schließlich fertig. —

In der Baumwollbleicherei spielen die unterchlorigsauren Salze, das Kalk- und das Natronsalz, die ausschlaggebende Rolle. Das trägere Kalksalz verrichtet die Entfärbungsarbeit langsamer als das durch Umsetzung aus diesem hergestellte oder durch Elektrolyse aus Kochsalz gewonnene Natronsalz. Clayton Beadle*) fand, daß Chlorlösungen

1. erhalten durch Sättigen von Kalkmilch mit Chlorgas,
2. aus gewöhnlichem Chlorkalk,
3. aus Umsetzung von Chlorkalk mit Soda

und pro Liter auf 5 Gramm wirksames Chlor eingestellt, sich ganz verschieden bei der Bleicharbeit verhielten: 5 Gramm ungebleichter Holzzellstoff wurde zu bleichen versucht mit je 200 ccm einer dieser Lösungen unter Zugabe von weiteren 200 ccm Wasser. Bei allen drei Lösungen war der Stoff in 19 Stunden gebleicht; aber die verbrauchten Chlormengen waren für die drei Bleichflüssigkeiten ganz verschieden: Von der ersten waren 0,725 gr, von der zweiten 1,204 gr,

*) Dingler's Polytechnisches Journal 1898 Bd. 310 pag. 69. (Nach „The paper maker“ Vol. 13.)

von der dritten 0,743 gr Chlor verbraucht worden. Es war also der gebräuchliche Chlorkalk der am wenigsten ausgiebige.

Fürth*) kommt zu ähnlichen Resultaten mit unterchlorigsaurem Natron unterchlorigsaurem Kalk gegenüber. Er gibt für seinen Versuch folgende Beschreibung:

Man teigt 100 kg Chlorkalk mit 300 Liter kaltem Wasser an, löst 100 kg Soda mit 300 Liter heißem Wasser auf und fügt diese Lösung allmählich dem angeteigten Chlorkalk zu, indem man gleichzeitig noch 300 Liter kalten Wassers beigibt. Man erhält auf diese Weise eine etwa 3% wirksames Chlor enthaltende Lösung von unterchlorigsaurem Natron nebst etwas überschüssigem kohlensauren Natron. Wählt man größere Verdünnung, so wird die Ausbeute größer, falls man nicht im vorigen Falle den Niederschlag mit kaltem Wasser auswäscht und das Waschwasser von neuem zum Anteigen von Chlorkalk zu benutzen Gelegenheit hat.

Es würde verkehrt sein, Chlorkalklösung und die auf vorstehende Art bereitete unterchlorigsaure Natronlösung lediglich nach ihrem Gehalt an freiem Chlor gegeneinander zu beurteilen. Denn das Chlor im unterchlorigsaurem Natron wirkt zwar reichlich doppelt so stark, genaue Prozentzahlen lassen sich nicht angeben, als das Chlor des Chlorkalkes; da aber auf der anderen Seite seine Herstellungskosten etwa das Doppelte des Preises von Chlorkalk betragen, so hat man, falls andere Umstände nicht die Benutzung des leicht löslichen Natronsalzes vorschreiben, wie dies z. B. beim Bleichen von Vorgespinsten und Garnen im aufgewickelten Zustande der Fall ist, bei seiner Verwendung nur geringe Vorteile.

Legt man den Preis von 16 bezw. 11 Mk. für Chlorkalk bezw. Soda zugrunde, so kosten, Chlorkalk zu 34% angenommen:

34 kg Chlor im Chlorkalk 16 Mk.,

34 kg Chlor im unterchlorigsauren Natron 27 Mk.

Die Darstellung des unterchlorigsauren Natron, fälschlich Chlorsoda genannt, wurde bereits Seite 247—251 an Hand der Figur 207 besprochen. Zur Vermeidung der Bildung von unwirksamem chlorsauren Natron ist es erforderlich, den Chlorkalk mit kaltem Wasser anzusetzen.

Es ist wiederholt beobachtet worden, daß sich Lösungen von unterchlorigsaurem Natron plötzlich zersetzten und für die Bleicharbeit vollständig unbrauchbar wurden, ohne daß man sich über die Ursache der Erscheinung Rechenschaft geben konnte.

*) Färber-Zeitung, Berlin 1901 No. 4.

Nach Sunder*) ist diese rasche Zersetzung des Natriumhypochlorid auf einen Gehalt der zur Umsetzung dienenden Soda an Bikarbonat zu suchen. Um dies zu vermeiden, muß man dafür Sorge tragen, daß die Lösung stets alkalisch ist.

Kräftiger als die Natron-Verbindung wirkt die Magnesium-Verbindung der unterchlorigen Säure, welche in gleicher Weise aus Chlorkalk und schwefelsaurer Magnesia erhalten wird.

Im normal verlaufenden Bleichprozeß sollte das Chlor nicht aktiv als solcher eingreifen, sondern nur den Ueberträger des Sauerstoffs des Wassers auf das zu bleichende Material bilden nach der Formel:

$$H_2O + Cl_2 = 2\,HCl + O.$$

Der Sauerstoff des Wassers, durch Chlor frei gemacht, spielt also die Rolle des Bleichmittels, analog dem Vorgang der Rasenbleiche oder der Einwirkung durch Wasserstoffsuperoxyd

$$H_2O_2 = H_2O + O.$$

So einfach indes, wie die theoretische Erklärung des Vorganges sich ausdrückt, verläuft der Bleichprozeß bei Verwendung der unterchlorigsauren Salze nicht, und die Ansichten über diese Vorgänge sind auch heute noch sehr geteilt.

Während G. Witz**) bei der Zersetzung des Chlorkalks beim Bleichen die atmosphärische Kohlensäure beteiligt und sich fortgesetzt $CaCO_3 + HClO$ bilden soll, welch' letztere sich in Sauerstoff und Salzsäure spaltet und auf neue Mengen Chlorkalk reagierend die Wirkung vergrößert, betrachtet Schützenberger den Chlorkalk als oxydierendes Mittel und nicht als Chlorquelle: $CaOCl_2 = CaCl_2 + O$.

Nach Witz hält die Zellulose kein Chlor zurück. Gerhard dagegen schreibt die bleichende Wirkung der Leichtigkeit zu, mit welcher Chlor an Stelle von Wasserstoff in organische Verbindungen eintritt. Als Beweis dafür soll das Verschmelzen gebleichter Baumwolle mit Soda gelten, wobei nachher in der Schmelze Chloride gefunden wurden.

A. Girard schreibt die zerstörende Wirkung des Chlorkalks der Bildung von Salzsäure zu, welche die Zellulose hydratiere und in brüchige Hydrozellulose überführe. Witz hat diese Annahme widerlegt.

Henri Schmid***) kommt nach seinen Studien über die Ein-

*) Bull. de la Soc. ind. de Mulhouse 1902, pag. 255.

**) Bull. de Rouen 1882/1883.

***) Wagner's Jahresbericht 1883 pag. 1077.

wirkung des Chlorkalkes auf die Baumwolle zu dem Schluß, daß nicht nur eine Oxydation, sondern gleichzeitig eine Umwandlung in Hydrozellulose stattfindet, da das Chlor bei seiner Einwirkung die erwiesenermaßen zum Teil in einer Wasserstoffelimination besteht, Salzsäure bildet, welche in statu nascendi auf den Zellstoff einwirkt und die Ueberführung in Hydrozellulose veranlaßt.

Die oxydierte Baumwolle zersetzt die neutralen Salze des Eisens und Aluminiums; aus kochender alkalischer Lösung von Kupfertartrat (Fehling'sche Lösung) reduziert sie Kupferoxydul.

Witz (loc. cit.) warnt davor, zu starke oder zu langandauernde Chlorkalkbäder zu benutzen, welche namentlich bei ungleichmäßiger Anwendung und unter dem begünstigenden Einfluß von Luft und Licht durch Oxydation unfehlbar verderbliche Nebenwirkung hervorbringen. Eine Stärke von $1/2^0$ Bé. sollte nicht überschritten werden.

Als Reagens, mittelst dessen Witz den Fortschritt der Oxydation verfolgt, dient eine ½ prozentige Lösung von Methylenblau, in welcher man die Proben bei gewöhnlicher Temperatur verweilen läßt. Dieses wird um so kräftiger fixiert, je stärker die Faser vom oxydierenden Mittel angegriffen wurde: werden Baumwollstreifen in 4grädige Chlorkalklösung derart eingetaucht, daß der größere Teil aus derselben herausragt und durch Kapillarität Flüssigkeit aufsaugt, so färbt sich diese Partie nach dem Waschen und dem Entfernen der letzten Chlorkalkreste in Methylenblau dunkel, während der Teil, welcher eingetaucht war, nur schwach gefärbt erscheint. Nach Witz macht hierbei die atmosphärische Kohlensäure aus dem Hypochlorit die unterchlorige Säure, das wirksame Prinzip für die Oxydation der Zellulose, frei, und er unterstützt diese Ansicht damit, daß ein hell indigoblau gefärbtes Gewebe eine Minute in 1grädigen Chlorkalk getaucht blau bleibt, sich aber augenblicklich entfärbt, wenn man Kohlensäure in die Flüssigkeit bläst. —

Man nahm also zu Beginn der achtziger Jahre des vorigen Jahrhunderts an, daß eine zu forcierte Anwendung unterchlorigsaurer Salze auf die Baumwolle dadurch schwächend einwirke, daß entweder eine Oxydation oder eine Hydratierung oder schließlich eine Chlorierung derselben eintreten könnte. Aus weiteren Forschungen, mit Espartostoff und Zellulose vorgenommen, zogen C. F. Cross und E. J. Bevan*) folgende Schlüsse:

1. Beim Bleichen mit Hypochloriten tritt gleichzeitig je nach der Natur der basischen Bestandteile der Bleichflüssigkeit und der Be-

*) Journ. Soc. Chem. Ind. 1890 pag. 450.

schaffenheit der Fasersubstanz eine stärkere oder schwächere Chlorierung der Faserbestandteile ein.

2. Die Chlorierung ist wesentlich schwächer bei Anwendung von Magnesiumhypochlorit und noch geringer bei Verwendung einer durch Elektrolyse von Chlormagnesium gewonnenen Lösung. Als Beweis für die stattgehabte Chlorierung der Faserbestandteile gilt der Nachweis von organischen Chloriden in dem gebleichten Stoff und ferner der Umstand, daß ein Teil des Chlors der Bleichflüssigkeit nicht in ein Chlorid verwandelt wird und daß daher ein Teil der Base, welche mit Chlor als Hypochlorit verbunden war, anders als in Form eines Chlorides in der erschöpften Masse (Fasersubstanz und Lösung) vorhanden ist.

3. Diese Chlorierung unterscheidet den Bleichprozeß vermittelst Hypochloriten von denjenigen Prozessen, bei denen nur Oxydation und Hydrolyse in Betracht kommen, z. B. bei Anwendung von übermangansaurem Kalium oder Wasserstoffsuperoxyd.

4. Die Ursache der Chlorierung liegt in der Anwesenheit von Faserbestandteilen, welche nicht aus Zellulose bestehen, sondern wahrscheinlich ketonartige Verbindungen sind.

5. Da bekanntlich Zellulosefasern durch starke alkalische Oxydationen geschwächt werden, indem sich die Oxydation wahrscheinlich nicht nur auf die färbenden Bestandteile, sondern auch auf die Zellulose erstreckt, so ist, damit das Bleichen wirksam, billig und ohne Nachteil für die Faser ist, eine sorgfältige Regulierung der Temperatur und der Konzentration der Bleichflüssigkeit erforderlich; namentlich muß die Anwesenheit von freier Base berücksichtigt werden, da bei Anwendung von unterchlorigsaurem Natrium und verschieden großen Mengen von freiem Aetznatron die Bleichbäder am Schlusse der Versuche gleichmäßig erschöpft waren und die Steigerung der Bleiche im umgekehrten Verhältnis zu der Menge an freier Base stand.

Für die Ermittelung der freien Base in Bleichflüssigkeiten haben sich C r o s s und B e v a n mit Erfolg des Wasserstoffsuperoxydes bedient, welches leicht alles Hypochlorit in neutrales Chlorid verwandelt. Nachdem die Lösung von Chlorkalk oder einem anderen Hypochlorit in Wasser mit einem Ueberschuß von Wasserstoffsuperoxyd versetzt worden ist, bestimmt man die freie Base durch titrierte Säure; der Säuregehalt der Wasserstoffsuperoxydlösung muß natürlich bei der Berechnung berücksichtigt werden; der Ueberschuß von Wasserstoffsuperoxyd beeinflußt die Titration nicht. C r o s s und B e v a n haben dabei gefunden, daß in filtrierten Lösungen von Chlorkalk das Verhältnis der freien Base zum Hypochlorit im umgekehrten Verhältnis mit der Konzentration schwankt und daß die Menge der gelösten freien Base fast konstant ist für die Volumeinheit der Lösung.

| 100 ccm Wasser mit | ccm $H_2O_2$ | freies CaO in 10 ccm | freies CaO zu CaO als Ca $(OCl)_2$ |
|---|---|---|---|
| 10 gr Chlorkalk | 8,50 | 0,0070 | 1 : 20 |
| 7,5 gr Chlorkalk | 6,30 | 0,0073 | 1 : 14 |
| 5,0 gr Chlorkalk | 4,30 | 0,0087 | 1 : 8 |
| 2,5 gr Chlorkalk | 2,15 | 0,0078 | 1 : 4,5 |

Wenn man trockenen gelöschten Kalk andauernd mit Chlor behandelt, so gelingt es nicht, einen mehr als 40% wirksames Chlor enthaltenden Chlorkalk darzustellen, welcher ein Gemisch eines basischen Salzes mit Calciumchlorid zu sein und sich nach der Gleichung

$$3\,Ca\genfrac{}{}{0pt}{}{OH}{OH} + 2\,Cl_2 = 2\,Ca\genfrac{}{}{0pt}{}{OH}{OCl} + Ca\,Cl_2 + 2\,H_2O$$

zu bilden scheint. Behandelt man das Produkt mit Wasser, so löst sich das Calciumchlorid auf und das basische Hypochlorit zerfällt nach der Gleichung

$$2\,Ca\genfrac{}{}{0pt}{}{OH}{OCl} = Ca\genfrac{}{}{0pt}{}{OCl}{OCl} + Ca\genfrac{}{}{0pt}{}{OH}{OH}$$

in neutrales Calciumhypochlorit und freien Kalk. Nach Cross und Bevan verhält sich im frischbereiteten, trockenen Chlorkalk die Menge des freien Kalkes zu der des gebundenen Kalkes wie 1 : 2,4; da nun nach vorstehender Gleichung bei der Behandlung des Chlorkalkes mit Wasser ein Drittel des bei der Chlorkalkbereitung in Reaktion getretenen Kalkes als Calciumchlorid und das zweite Drittel als neutrales Calciumhypochlorit aufgelöst wird, das letzte Drittel sich aber als Calciumoxydhydrat vorfindet, so wird in einer Mischung von Chlorkalk und Wasser die Menge des freien CaO etwa doppelt so groß sein wie diejenige Menge, welche als neutrales Hypochlorit vorhanden ist. Nach Cross und Bevan ist jedoch die Menge des freien CaO geringer; sie ist beinahe ebenso groß wie die als Hypochlorit vorhandene. In einer filtrierten Chlorkalklösung kann jedoch nur soviel freies CaO enthalten sein, als der Löslichkeit dieser Verbindung bei Anwesenheit von Calciumhypochlorit entspricht; sie beträgt nach obenstehender Tabelle 0,0070—0,0087 g CaO in 10 ccm. Demnach wird in einer Natriumhypochloritlösung, welche aus einer nichtfiltrierten Lösung von Chlorkalk vermittelst Soda dargestellt worden ist, eine der angewendeten Menge Chlorkalk entsprechende Menge freies Aetznatron enthalten sein; wenn dagegen die Chlorkalklösung vor der Behandlung mit Soda filtriert wurde, so werden in der Natriumhypochloritlösung stets etwa 0,0100— 0,0124 g NaOH pro 10 ccm enthalten sein. Eine Lösung von Magnesiumhypochlorit wird infolge der geringen Löslichkeit des Magnesiumoxydhydrates nur eine sehr geringe Basizität zeigen. —

In neueren Studien über die Konstitution des Chlorkalks von A. Harpf*) führt derselbe folgendes aus:

Was die Zusammensetzung des Chlorkalks anbelangt, so ist zu bemerken, daß die von Ereky nach Lunge u. a. angegebene Formel $Ca\left\{\begin{matrix}O\,Cl\\Cl\end{matrix}\right.$ nach heutiger Anschauung als veraltet oder wenigstens nicht mehr ganz zutreffend zu betrachten ist.

Der Chlorkalk enthält bekanntlich immer, auch wenn er mit Chlor so vollständig als möglich gesättigt ist, noch etwas freies Calciumhydroxyd und reagiert kräftig alkalisch. Diesem Umstande aber ist in obiger Formel nicht Rechnung getragen.

Nach H. Ditz**) ist nun auch dieses freie Calciumhydroxyd, u. zw. als Calciumoxyd in chemischer Verbindung zu denken und es vollzieht sich darnach bei der Ueberleitung von Chlorgas über gelöschten Kalk bei niedriger Temperatur der folgende Prozeß:

$$2\,Ca\,(OH)_2 + Cl_2 = \underbrace{Ca\,O\,.\,Ca\left\{\begin{matrix}O\,Cl\\Cl\end{matrix}\right.\,.\,H_2O}_{\text{Chlorkalk I}} + H_2O \quad .\;.\;.\;.\;. \quad (I$$

Der so entstehende „Chlorkalk I" enthält also außer der bereits oben genannten Verbindung $Ca\left\{\begin{matrix}O\,Cl\\Cl\end{matrix}\right.$ noch $CaO$ und $H_2O$. Derselbe ist jedoch nur eine intermediäre Verbindung; durch die Einwirkung von Chlor auf Kalkhydrat wird Wärme frei und die Masse erwärmt sich ziemlich von selbst. Wird die Temperatur derselben nicht künstlich erniedrigt, so tritt unter dem Einflusse des beim Prozesse I freigewordenen Wassers folgende Zersetzung ein:

$$\underbrace{Ca\,O\,.\,Ca\left\{\begin{matrix}O\,Cl\\Cl\end{matrix}\right.\,.\,H_2O}_{\text{Chlorkalk I}} + H_2O = Ca\,(OH)_2 + \underbrace{Ca\left\{\begin{matrix}O\,Cl\\Cl\end{matrix}\right.\,.\,H_2O}_{\substack{\text{eigentliche}\\\text{bleichende Verbindung}}} \quad .\;.\;. \quad (Ia$$

Das dabei wieder entstehende Calciumhydroxyd nimmt eine neue Menge Chlor auf nach folgender Gleichung:

$$4\,Ca\,(OH)_2 + 3\,Cl_2 = \underbrace{2\,Ca\left\{\begin{matrix}O\,Cl\\Cl\end{matrix}\right.\,.\,H_2O + Ca\,O\,.\,Ca\left\{\begin{matrix}O\,Cl\\Cl\end{matrix}\right.\,.\,H_2O}_{\text{Chlorkalk II}} + H_2O \quad (II$$

*) Zentralblatt für die österr.-ungar. Papierindustrie 1905 (No. 5).

**) „Zeitschrift für angewandte Chemie" 1901, No. 1, 2, 3, und 5.

Ist genügend Wasser da, so dissoziiert die intermediäre Verbindung $CaO . Ca \left\{ \begin{matrix} O\,Cl \\ Cl \end{matrix} \right. . H_2O$ neuerdings nach Gleichung Ia und aus dem wieder freiwerdenden Calciumhydroxyd bildet sich ein „Chlorkalk III" nach folgender Gleichung:

$$8\,Ca(OH)_2 + 7\,Cl_2 = \underbrace{6\,Ca \left\{ \begin{matrix} O\,Cl \\ Cl \end{matrix} \right. H_2O + Ca\,O . Ca \left\{ \begin{matrix} O\,Cl \\ Cl \end{matrix} \right. . H_2O}_{\text{Chlorkalk III}} + H_2O \quad (III$$

Es entsteht also immer wieder die Verbindung $Ca \left\{ \begin{matrix} O\,Cl \\ Cl \end{matrix} \right. . H_2O$, welche Ditz verdoppelt: $2 \left[ Ca \left\{ \begin{matrix} O\,Cl \\ Cl \end{matrix} \right. . H_2O \right]$ und als die eigentlich „bleichende Verbindung" im Chlorkalk bezeichnet, während von der „intermediären Verbindung"

$$Ca\,O . Ca \left\{ \begin{matrix} O\,Cl \\ Cl \end{matrix} \right. . H_2O$$

immer mehr und mehr durch das Wasser zersetzt wird, wobei sich immer wieder $Ca\,(OH)_2$ bildet, welches mit neuem Chlor neuen Chlorkalk zu bilden imstande ist.

Theoretisch müßte sonach bei der Erzeugung von Chlorkalk schließlich nur die bleichende Verbindung $Ca \left\{ \begin{matrix} O\,Cl \\ Cl \end{matrix} \right. . H_2O$ oder wenigstens ein Gemisch mit ungemein großem Gehalt an dieser Verbindung entstehen, praktisch ist dies jedoch nicht der Fall, weil wir mit festem Kalkhydrat arbeiten und weil nach Ditz die bleichende Verbindung $Ca \left\{ \begin{matrix} O\,Cl \\ Cl \end{matrix} \right. . H_2O$ die andere, die intermediäre Verbindung $Ca\,O . Ca \left\{ \begin{matrix} O\,Cl \\ Cl \end{matrix} \right. . H_2O$ umhüllt und einen weiteren Zutritt des diese intermediäre Verbindung zersetzenden Wassers verhindert.

Der technische Chlorkalk ist daher immer ein Gemisch dieser beiden Verbindungen. Behandelt man denselben, wie es beim Bleichen notwendig ist, mit Wasser, so wird obiges Hindernis aufgehoben, genügend Wasser tritt dazu und zersetzt die intermediäre Verbingung im Sinne obiger Gleichung Ia und man findet daher immer, auch im chlorreichsten Chlorkalk eine gewisse Menge Aetzkalk $Ca\,(OH)_2$. Daher auch die alkalische Reaktion der mit Wasser bereiteten Chlorkalklösungen.

---

A. Nastjukoff*) hält es für möglich, daß im Anfang der Einwirkung von Chlorkalk auf die Baumwolle sich ein labiles Chloradditionsprodukt bildet, welches aber beim Waschen, Säuren, Bäuchen

*) Bull. de la Soc. ind. de Mulhouse 1892, pag. 500.

usw. wieder zerstört wird, da in der Ware nach genügendem Waschen Chlor nicht mehr nachweisbar ist. Nach Nastjukoff veranlassen erst Lösungen von Chlorkalk von über 2° Bé. eine Oxyzellulose-Bildung. Chlor wird nach der Einwirkung des Chlorkalks in der gründlich gewaschenen Baumwolle nicht gefunden. Verfasser hat die gleichen Resultate beim Verschmelzen und der Prüfung von Geweben, welche die Reaktion von Oxyzellulose zeigten, erhalten. — Einmal gebildete Oxyzelluloseflecken, welche sich namentlich beim Dämpfen durch ihre gelbliche bis gelbbräunliche Farbe verraten und allen sonstigen Einwirkungen, Chlor, Säure, Seife etc. widerstehen, können nach Grandmougin*) durch eine Passage in ammoniakalischem Wasserstoffsuperoxyd glatt entfernt werden.

Man nimmt die Ware am Foulard kalt durch eine Lösung von

1 Liter Wasserstoffsuperoxyd 10 Vol.,
5—7 Liter Wasser,
0,25 Liter Ammoniak,

läßt über Nacht liegen, wäscht alsdann gründlich und seift.

Bei fertiger Druckware liefert diese Methode sehr gute Resultate, falls die Farben der Superoxydbehandlung widerstehen, was sich im einzelnen durch kleine Vorproben leicht feststellen läßt. —

In der Mehrzahl der Fälle wird zurzeit noch dem Chlorkalk vor dem durch Elektrolyse dargestellten unterchlorigsauren Natron der Vorzug gegeben. Man hat sich an das Arbeiten mit Chlorkalk gewöhnt, bedarf keiner weiteren Apparatur, der sich bekanntlich jeder Bleichmeister widersetzt; nur dort, wo die Kosten erheblich niedriger sind, ist man zum Arbeiten mit elektrolytischer Chlorlösung übergegangen. In der Hauptsache sind es Preisfragen, welche den Ausschlag zur Verwendung des einen oder des anderen Produktes geben: die noch vor Jahren behaupteten Vorzüge der sog. „elektrischen" Bleiche, sie ergäbe ein besseres Weiß, böte größere Schonung der Faser, liefere ein höheres Gewicht der fertigen Ware, benötige kein Säuern nach dem „elektrischen" Chloren, ihre Abwässer seien unschuldig, fast trinkbar, werden heute auch von weniger einsichtigen Leuten nicht mehr geglaubt. Man fühlt heraus, es ist nur eine Zweckmäßigkeits- und Geldfrage. Es kann in diesem Werk deshalb von einem näheren Eingehen auf die einzelnen Apparate für die Darstellung unterchlorigsaurer Salze auf elektrolytischem Wege Abstand genommen werden, zumal Engelhardt*) in vorzüglicher Weise dieses Spezialgebiet bearbeitet hat. Die Lösungen von auf

*) Nach freundlicher Mitteilung von Dr. E. Grandmougin.

**) Viktor Engelhardt, Hypochlorierte und elektrische Bleiche, Halle, 1900.

elektrolytischem Wege hergestellten unterchlorigsauren Salzen verhalten sich gerade so wie die durch Umsetzung auf chemischem Wege erzeugten, vorausgesetzt, daß dieselbe Abstumpfung oder Neutralisierung herbeigeführt wird. Um sie vor Zersetzung zu schützen, müssen sie beim Aufbewahren schwach alkalisch gehalten werden.

Gegenüber dem Arbeiten mit Chlorkalk, dem unterchlorigsauren Calcium, hat das mit dem Natronsalz manche Vorzüge. Ob auf chemischem oder auf eletrolytischem Wege hergestellt — die Preisfrage ist für die Darstellung ausschlaggebend — leistet das Natronsalz, wie vorhin schon erwähnt, durch seine leichtere Löslichkeit und labilere Zersetzungsfähigkeit eine schnellere Bleicharbeit, wobei im Endziel das Gleiche erreicht wird. Zweifellos sind aber die Fragen nicht geklärt: unter welchen Umständen bewirken unterchlorigsaure Salze die Entstehung von Oxyzellulose, wo ist die Grenze in Bezug auf Gehalt und Temperatur der Chlorlösungen, welche die Bleiche normal, d. h. ohne Oxyzellulose-Bildung vollziehen läßt; geht mit der Bildung von Oxyzellulose unter allen Umständen eine Chlorierung einher und wo ist ihre Grenze; und die Hauptsache: wie muß in einem gegebenen Falle die Manipulation mit den unterchlorigsauren Salzen geleitet werden, daß weder Oxydation nach Chlorierung eintreten können, die gebleichte Ware auf Lager weiß bleibt und nicht nachgilbt.

Dies sind die praktischen Fragen des Bleichprozesses, denen man sich nicht verschließen darf, und welchen durch theoretische Spekulationen allein keine Lösung gebracht wird. Man kennt zwar die Einwirkungsart der einzelnen Agentien auf die Pflanzenfasern, aber es fehlt an den präzisen Merkmalen, die rechtzeitig vor Schädigung der Faser warnen. Vorsichtige Bleicher gehen zuweilen nicht weit genug vor, andere übertreiben die Chlordosis. —

Eine der wichtigsten Aufgaben im Bleichereibetriebe ist die Kontrolle der Stärke, d. h. des Chlorgehaltes der zur Verwendung kommenden Chlorlösungen. Wenn zum „Ansetzen" der Chlorbäder, speziell des Chlorkalkbades, das Aräometer auch ausreicht, so erfüllt es seine Aufgabe während des Ganges der Arbeit nicht. Das Abspindeln mit dem Aräometer während des Chlorens der Gewebe ist unbedingt als unzuverlässig zu verwerfen. Die Herstellung der Chlorkalklösung geschieht am zweckmäßigsten in mechanischen Apparaten, namentlich in solchen Etablissements, wo größere Quantitäten benötigt sind. Auf Seite 248 sind derartige Einrichtungen beschrieben worden.

Nach E. Grandmougin soll in einem gut geleiteten Bleichereibetriebe der Gehalt der Chlorkalklösung von $^1/_4{}^0$ Bé. ca. 0,5 g aktives Chlor pro Liter betragen.

Die wissenschaftliche Bestimmung dieses Chlorgehaltes erfolgt zweckmäßig so, daß ein bestimmtes Volumen der Chlorkalklösung mit überschüssiger $^1/_{10}$ Normal-Arsenit-Lösung versetzt wird. Man läßt kurze Zeit stehen, gibt dann Natriumbikarbonat im Ueberschuß hinzu und titriert mit $^1/_{10}$ Normal-Jodlösung bis zur bleibenden Gelbfärbung. Aus der Differenz der angewendeten Arsenit- und Jodlösung ergibt sich ohne weiteres der Gehalt an aktivem Chlor, denn es entspricht 1 ccm $^1/_{10}$ Arsenitlösung 0,00353 Gramm aktivem Chlor.

Eine gröbere Methode, die für die Praxis ausreichend ist, kann wie folgt ausgeführt werden und eignet sich besonders zur laufenden Kontrolle während des Chlorens:

Man bereitet eine Indigolösung aus

15 g. Indigokarmin en pâte,

10 g. Schwefelsäure 66° Bé., eingestellt mit Wasser auf 1 Liter.

Ein Teil Chlorkalklösung von ½° Bé. mit dem gleichen Volumen obiger Lösung versetzt bringt Entfärbung hervor.

Die folgende Tabelle von G. Lunge und F. Bachofen*) gibt den Chlorgehalt von Chlorkalklösungen an.

| ° Bé. | spec. Gewicht | Aktives Chlor pro Liter |
|---|---|---|
| | 1,0150 | 8,48 gr. |
| 2 → | | |
| | 1,0100 | 5,58 gr. |
| 1 → | | |
| ¾ → | 1,0050 | 2,71 gr. |
| ½ → | | |
| | 1,0025 | 1,40 gr. |
| ¼ → | | |
| | 1,0000 | Spur |

Man erkennt aus dieser Tabelle gleichzeitig, wie unzuverlässig es ist, durch Abspindeln mit dem Aräometer den Chlorgehalt zu ermitteln.

*) Zeitschrift für angewandte Chemie, 1893, pag. 326.

# Die Bleichverfahren.

Der Gang der einzelnen Operationen der Bleicherei ist in dem Kapitel „Ausgeführte Bleicherei-Anlagen" (Seite 326—353) bereits vorgeführt worden.

Durch das Bleichen müssen die in der Rohbaumwolle enthaltenen Fremdkörper, welche sie neben der Zellulose enthält, wie die durch die Fabrikation bedingten Substanzen entfernt werden.

Zu den ersteren gehören harzartige Verbindungen und ein gelblichbraun gefärbter Farbstoff, zu letzteren vor allem die Weberschlichte in ihrer verschiedenartigen Zusammensetzung, Eisen- und Kupferverbindungen, Fette, Oele und Schmutz.

Ueber die Wirkungsweise der chemischen und mechanischen Bearbeitungsart der Gewebe in der Bleiche hat Robert Bourcart*) eine tabellarische Zusammenstellung veröffentlicht, welche umstehend wiedergegeben ist.

Je nach den Erfordernissen der Verarbeitung kann sich die Tätigkeit des Bleichers auf folgende Arbeiten erstrecken:

a) Entschlichten der Gewebe; Vorbereitung derselben für die Zwecke der Färberei in dunklen und mittleren Farben.
b) Halbbleiche der Gewebe; Vorbereitung für das Färben und den Druck in mittleren Farben.
c) Bleiche für Druckerei und Türkischrotfärberei.
d) Bleiche für Weißwaren.

---

## a) Entschlichten.

Durch den Bleichprozeß soll die Ware unter möglichster Schonung der Faser weiß gemacht werden. Vielfach genügt für die Anforderungen der Druckerei und Färberei eine Halbbleiche oder auch nur ein Auskochen oder Entschlichten der Gewebe, welches den Zweck hat, die bei Herstellung derselben benutzte Schlichte wieder

*) Moniteur scientifique XV (1885) pag. 25.

**Synoptisches Bild der Bleichoperationen für Druckzwecke, das bei jeder Operation erhaltene Resultat darstellend.**

(Beispiel für 3 Tonnen in zwei parallel laufenden Strängen von je $1^1/_2$ Tonne.)

| Operationen | Mengen und Art des Verfahrens | Unreinigkeiten 1 Leim | 2 Alkalien | 3 Stärke Albumin Zucker | 4 Fett von d. Händen | 5 Kleber | 6 Fette | 7 Kupfer- und Eisen-Seifen | 8 Farbstoffe der Baumwolle | 9 Harzige Substanzen | 10 Eisen und erdartige Substanzen | 11 Rostflecke | Farbe, die die Baumwolle annimmt | Verlust am Gewicht der Baumwolle |
|---|---|---|---|---|---|---|---|---|---|---|---|---|---|---|
| 1. Sengen mittls. Flamme | . . . . . . . . | | | | | | | | | | | | . . . . . | 1 bis ● 2 pCt. |
| 2. Einweichung . . . | . . . . . . . . | | | | | | | | | | | | . . . . . | . . . . |
| 3. Imprägnation m. Kalk | 100 kg Kalk . . . | | | | | | | | | | | | . . . . . | . . . . |
| 4. Letzte Bäuche „ „ | 5 Stund. bei 3—4 Atm. | ● verschwindet | ● verschwindet | ● verschwinden | ● verschwinden | ● verschwinden | ● Kalk-Seife | | | | ● verschwinden | | dunklere ● Farbe | 25 ● pCt. |
| 5. Waschen . . . . . | . . . . . . . . | | | | | | | | | | | | . . . . . | . . . . |
| 6. Behandlung m. Säure | 300 kg HCl . . . | | | | | | ● freie Fett-Säuren | ● freie Fett-Säuren | | | ● | ● verschwinden | wird ● heller | . . . . |
| 7. Waschen . . . . . | . . . . . . . . | | | | | | | | | | | | . . . . . | . . . . |
| 8. Auslaugung . . . . | 4 Std., 100 kg Carb. 50 kg Coloph. (3-4 At.) | | | | | | | | ● | | . . . | | . . . . . | . . . . |
| 9. Fortsetzung d. vorigen | 2 Std., 25 kg Carb. Zuschlag (3-4 Atm.) | . . . | . . . | . . . | . . . | . . . | | | ● lösen sich teilweise | | . . . | | . . . . . | 3 bis 4 pCt. |
| 10. Waschen . . . . . | . . . . . . . . | . . . | . . . | . . . | . . . | . . . | ● alkalische Seifen welche verschwinden | ● alkalische Seifen. welche verschwinden | | ● verschwinden | . . . | . . . | . . . . . | . . . . |
| 11. Behandlung mit Chlor | 18 kg Chlorkalk . . | . . . | . . . | . . . | . . . | . . . | | | | | . . . | . . . | . . . . . | . . . . |
| 12. Ablegen . . . . . | 4—5 Stunden . . . | . . . | . . . | . . . | . . . | . . . | | | ● | | . . . | . . . | wird beinahe ● weiss | . . . . |
| 13. Fakultative Wäsche . | . . . . . . . . | . . . | . . . | . . . | . . . | . . . | | | | | . . . | . . . | . . . . . | . . . . |
| 14. Säuerung . . . . . | 25 kg HCl . . . . | . . . | . . . | . . . | . . . | . . . | | | ● verschwinden | | . . . | . . . | wird ● weiss | . . . . |
| 15. Waschen . . . . . | . . . . . . . . | . . . | . . . | . . . | . . . | . . . | | | . . . | . . . | . . . | . . . | . . . . . | . . . . |
| 16. Trocknung . . . . | . . . . . . . . | . . . | . . . | . . . | . . . | . . . | | | . . . | . . . | . . . | . . . | . . . . . | . . . . |
| | | | | | | | | | | | | | | Sa. 30 pCt. ungefähr. |

zu entfernen. Es haftet diese, in der Hauptsache aus Kartoffelstärkekleister mit größeren oder geringeren Mengen von Fetten und erdigen Zusätzen bestehend, sehr fest an dem Baumwollstoff. Zu ihrer Entfernung sind die verschiedensten Mittel vorgeschlagen worden, u. a.

Waschen und Einweichen in kaltem Wasser,
Waschen und Einweichen in heißem bis kochendem Wasser,
Einweichen in Malzauszug,
Einweichen in schwacher Sodalösung,
Einweichen in gebrauchter Bäuchlauge,
Einweichen in Seifenlösungen (Türkischrotöl etc.),
Einweichen in mit Schwefel- oder Salzsäure angesäuertem Wasser.

Diese Methoden laufen auf das Ziel hinaus, entweder eine Fermentation, eine Gärung, herbeizuführen, durch welche die Stärke zersetzt und in löslicher Form für die Entfernung durch das darauffolgende Waschen vorbereitet wird, oder nur eine mechanisch günstige Form für das Entfernen wenigstens des größten Teiles der Schlichte einzuleiten.

Durch zwei- oder mehrstündiges Waschen der Gewebe mit Wasser allein kann der größte Teil der Schlichte entfernt werden, wenn nahe der Siedetemperatur gearbeitet wird. Da diese Arbeitsweise aber unrationell ist, zieht man die Stoffe gewöhnlich durch warmes Wasser und lagert sie in Holzbottichen ein, bis der auftretende saure Geruch die beginnende Gärung und Zersetzung der Stärke verrät. Ist dies eingetreten, was im Sommer früher als im Winter der Fall ist, so wird die Ware ausgewaschen.

Leichter erfolgt die Entfernung der Schlichte durch Anwendung von Malzauszügen. Nach M. Paraf*) arbeitet man am vorteilhaftesten bei 60—70° C. Für 600 Meter stark appretierten Kattun läßt er 600—700 Gramm grob zerteiltes Malz ein oder zwei Stunden lang in 10 Liter lauwarmen Wassers mazerieren. Die Masse wird von Zeit zu Zeit umgerührt und die Flüssigkeit alsdann durch ein Haarsieb in eine Kufe gegeben, welche 60° C. warmes Wasser enthält; in dieser wird der Stoff ca. 20 Minuten umgehaspelt, alsdann gespült. Für neue Partien braucht das Malzbad durch erneute Zugabe von Malz nur aufgebessert werden.

Neuere Versuche von Albert Scheurer**) stellten die auffallende Tatsache fest, daß durch das Behandeln der Gewebe mit Malzauszügen (12,5 g. Malz pro Liter Wasser) eine Schwächung der Faser

*) Jahresbericht der Chemischen Technologie VII (1861) pag. 597.
**) Bull. de la Soc. ind. de Mulhouse, 1903.

eintritt. Bei einer zweistündigen Einwirkung bei 40° C. ergab die gemalzte Probe eine Festigkeit von 92, während das nicht gemalzte Gewebe eine Festigkeit von 100 besaß. —

Die Frage, ob bereits gebrauchte Lauge zum Einweichen der Gewebe und zur Einleitung des Gärungsprozesses geeignet oder ob frische Sodalösung für diesen Zweck nicht besser sei, ist eine noch unentschiedene. Die Ansichten darüber gehen heute noch wie vor hundert Jahren (vergl. Seite 41) auseinander. Verfasser hat mit Vorteil die durch Absitzenlassen und Abkühlen klar gewordene gebrauchte Lauge verwendet und sieht in diesem Verfahren zunächst eine Materialersparnis. —

Für den Großbetrieb ist die Verwendung von Seifen und Türkischrotöl zu kostspielig; sie kann nur da Platz greifen, wo es sich um besondere Vorbedingungen handelt. Die früher hier und dort aufgetretenen Behauptungen, durch ein Auskochen der Rohgewebe oder Garne mit Seifen könne das Bäuchen überhaupt ersetzt werden, sind längst durch die Praxis widerlegt.

Die Wirksamkeit des Türkischrotöls besteht hauptsächlich in der Eigenschaft, die Gewebe schon bei verhältnismäßig niedriger Temperatur, bei ca. 60° C., gut und gleichmäßig zu netzen, was durch kochendes Wasser allein oder auch mit einem Zusatz von Soda erst in längerer Zeit erfolgt. Für die Vorbereitung von Geweben zum Färben sind deshalb das Türkischrotöl und verschiedene Seifen zu empfehlen. —

In vielen Bleichereien bedient man sich zum Entschlichten der Gewebe der Salzsäure oder der Schwefelsäure. Man wendet dieselben kalt und verhältnismäßig stark an, wie auf Seite 326 (Schwefelsäure von $2^1/_2{}^0$ Bé.) und Seite 340 (Salzsäure) bereits beschrieben wurde.

---

## b) Halbbleiche.

Die Vorbereitung der Gewebe für die Färberei oder den Druck in mittleren Farben erfordert neben dem Entschlichten, welches nach einer der vorher aufgeführten Methoden erfolgen kann, noch eine Bäuche mit Alkali und ein darauffolgendes Waschen und Säuren. Das Chloren kann zuweilen unterbleiben. Allgemein gültige Angaben für die Ausführung der Halbbleiche lassen sich naturgemäß nicht machen; es muß sich die Arbeit nach dem späteren Erfordernis richten.

---

c) Bleiche für Druckware und für Türkischrot.

Die Bleiche für zum Druck bestimmte Gewebe muß mit besonderer Sorgfalt geleitet werden; sie muß eine fast chemisch reine Faser ergeben, weil diese sonst neben der aufgedruckten Farbe in der folgenden Wäsche etc. angefärbt werden, und kein klares Weiß mehr ergeben würde. Man nannte deshalb früher diese Bleichart Krappbleiche, weil sie für Waren nötig war, die nach dem Bedrucken mit Krapp ausgefärbt werden und einen klar weißen Boden hinterlassen mußten. Nach dem Entschlichten und Bäuchen folgt für Druckware ein leichtes Chloren.

Für das Färben in Türkischrot dagegen meidet man letzteres, weil die Lebhaftigkeit des Farbtones nach praktischen Beobachtungen leidet.

In einer interessanten Studie hat P. Lukianoff*) über diesen Gegenstand aus der Sokolow'schen Manufaktur von Assaf Baranoff berichtet:

Versuche beim Färben des künstlich gebleichten Stoffes ergaben, daß, obwohl sich die türkischrote Farbe durch große Reinheit auszeichnete, sie doch nicht so satt war wie auf ungebleichter Ware; die Fasern waren verhältnismäßig schwächer durchgefärbt und besaßen dabei einen gewissen weißen Ton, der sich besonders an den hervorstehenden kleinen Fäserchen des Stoffes zeigte, so daß die sammtartige Oberfläche, welche dem türkischrot gefärbten Stoffe das angenehme Aeußere gibt, in diesem Falle weißlich oder, wie man sich ausdrückt, grau aussah. Bei den Versuchen wurde die mit Sodalösung sorgfältig ausgekochte Ware durch schwache Chlorkalklösung (0,5 bis 1° Bé.) gezogen, dann mit schwacher Salzsäure (1 bis 2° Bé.) behandelt und gut ausgewaschen; dann wurde sie entweder unmittelbar in die Vorbereitung zum Färben genommen, oder zuerst mit schwacher Sodalösung in der Kälte behandelt, oder endlich zuerst mit dieser Lösung gekocht und dann zugerichtet. In allen Fällen waren die Ergebnisse minder befriedigend, als ohne vorangehende Bleiche, obwohl die schlechtesten Farben im ersten Falle erhalten wurden, während in den zwei letzten sie nicht so stark bemerkbar waren. Dieselbe mangelhafte Färbung wurde auch von anderen Praktikern, welche künstliches Bleichen anzuwenden versuchten, bemerkt; es konnte aber die Ursache des Mißlingens dieser Versuche zunächst nicht festgestellt werden.

---

*) Dingler's Polytechnisches Journal 259 (1886), pag. 97.

Die Behandlungen, denen die Ware unterworfen wurde, gestatten nicht die Annahme, daß die ungünstigen Ergebnisse des Färbens von ungenügendem Auswaschen von Kalk und Säure herrühren, weshalb eine Veränderung der Faser selbst anzunehmen ist, welche die mangelhafte Färbung bedingt, und diese Vermutung kann durch Versuche bestätigt werden.

Die Untersuchungen von Witz*) haben gezeigt, daß bei der Einwirkung oxydierender Mittel (z. B. Chlorkalk) auf die Pflanzenfaser unter gewissen Bednignugen z. B. gleichzeitiger Einwirkung von Kohlensäure leicht Oxyzellulose gebildet wird, welche den Charakter einer sauren Beize besitzt, da sie für sich allein basische Farbstoffe, wie auch Basen fixiert und Salze der letzteren zersetzt. Bei der Behandlung der Zellulose mit oxydierenden Mitteln unter anderen Bedingungen, erhielten Gross und Bevan**) ein Produkt, das sie auch Oxyzellulose nannten, welches aber umgekehrt eher einen basischen Charakter besitzt, da es mit Basen keine Verbindung eingeht, in Alkalien löslich ist und aus solchen Lösungen durch Säuren gefällt wird. Es ist möglich, wie dies auch Witz zugibt, daß unter oxydierenden Einflüssen auf der Faser gleichzeitig beide Arten Oxyzellulose gebildet werden. Durch ihre Anwesenheit würden die unbefriedigenden Ergebnisse des Türkischrotfärbens der künstlich gebleichten Faser erklärt werden können; wahrscheinlich wirken dabei beide Arten Oxyzellulose nachteilig, am meisten aber die basische Oxyzellulose. Obwohl die Anwesenheit der Oxyzellulose von Witz als Beize die Fixierung des Tonerdehydrates begünstigt, wirkt sie zugleich als Colloidsubstanz hindernd auf die Fixierung anderer Beizen auf derselben Faser, welche mit dieser Oxyzellulose nicht reagieren, wie fette und gerbsaure Stoffe; die Oxyzellulose von Cross und Bevan ist also ein Hindernis für die Fixierung des Tonerdehydrates. Auf solche Weise geht die Fixierung aller zur Bildung des türkischroten Lackes nötigen Stoffe auf den oxydierten Fasern schwerer vor sich und in ungenügender Menge, im Vergleiche zu den gewöhnlichen Fasern, und deswegen fällt die Färbung ungenügend stark aus. Da die äußere Oberfläche des Stoffes, besonders die hervorspringenden Fäserchen, beim Bleichen am stärksten dem oxydierenden Einflusse des Bleichmittels unterliegen, so kann es durch diesen Umstand erklärt werden, warum gerade diese Teile am schwächsten gefärbt werden und später weißlich erscheinen. Es ist auch begreiflich, warum man bessere

*) Dingler's Polytechnisches Journal 1883. 250 pag. 270.

**) Dingler's Polytechnisches Journal 1884. 251, pag. 497, 254 pag. 48.

Ergebnisse bekommt, wenn der Stoff nach der Bleiche mit schwacher Sodalösung, besonders unter Erwärmen behandelt wird, da die Oxyzellulose von Cross und Bevan in den schwach alkalischen Lösungen löslich ist, folglich von den Fasern entfernt wird (was auch Witz erwähnt); der Einfluß der ganz oder zum Teile bleibenden Oxyzellulose von Witz wird dann weniger empfindlich.

Zum Nachweise des angedeuteten Einflusses der oxydierten Produkte der Faser auf die Verminderung ihrer Fähigkeit, den Farbstoff aufzunehmen, wurde folgender Versuch angestellt. Der in Sodalösung ausgekochte Stoff wurde mit schwacher Chromsäurelösung (bez. mit einem Gemische von Kaliumbichromatlösung und Schwefelsäure) nach der Vorschrift von Witz ½ Stunde unter schwachem Erwärmen behandelt, ausgewaschen, bis das Waschwasser vollständig farblos erschien, und dann nach der üblichen Vorbereitung gefärbt. Die erzeugte Farbe war so schwach und matt, daß man sie kaum als Türkischrot ansprechen konnte. Dieser Versuch bestätigt den nachteiligen Einfluß der oxydierten Produkte der Faser auf die Türkischrotfärberei.

Was die Tatsache betrifft, daß die durch Luft unter dem Einflusse des Sonnenlichtes gebleichten Fasern sich umgekehrt gut färben, so muß man annehmen, daß bei solcher Bleiche keine oxydierten Produkte gebildet werden oder, was wahrscheinlicher ist, daß sie sich in sehr unbedeutender Menge bilden. Tatsächlich wurde schon von Witz darauf hingedeutet, daß nur bei sehr langer Einwirkung der Luft und des Sonnenlichtes (während einiger Jahre) die Stoffe die Fähigkeit erhalten, ohne vorangehendes Beizen sich mit basischen Farbstoffen zu färben, d. h. daß sich auf ihnen auch Oxyzellulose bildet. In der Praxis wird die Ware keiner besonders langen Bleiche unterworfen, man begnügt sich gewöhnlich mit einigen Tagen, und es wird daher die Oxydation nur bis zur Zersetzung der die Faser färbenden Farbstoffe fortgesetzt. Wenn bei diesem schwachen Oxydationsprozesse auch die Zellulose selbst etwas oxydiert wird, so ist die ungünstige Wirkung dieses Umstandes zu unbedeutend im Vergleiche zu jenen Vorteilen der gebleichten Faser, welche sich in der Reinheit der erzeugten Farbe kundgeben.

Wenn also der Oxydationsprozeß so geleitet wird, daß durch denselben nur die die Faser färbenden Stoffe zersetzt werden, so wird man auch beim künstlichen Bleichen dieselben guten Farben erzielen wie bei der natürlichen Bleiche. Dies wird teilweise dadurch bestätigt, daß einige Türkischrotfärbereien, und zwar Garnfärbereien, das Garn durch sehr schwache Lösungen von Eau de Javelle bleichen und dabei gute Erfolge erzielen. Uebrigens war eine dieser Färbereien nach einigen Versuchen gezwungen, dieses Verfahren wieder aufzugeben, nachdem bemerkt wurde, daß ein Posten Garn, welcher zufällig ungenügend gebleicht war, sich viel besser gefärbt hatte, als die genügend gebleichten Stücke. Diese letzten Erscheinungen aus der Praxis unterstützen obige Erklärung, welche einiges Licht auf die längst bekannte, aber nicht erklärte Tatsache wirft.

### d) Bleiche für Weißwaren.

Baumwollgewebe, welche für Weißwaren bestimmt sind, und unter denen sog. Hemdentuche und glatte oder gemusterte gerauhte Waren die größte Verbreitung haben, müssen so gebleicht sein, daß sie erstens in der Bleiche an Stärke nicht zu sehr leiden, und zweitens beim Lagern nicht nachgilben. Die Bleiche muß also auch hier eine äußerst sorgfältige sein. Ein möglichst gründliches Entschlichten vor dem Bäuchen sollte nicht umgangen werden. Billigere Waren werden darauf in einer Kochung mit ca. 1½ % Aetznatron und ca. 3 % kalzinierter Soda, vom Gewicht des Bleichgutes gerechnet fertiggestellt; besseren Qualitäten gibt man zweckmäßig eine Kalkkochung vorher und läßt eine etwas schwächere Sodakochung folgen. Während bei Waren für Druckereizwecke eine Harzseifenkochung die beste ist, wird bei Weißwaren ohne Kolophonium gearbeitet.

Nach der letzten Wäsche wird die Ware, welche bekanntlich nicht ganz weiß, sondern stets etwas gelblich gefärbt erscheint, mit einem blauen oder blauvioletten Farbstoff im Strang oder in der Breite geblaut. Die Komplementärfarben Gelb und Blau erzeugen so den Eindruck von Weiß. In der Hauptsache dienen die verschiedenen Ultramarin-Marken zum Blauen. Für klare blauviolette Färbung empfiehlt sich ein Zusatz von ammoniakalischer Cochenille-Tinktur zum Ultramarin.

Gewebe, welche echtfarbige Effektfäden enthalten mit Alizarin oder Indigo hergestellt, müssen besonders vorsichtig gebleicht werden, damit die Farben möglichst geschont werden. Kochungen mit Aetznatron sind zu vermeiden; man wendet am besten nur Seifen, ev. mit etwas Soda, an und kocht unter mäßigem Druck etwa 3 bis 4 Stunden.

Zum Chloren benutzt man das unterchlorigsaure Natron. Bei Geweben, welche mit roten, sog. bleichechten Endstreifen (Chef) versehen sind, erhält man die Farbe derselben nur dann, wenn die Enden nach jeder Operation herausgelegt und sofort ausgewaschen werden, was sich bei einiger Aufmerksamkeit leicht bewerkstelligen läßt.

Im folgenden ist eine Zusammenstellung der für die verschiedenen Warenarten von Herzfeld*) vorgeschlagenen Arbeitsweise zum Abdruck gebracht. Die Kochungen verstehen sich für Bäuchkessel mit Pumpe und Laugenvorwärmer.

## I.
## Halbbleiche für Farb- und Druckware.

a) für Qualitäten leichteren Genres.

Calico ($^{18}/_{14}$—$^{18}/_{18}$ Fadenstellung und $^{36}/_{42}$er Garn), Nessel ($^{14}/_{14}$ Fadenstellung und $^{20}/_{20}$er Garn), Croisé ($^{18}/_{20}$—$^{20}/_{24}$ Fadenstellung und $^{36}/_{44}$er Garn).

Säuren — Waschen,
Kochen — Waschen,
Chloren — Waschen,
Säuren — Waschen.

Die Ware wird nach dem Sengen mit 25—30% Schwefelsäure $^1/_4$—$^1/_2$° Bé. auf der Säuremaschine behandelt und bleibt einige Stunden, eventuell über Nacht, in der Säure in Haufen aufgeschichtet liegen; sodann wird auf dem Klapot gewaschen und es folgt Bäuchen für sechs Stunden bei 2½—3 Atmosphären.

b) Für Qualitäten schweren Genres.

Nessel, ($^{18}/_{18}$ Fadenstellung und $^{20}/_{20}$er Garn) Croisé, ($^{20}/_{36}$) Satin usw.

Einweichen — Säuren — Waschen,
Kochen — Waschen,
Chloren — Waschen,
Säuren — Waschen.

Dies Verfahren weicht von dem unter a beschriebenen Prozeß lediglich in der Vorbehandlung ab und zwar wird die Ware, nachdem sie gut gesengt ist, ungefähr 24 Stunden eingeweicht, unter

*) Dr. J. Herzfeld, die moderne Baumwoll-Stück-Bleicherei. Frankfurt a. M. 1895.

Hinzunahme von warmem Wasser mit Zusatz von gebrauchter Lauge oder von Gärung erregenden Stoffen. Sodann wird kräftig gewaschen, um die gelösten Verunreinigungen wegzuspülen, hierauf in verdünnter Säure von $1/2^0$ Bé. gesäuert, gewaschen und in den Bäuchkessel eingeführt.

Die Kochdauer wird um zwei Stunden verlängert.

## II.

## Vollbleiche für Farb- und Druckware.

a) für leichte Ware.

Säuren. — Waschen,
Kochen, — Waschen (im Kessel) — Nachkochen, — Waschen,
Chloren, — Abwässern,
Säuren, — Waschen.

b) für schwere Ware.

Einweichen, — Säuren, — Waschen,
Kochen, — Waschen,
Kochen, Waschen,
Chloren, — Waschen,
Säuren, — Waschen.

Bei der Vollbleiche für Druckwaren kommt es nicht allein auf eine chemisch reine Ware, sondern auch auf einen vollkommen weißen Boden an, wie solcher für lichtblau, rosa usw. unbedingt erforderlich ist. Namentlich bei Druckwaren besseren Genres wird durch einen weißen Boden das lebhafte Spiel der Farben hervorgebracht, und selbst für Artikel feineren Genres im Blaudruck ist ein vollkommen weißer Boden erforderlich. Die beiden Verfahren unterscheiden sich dadurch, daß bei leichterer Qualität das Zeug nur einmal in den Kessel geführt wird, während man bei schwerer Ware das Kochen zweimal vornimmt, weil größere Mengen Verunreinigungen anhaften, die sich nur vollständig entfernen lassen, wenn die Waren mindestens einmal im Kessel umgeschichtet werden. Es ist nicht unbedingt nötig, daß die Ware nach dem ersten Kochen auch gechlort wird, jedoch empfiehlt es sich da, wo die höchsten Anforderungen an den Bleichgrad gestellt werden, wodurch dann eine Ersparnis an Lauge beim späteren Kochen herbeigeführt wird.

Bei a (für leichte Waren) teilt man die berechnete Menge Lauge in zwei Partien, kocht die Ware vier Stunden lang in der Hälfte des Laugensatzes, läßt die verunreinigte Lauge abfließen, wässert die Ware im Kessel selbst mittels einer Zentrifugalpumpe, die heißes Wasser liefert, ab, und wäscht 1/2 Stunde lang in kaltem Wasser nach; diese Wäsche ist unbedingt erforderlich, aber nur dann durchführbar, wenn eine gut wirkende Pumpe vorhanden und der Kessel selbst gleichzeitig mit einem Injektor, bezw. Röhrenkessel versehen ist, um das benötigte Wasser anzuwärmen. Nach der Wäsche wird der Rest des Laugensatzes aufgefüllt, die Ware weitere 2—4 Stunden je nach Bedarf gekocht. Man erspart auf diese Weise das Hinein- und Herauswaschen der Ware und erzielt hiermit eine Zeitersparnis von einigen Stunden.

## III.
## Vollbleiche für Weissware.

a) für leichte Ware.

Einweichen, — Waschen,
Kochen (6 St.) — Waschen (im Kessel) — Nachkochen (2 St.), — Waschen,
Chloren, — Waschen,
Säuren, — Waschen.

b) für schwere Ware.

Einweichen, — Säuren, — Waschen,
Kochen (6 Stunden), — Waschen,
Kochen (4 Stunden) Waschen,
Chloren (zweimal), — Abwässern,
Säuren, — Waschen.

c) für Spezialitäten.

Einweichen, — Säuren, — Waschen,
Kochen (6—8 Stunden), — Waschen,
Kochen (6 Stunden), — Waschen,
Chloren (auf Chlormaschine), — Waschen,
Säuren, — Waschen.

---

a) Vollbleiche für leichte Waren, wie Shirting (18/24 bis 20/20 aus 36/42er Garn), Chiffon, Hemdentuch (14/12—14/14 aus 20/20—20/24er Garn), Faconé, Brillanté, Damaste, Piquées usw.

Die angeführten Verrichtungen ergeben ein genügendes und haltbares Weiß. Zu beachten ist der Umstand, daß man bei der ersten Kochung die kaustische Soda im richtigen Verhältnis zur Ammoniaksoda anwendet, und weiterhin ist ein reines, weiches Wasser erforderlich, um die Wäsche nach dem Kochen im Kessel vornehmen zu können. Hat man solches Wasser nicht zur Verfügung, so muß das Spülen auf der Strangwaschmaschine erfolgen, um die Ware von der verunreinigten Lauge vollkommen zu befreien.

### b) Vollbleiche für schwere Ware.

Bei schweren Waren ist eine gründlichere Reinigung nach dem Vorkochen von selbst geboten, da das Gewebe größere Verunreinigungen enthält, ähnlich, wie dies bereits bei der Vollbleiche für Druckwaren empfohlen worden ist. Nach dem Vorkochen kann beim Waschen im Kessel gleichzeitig ein Zusatz von Seife gegeben werden, was namentlich bei Artikeln, die wenig Appretur erhalten, also für Hemdentuch, Damast und Gebildwaren zu empfehlen ist. Nach dem zweiten Kochen gibt man eventuell zwei Chlorpassagen, die aufeinander folgen, um eine nachhaltigere Wirkung herbeizuführen.

### c) Vollbleiche für Spezialitäten: Satin, Moleskins, Piquées, Korsettstoffe u. s. w.

Besonders wichtig ist hier die Vorbehandlung vor dem Kochprozeß. Nach dem Einweichen empfiehlt es sich in jedem Falle, die Ware zu säuern. Durch das vorhergehende Säuren wird der Kochprozeß für solche Waren wesentlich eingeschränkt. Moleskin, Pelzwaren, namentlich Double-Piquées werden vorteilhaft beim Chlorprozeß in Kufen eingesetzt, nachdem sie auf dem Chlorklapot vorher gleichmäßig imprägniert worden sind. Das Einlegen in Kufen soll bewirken, daß die Flüssigkeit den Stoff vollständig durchzieht und daß besonders auch die Webkanten, die aus härterem Garn hergestellt sind, durchgebleicht werden.

# Die Prüfung gebleichter Baumwollgewebe.

Eine sichere Methode, während der Operation des Bleichens oder nach Beendigung derselben festzustellen, ob die Bleiche in allen Teilen gut und einwandfrei gelungen ist, gibt es nicht. Selbst wenn man die Vorsicht gebraucht, nach beendetem Bleichen einige Stücke aus der Partie heraus, etwa von den Endstücken und aus der Mitte derselben, zu entnehmen und diese in Blauholz und Alizarin oder auch in Methylenblau auszufärben, so kann doch, wenn diese Stücke dann eine schwache gleichmäßige Färbung zeigen, daraus immer noch nicht der Schluß gezogen werden, daß nun die ganze Partie auch wirklich gleichmäßig und gut gebleicht ist. Für die Aufdeckung grober Fehler kann diese Probefärbung immerhin von Nutzen sein.

Ein gut gebleichtes Baumwollgewebe soll in Wasser gebracht sich schnell und gleichmäßig netzen, frei von Säure und von Chlor sein. Erstere stellt man durch Auskochen des gebleichten Gewebes mit destilliertem Wasser und Prüfung desselben mit Lakmustinktur oder einer Lösung von Methylorange fest. Freies Chlor findet man, wenn eine Probe des zu untersuchenden gebleichten Stoffes in eine Lösung von Jodkalium, der etwas Stärke zugesetzt wurde, gebracht wird; tritt Blaufärbung ein, so deutet diese auf Chlor. Der Nachweis der Oxyzellulose ist bereits früher (Seite 371) besprochen worden.

Handelt es sich um sehr genaue Feststellungen des Bleichgrades, so sind subtile Untersuchungen nötig, die in ihren Endresultaten wohl interessant sind, dem praktischen Bedürfnis aber wenig entsprechen. Es ist immerhin von Wert, derartige Untersuchungen kennen zu lernen. Ueber eine solche machte G. Ambühl*) die nachfolgenden Mitteilungen:

Die ostschweizerische Stickindustrie bezieht die Stickböden, d. h. die leichten Baumwollgewebe, auf welche gestickt wird, in nur durch Behandlung mit Kalkmilch und verdünnter Säure gereinigtem Zu-

*) Chemiker-Zeitung 1903, pag. 792.

stande aus England. Nachdem diese braun- oder rotgelben Gewebe mit weißem Baumwollgarn bestickt worden sind, kommen sie in die Sengerei und dann in die Bleicherei, wo sie abwechselnd mit kaustischer und kalzinierter Soda unter Druck mit Seife, Chlorkalk und Säure gebleicht werden. Es ist für diese Exportware erforderlich, daß sie dauerhaft rein gebleicht ist und auf dem Lager nicht vergilbt. Um darüber Aufschluß zu erhalten, müssen die noch im Gewebe zurückgebliebenen ätherlöslichen Stoffe, wie Baumwollwachs, Harz, Fette und Fettsäuren, bestimmt werden. Der hierzu verwendete Aether muß vollkommen rein sein. Der zusammengerollte Abschnitt (15—18 g) des Gewebes wird mit wasserfreiem Aether 2½ Stunden im Soxhletschen Apparat extrahiert. Der Fettgehalt geht bei tadellos gebleichten dünnen Baumwollgeweben von 1,0—1,5% der rohen Ware auf 0,01 und selbst 0,008% herunter. Als erstklassig gebleicht werden solche bezeichnet, bei denen der Fettgehalt nicht mehr als 0,025% des Stoffgewichtes ausmacht. Gebleichte Ware mit mehr als 0,04% ätherlöslicher Stoffe darf als nicht genügend gebleicht bezeichnet werden.

Ein zweites Kriterium bildet die Bestimmung der Kalkseifen. Das entfettete Muster wird während einer halben Stunde in 5prozentige Salzsäure gelegt, nachher gut ausgewaschen, getrocknet und wiederum mit Aether extrahiert. Die erhaltenen Fettsäuren werden getrocknet und gewogen, in warmem Alkohol gelöst und unter Zusatz von Phenolphthalein mit $^1/_{20}$ N-Lauge titriert. Die durch Wägung und Titrieren gefundenen Werte (als Stearinsäure berechnet, 1 ccm Lauge = 0,0142 g Fettsäure) stimmen annähernd überein. Tadellos ausgewaschene, von Seiferückständen befreite gebleichte Textilstoffe liefern nach dieser Methode 0,03—0,04% Fettsäuren. Als ungenügend ausgewaschen wird die Ware mit mehr als 0,08% Fettsäure, als mangelhaft mit 0,12% und mehr bezeichnet.

Eine dritte Bestimmung ist die des Aschengehaltes. Die bestgebleichte Ware liefert etwa 0,03—0,05% einer weißen, aus Calciumkarbonat und Silikaten bestehenden Asche.

Die Untersuchung eines Stickereicoupons in verschiedenen Stadien der Verarbeitung zeigte die in Tabelle I angegebenen Resultate in Prozenten.

Aus diesen analytischen Daten kann der Schluß gezogen werden, daß die Ware in erster Linie durch Kochen und Seifen so vollkommen wie möglich entfettet und gereinigt werden müsse, damit das Chlor nur noch Spuren von gelbbraunem Farbstoff vorfindet.

Tabelle I.

| | Freies Fett | Fett-säuren | Asche |
|---|---|---|---|
| Ganz roh | 1,0448 | 0,1359 | 1,6294 |
| Vorgekocht | 0,1761 | 0,4923 | 0,2230 |
| Fertig gekocht | 0,0528 | 0,0632 | 0,3429 |
| Halb gebleicht | 0,0168 | 0,0452 | 0,0520 |
| Fertig gebleicht | 0,0210 | 0,0433 | 0,0571 |

Als Beispiele für die Beurteilung von Gewebeproben mögen die Analysenzahlen der Tabelle II angegeben werden.

Tabelle II.

| Freies Fett | Fettsäuren durch Wägung | Fettsäuren durch Titrieren | Asche | Beurteilung |
|---|---|---|---|---|
| 0,049 | 0,226 | 0,210 | 0,117 | ordentlich gebleicht, schlecht ausgewaschen |
| 0,201 | 0,096 | 0,093 | 0,219 | schlecht gebleicht, ungenügend ausgewaschen |
| 0,172 | 0,758 | 0,737 | 0,213 | schlecht gebleicht und ausgewaschen |
| 0,043 | 0,074 | 0,066 | 0,074 | ordentlich gebleicht, gut ausgewaschen |
| 0,108 | 0,045 | 0,045 | 0,061 | ungenügend gebleicht, gut ausgewaschen |
| 0,018 | 0,069 | 0,074 | 0,076 | prima gebleicht, gut ausgewaschen |
| 0,009 | 0,062 | 0,058 | 0,062 | prima gebleicht und ausgewaschen |
| 0,013 | 0,081 | 0,083 | 0,049 | prima gebleicht, ordentlich ausgewaschen |

Neben der chemischen Prüfung der gebleichten Ware hat sich in den letzten Jahren immer mehr das Bedürfnis fühlbar gemacht, auch eine mechanische Kontrolle einhergehen zu lassen, zumal eine solche die erstere vervollständigt, zuweilen auch da gute Dienste zu leisten imstande ist, wo die rein chemische Prüfung versagt. So können die durch Strukturveränderungen bei verschiedenen Finishprozessen auftretenden Stärkedifferenzen der bearbeiteten und nicht bearbeiteten Gewebe chemisch überhaupt nicht festgestellt werden; (Einwirkung von Fermentation, Kalandrierung etc.), man ist hier auf die mechanische Prüfung mit Festigkeitsmessern, sog. Dynamometern, angewiesen.

Um aus der großen Zahl der Konstruktionen solcher Apparate zwei herauszugreifen, mögen folgende vielfach in der Praxis bewährte Systeme vorgeführt werden.

Fig. 306 zeigt einen Dynamometer der Firma Rudolf und August Rost in Wien.

Es ist dies eine ältere Konstruktionsart, bei welcher Spiralfedern die Kraftquelle für die Ausspannung des Gewebes bis zum Zerreißen abgeben. Genauer, aber auch kostspieliger sind Apparate nach der in Fig. 307 dargestellten Art. Bei diesen geschieht die Kraftmessung nicht mit Hülfe von Spiralfedern, sondern durch eine Neigungswage. Diese Konstruktion bringt u. a. die Firma Louis Schopper in Leipzig.*)

Der Belastungshebel *D* bewegt sich zwischen zwei Kreissegmenten *F* und *c*, von denen das vordere (*F*) mit einer dem Gewicht

Fig. 306.

entsprechenden Teilung versehen ist, während das hintere (*c*) auf der Oberseite Zähne hat, welche dazu dienen, die an dem Hebel *D* angebrachten Sperrklinken *d* nach dem Reißen des Streifens aufzufangen und so das Zurückfallen des Belastungshebels zu verhindern. Die Bezifferung der Bogenteilung gibt die Kraftleistung in Kilogrammen an.

Statt des zweiten Armes des Krafthebels ist ein Bogensegment *i* angebracht, über welches eine Kette *x* läuft, die am unteren Ende die eine Einspannklemme *J* trägt. Um die Einspannung des Streifens zu erleichtern, kann diese Klemme *J* während des Einspannens durch einen Steckstift an dem Segment *i* festgelegt werden. Durch die Kette *x* ist erreicht, daß sich die obere Klemme *J* immer senkrecht über der unteren befindet und eine gewisse zwanglose Beweglichkeit während des Versuches behält.

Der Krafthebel hat nur ein Gewicht *G*, wodurch die Handhabung des Apparates vereinfacht wird, ohne Beeinträchtigung der erforderlichen Genauigkeit.

*) Leipziger Monatsschrift für Textil-Industrie 1897. No. 4.

Die Messung der Drehung erfolgt durch die Feststellung der gegenseitigen Verschiebung der beiden Einspannklemmen *J* und *M*. Um diese Verschiebung zu bestimmen, wird die Bewegung der unteren Klemme *M* mittelst der Zugstange *e* auf den Dehnungshebel *K* übertragen. An diesem Hebel *K*, welcher sich mittels einer Hülse um den Zapfen des Gewichtshebels *D* drehen kann, ist ein Zei-

Fig. 307.

ger *l* angebracht, welcher sich über zwei am Krafthebel befindliche Bogenteilungen *L* bewegt. Die eine dieser Teilungen gibt die Verlängerung des Streifens, welche mit der Verschiebung der Klemmen gegeneinander gleichbedeutend ist, in Millimetern, die andere, bei einer Versuchslänge von 180 mm, direkt in Prozenten an. Das untere Ende der Zugstange *e* ist an einer Hülse befestigt, welche sich auf einer mit der Antriebspindel *a* parallelen Gleitstange *n* bewegen kann und während des Versuches von dem an der Antriebspindel befestigten Nasenhebel *o* mitgenommen wird.

Auch der Dehnungshebel hat statt des oberen Armes ein Bogensegment *p*, auf welches die Bewegung der unteren Klemme mittels der Zahnstange *q* übertragen wird. Diese Zahnstange, welche sich in einer festen Führung bewegt, wird durch eine Bremsfeder fest gegen das gezahnte Segment *p* gedrückt, so daß toter Gang ausgeschlossen ist. Die hierdurch entstehende Zahnreibung wird vom Antrieb aufgenommen und ist daher auf die Kraftmessung ohne Einfluß.

Die Reibung der Hülse des Dehnungshebels auf dem Zapfen des Gewichtshebels ist in der Bestimmung der gesamten Reibung des letzteren mit einbegriffen. Da jedoch infolge der schnelleren Bewegung des Dehnungshebels gegenüber dem Krafthebel diese Hülsenreibung in entgegengesetzter Richtung zu der sonstigen Reibung wirkt, so wird sie in Wirklichkeit niemals den bei der Bestimmung gefundenen Zahlenwert erreichen.

An der Antriebsvorrichtung ist eine Sperrvorrichtung angebracht, welche für eine bestimmte Länge das richtige Einstellen der unteren Klemme in die Nulllage sichert.

Die Versuchsausführung geht in folgender Weise vor sich:

Nachdem man den Belastungshebel mit Hülfe des hierfür bestimmten Stiftes in der Nulllage festgelegt hat, arretiert man die obere Einspannklemme *J* mit Hülfe des hierfür angebrachten Steckstiftes; dann wird die untere Klemme *M* durch Drehen des Handrades *B* in ihre höchst zulässige Lage gebracht, um den zulässigen Weg gehoben und mit der hierfür bestimmten, unter dem Nasenhebel *o* befindlichen Schraube *s* festgestellt. Durch völliges Hochschieben der Zugstangenhülse bringt man den Dehnungshebel in seine Nullstellung.

Nunmehr wird der Streifen eingespannt, was sich bei diesem Apparat infolge seiner vertikalen Stellung bequemer und sicherer ausführen läßt, als bei Maschinen mit wagerechter Anordnung.

Nach erfolgter Einspannung befreit man die obere Klemme von dem Steckstift, löst den Gewichtshebel durch Entfernung des Arretierungsstiftes aus, legt die Sperrklinken *d* ein und setzt den Apparat durch Drehen des Handrades *B* in Tätigkeit.

Nachdem das Antriebsrad 2—3 Umdrehungen gemacht hat, löst man, ohne mit dem Drehen aufzuhören, die Schraube *x*, welche die untere Klemme hochhält, damit diese beim Reißen des Streifens herunterfallen und den Drehungshebel auslösen kann.

Nach dem Reißen des Streifens stehen, auch bei fortgesetztem Drehen des Handrades, die Hebel für Belastung und Dehnung still und gestatten so eine ruhige und sichere Ablesung der Bruchlast und Dehnung. Es ist dies ein Vorzug gegenüber Apparaten, bei welchen man im Augenblick des Streifenreißens mit dem Drehen aufhören und gegenüber denjenigen, bei welchen man die Drehung fortwährend bis zum Streifenbruch beobachten muß.

Beim Aufstellen des Schopper'schen Apparates, ist darauf zu achten, daß der Zeiger des Krafthebels auf Null und die Luftblase der am Stativ angebrachten Wasserwage in der Mitte einspielt. Die Reibung des Krafthebels in der Nähe des Nullpunktes ist unbedeutend, das Einspielen auf den Nullpunkt daher sehr befriedigend.

Der Vorteil des Apparates gegenüber den mit Spiralfedern arbeitenden liegt darin, daß eine wiederholte Prüfung auf die Zuverlässigkeit seiner Angaben, wie sie bei Spiralfeder-Apparaten unbedingt von Zeit zu Zeit erforderlich ist, nicht nötig ist. —

Durch das Bleichen verliert das Gewebe an Gewicht, geht in der Breite ein, d. h. wird schmaler und gewinnt gewöhnlich an Längenmaß. Für die verschiedenen Gewebearten sind diese Verhältnisse verschieden.

Verfasser fand bei dem bekannten russischen Nesselgewebe, dem sogenannten Metcal im Durchschnitt jahrelanger Feststellungen:

16 % Gewichtsverlust,
2,5 % Längenzunahme,
6,3 % Mindermaß an Breite.

Dabei ist zu berücksichtigen, daß die Ware im festen Strang gebleicht und auf Trockenzylinder getrocknet wurde. Beim Arbeiten mit losem Strang (vergl. Seite 220) erhält sich eine größere Breite des Gewebes, natürlich auf Kosten der Längenzunahme.

Nach der Bourcart'schen Tabelle (vergl. Seite 380) beträgt der Gewichtsverlust sogar 30%.

Nach Schunk*) enthält die rohe Baumwolle außer der hygroskopischen Feuchtigkeit ungefähr 5% Verunreinigungen, von denen die meisten unlöslich in Wasser, aber löslich

*) Textile Mercury 1901.

in Alkalien oder Säuren sind. Durch $7\frac{1}{2}$ Stunden langes Kochen der Baumwolle in kalzinierter Soda und nachherigen Zusatz eines Ueberschusses von verdünnter Schwefelsäure zu der entstandenen dunkelbraunen Lösung erhält man einen reichlichen hellbraunen flockigen Niederschlag, während die Flüssigkeit nahezu farblos bleibt. Nach dem Trocknen bildet dieser eine braune, bröcklige, an den Kanten durchscheinende Masse, welche nach dem Glühen 2,3 bis 6,9% einer hellgelben, nicht alkalischen Asche zurückläßt. Die Menge dieser beim Bleichen beseitigten Fremdstoffe hängt zum Teil von dem Grade des Bleichens ab. Ein Teil des zum Bleichen benutzten Materials kann in der Faser zurückbleiben und auf diese Weise einen Teil des durch die Beseitigung der Fremdstoffe entstandenen Verlustes ersetzen. Man kann den bei dem Durchschnitts-Bleichprozeß entstehenden Verlust auf 2—5% schätzen.

Nach Angaben praktischer Bleicher wechselt der Gewichtsverlust beim Bleichen je nach der Ware, der Dauer des Bleichverfahrens und der Menge der gebleichten Baumwolle. Manche Arten von Baumwolle verlieren bei einstündigem Kochen 5%, wovon ein großer Teil in Staub, Blättern, Schalen und dergleichen besteht. Eine $\frac{7}{8}$ bis 1 Zoll lange Baumwolle verliert während dieser Kochdauer ungefähr 3%. Der durchschnittliche Verlust wechselt je nach der Qualität der Baumwolle von 7—10%. Baumwolle, welche vor dem Bleichen gekrämpelt wird, verliert viel weniger als Rohbaumwolle. Hummel gibt den Verlust auf nur 5% an, doch wird diese Zahl häufig überschritten. Der Gewichtsverlust beim Bleichen der Baumwolle wechselt mit der Qualität der Baumwolle und wird bei Baumwollgarn durch die Menge der in dem Garn enthaltenen Fäden beeinflußt. Wenn sich das Material in der Form von gewebten oder gestrickten Waren befindet, so wechselt der Verlust nach der Textur des Materials.

Der mittlere Verlust beim Bleichen der Baumwolle kann folgendermaßen angenommen werden:

Baumwolle in rohem Zustand: 4—6%; Baumwollengarn: $\frac{1}{2}$ bis 5%; gestrickter oder gewebter Stoff: 6—8%. Der durchschnittliche Verlust der Baumwolle während dem Bleichverfahren beträgt ungefähr $5\frac{1}{2}$%.

Wie sich aus diesen Daten über den Gewichtsverlust, welchen Baumwollgewebe durch das Bleichen erleiden, keine allgemein gültigen Zahlen konstruieren lassen, so bewegen sich auch die Angaben über den Festigkeitsverlust in Zahlen, welche nicht in Uebereinstimmung zu bringen sind.

Loewenthal*) bezweifelt, daß durch eine gut geleitete Bleiche gebleichtes Baumwollgarn eine höhere Zerreißfestigkeit als rohes Garn haben könne.

Auch Herzfeld**) wendet sich gegen eine Behauptung, daß ein Gewebe durch die Bleiche eine um 20 % größere Festigkeit aufweisen solle als die Rohware sie besaß. —

Prüft man normal gebleichte Gewebe häufiger unter Berechnung der Längenzunahme und der Breitenabnahme, so wird man finden, daß von einer Zunahme an Reißkraft nicht geredet werden kann, daß diese vielmehr immer etwas gelitten hat. Wo eine größere Reißkraft vorliegt, sind zweifelsohne abnorme Verhältnisse — absichtlicher oder unabsichtlicher Natur — im Spiele, und eine teilweise Mercerisation der Baumwolle ist dann die überzeugendste Erklärung für Vorgänge, die der allgemeinen Regel zu widersprechen scheinen.

Zuweilen werden Baumwollgewebe durch Appreturmittel und entsprechende mechanische Bearbeitung, Mangeln etc. soweit verändert und veredelt, daß sie in Aussehen und Griff Leinengeweben ähnlich sehen. Es seien deshalb einige Methoden zur Unterscheidung von Flachs und Baumwolle angeführt:

Nach A. Herzog***) bringt man ein etwa 4 qcm großes Stückchen Gewebe in eine lauwarme alkoholische Lösung von Cyanin (Chinolinblau) und beläßt es darin einige Minuten. Dann wird mit Wasser ausgespült und mit verdünnter Schwefelsäure behandelt, wodurch die Baumwolle vollständig entfärbt wird, während die Flachsfaser eine deutliche Blaufärbung beibehält, welche noch verstärkt erscheint, wenn die Gewebeprobe nach dem Auswaschen des schwefelsauren Bades in Ammoniak eingelegt wird. —

Eine andere zuverlässige Prüfungsmethode von H. Behrens†) besteht im warmen Ausfärben des zu prüfenden Gewebes mit Methylenblau; bei fortgesetztem Spülen der Färbung gibt die Baum-

*) Loewenthal, Handbuch der Färberei, pag. 165.

**) Herzfeld, Moderne Stückbleicherei, pag. 11.

***) Textil- und Färberei-Zeitung III pag. 111.

†) Dr. A. Herzog, Unterscheidung von Baumwolle und Leinen, Sorau 1904.

wolle allen Farbstoff ab, während die Leinenfaser deutlich blau bleibt. In einem früheren Stadium zeigt die Baumwolle ein von der Farbe der Flachsfaser verschiedenes Grünblau.

Zuweilen ist es erwünscht, festzustellen, ob mercerisierte oder gewöhnliche Baumwolle vorliegt. Hierfür hat H. Lange*) eine Methode angegeben: Man behandelt die vorher genetzte Baumwolle drei Minuten in einer Lösung, welche wie folgt erhalten wird: 5 Teile Jodkalium werden in 12—24 Teilen Wasser gelöst, 1—2 Teile Jod zugefügt und mit 30 Teilen Chlorzink, in 12 Teilen Wasser gelöst, vermischt.

Beim Auswaschen mit Wasser wird nicht mercerisierte Baumwolle sehr rasch entfärbt, während mercerisierte Baumwolle länger blau gefärbt bleibt. —

*) Bericht des V. Internationalen Kongresses für angewandte Chemie II, pag. 916.

# Patent-Uebersicht.

## Deutsche Patente.

| Jahr | No. | Erfinder | Besprochen Seite |
|---|---|---|---|
| 1878 | 2266 | Adolf Rack | 95 |
| 1880 | 12749 | Charles Ferron | 244 |
| 1882 | 18685 | Joseph Morris | 256 |
| 1883 | 21388 | John Auchinvole und U. Pornitz | 110 |
| 1886 | 37413 | L. Kessler und Sohn | 266 |
| 1888 | 42933 | Carl Haubold | 122 |
| 1888 | 44985 | Carl Haubold | 124 |
| 1889 | 47567 | Fr. Gebauer | 127 |
| 1890 | 56705 | Heinrich Thies und Emil Herzig | 133 |
| 1890 | 59674 | Heinrich Thies und Emil Herzig | 129 |
| 1891 | 55267 | E. Lurati | 312 |
| 1892 | 77117 | Siemens und Halske | 273 |
| 1892 | 79102 | Heinrich Thies und Emil Herzig | 137 |
| 1893 | 85689 | Heinrich Thies und Emil Herzig | 139 |
| 1893 | 91892 | Heinrich Thies | 143 |
| 1894 | 73839 | Siemens und Halske | 273 |
| 1894 | 82325 | Otto Krüger | 152 |
| 1894 | 85110 | Heinrich Thies und Emil Herzig | 139 |
| 1896 | 98092 | Erich Homberg | 162 |
| 1898 | 100899 | Franz Erban und Ludwig Pick | 168 |
| 1898 | 104397 | Adolf Urban | 172 |
| 1898 | 107113 | Bernhard Thies | 173 |
| 1898 | 113733 | Schlaepfer und Walton | 281 |
| 1899 | 111644 | Robert Weiss | 178 |
| 1899 | 116762 | Robert Weiss | 182 |
| 1900 | 110759 | Jacob Leontieff | 284 |
| 1900 | 119929 | C. Scharrer | 298 |
| 1900 | 122865 | Robert Weiss | 185 |
| 1900 | 124140 | Robert Weiss | 189 |
| 1901 | 126415 | Fr. Gebauer | 299 |
| 1901 | 134324 | Eck und Becker | 233 |
| 1902 | 138787 | John Casper Tyms | 202 |
| 1902 | 144768 | Max Haas | 204 |
| 1902 | 145583 | Walter Mathesius | 312 |
| 1902 | 147821 | Robert Weiss | 194 |
| 1904 | 150087 | Gustav Steinberger | 270 |

## Britische Patente.

| Jahr | No. | Erfinder | Besprochen Seite |
|---|---|---|---|
| 1795 | 2073 | William Floyd | 2 |
| 1798 | 2209 | Charles Tennant | 18 |
| 1825 | 5154 | Lemuel Wellmann Wright | 28 |
| 1828 | 5606 | George Daniel Harris | 30 |
| 1828 | 5620 | David Bently | 326 |
| 1834 | 6669 | James Slater | 326 |
| 1836 | 7056 | Thomas Ridgway Bridson | 31 |
| 1837 | 7348 | Lemuel Wellmann Wright | 34 |
| 1840 | 8449 | Samuel Knight | 37 |
| 1841 | 9196 | William Newton | 39 |
| 1846 | 11132 | Charles Robert Robinson und Thomas Bowden | 213 |

| Jahr | No. | Erfinder | Besprochen Seite |
|---|---|---|---|
| 1850 | 13310 | William und Colin Mather und Ferd. Kaselowsky | 213 |
| 1852 | 847 | Henry Thomson | 214 |
| 1853 | 214 | Louis Christian Koeffler | 44 |
| 1853 | 1045 | Colin Mather | 46 |
| 1853 | 1741 | Samuel Barlow | 46 |
| 1855 | 1068 | Adam Guild | 48 |
| 1856 | 1563 | John Pendlebury | 50 |
| 1858 | 1414 | Samuel Barlow | 56 |
| 1858 | 2867 | John Pendlebury | 58 |
| 1859 | 2176 | Richard Kay | 62 |
| 1867 | 2243 | John Smith | 72 |
| 1868 | 543 | Thomas Beeley | 73 |
| 1868 | 2085 | Auguste Scheurer-Rott | 74 |
| 1870 | 2610 | William Birch | 317 |
| 1871 | 1277 | Squire Brierley | 84 |
| 1871 | 1722 | Sam Mason | 264 |
| 1872 | 845 | William Whyte jr. | 85 |
| 1872 | 1904 | Abraham Taylor | 86 |
| 1873 | 690 | James Horrocks | 88 |
| 1873 | 2997 | Sam Mason und Michael Alcock | 90 |
| 1873 | 4243 | William Birch | 317 |
| 1874 | 1690 | Harold Potter | 91 |
| 1875 | 3954 | Thomas Fletcher | 92 |
| 1876 | 4970 | James Ashcroft | 93 |
| 1877 | 84 | William Birch | 317 |
| 1878 | 847 | William Bracewell | 93 |
| 1878 | 5225 | Weber, Bickel, Alliot und Vanlohe | 256 |
| 1880 | 66 | Ch. Ed. Bennet | 256 |
| 1880 | 2035 | George Sinclair | 97 |
| 1880 | 2868 | John Hawthorn | 98 |
| 1880 | 4166 | Mauricio Sella und Fidele Cerrutj | 99 |
| 1881 | 1937 | Ch. Th. Jakoby und W. Jennings | 265 |
| 1883 | 2958 | Charles Loxton Jackson | 112 |
| 1885 | 19 | R. Ainsworth und E. Manby | 114 |
| 1892 | 6291 | John Brennand | 151 |
| 1894 | 14374 | Bernard Walsh | 160 |
| 1895 | 21393 | Matthew Walton | 118 |
| 1896 | 6028 | Edward Deakin | 166 |
| 1896 | 23635 | Edward Makin jr. | 167 |
| 1898 | 21645 | John F. Monaghan | 177 |
| 1899 | 11402 | Adolf Urban | 172 |
| 1900 | 14174 | Charles Loxton Jackson | 198 |
| 1900 | 15486 | Lishman Haughton, Kirkpatrick | 199 |
| 1903 | 18075 | John Brennand | 206 |

## Amerikanische Patente.

| Jahr | No. | Erfinder | Besprochen Seite |
|---|---|---|---|
| 1878 | 200427 | William Birch | 240 |
| 1879 | 213647 | Thomas Fletcher | 92 |
| 1881 | 242907 | James Fish | 109 |
| 1884 | 302188 | Charles Loxton Jackson | 112 |
| 1886 | 408991 | E. A. Rusden | 117 |
| 1896 | 555486 | G. L. Allen und W. P. Allen | 164 |
| 1896 | 570675 | H. G. Mc. Kerrow | 119 |

# Namen-Register.

# Bezugsquellen.

# FR. GEBAUER,

## BERLIN NW.87 : Maschinenfabrik.

**Eisengiesserei · Kessel- und Kupfer-Schmiede.**

**Eigene Bleicherei-, Färberei- und Appretur-Anstalt in ∴ ∴ Charlottenburg. ∴ ∴**

### Maschinen für Bleicherei.

Sengemaschinen. Patent Fr. Gebauer.
Platten- und Cylindersengemaschinen.
Sectionsbleichkochkessel für lose B'wolle, Garne, Spitzen, Gardinen und Gewebe. Patent Fr. Gebauer.
Strangwaschmaschinen einf. u. vollkommenst. Systems.
Imprägnir-, Chlor- u. Säuremaschinen f. los. u. gesp. Strang.
Continue-Strangbeuchapparate.
Continue-Breitbeuchapparate.
Continue-Breitchlor-, Säure- und Waschmaschinen.
Strangquetschen mit 2 und 3 Walzen.
Strangöffner mit Drehkästen und Schüttelapparat.
Wassercalander mit 2 bis 10 Walzen.
Electrische Bleichapparate (Electrolyseure).

### Maschinen für Färberei.

Jigger mit Zug- und Quetschwalzen.
Klotzmaschinen mit 2 und 3 Walzen.
Continue-Breitfärbemaschinen für Grau, Schwarz, Indigo und Anilin.
Breitsäure-, Aetz- u. Waschmasch. m. 1—7 Käst.
Breitwaschmaschinen mit Centrifugalspritz- und Schlagapparat, 1—5 Kästen.
Centrifugal-Schleudermaschinen horizontaler und verticaler Construktion.
Ausquetschcalander.
Cylinder-Trockenmaschinen mit Cylindern v. 500—2500 mm. Durchm., horiz. u. vert. Constr. belieb. Cylinderzahl
Farbholz-Raspeln und Farbholz-Extracteure.
Farbkochkessel m. u. oh. Kippvorrichtung u. Rührwerk.
Einrichtung für Continuehängen.
Mercerisirmaschinen.

**Hydraul. Mercerisir-Calander und Spannmaschine**
mit patentirter automat. Kluppe, Heisspülvorrichtung und Planscheibenvorgelege.

### Maschinen für Druckerei.

Klopf- und Bürstmaschinen mit Schlagstäben.
Klopf- und Bürstmaschinen mit Schlagbändern.
Walzendruckmaschinen für Reliefwalzen 1—4 Farben.
Walzendruckmaschinen für Kupferwalzen 1—10 Farben.
Trockenstühle mit Platten- oder Luftheizung verschied. Systeme.
Dämpf- und Oxydationsapparate.
Continue-Dämpfeinrichtungen.
Spindelanstossmaschinen für Hand-, Riemen- oder hydraulischen Betrieb.
Dampfmaschinen verschied. Systeme zum Betrieb der Druckmaschinen.
Electromotore mit Schnecken- oder Rädervorgelege.
Breitseifmaschinen mit 2—9 Kästen.
Continue Strangseifmaschinen.
Farbkochkessel einz. u. in Batterien m. u. oh. Rührwerk.
Farbsiebmaschinen.
Sämmtliche Graveurmasch. für Druckwalzenherstellung.

### Maschinen für Appretur.

Stärkemaschinen mit 2 u. 3 Walzen für flüss. Appretur.
Frictions- und Rakelstärkemaschinen für Füllappreturen.
Cylinder-Trockenmaschinen zum ein- und zweiseitigen Trocknen mit beliebiger Cylinderzahl und -Grösse.
Einfache u. Etagenrahmen jeder Grösse für alle Zwecke.
Organdisrahmen.
Hotflue mit horizont. u. vertical. oder Spiralwaarenlauf.
Calander 2—10 Walzen für alle Appreturen in jed. Breite.
Gaufrircalander und Satinirwerke.
Holz- und Federbeetlemaschinen.
Walzenmangeln m. Hydro-Hebeldruck v. 20 000 b. 100 000 kg
Revolver-Mangeln.
Einsprengmaschinen verschiedener Systeme.
Mess- und Doublirmaschinen einzeln oder comb.
Appreturbrechmaschinen verschiedener Systeme.
Hydraulische Waaren- und Packpressen.

—— Inhaltsübersicht umseitig. ——

# Inhalts-Übersicht

## Herzfeld, Bleicherei etc.



III. Teil.

# Die Praxis der Färberei

von **Baumwolle** im losen Zustand, im Strang, als Kette, in Copsform und als Stückware; Leinen-, Jute- und Nesselfärberei; Färberei der losen **Wolle** und des Wollgarns; Kammzugfärberei; Färberei der Streichgarnstoffe; **Seidenfärberei** im Strang und im Stück; Färberei gemischter Gewebe u. s. w.

**Unter Berücksichtigung der Appretur.**

Mit 150 Abbildungen im Text.

**Preis geb. Mk. 10,00.** (532 Seiten stark.) Früherer Preis Mk. 15,00.

**Jeder Band ist für sich abgeschlossen und auch einzeln zu beziehen.**

Kolibri 360 GmbH
Ferdinand-Jühlke-Straße 7
99095 Erfurt, Deutschland
produktsicherheit@kolibri360.de